中国农业产业技术发展报告

——（2016年度）

农业部科技教育司
财政部科教司　　　主编
农业部科技发展中心

中国农业科学技术出版社

图书在版编目（CIP）数据

中国农业产业技术发展报告.2016年度／农业部科技教育司，财政部科教司，农业部科技发展中心主编.—北京：中国农业科学技术出版社，2017.11

ISBN 978-7-5116-3314-9

Ⅰ.①中… Ⅱ.①农…②财…③农… Ⅲ.①农业产业-技术发展-研究报告-中国-2007 Ⅳ.①F320.1

中国版本图书馆 CIP 数据核字（2017）第 261093 号

责任编辑　穆玉红
责任校对　马广洋

出　版　者　中国农业科学技术出版社
　　　　　　北京市中关村南大街 12 号　邮编：100081
电　　　话　(010) 82106626（编辑室）　　(010) 82109702（发行部）
　　　　　　(010) 82109709（读者服务部）
传　　　真　(010) 82106626
网　　　址　http://www.CASTP.cn
经　销　者　各地新华书店
印　刷　者　北京富泰印刷有限责任公司
开　　　本　787mm×1 092mm　1/16
印　　　张　18
字　　　数　450 千字
版　　　次　2017 年 11 月第 1 版　2017 年 11 月第 1 次印刷
定　　　价　88.00 元

前　言

　　收集、整理、分析产业及技术发展动态信息，为政府决策提供咨询，为社会发布技术成果信息和技术需求信息是现代农业产业技术体系（以下简称"体系"）的重要任务之一。为了进一步促进体系对产业发展基础信息资料的收集与总结，强化体系对产业发展的技术支撑作用和效能，2016 年，我们又一次组织水稻、玉米、小麦、大豆、大麦青稞、高粱、谷子糜子、燕麦荞麦、食用豆、马铃薯、甘薯、木薯、油菜、花生、芝麻、向日葵、胡麻、棉花、麻类、甘蔗、甜菜、蚕桑、茶叶、食用菌、大宗蔬菜、西甜瓜、柑橘、苹果、梨、葡萄、桃、香蕉、荔枝龙眼、天然橡胶、牧草、生猪、奶牛、肉牛牦牛、肉羊、绒毛用羊、蛋鸡、肉鸡、水禽、兔、蜂、大宗淡水鱼、虾、贝类、罗非鱼、鲆鲽类 50 个体系的首席科学家牵头编写了《中国农业产业技术发展报告（2016 年度）》，供各级农业及相关行业行政主管部门、科研教学单位、推广机构和各类企事业单位参考和借鉴。由于水平所限，书中如有疏漏和粗糙之处，敬请读者指正。

编　者

2017 年 3 月

目　　录

2016 年度水稻产业技术发展报告

（国家水稻产业技术体系）

一、国际水稻生产与贸易概况

（一）生产

根据联合国粮农组织（FAO）《作物前景与粮食形势》报告，预计 2016 年全球稻谷产量达到 7.12 亿 t 左右，比 2015 年增产超过 720 万 t，增幅 1.0%，创下自 2013 年以来的最大增幅。主要原因是亚洲的印度、泰国、孟加拉、尼泊尔等国家在厄尔尼诺影响逐渐消退后，水稻产量均呈现增产趋势，特别是印度，产量贡献较大；西非的马里等国家降水充沛，预计稻谷产量增加。

（二）贸易

预计 2016 年世界大米进口总量达到 3 875 万 t，出口总量 4 071 万 t，分别比 2015 年增加 84 万 t 和 109 万 t，增幅分别为 2.2% 和 2.8%。在主要出口国家中，印度出口 1 000 万 t，比上年减少 24 万 t；泰国出口 950 万 t，比上年增加 30 万 t；越南出口 580 万 t，增加 40 万 t；巴基斯坦出口 420 万 t，与上年持平。预计 2016 年国际大米库存量为 12 021 万 t，比 2015 年增加 374 万 t，增幅 3.2%；库存消费比 25.2%，提高 0.4 个百分点。

（三）市场

2016 年国际大米市场形势总体有所提振，但市场价格仍然先涨后跌，表现较为低迷。以泰国含碎 25% 大米离岸价（FOB）为例，市场价格先是快速上涨至 7 月的 423.5 美元/t，但随后快速下跌，至 11 月份跌至 353.5 美元，比 2015 年同期下跌 5.8 美元，跌幅 1.6%；1—11 月，国际大米市场平均价格仅为 386.7 美元/t，比 2015 年同期上涨 13.1 美元，涨幅 3.5%；比 2014 年同期上涨 2.6 美元，涨幅 0.6%。

二、国内水稻生产与贸易概况

（一）生产

2016 年，全国水稻种植面积 3 016.24 万 hm^2，比 2015 年减少了 5.33 万 hm^2；单产 457.4kg/667m^2，下降 2.1kg；总产 20 693.4 万 t，减产 129.1 万 t。其中，早稻总产 3 277.7 万 t，比 2015 年减产 91.1 万 t；中晚稻总产 17 415.7 万 t，减产 38.1 万 t。南方双季稻产区"双改单"，水稻面积略有减少，东北地区调减玉米面积，"旱改水"增加了部分水稻面积。

（二）贸易

2016 年，尽管国内大米市场价格持续低迷、国际大米市场价格有所提振，但国内外差价仍然较大，促进大米进口继续稳定增长。据国家海关统计，2016 年 1—10 月，我国进口大米 278.1 万 t，比 2015 年增加 12.3 万 t，增幅为 4.6%；出口大米 29.1 万 t，比 2015 年增加 6.0 万 t，增幅为 26.1%，净进口量高达 249.0 万 t。其中，1—10 月累计从越南进口大米 139.4 万 t，占进口总量的 50.1%，从泰国进口大米 64.1 万 t，占 23.0%，从巴基斯坦进口大米 54.6 万 t，占 19.6%。

（三）市场

2016 年国内稻米市场走势低迷，价格平稳偏弱。据监测，截至 11 月，早籼稻、晚籼稻、粳稻收购价格分别为 2 612 元/t、2 636元/t 和 2 994元/t，早籼稻、粳稻分别比 1 月下跌了 0.8%和 0.5%，晚籼稻比 1 月上涨 0.3%；与上年同期相比，早籼稻、粳稻收购价格分别下跌 1.0%、1.5%，晚籼稻收购价格上涨 0.3%。

三、国际水稻产业技术研发进展

（一）遗传育种技术研发进展

日本科学家 Kenji Yano 等以日本育成 176 个粳稻品种为材料，基于全基因组测序进行全基因组关联分析，通过估计核苷酸多态性对候选基因的影响进行候选基因的筛选，鉴定出水稻中影响农艺性状的重要基因，并深入介绍了如何通过 GWAS 快速鉴定影响农艺性状的基因，能够推动作物改良的进程，该研究结果于 6 月 20 日发表在《Nature Genetics》上。日本岗山大学马建峰团队克隆了一个特异定位在水稻茎节部位的磷的转运蛋白 SPDT，该转运子负责将水稻茎秆里的磷转运到籽粒中，敲出该基因后，水稻籽粒里磷含量将下降 20%～30%，而水稻产量、种子发芽率等均不会受到影响，有助于缓解动物粪便中的磷导致的水体富营养化。该研究于 12 月 21 日在线发表在《Nature》杂志上。Dong-Keun Lee 等发现在水稻根中特异过表达 AP2/ERF 转录因子 OsERF71 会赋予水稻更强的抗旱性，在干旱条件下谷物产量相比野生型植株或者全局过表达转基因植株增加 23%～42%，研究结果有利于培育抗旱性更好的水稻品种。

（二）栽培与土肥技术研发进展

世界各主要生产国都十分重视机械化、轻简化、智能化可持续技术发展。在耕作技术上，各国因地制宜地推广应用保护性耕作，如美国的免（少）耕模式、加拿大的粮草轮作模式等；同时保护性耕作机具向专业化、复式化、大型化、产业化和智能化的方向发展。在秸秆还田技术上，美国把秸秆还田当作耕作制度中的一项关键技术，丹麦秸秆燃烧发电后的草灰无偿返还给农民作为肥料，日本研究出了一种秸秆分解菌技术，用于秸秆肥的制作。在灌溉技术上，研究多集中在采用激光平地、微喷滴灌、直播以及田间土壤墒情检测等先进技术领域，如日本的水稻高产半旱作技术，美国的水稻旱作孔栽法。在施肥技术上，主要研究水稻一次性施肥、实地实时施肥管理模式（SSNM），测土配方施肥等；研发新型肥料，如德国的复混肥料、以色列的控释肥等。同时，采用机械深施肥、精确施肥、改土培肥等，提高肥料利用率和土壤肥力。

（三）病虫害防控技术研发进展

通过研究激发子 AvrPiz-t 与转录因子 APIP5 的互作发现，在稻瘟病菌侵染水稻早期，由细胞死亡和坏死所激活活体营养，证明水稻可以通过抑制激发子激活的坏死来避免稻瘟病菌的侵染。Kaili Zhong 等（2016）研究发现，发动蛋白 MoDNM1 与 MoFis1、MoMdv1 复合体介导的过氧化物酶和线粒体分裂对稻瘟病菌附着胞形成至关重要，进而可能影响稻瘟病菌菌株分化和致病性变异。Sucher 等发现将 Lr34 基因转入水稻可以对稻瘟病产生抗性。Ashmed 等明确了利用 RNAi 手段可以有效地使水稻对黑条矮缩病产生抗性。在东南亚，褐飞虱已经对乙虫腈和吡虫啉产生了抗性倍数高于 200 的抗性，且 P450 基因与吡虫啉抗性有相关性。印度的科学家发现人工合成的茉莉酸和水杨酸可以吸引褐飞虱的天敌于稻田定殖。Gurr 等在中国、越南和泰国等地通过多年的研究发现，在稻田的田埂和四周种植蜜源植物（芝麻）为基础的生态控制技术，可以在确保水稻产量无显著差异的同时，有效控制稻飞虱的种群数量，杀虫剂使用量降低 70%。

（四）产后处理及加工技术研发进展

各国对稻米食味品质的偏爱性差异较大。加拿大学者对 7 种非洲产大米的理化、蒸煮、热力学性质和淀粉消化特性做了比较，根据直链淀粉含量、蒸煮特性及质地结构，对 7 种稻米品种进行了分类，指导当地品种选择。泰国对蒸煮后发芽糙米制品营养成分的保留做了研究，发现蒸煮后发芽糙米中 γ-谷维素和生育酚的含量较高，但经过挤压、鼓风干燥和喷雾干燥后二者含量均显著降低。在营养成分检测方面，泰国学者开发了一种利用 CO_2 超临界萃取同时测定米糠中维生素 E、γ-谷维素和叶黄素的测定方法，解决了米糠中功能性成分含量低且提取困难等问题。在米糠油研究方面，伊朗学者发表了利用超声辅助溶液提取米糠油的方法，并对提取关键影响因素和优化条件进行了比较研究。而泰国学者利用多糖-蛋白质体系改进了米糠油-水乳化系统的稳定性，该系统能有效增加配方中米糠油的比例。

（五）设施与设备技术研发进展

水稻生产机械的发展受水稻种植技术的影响很大，欧美一直采用水稻直播技术，所以，近些年欧美在水稻种植机械方面的发展变化不大，播种也是一直采用外槽轮式条播和飞机撒播两种方法。但是，在耕整地方面，欧美的拖拉机上采用了 GPS 导航的无人驾驶技术，而且发展非常快；在田间植保机械方面发展缓慢；较多的研究部门和企业在研发水稻生产的物联网技术，并取得了一些进展。为了减少水田除草剂的喷洒，日本在研发大型的除草机械方面取得了较大的进展，如 3 轮自走式除草机的作业速度已经达到了 1.2m/s，作业速度明显提高，对大面积使用该技术具有重要的意义。在稻田喷药机械方面，日本主要发展高地隙自走式宽幅喷药机，作业速度快，对稻田破坏少，作业质量好。台湾、韩国和日本已经完全实现了稻谷的烘干机械化，大多采用燃油炉作为加热源，烘干的谷物质量好。

四、国内水稻产业技术研发进展

（一）遗传育种技术研发进展

韩斌研究组、黄学辉研究组联合杨仕华研究组综合利用基因组学、数量遗传学及计算生物学领域的最新技术手段，全面、系统地鉴定出了控制水稻杂种优势的主要遗传（数量性状或基因）位点，详细剖析了三系法、两系法和亚种间杂种优势的遗传机制，该项研究结果 9 月 8 日在线发表于《Nature》杂志。张启发院士与美国亚利桑那大学的研究人员证实，两种优质籼稻品种珍汕 97 和明恢 63 的参考基因组之间有着广泛的序列差异，该项研究发布于 8 月 17 日的《美国国家科学院院刊》（PNAS）上；9 月 13 日，他们又在《Nature》旗下的开放获取杂志《Scientific Data》公布了两个籼稻珍汕 97 和明恢 63 白金标准的参考基因组。黑龙江农业科学院潘国君研究团队和中国水稻研究所胡培松研究团队培育出的"龙粳 31"和"中嘉早 17"，2015 年推广面积分别为 93.60 万 hm^2 和 68.53 万 hm^2，继续保持粳稻和籼稻推广面积最大品种宝座。

（二）栽培与土肥技术研发进展

我国主要开展水稻机械化种植、肥水高效利用、保护性耕作、应对气候变化等核心技术研究与绿色技术研发。在种植制度上，研究长江中下游"籼稻改粳稻"关键技术和双季稻区"早籼晚粳"技术模式；研究再生稻高产高效关键技术及全程机械化技术。在种植技术上，机插秧和机直播的核心技术与装备研究取得突破，如"水稻钵形毯状秧苗机插技术""水稻机械精量穴直播高产高效技术""水稻绿色生态叠盘暗出苗育秧技术"等，水稻全程机械化生产技术有了长足发展。在绿色技术发展上，"节种、节水、节肥及保护性耕作"等关键技术取得进展，如"水稻好氧栽培理论与技术""水稻化肥减施增效技术""水稻'三定'栽培技术""寒地有机水稻生产技术""油菜茬水稻免耕栽培技术"等。在应对气候变化的关键技术上，主要是加强高低温、干旱等灾害发生规律研究，提出水稻气候灾害主动防御与应急技术，建立灾害预警系统服务平台等。

（三）病虫害防控技术研发进展

比较来自 3 种不同寄主的稻梨孢菌基因组序列，发现病原菌的进化与寄主的分化密切相关，寄主与病原菌的互作直接导致了二者的协同进化。筛选出稻瘟病宽抗谱品种 14 份，为水稻育种和挖掘新的稻瘟病抗性基因提供了新的材料。对水稻纹枯病的研究大部分集中在水稻内过表达某些基因（如草酸氧化酶 4、几丁质酶和 OsPGIP1 等），以获得对水稻纹枯病的抗性，另外生防菌的筛选是另一个研究重点。在化学防控上，二化螟种群对杀虫剂抗性状况具有明显的地域性，浙江、安徽、江西、湖南大部分地区种群对有机磷类药剂已普遍产生低至中等水平抗性，对双酰胺类、阿维菌素等药剂抗性上升趋势明显。在水稻抗性品种评价和筛选、诱虫作物种植、绿色防控技术、新型杀虫剂的筛选和鉴定、新栽培模式等方面也进行了较多研究。基于调整农药使用策略、推广抗性品种、植物和化学调控害虫行为、调节生物多样性保护和提高天敌功能及高效农药应急防控技术的水稻害虫的绿色防控技术体系在南方进行了推广应用。

（四）产后处理及加工技术研发进展

关于糙米、发芽糙米等全米制品营养分析及工艺改进方面的研究逐渐深入，黑龙江省农科院食品加工所研究发现，稻谷品种直接影响了发芽糙米中 γ-氨基丁酸含量，不同品种产品的 γ-氨基丁酸含量范围为 $10 \sim 40 mg/100g$；中粮营养健康研究院对在糙米制品中 γ-氨基丁酸的富集和应用技术比较关注；大量新形式的米制品，如米糠面包、糙米饼干、发芽糙米饮料等得以开发推广。在稻米加工品质研究方面，贵州省水稻研究所通过构建重组自交系，对与稻米加工品质直接相关的数量性状基因进行检测和遗传效应分析，为生产企业对稻米加工前品质提供预判。

（五）设施与设备技术研发进展

我国水稻生产机械增长最快的是水稻植保机械，其技术也提升最快，如大型高地隙宽幅喷药机、无人驾驶的喷药飞机随处可见，种类多，改变我国水稻生产中植物保护和喷洒化肥作业落后的局面。水稻侧深施肥机械也发展较快，主要是黑龙江农垦对购买配置水稻侧深施肥机的插秧机给予购机补贴，促进了水稻侧深施肥技术的发展。今年黑龙江农垦的水稻侧深施肥机供不应求，因为采用水稻侧施肥技术后可以节省化肥 $10\% \sim 20\%$，增产增收，但目前市场上尚无其他企业生产的生产与插秧机配套的水稻侧施肥机，市场价格高，影响推广应用。

（水稻产业技术体系首席科学家　程式华　提供）

2016 年度玉米产业技术发展报告

(国家玉米产业技术体系)

一、国际玉米生产与贸易概况

(一) 产量增加明显，供给较为充足

2016 年全球玉米产量增加明显，供给较为充足。美国玉米产量预计 3.8248 亿 t，消费量 3.1243 亿 t，出口量 5 652 万 t，期末库存量为 5 894 万 t，供应仍显充裕。据美国农业部预计，2016/2017 年度全球玉米产量 10.2569 亿 t，全球玉米消费量 10.1893 亿 t，其中饲料消费量为 6.2425 亿 t；全球玉米期末库存 2.1681 亿 t。尽管期末库存下调，但仍处于历史高位，2016/2017 年度全球玉米供应依然供大于求。

(二) 价格仍呈持续下跌趋势

在供给较为充足的预期下，2016 年全球玉米价格持续下降。美国芝加哥短期期货价格由 2015 年 10 月的 150.11 美元/t 降至 2016 年 10 月的 138 美元/t，降幅 8.1%。美国墨西哥湾玉米出口价格，由 2015 年 10 月的 172.65 美元/t 降至 2016 年 10 月的 156.59 美元/t，降幅 9.3%。

二、国内玉米生产与贸易概况

(一) 面积和产量下降，单产水平提高

在农业供给侧结构调整政策推动下，2016 年我国玉米种植面积和产量均有所下降，单产水平提高。玉米总产量为 2.19 亿 t，比 2015 年减少 500 万 t；播种面积 3 675.9 万 hm²，比上年下降 3.11%；玉米单产达到 5.97t/hm²，比上年增加 1.36%。

(二) 饲用玉米和工业需求均有所增长，但供应宽松导致价格仍面临下行压力

2016 年饲用需求和工业需求均有所增长，但供应宽松导致价格仍面临下行压力。由于畜产品价格逐步回升，受生猪存栏和能繁母猪存栏增加，以及高粱、大麦、进口玉米干酒糟（DDGS）等替代品进口量下降等因素的影响，预计 2015/2016 年玉米饲料消费为 1.02 亿 t，比上年增长 200 万 t。预计 2015/2016 年度我国玉米工业消费将比上年度增长 408 万 t，达到 5 450 万 t。2016 年由于国内玉米供需形势较为宽松，加之国家取消玉米临时储备等因素共同作用，玉米价格与去年相比又有明显下降。2016 年 10 月国内玉米价格约为 1.4 元/kg，比 2015 年下降 30%。但我国逐步下降的玉米价格仍高于进口，2016 年 10 月美国玉米运抵我国南方港口的到岸税后均价为 1 531 元/t，而国内南方港口玉米成交均价为 1 883 元/t，高出 352 元/t。

(三) 进口数量有所下降，与上年相比玉米替代品进口数量也明显下降

2016 年我国玉米进口数量有所下降。2015/2016 年度累计进口玉米 317.4 万 t，同比下降 42.5%。在进口国别中，乌克兰进口占比最大，达 89.3%。

三、国际玉米产业技术研发进展

（一）现代育种技术继续引领种业发展

以单核苷酸序列（SNP）差异为基础的分子标记辅助选择技术已经成为跨国种业集团玉米分子育种的主导技术之一，并应用于育种全过程。单倍体（DH）育种技术改变了传统育种技术流程，缩短了育种年限，已经成为德国 KWS、法国利马格兰、美国先锋等多家跨国公司的主导选系技术。

全基因组选择技术、以 CRISPR/Cas9 为代表的基因组编辑技术研究与应用取得突破，已成为玉米育种技术的创新热点。信息与智能化技术广泛用于玉米育种测试，全面提高了育种的管理水平和数据处理能力。品种产量、品质、抗逆性与资源高效利用同步改良成为新的育种目标并得到持续关注。

（二）密植高产品种与资源高效利用的简化管理技术继续得到强化

欧美发达国家继续重视选育和应用矮早密、宜机械化作业的品种，进一步简化生产管理过程，实现规模化、标准化高效生产。重视玉米秸秆深翻还田、与豆科作物轮作、同时推行秸秆综合利用，增施有机肥和应用新型控释肥料，采取少耕、免耕和地面植物覆盖等保护性耕作措施培肥地力，保育合理耕层，增强土壤缓冲能力，不断提升养分和水分利用效率，在不增施化肥的前提下，持续稳定提高玉米产量。

玉米产量差研究成为新热点。通过定量揭示产量差的幅度和空间差异、分析其影响和限制因子以及缩小产量差的措施、提高资源利用效率、实现可持续集约化生产受到高度关注。

（三）依靠生物控害技术提高玉米病虫草害综合治理水平

在种质资源抗性鉴定方面，发现引起茎腐病的镰孢菌产生脱氧雪腐镰刀菌烯醇（DON）和玉米赤霉烯酮（ZEA）在感病品种秸秆更易积累，可作为评价种质资源抗性的辅助指标。美国佛罗里达大学采用高压灭菌灭活拟轮技镰孢菌（Fusarium verticilloides）孢子制成菌剂处理种子，明显提高了对茎腐病的抗性，认为该技术可产生"作物种子疫苗化"（Crop seed vaccination）的诱导抗性效应。抗菌生防作用与产生蛋白酶、几丁质酶、嗜铁素（siderophores）和生长素（auxins）有关。

印度开发的荧光假单胞菌（Pseudomonas fluorescens）粉剂处理种子对穗腐病防效达到 70.7%，超过化学种衣剂（多菌灵）。明确了玉米脂类代谢（鞘脂、氧脂素和亚油酸）与伏马（FB）毒素积累的相关性，筛选出多种抗毒素基因、生物减毒技术提升穗腐病防治水平。

应用基因叠加技术，针对同一靶标害虫引入双价或多价 Bt 基因导入提高防治效果，防止和延缓抗性产生。孟山都公司与陶氏益农合作研发的含有 6 个具有不同特异性杀虫机理的抗虫基因（cry2Ab、cry35Ab1、cry1Fa2、cry1A. 105、cry3Bb1、cry34Ab1）和 2 个不同抗除草剂基因（pat、cp4 epsps）复合基因的品种，不但可防治多种鳞翅目和鞘翅目害虫，且对草甘膦和草铵膦有很好的耐受性。

（四）实施以机械化为核心的大规模集约化高效生产技术

适宜高密度播种需求的玉米单粒精量播种机在进一步向高速、宽幅、高效发展的同时，将全球定位系统（GPS）和地理信息系统（GIS）技术进行融合，实现播种的同时获取每粒种子的精确位置，为后续田间管理技术的精确实施提供信息化服务；玉米纵轴流脱粒收获技术更加注重籽粒脱粒后的高效清选，以降低含杂率和落粒损失。

耐旱与水肥高效玉米新品种选育和保护性耕作等环境友好技术得到广泛应用。在发展农机具的基础上，重点向裸露农田覆盖、施肥、茬口与轮作、品种选择与搭配等农艺农机相结合的综合性可持续技术方向发展。随着土壤水分实时监测、数据传输、系统控制等智能信息技术在农业中的应用，基于喷灌、滴灌等现代节水灌溉技术的精确控制技术发展迅猛，节水灌溉水肥（药）一体化精确控制技术日趋成熟，成为进一步提高水肥利用效率，提高生产效率和效益的主要方向。

（五）深加工领域新技术继续得到规模化应用

2016 年国际玉米深加工产品的主要种类仍以淀粉及变性淀粉、淀粉糖、多元醇、燃料乙醇、食用酒精、有机酸、氨基酸和玉米功能食品等为主。计算机视觉识别与分级、膜分离、超临界萃取、真空冷冻干燥、微波加热与杀菌、超高压加工、低温粉碎、辐射加工以及微胶囊等新技术在玉米加工原料品质筛选、精深过程加工、灭菌与智能包装领域的应用，实现了提高产品质量、降低生产成本、改善综合效益和环境效益的目的。

在副产物高值化利用方面，利用纤维质（如秸秆）原料生产燃料乙醇发展较快。美国利用纤维演化开发了一种绿色环保的碳纤维制造新方法，其主要特点为热导率低，可大幅提高推进效率并减低烧蚀速度。新技术的应用使得玉米深加工业进入高科技、高产出的快速发展阶段。

四、国内玉米产业技术研发进展

以"一机两改一保障"为核心继续引领行业进步，以转方式、调结构、提质增效促进供给侧改革，提升产品与技术的国际竞争力，是 2016 年度国内玉米产业技术研发的基本方向。

（一）资源及技术基础创新与提升，推动种业行业发展

2016 年持续开展种质改良与创新，通过引进欧美优良种质资源，采取循环育种等方式，创制和发放了一批熟期适宜、耐密抗倒、优质的育种新材料。单倍体育种技术进一步普及应用，同时，完成了组培单倍体诱导、筛选、加倍技术的标准流程，为 DH 系工厂化规模生产提供了新的技术支撑。

（二）籽粒直收和绿色高效新品种选育进展较快

以矮早密、收获时含水量低和抗逆性强等为特点的宜机收品种选育已成为主攻方向，并成为种业发展的共识。适宜机械收获品种选育初见成效，籽粒直收的新品种完成全国机收玉米试验。抗病虫、抗非生物逆境、养分高效利用绿色高效新品种选育工作已逐步开展。

（三）集成、推广高产、高效栽培技术

2016 年，在不同区域扩大已成熟的高产、高效和简化配套栽培技术的推广应用，扩大机械化精量播种技术推广面积。东北区继续推广密植高产全程机械化、膜下滴灌水肥一体化、深松、密植、精播、粒收、深施节肥等耕作管理技术取得阶段性进展，基于吉林省秸秆还田存在的生态气候条件、农机农艺配套技术等诸多制约问题，提出以深翻还田为主的全程机械化秸秆还田技术。黄淮海区继续推广免耕直播、秸秆还田、密植防倒防衰技术，提高生产效率。西北区继续集成推广滴灌节水和机械收获技术，因地制宜推广全膜双垄沟播技术。西南区在推广抗逆、丰产、精播、轻简栽培技术基础上，重点示范关键环节机械化高效生产技术。机械深施肥、机械收获技术稳步发展。简化施肥和提高肥料利用率的缓（控）释肥的研发取得明显成效。

（四）玉米产量和资源利用效率形成机制与调控技术

玉米产量和资源利用效率形成机制与调控技术研究取得进展。产量差异主要来自生物量差异，与收获指数关系不大。围绕高产玉米群体的养分需求特征与调控途径，明确了支撑高产玉米群体结构和功能的养分需求特征，同时对根层养分调控的农学、资源与环境效应进行了初步评价。

（五）机械化生产技术

2016年我国玉米机械化综合程度达81.2%、机耕89.9%、机播86.6%，机械化收获尤其突出，由2012年的42.4%提高到2015年的64.1%，但籽粒收获仅占3%左右，与市场需求存在巨大差距。从实际收获效果看，籽粒破碎率超过5%依然是制约籽粒收获技术推广应用的突出问题。区域发展不平衡依然突出，云贵川等丘陵地区玉米机械化综合程度不足20%，而机播、机收水平不足1%。

2016年农业部在全国布点，在原来"机耕、机播、机收"基础上，将"田间管理、收获后烘干、秸秆处理"新三样机械化技术列为推广重点，实施玉米全程机械化推进行动。

（六）病虫害防控技术

利用生态调控夏玉米苗期二点委夜蛾技术，防效达97%以上，已开始示范。适应机械化、以生防木霉菌为核心的防治茎腐病和纹枯病生防菌剂和高效低毒化学种衣剂和颗粒剂，继续在全国大面积示范。筛选出对苗期玉米蓟马、棉铃虫和黏虫防治效果分别达87.7%、84.9%和50.0%的种衣剂，已在黄淮海区示范应用。开发出除草剂减量使用技术，实现了化学除草剂用量减少15%～25%的目标，在全国10省（自治区）示范应用。无人机和机械化施药方法进行的叶斑病防控前移技术全面推广，并与研发的植物生长调节剂在农药减量中的应用技术结合，减少化学杀菌剂用量20%～30%；与穗期释放玉米螟赤眼蜂技术结合，对后期叶斑病和穗期钻蛀性害虫防效显著。研发出穗腐病防控前移技术，在播期和大喇叭口期两次药剂处理可有效控制穗腐病发生。在东北和黄淮区建立了基于应用抗性品种、化肥减施和土壤修复技术一体化的机械化全程绿色防控技术模式。

（七）玉米深加工技术

2016年玉米加工关键技术研发一方面仍以降低生产成本、开发高附加值产品、提高精深加工的综合利用率为主；另一方面，加大高附加值终端产品（如聚乳酸）的关键技术突破与产业化发展，成为提高我国玉米精深加工产业国际竞争力的重要手段与途径。虽然2016年度玉米加工产品种类维持不变，但由于加工企业所获政策补贴及加工原料价格成本下降等利好因素刺激，促进了加工企业开工率，同比较上年度提高10%左右。

近年国际石油价格大幅波动，以燃料乙醇为代表的替代能源成为我国能源供应多元化的一个重要方向。国内生物质能源的发展能够帮助实现玉米去库存和提高粮食安全水平，维护价格稳定，稳定农民增收。

未来我国在玉米深加工技术领域将会加强纤维素乙醇、聚乳酸的技术储备，利用秸秆生产燃料乙醇，提高企业经济效益、社会效益和环境效益，进一步推动产业升级。

"一机两改一保障"仍然是我国玉米产业技术发展的基本方向和战略核心。这其中隐含的大量产业技术需求和研发任务正被逐步解决。未来,一个以农业机械发展带动新品种选育和新技术研发的我国玉米产业技术发展新格局将逐步形成。

(玉米产业技术体系首席科学家 张世煌 提供)

2016 年度小麦产业技术发展报告

（国家小麦产业技术体系）

2016 年我国小麦产量略有减少，但仍属丰收年，国内供给相对充足，小麦价格总体呈下跌态势。世界小麦产量再创新高，小麦价格震荡下行，贸易量略有增加。从发展趋势看，2017 年我国冬小麦播种面积基本稳定，小麦价格将逐渐趋稳；世界小麦播种面积比较稳定，受世界小麦增产以及全球经济增长趋缓等因素影响，预计 2017 年国际小麦价格仍将低位运行。

一、2016 年小麦产业发展特点和存在问题

（一）国内外小麦产业发展特点

1. 世界小麦产量再创新高，国内小麦略有减产　据联合国粮农组织报告，2016 年全球小麦产量达到 7.42 亿 t，再创历史新高，比 2015 年增加 860 万 t，增幅为 1.2%。分国家和地区看，俄罗斯小麦产量分别为 6 950 万 t，同比增长 12.5%；乌克兰小麦产量 2 560 万 t，同比减少 3.4%；欧盟由于播种面积缩减，小麦产量为 1.44 亿 t，同比减少 10.3%；中国小麦产量略有减少，2016 年为 1.29 亿 t，同比减少 1.0%；印度产量为 9 350 万 t，同比增长 8.1%；加拿大产量为 3 050 万 t，同比增长 10.5%；美国小麦产量为 6 320 万 t，同比增长 13.1%。

据国家统计局数据，2016 年我国小麦播种面积 2 418.7 万 hm^2，比上年增加 4.6 万 hm^2，增长 0.2%；小麦单产 5 327.4kg/hm^2，比上年减少 65.4kg/hm^2，下降 1.2%；小麦总产量为 12 885 万 t，比上年减少 133.7 万 t，下降 1.0%。总体来看，当前国内小麦消费稳中略增，供需平衡有余，国内供应较为充足，为市场稳定奠定了良好基础。

2. 国际小麦价格持续下行，国内价格稳中有降　2016 年世界小麦产量再创新高，库存处于较高水平，供需形势比较宽松，国际市场价格持续下行。美国墨西哥湾硬红冬麦（蛋白质含量 12%）平均离岸价从 1 月的 219 美元/t 下降至 4 月的 202 美元/t，跌幅为 7.8%；5 月略有回升至 208 美元/t，下半年价格持续下跌，12 月跌至 196 美元/t；全年均价为 202 美元/t，同比下跌 14.0%。在国内小麦供应充足的形势下，2016 年国内小麦价格总体呈下跌态势，普通麦降幅大于优质麦。郑州粮食批发市场普通三等白小麦 1 月价格为 2 390 元/t，5 月涨至 2 465 元/t，8 月跌至 2 258 元/t，9—12 月价格逐月上涨，12 月涨至 2 300 元/t；全年均价为 2 348 元/t，同比下跌 4.2%。优质麦价格呈先降后升态势，1—5 月为 2 830 元/t，6—9 月持续下跌至 2 565 元/t，12 月略涨至 2 620 元/t；全年均价为 2 707 元/t，同比下跌 3.1%。优质麦与普通麦价差由年初的 440 元/t 扩大至 6 月 454 元/t，之后减少至 10 月 293 元/t，12 月略增至 320 元/t。

3. 世界小麦贸易量略有增加，国内进口同比增加　国际方面，2016 年世界小麦贸易量为 1.65 亿 t，同比增长 0.1%。贸易量增加主要是由于亚洲和北美地区国家的小麦国内供应略有减少，致使进口需求增加，同时主要出口国加拿大、俄罗斯和欧盟的出

口量也有所增加。国内方面，2016 年 1—10 月，我国小麦产品进口量为 315 万 t，同比增长 21.8%，进口额 7.59 亿美元，同比减少 3.9%；出口量为 9.2 万 t，同比减少 7.9%，出口额 0.51 亿美元，同比减少 14.9%。小麦进口以澳大利亚、美国和加拿大为主，合计占小麦进口总量的 90%。小麦出口以中国香港和埃塞俄比亚为主，合计占小麦出口总量的 86%。由于小麦进口量占国内消费量的比重很小，对国内市场影响不明显。

（二）我国小麦产业存在的主要问题

1. 种麦效益较低影响生产积极性 2008 年以来全国小麦生产净利润连年下降，从 164.51 元/667m² 降为 2013 年的 12.78 元/667m²，2014 年回升至 87.8 元/667m²，2015 年下降为 17.4 元/667m²，2016 年再下降为 9.8 元/667m²；2016 年受价格下跌影响，种麦大户亏损严重，一般平均亏损 200 元/667m² 以上；效益下滑严重影响农民，特别是种粮大户的种麦积极性，河北、山东部分地区连年出现小麦弃种现象。

2. 小麦质量堪忧 2016 年由于小麦收割期间主产区降水范围较大，持续时间较长，导致部分小麦主产省不完善粒增加，特别是湖北、江苏、安徽，霉变率明显大于往年。

3. 科技应用日益受到规模限制 目前全国户均小麦种植规模仅有 0.3hm²，规模过小不仅大大限制了劳动生产率的提高，而且制约了先进生产技术的应用和推广，不利于小麦产业实现现代化。

4. 产业化组织模式难以适应新要求 随着市场化和贸易自由化的推进，中国小麦产业发展面临的组织问题越来越突出，影响中国小麦产业的长远发展。

5. 国际竞争力不断下降 2016 年国际小麦价格持续下跌，国际小麦到岸税后价持续低于国内优质麦销区价，价差达 1 000 元/t。

6. 小麦生产面临资源和环境的约束加剧 华北等水资源短缺的主产区小麦生产将面临更大的挑战，一些地下水严重超采地区亟需通过小麦退耕休耕来恢复脆弱的生态环境。

二、2017 年小麦产业发展趋势

（一）我国小麦产业发展形势良好

从生产来看，主产区冬小麦播种面积基本稳定，全国冬小麦播种面积稳定在 2 253.33 万 hm²。从苗情来看，小麦播种基础扎实，苗情长势较好，为实现壮苗越冬奠定了基础。从消费来看，我国小麦消费基本平稳，其中口粮消费基本稳定，由于玉米价格走低，饲用消费将呈下降趋势，工业消费还将继续增加。从价格走势来看，2017 年小麦最低收购价继续执行但仍保持上年水平，预计国内小麦价格将逐渐趋稳。

（二）国际小麦产业发展平稳

从播种情况来看，预计 2017 年俄罗斯和乌克兰的小麦面积将略有增加，欧盟的播种面积将保持不变或略有减少，美国的播种面积将略有减少。从价格走势来看，受世界小麦产量再创新高、库存处于高水平以及全球经济增长趋缓等因素影响，预计 2017 年国际小麦价格仍将低位运行。

三、国际小麦产业技术研发进展

根据 Web of Science 数据库检索结果，2016 年 1 月 1 日至 12 月 23 日，以小麦为主题词的科技研究类 SCI 研究论文共计 7 698 篇。其中，中国（包括港澳台地区）学者发表论文数仍为最多，共 1 999 篇，占比 25.97%；美国、印度、澳大利亚、德国分列其后，分别为 1 226 篇、628 篇、561 篇、486 篇，排名与上年度一致，论文数量也无明显变化。虽然中国大陆地区发表的论文数量排名第一，但发表的高影响力研究论文总数仍与发达国家存在差距。

（一）小麦遗传育种研究

美国堪萨斯州立大学综合利用小麦 3BS 和 3DS 染色体测序信息开发染色体特异分子标记，图位克隆了小麦 3BS 抗赤霉病 $Fhb1$ 基因，文章发表在 Nature Genetics 上。美国 USDA-ARS 的 GuihuaBai 团队也克隆了 $Fhb1$ 基因，位置与前者非常接近，但是基因序列不同。上述两个基因也与我国南京农业大学马正强团队克隆的 $Fhb1$ 基因位置非常接近。加拿大、英国和德国科学家合作，利用比较基因组学手段开发分子标记，以 4 个作图群体为研究材料，对小麦抗吸浆虫基因 $Sm1$ 所在染色体区段进行了标记加密，精细定位了该基因，为分子标记辅助育种和图位克隆该基因奠定了基础。CIMMYT 等与多国合作，用抗小麦条锈病、叶锈病、秆锈病、黄叶斑病、小麦冠腐病或小麦颖枯病的 173 份人工合成小麦，利用与 35 个 QTL 关联的 74 个 DArT 和 DArTSeq 标记对标记和性状进行关联分析，发现其中 15 个 QTL 来自小麦 D 基因组，6 个标记可以用于检测 35 个中的 10 个抗两种病害的 QTL，并且检测到了 1BL 上的抗病基因簇 $Lr46/Yr29/Sr58/Pm39/Ltn2$，可以作为抗源用于小麦育种工作。美国 USDA-ARS 的 Blake 等开发了可供育种者和研究人员利用的在线小麦族物种，尤其是小麦和大麦表型的基因型分子技术平台/工具盒 T3，可根据指定参数为植物育种者提供育种指标选项、表型比较分析工具和小区实验柱状图等。与 GrainGenes 的紧密合作以及小作物参考基因序列的不断登录，将使得 T3 在数据分析方面起到重要作用，该平台的软件可供公众免费使用，数据可自由下载。

（二）小麦栽培技术研究

为寻找目前尚未统一的植物耐旱性指标，Christopher 等将两个差异显著小麦的叶片持绿特性相关指标和籽粒产量在 8 个不同的水分环境进行了相关性分析，发现花期的植被指数和籽粒产量在中度干旱胁迫下呈显著的正相关。Karamanos 等对 10 个基因型小麦的水分获取相关指标（根系密度、水分、渗透调节物质等）和水分消耗相关指标（气孔敏感型和叶片衰老）进行分析，得到水分获取能力和水分消耗能力与籽粒产量水平呈较好的正相关。此外，干旱胁迫对小麦花后不同器官果聚糖代谢和转运具有重要的影响。Abid 等、Mphande 等采用澳大利亚小麦品种发现，茎秆可溶性糖积累和转运是小麦适应干旱胁迫的主要特性之一。

Jokela 等通过设置免耕、条旋耕和传统耕作模式进行连续多年的研究指出，虽然第一年不同耕作措施就对土壤含水量产生影响，但是具有显著性差异是在第二年的 6—8 月，免耕和条旋耕比传统耕作分别增加了 $0.046m^3$ 和 $0.037m^3$。说明保护性耕作能够增加蓄水，提高土壤贮水量及含水量。

（三）小麦病虫害防控技术研究

小麦赤霉病病菌功能基因组研究取得重要突破。随着赤霉基因组的公布，赤霉病病菌功能基因组学研究进展迅速。韩国首尔大学 Yin-Won Lee 团队构建了赤霉病病菌转录因子突变体库，共敲除了病菌中 657 个转录因子，并对所有转录因子突变体进行了致病、产毒、抗非生物胁迫、有性、无性生殖等 17 种表型测定，获得近 11 000 个表型数据，构建了赤霉病菌转录因子表型数据库。

昆虫翅发育及其调控机理研究取得新进展。Wang 等认为，昆虫可塑的表观形态变化主要是受到温度、密度和食物质量等环境因子的胁迫，Zhang 等、Vellichirammal 等通过选择性地调节内分泌系统和基因表达来实现。Zera 的研究表明，保幼激素、胰岛素和蜕皮激素等的内分泌调节在蟋蟀翅多态性中发挥了重要作用。Guo 等研究结果显示，胰岛素相关的 Apirp5 基因可调节豌豆蚜胚胎发育。此外，翅发育相关基因及其调控网络的研究也取得一些进展。在果蝇发育过程中，Cyclin G、HEXIM、vg、Midline、Lsd1 等基因的敲除或异常表达，会导致果蝇死亡率升高、发育速度减慢、翅萎缩或翅畸形。Bolin 等研究认为，miR-8 调节肌动蛋白细胞骨架影响果蝇翅上皮组织生长，Yang 等也认为 miR-71 和 miR-263 的过表达或抑制表达可导致蝗虫脱皮缺陷。Peng 等的研究说明，抑制桃蚜 let-7 和 miR-100 的表达，可导致细胞色素酶 P450 基因表达变化。

（四）小麦加工技术研究

发达国家小麦加工企业数量、加工能力、产量相对稳定，企业规模进一步扩大，小麦加工制品朝专用化、多样化、副产品利用综合化发展。小麦制粉技术及设备仍主要以瑞士、意大利两个国家居世界领先地位。制粉设备朝自动化、大产量或轻便化发展。美国、法国、英国等国家以焙烤类食品，意大利以通心粉，日本以面条为主研制专用粉。小麦粉多样化主要依靠配麦、配粉实现。瑞士布勒公司在小麦糊粉层提取工艺和利用技术方面取得进展，并开始工业化生产。美国在全谷物食品生产的研究方面取得较大进展并得到推广。

（五）资源高效利用研究

从文献计量学角度看，全球土壤质量研究依然是今年国际土壤学界的重点，如作物种植制度、轮作制度、农地复垦等农业管理对土壤质量的演变等。

在土壤化学和环境健康研究领域，土壤多组分相互作用与纳米矿物界面过程、土壤磷素化学、土壤有机碳动态及调控机制、土壤矿物演变特征与机制、土壤胶体化学研究以及耕作栽培对土壤化学过程的影响等研究继续得到国际同行关注。有关重金属和有机污染物的化学过程、纳米颗粒对污染物的吸附机制、生物炭对土壤碳氮循环的影响等也已成为热点问题，研究重点涵盖土壤污染源解析、风险评估和污染土壤修复等方面。土壤污染物类型从传统的重金属、多环芳烃拓展到许多新兴污染物，如增塑剂、纳米颗粒、抗生素和抗性基因等。全球气候变化下的污染物土壤环境化学行为研究也开始受到重视。

四、国内小麦产业技术研发进展

根据知网数据服务平台的检索结果，2016 年国内中文期刊发表的与小麦相关的研究论文共计 3 046 篇，比上年度有较大幅度增长。根据国家知识产权局的数据，截至 12 月 23 日，2016 年度公开与小麦有关的申请专利 5 579 项，授权专利 327 项，其中农业机械及农田管理领域专利占多数，主要集中在小麦田间管理机械、收获后储存和面粉加工、病虫草害防治等方面，本年度与小麦相关的专利中与小麦收获后加工和秸秆处理有关的创新技术出现较明显增加。

（一）遗传育种研究

2016 年我国新育成一批表现比较突出的小麦新品种。由农业部发布为全国小麦主导品种 23 个，与上年相比，继续推荐 19 个品种：济麦 22、百农 AK58、西农 979、周麦 22、良星 66、石麦 15、郑麦 7698、衡观 35、扬麦 16、郑麦 9023、淮麦 22、襄麦 25、绵麦

367、宁春 4 号、新冬 20、龙麦 33、鲁原 502、山农 20、川麦 104；新增推荐 4 个品种：洛麦 23、安农 0711、运旱 20410、扬麦 20。烟台农科院育成的小麦新品系烟农 1212，由农业部组织专家实打验收，平均单产达到 828.5kg/667m²，刷新我国冬小麦单产记录。中国农科院作物科学研究所胡学旭等测定了 2006—2015 年我国小麦主产区 742 个小麦品种 7 561 份样品的容重、蛋白质含量、湿面筋含量、沉淀指数和面团流变学特性，认为当前我国小麦品种结构有所改善，但各品质类型小麦达标比率较低，小麦质量有较大提升空间。应通过选育和推广高产优质专用小麦品种、合理增加现有各类型优质小麦品种面积和加大政策扶持力度等途径，优化品种结构，提高小麦质量。

（二）小麦栽培技术研究

王淑兰等研究认为，保护性耕作能够显著提高 0～200cm 土层土壤贮水量及含水量，在降水较少的年份表现更为突出，有利于提高土壤对降水的保蓄，具有良好的蓄水保墒作用。免耕/深松、深松/翻耕、翻耕/免耕、连续免耕和连续深松 5 种保护性耕作的土壤含水量较连续翻耕依次增加 5.7%、2.3%、2.0%、5.5% 和 4.4%，以免耕/深松处理土壤含水量最高。靳海洋等研究表明，深松-免耕处理增加玉米季 0～40cm 土层土壤贮水量和周年内 20～40cm 土层土壤水分含量，深松与免耕结合表现出较好的蓄水保墒效果；而深松-旋耕处理在冬小麦收获期与传统耕作相比，0～40cm 土层土壤贮水量有所降低。胡发龙等研究表明，免耕秸秆覆盖对降低小麦间作玉米耗水量的潜力最大，较传统耕作平均降低了 4.1%；免耕立茬降低作用较小，较传统耕作平均降低了 2.6%；带状耕作结合秸秆覆盖有效降低了生育期内耗水总量，对协调系统减排降耗具有明显效果。

通过非生物逆境锻炼来使植株主动获得耐热性也成为近年来的研究热点。南京农业大学 Zhang 等通过对萌发的小麦种子进行热激处理，发现锻炼增强了植株对灌浆期高温胁迫的耐性，产量降低幅度较小。通过转录组学和生理酶活性测定相结合的方法研究，结果表明：胁迫相关基因如编码热休克蛋白和渗透蛋白，光合作用相关基因与抗氧化相关基因及酶活性的诱导表达在种子热激处理诱导小麦耐热性增强方面都起重要作用。

（三）小麦病虫害防控研究

2016 年我国小麦病虫害发生面积 6 166.67 万 hm²，总体偏重发生。其中，病害发生 3 180 万 hm²，略低于 2015 年，但高于近 5 年及 2001 年以来的平均值；虫害发生 2 986.67 万 hm²，是 2001 年以来最轻的年份。

吡虫啉广泛高频应用造成的高选择压，使当前害虫产生抗药性。今年最新报道，钟凯等、李宏德、王利平等、祝菁等、Chen 等分别发现我国不同地区或者不同年份的麦蚜、桃蚜、苹果绵蚜、棉蚜等害虫中发现对吡虫啉抗性的种群。为达到更好的防控效果，可针对不同作物和防治对象采用不同的施药方式。汪善洋通过 0.1% 吡虫啉颗粒剂（药肥混剂）防治小麦蚜虫，控制时间长、防效好；尹可锁等利用假茎注射吡虫啉防控香蕉蓟马可达到农药减量与确保防效并举的效果。此外，深入了解害虫对吡虫啉的抗性机制也为筛选新型替代药剂提供了理论依据。李宏德发现，麦蚜对吡虫啉产生抗性与其体内的乙酰胆碱酯酶有显著关系，祝菁等研究发现，苹果绵蚜对吡虫啉抗性水平与胱甘肽 S-转移酶活力呈正相关性。Chen 等认为棉蚜烟碱型乙酰胆碱受体的 3 个靶点突变与吡虫啉的抗性有关，而 Cui 等认为，烟碱型杀虫剂环氧虫啶对有分子靶点突变的抗吡虫啉棉蚜有很好的药效。开展吡虫啉应用研究不仅有助于了解其田间防效，监测其抗性水平，还可以帮助治理、延缓抗性，并为新农药的研制提供新思路。

（四）小麦加工技术研究

2016 年，粮食行业在绿色安全储粮、粮食产后减损、粮食质量安全保障、粮食深加工与营养健康粮食食品研发等领域和关键环节有所突破。国家开展粮食仓储标准化管理行动，持续推进"四无粮仓"建设。推广粮食仓储新装备、新技术，增强科学储粮减损能力。制定粮食适度加工和减损行业技术标准，建立健全政府抽检和行业自律相结合的标准执行监督机制。推进粮食加工减损技术升级，实施千家重点粮食加工企业出品率提升计划。加强粮食现代物流体系建设，优化运输组织，缩短运输周期，提高粮食物流效率，减少运输环节粮食损失损耗。在经过成功试点的基础上，逐步实施"互联网+粮食"行动计划，搭建国家、省、企业三级系统架构，全面提升行业信息化水平。

国内小麦加工企业总加工能力仍有小幅增加，但趋势放缓；规模以上企业加工能力进一步提高，企业整合力度不断加剧；小麦加工产品种类依然单一，档次较低，利润较小；企业参与国际竞争的能力弱。整体上，小麦加工企业呈现两极分化，中小企业步履艰难，开工率降低、亏损企业增加；大型企业市场占有率增加，开工率逐步增加。小麦加工技术主要集中在提高面粉适应性、安全性、营养性，低质受损小麦利用，小麦加工副产物利用技术等。

中国食品科学技术学会面制品分会于 2015 年统计的行业内 24 家挂面龙头企业的数据显示，24 家挂面龙头企业的总销售额为 111.98 亿元，相较于 2014 年的 111.28 亿元增长了 0.63%；总产量为 237.28 万 t，相较于 2014 年总产量的 229.51 万 t 增长了 3.39%；总生产线条数为 329 条，相较于 2014 年的 326 条增幅为 0.92%。挂面生产装备的自动化水平大幅提高，正在逐步向智能化方向迈进，与日本装备相比，性价比较高。国家专利局网站公布的挂面类专利申请情况显示，近十年来，各挂面企业申请或取得发明、实用新型专利共超过 200 项，外观设计专利超过 500 项。总体来看，挂面行业发展进入了趋稳阶段，但行业扩大产能的势头仍在加剧，行业仍处于无序竞争中。

（五）资源高效利用研究

我国在土壤质量与肥力领域的研究重点集中在障碍土壤的改良与培肥，如耕作方式、秸秆还田、生物质炭等对土壤结构与肥力的影响；盐碱等障碍土壤的生态治理技术与产品研发、改良培育及环境效应、生态建设与修复等。在土壤化学和环境健康研究领域，研究重点在于探讨土壤生物与土壤生态系统关系、生物质碳与秸秆还田对农田土壤的影响、土壤连作病害形成的机理、稳定性同位素的研究方法与应用、农业管理措施对土壤理化性质的影响等。围绕"到 2020 年化肥使用量零增长行动方案"到 2020 年化肥使用量零增长行动方案，氮素效率问题引起特别关注，重点探讨土壤氮素的关键转化过程及其影响因素、土壤氮循环微生物驱动机制、氮素的环境行为及调控途径研究。

（小麦产业技术体系首席科学家　肖世和　提供）

2016 年度大豆产业技术发展报告

（国家大豆产业技术体系）

一、世界大豆生产及贸易概况

（一）阿根廷大豆受灾减产，美国单产再创新高

据国际谷物协会（IGC）发布的数据，2016/2017 年度全球大豆总产量为 33 600 万 t，其中，美国为 11 870 万 t，巴西和阿根廷分别为 10 150 万 t 和 5 500 万 t，市场供给充足。虽然受厄尔尼诺-拉尼娜周期的影响，大豆主产国阿根廷遭受洪涝灾害，产量受损，但是今年美国大豆丰收，预计单产将达到 52.5 蒲式耳/英亩（约 235.4kg/667m²），创下纪录高位。

（二）贸易继续增长，价格波动较大

据美国农业部（USDA）2016 年 11 月发布的数据，2016/2017 年度全球大豆贸易量预计为 13 925 万 t，与去年相比略有增长，其中出口量最大的 5 个国家分别为：巴西、美国、阿根廷、巴拉圭和加拿大，占总出口量的 95.4%；而进口量最大的 5 个国家/地区则分别为中国、欧盟、墨西哥、日本和泰国，占进口总量的 80%。

2016 年国际市场大豆价格波动较大，据 USDA 数据显示，三大大豆主要出口国巴西、美国、阿根廷的离岸价最大价差幅度达 100 美元/t。

（三）俄罗斯远东地区成为新的进口大豆来源地

值得注意的是，近年来俄罗斯逐渐成为中国进口大豆的另一重要来源。为遵守对世界贸易组织的承诺，俄罗斯从 2015 年 9 月 1 日起，开始降低主要油籽的出口关税，大豆出口关税将降至零。由于俄罗斯大豆种植成本较低，部分中国农民开始选择赴俄租地种植大豆，收获后再出口至国内。据俄方估计，2020 年，全俄大豆面积可望达到 500 万 hm²，主要分布在与黑龙江省一江之隔的阿穆尔州。预计今后我国从俄罗斯进口大豆数量将有所增加，加之俄罗斯大豆为非转基因品种，这将对国产食用大豆造成一定的冲击。

二、国内大豆生产概况

（一）大豆生产全面恢复

2016 年，农业部发布了《关于促进大豆生产发展的指导意见》，出台了一系列促进大豆生产的政策措施，同时，得益于种植业结构调整，全国大豆播种面积有较大幅度的上升，预计将达到 714.67 万 hm²，较去年增加 70 万 hm²。2016 年春播期间，东北地区气候较适宜，总体苗情良好，播种进度与上年同期持平；7 月和 8 月，东北部分地区出现持续高温少雨现象，土地失墒严重，对农作物的生产极为不利。旱情不仅使得受灾地区大豆品质变差，粒小，甚至有些地区大豆面临绝产。同期在华北、黄淮、四川盆地、江汉平原等地区则出现年初以来最强区域性大暴雨，多地作物受灾，造成部分产区产量下降。全国大豆总产预计在 1 310 万 t 左右，较上年增加 155 万 t，单产则预计为 122kg/667m² 左右，与

去年相比有所下降。

（二）进口量继续增加，进口与国产大豆价差缩小

据中国海关统计，2016 年 1—11 月我国大豆进口总量为 7 424 万 t，比去年同期上升 2.3%，预计全年我国大豆进口量将达到 8 600 万 t。从进口来源地看，主要为美国、巴西、阿根廷、乌拉圭、加拿大和俄罗斯。

2016 年 1 月，黑龙江产区大豆价格在 3 600~3 700 元/t，进口大豆到岸价格为 2 970~2 980 元/t，国产大豆价格远远高于进口大豆，而 12 月进口大豆到岸价格持续上涨，达到 3 740~3 760 元/t，同期，东北地区大豆交货价格为 3 600~3 700 元/t，国产大豆价格已经略低于进口大豆。

三、国际大豆产业技术研发进展

（一）长期种植转基因大豆可优化土壤微生物群落

自 1996 年世界范围广泛种植转基因大豆以来，转基因大豆约占据全球大豆种植面积的 80%，它们大多数具有抗草甘膦特性。为明确转基因作物可能对土壤微生物群落产生的影响，巴西马林加州立大学和巴西农牧研究院（EMBRAPA）大豆研究农业中心的研究人员在巴西两个地点对常规大豆品种及转 *RR* 基因的近等基因系进行长期田间试验，调查土壤化学、物理、微生物特性和作物产量。结果表明，试验点土壤的物理、化学和经典的微生物参数均存在明显差异。宏基因组学分析显示，微生物群落和功能丰度存在差异。在种植转基因大豆的土壤中有更多的变形菌门、厚壁菌门、绿藻门微生物，大量的变形菌门微生物导致变形菌门：酸杆菌门的比例升高，这是一种优化土壤肥力的生物学指标。然而，作物单产在不同处理间的差异不明显，可能与微生物群落和土壤的缓冲能力有关。

（二）明确了大豆抗胞囊线虫的机理

美国田纳西大学的 Jingyu Lin 博士与全球多个研究机构的研究人员合作研究了大豆 *GmAFS* 基因在大豆防御线虫中的作用。结果表明，*GmAFS* 基因是植物萜烯合成酶基因（TPSs）家族的一员，该基因与苹果中的（E，E）-α-法尼烯合成酶基因密切相关。在对胞囊线虫（SCN）具有抗性的大豆品种中，*GmAFS* 的表达受到感染的明显诱导，而感病品种中 *GmAFS* 的表达不受感染的影响。在敏感型大豆品种的根系中，过表达 *GmAFS* 可使其抗性明显增强，表明 *GmAFS* 有助于提高大豆对 SCN 抗性。在大豆叶片中，*GmAFS* 的表达可由二斑叶螨（Tetranychus urticae）与外源茉莉酸甲酯诱导。进一步分析表明，感染二斑叶螨的大豆植株可释放主要成分之一为（E，E）-α-法尼烯的挥发物。该研究揭示了 *GmAFS* 基因在大豆地下和地上器官中的防御作用。

（三）节本是世界大豆产业技术进步的鲜明特征

美洲大豆主产国始终将化肥减量化、秸秆还田和根瘤菌应用作为降低大豆生产成本的主要手段。美国、巴西、阿根廷作为世界三大大豆生产国和出口国，对大豆生产中亟须解决的主要问题——改良贫瘠、强酸性土壤，解决根瘤生长不良、磷肥效果差，实行轮作与秸秆还田进行了研究，并取得了显著成效。

（四）大豆刺吸类害虫防控研究取得进展

美国科学家筛选出对蚜虫具有较强排拒作用的大豆基因型 PI 200538、IAC 24、IAC 17 和抗蚜作用较强基因型 UX 2569-159、PI 200538 和 PI 243540。有意思的是，在抗性大豆田混合种植少量（25%）的敏感品种时防蚜效果更好，从而提高大豆产量。利用天敌异色瓢虫、杀雄菌属、黑草菌属和沃尔巴克氏体属等微生物防治大豆蚜，可预防和抑制大豆蚜暴发。

（五）大豆生产机械化向全程化、智能化、信息化、可持续方向发展

世界三大大豆主产国在大豆机械化耕整地、播种、田间管理、收获及收后技术等各生产环节均得到较好发展，部件及整机设计研发成果不断涌现。耕整地机械或部件作业机理、耕整地机组和收获机组作业效果、机组作业对土壤压实破坏的研究得到高度重视，特别注重"人-机-环境"系统研究，从而提升系统的总体协调性和综合效益。此外，精准农业技术、物联网技术、无人机技术在大豆生产中也有广泛应用。

（六）大豆绿色加工技术发展加快

目前，国内外大豆油脂的工业化生产方式以压榨法和浸出法为主。压榨法的油脂产率低、蛋白严重变性、产品附加值不高，而浸出法克服了压榨法提油率低的问题，但毛油品质稳定性差，需要化学精炼，且条件难控制，有溶剂残留，投资大、能耗高、资源浪费严重。生物法制取大豆油脂与蛋白技术，是近些年来发展起来的绿色深加工技术，具有安全、健康、高效、环保、节约资源的显著特点。该技术在机械破碎基础上，采用能对大豆油料细胞中的脂蛋白、脂多糖等复合体具有降解功能的酶作用于油料，使油脂易于从油料中释放出来，利用非油成分对油和水的亲和力差异、油水比重的不同而将油和非油成分分离。美国、德国、巴西等国在此项技术的研发和产业化发展方面处于世界领先水平。

四、国内大豆产业技术研发进展

（一）大豆生育期性状遗传和分子机理研究不断深化

除了继续挖掘更多的与产量性状相关的分子标记外，我国科学家在阐明大豆光温敏感性调控遗传机理研究方面进展明显。对 $E1$ 基因的功能研究表明，该基因对大豆的开花期及成熟期的影响最大，$E1$ 基因可抑制植物开花，且该基因的变异与开花期表型密切相关。研究证明，$E9$ 由大豆 $GmFT2a$ 基因编码，隐性 $e9$ 基因由于在 $GmFT2a$ 基因的第一个内含子插入了一个 ty1/copia 类似的反转录转座子 $sore$-1，导致 $GmFT2a$ 基因的表达量降低，从而使其功能受到抑制，延迟大豆开花。此外，华南农业大学农学院和中国农业科学院作物科学研究所在热带大豆适应短日高温环境的分子机制研究领域取得突破性进展，他们克隆出了研究者们寻觅了近半个世纪的大豆长童期基因 J（$GmELF3$），并揭示了 J 基因在中国、美国和巴西大豆品种中的分布规律。J 基因的克隆是我国科学家在大豆光周期反应这一重要研究领域独立完成的重大成果，为将中高纬度地区的优良大豆品种改造成可在热带亚热带地区种植的材料提供了可靠的技术途径，对拓展大豆品种种植区域、发展低纬度地区大豆生产具有重大意义。

（二）大豆绿色增产增效技术研发取得进展

近几年来，农业部、中国农科院组织实施"大豆绿色增产增效技术集成模式研究与示范"项目。针对大豆主产区生产现状及共性技术需求，以大豆减肥增效技术为着眼点，以氮、磷肥高效利用和根瘤固氮为核心，以秸秆还田培肥提升土壤有机质库容、改善土壤环境为途径，开展粮豆轮作模式下氮肥调控和磷肥活化与控释技术，集成配套与区域生产相适应的高效精准变量施肥模式；优化与融合畜禽粪肥利用、秸秆还田等有机替代土壤培肥技术，结合养分高效品种和高产栽培技术，形成轮作模式下大豆化肥减施增效技术集成模式，并建立了相应技术规程。通过基地示范、新型经营主体和现代职业农民培训，在大豆主产区大面积推广应用，增加大豆种植面积，提高大豆产量，实现了减肥条件下大豆单产水平的不断提高。

（三）开发出大豆根腐病、胞囊线虫防控新技术，破解了"症青"现象发生原因

在筛选一批抗病品种、开展抗病育种的基础上，我国在大豆根腐病化学防治与生物防治技术的应用研究方面也取得了可喜的进展，研发出一种防治大豆根部病害的新型药剂——缓释甲霜灵颗粒剂，该药剂可以有效防治大豆生长后期根腐病的发生。研究还发现，枯草芽孢杆菌对根腐病致病菌——尖孢镰刀菌具有较强拮抗作用，为探索绿色、高效的大豆根腐病综合防治技术奠定了一定的基础。在大豆胞囊线虫病研究中发现，长期连作大豆后土壤中积累了大量以厚垣轮枝菌、淡紫拟青霉为主的寄生真菌，从而抑制了大豆胞囊的形成，并从中筛选出 6 株对大豆胞囊线虫有强烈抑制作用的生防菌株。针对黄淮海地区出现的大面积"症青"（荚而不实）现象，开展模拟实验和接虫试验，研究发现，引起大豆"症青"的原因是点蜂缘蝽为害荚果，造成种子死亡，导致来自种子的信号物质缺失，使茎叶持绿，不能正常落叶。

（四）大豆生产机械化装备技术研发快速发展

大豆生产机具研发的内容涵盖耕整地、播种施肥、田间管理、收获、收后处理和种子加工技术等各环节，大豆生产装备向全程机械化方向发展势头逐渐显现。免耕覆秸精密播种和条带免耕播种技术及装备，基于北斗的精准作业技术与装备是发展特色，物联网技术、无人机技术在大豆生产机械化中的应用是发展热点。我国开始注重科学的运用管理方法研究，提升装备利用率及作业质量，降低机械作业成本，减轻机械对生态环境的为害，促进农业高产、优质、高效、安全、可持续发展。

（五）传统豆制品加工技术研究向副产物综合利用方向拓展

在传统豆制品加工技术研究方面，除了不同大豆食品包括豆腐、豆浆和豆干的专用品种筛选、不同加工工艺对豆浆产品的化学成分和品质方面的影响、新型豆浆产品、酱油产品等开发及技术优化外，研究已经向副产物综合利用方面拓展：一是豆渣的综合利用，建立了以鲜湿豆渣为原料开发各种高纤维食品工艺方法，并实现产业化生产；二是以全籽粒大豆为原料开发无渣大豆食品，从根本上达到零排放，不产生副产物的目的。

（大豆产业技术体系首席科学家　韩天富　提供）

2016 年度大麦青稞产业技术发展报告

（国家大麦青稞产业技术体系）

一、国际大麦青稞生产与贸易概况

根据美国农业部（USDA）统计，2016/2017 年度全球大麦收获面积约 4 887 万 hm^2，比上年度减少 121 万 hm^2。全球总收获面积和平均单产预计都会减少，总产量因此将下降到约 1.44 亿 t，比上年度减少近 500 万 t。

由于全球第二大大麦进口国——中国的国内玉米价格在 2016 年出现了下跌，导致对玉米的饲料需求显著增长，而对作为其替代品的大麦的饲料需求明显下降，需求量为 1.46 亿 t，比上年度减少 130 万 t。

全球大麦贸易总量约为 2 685 万 t，比上年度减少 120 万 t，主要是中国大麦进口量减少；全球大麦期末库存预计为 2 295 万 t，比上年度减少 225 万 t。全球大麦出口量排名前 5 位的主要出口国或地区依次为：澳大利亚（670 万 t）、欧盟（620 万 t）、乌克兰（500 万 t）、俄罗斯（400 万 t）、阿根廷（220 万 t）；主要大麦进口国分别为：沙特阿拉伯（1 050 万 t）、中国（500 万 t）、伊朗（160 万 t）、日本（110 万 t）和阿尔及利亚（90 万 t）。

2016 年国际市场价格持续低迷。以法国鲁昂港口的饲料大麦离岸价格（FOB）为例，2016 年平均价格为 163 美元/t，比上年减少 32 美元/t，降幅达 17.2%（图 1）。

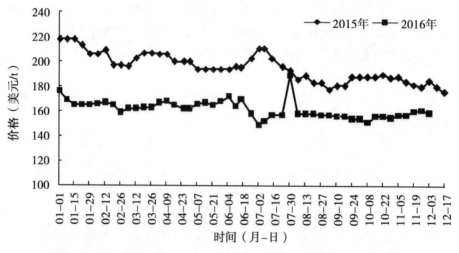

图 1 2015 年和 2016 年法国鲁昂港口饲料大麦离岸价格（FOB）走势

二、国内大麦青稞生产与贸易概况

根据国家大麦青稞产业技术体系统计，2016 年我国大麦青稞的总收获面积 114.94

万 hm²，平均单产 4.1t/hm²，总产量 471.1 万 t，较上年减少 59.1 万 t。其中，皮大麦的收获面积 75.22 万 hm²，较上年减少 12.48 万 hm²；产量 336.44 万 t，较上年减少 86.46 万 t；平均单产 4.47t/hm²，较上年减少 0.33t/hm²。裸大麦青稞的收获面积 39.72 万 hm²，较上年增加 4.32 万 hm²；产量 135.77 万 t，较上年增加 12.27 万 t；平均单产 3.48t/hm²（表 1）。

表 1 2016 年我国大麦青稞生产情况

省份	大麦青稞			啤酒大麦			饲料大麦			青稞		
	总面积（万 hm²）	单产（t/hm²）	总产（万 t）	面积（万 hm²）	单产（t/hm²）	总产（万 t）	面积（万 hm²）	单产（t/hm²）	总产（万 t）	面积（万 hm²）	单产（t/hm²）	总产（万 t）
云南	25.5	3.5	90.0	11.7	3.6	42.3	12.5	3.6	44.4	1.3	3.8	5.2
江苏	14.2	5.3	74.8	13.9	5.3	73.9	0.0	0.0		0.2	3.6	0.9
内蒙古	6.0	4.3	25.8	6.0	4.3	25.8	0.0	0.0		0.0	0.0	
湖北	12.7	5.0	62.7	0.0	0.0	0.0	12.5	5.0	61.7	0.2	5.0	1.0
西藏	19.9	3.8	76.3	0.0	0.0		0.0	0.0		19.9	3.8	76.3
四川	10.5	3.8	39.2	0.9	3.5	2.8	5.0	4.2	21.0	4.7	3.2	14.7
甘肃	7.0	4.4	30.8	4.0	5.1	20.4	0.0	0.0		3.0	3.5	10.4
青海	9.8	2.6	25.4	0.0	0.0		0.0	0.0		9.8	2.6	25.4
安徽	2.0	3.5	7.1	0.0	0.0		2.0	3.5	7.1	0.0	0.0	
河南	2.5	6.4	15.9	0.1	6.0	0.7	2.3	6.5	15.1	0.0	0.0	
新疆	2.5	4.7	11.9	2.0	5.0	9.9	0.0	0.0		0.5	3.8	2.0
浙江	1.4	3.9	5.3	0.0	0.0		1.4	3.9	5.3	0.0	0.0	
上海	0.9	6.3	5.5	0.5	6.8	3.6	0.3	5.7	1.9	0.0	0.0	
黑龙江	0.1	4.5	0.6	0.1	4.5	0.6	0.0	0.0		0.0	0.0	
总计	114.9	4.1	471.1	39.2	4.6	180.0	36.0	4.4	156.4	39.7	3.5	135.8

由于玉米减库存政策的实施，2016 年我国大麦进口量同比大幅减少。根据海关统计数据，2016 年 1—10 月，我国大麦进口量为 417 万 t，同比减少 57.1%，主要大麦进口来源国依次是澳大利亚（64%）、法国（15%）、加拿大（12.5%）和乌克兰（8.5%）。2016 年我国大麦进口平均价格为 236 美元/t，月度价格整体呈现走低趋势（图 2）。与 2015 年相比，2016 年我国国内大麦市场价格相对稳定（图 3）。

三、国际大麦青稞产业技术研发进展

（一）育种技术

世界大麦主产国报道的大麦新育成品种有 26 个。其中澳大利亚 7 个均为啤酒大麦；加拿大 11 个，包括 8 个二棱和 3 个六棱大麦；英国 6 个，包括 4 个二棱饲料大麦和 2 个二棱啤酒大麦品种；美国 2 个，1 个二棱啤酒大麦、1 个六棱饲料大麦品种。育种相关专利 3 件，涉及转基因改良大麦赤霉病抗性、一种 SSII 活性降低和支链淀粉含量减少的大麦、一种醇溶蛋白含量低和极低的大麦。国际大麦遗传育种相关研究论文 77 篇，包括：

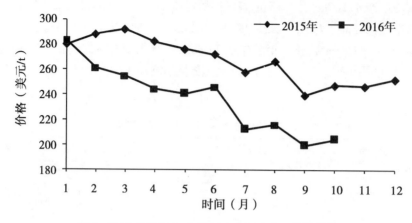

图2 2015年和2016年我国大麦月度进口价格走势

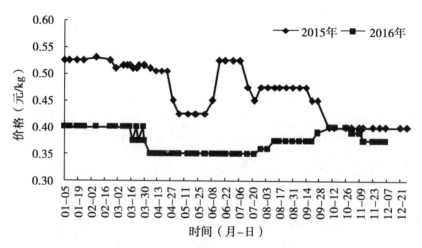

图3 2015年和2016年我国饲料大麦价格走势（湖北荆门）

产量及其他形态性状的 QTL 定位和全基因组关联分析等遗传研究 18 篇；抗病性遗传分析和 QTL 定位 17 篇；抗虫研究 1 篇；麦芽品质性状的遗传研究 4 篇；抗非生物胁迫相关研究 17 篇；养分高效利用研究 6 篇；育种技术相关研究 8 篇；种质资源资源评价鉴定相关研究 6 篇。

（二）植保技术

在大麦病虫草害防控方面：巴斯夫公司的系统性广谱杀菌剂氟唑菌酰胺及其复配产品，适用于防治条锈、网斑等叶部真菌病害；拜耳公司产品适用于防治大麦眼斑、纹枯、全蚀和镰刀菌根腐病等茎基部病害；先正达和拜尔公司生产的杀虫剂噻虫嗪和吡虫啉拌种，能有效防治早期蚜虫为害，从而及时控制黄矮病的发生和传播；此外，拜尔公司还注册了 4 个大麦除草剂新产品。

伴随化学药剂的长期广泛使用，有害生物的抗药性不断提高。在澳大利亚，三唑类药剂药效已明显降低，不适用于白粉病防治。生物防治研究有新突破：基于 RNA 干涉技术研发出针对禾谷镰刀菌的新型杀菌剂；此外，利用具有生物活性的天然化合物如大麦芽碱，可作为化学杀菌剂的替代物，用于防治白粉和炭疽病；生防技术不仅防控病虫害，还促进植物生长，如利用从灰鼠大麦分离获得的 4 个内生菌株孢子与化学药剂混合包衣种子，可促进大麦幼苗生长。

（三）耕作栽培技术

1. 保护性耕作及轮作 为减少土壤水分散失、防止土壤结构破坏，世界大麦主产区土壤耕作方式均以保护性耕作为主，且因土壤类型、水分条件而异。但少（免）耕不利于杂草控制、种子播后覆土以及抗倒伏，生产上用除草剂和植物生长调节剂减少草害和倒伏风险。

北美大麦产区目前主要采用免耕直播技术，根据年降水量多少采用"冬小麦—春大麦—春大豆"或"冬小麦—春大麦—夏季休耕"的三年轮作制度；为避免土壤板结、杂草和病害增加等问题，逐渐由免耕向带状浅耕转变。此外，还加强了耐低温大麦新品种的选育，扩大冬大麦种植面积。欧洲大麦生产普遍采用少耕技术，且在轻质土壤上氮素使用较少，适合啤酒大麦生产；在干旱季节或是土壤砂性较强地区则选择免耕方式。澳洲一般采用免耕技术，在非豆科作物如小麦、油菜或燕麦等作物种植后播种，以减少土壤氮素供应水平；但在土壤板结敏感的地区（如西澳）则倾向于深耕。俄罗斯则依气候条件变化进行耕作方式调整，干旱年份主要以免耕（或少耕）和秸秆保留结合为主；而水分充足、气候适宜的年份则以深耕和结合化肥农药使用为主。

2. 肥料和水分管理 肥料管理方面，世界大麦主产区均采用以预期大麦产量目标为基础的测土方施肥技术和基于遥感技术的大麦冠层管理系统，同时兼顾土壤、秸秆（或有机肥）的养分供给和种植大麦类型。据此，发达国家大麦主产区均制定了完善的施肥指南和研发了先进的肥料管理专家指导系统（如加拿大阿伯塔省的 AFFIRM 系统、澳洲的 Prophet 系统等）。

世界大麦生产主要为雨养型。但随着全球气候的剧烈变化，大麦生产受干旱影响日趋严重，因此线型移动式自动喷灌等精细灌溉系统已逐步应用到大麦生产中，且同时引入土壤含水量实时监测和近红外冠层温度遥感检测系统，为大麦的水分需求评估和灌溉量计算进行决策指导。

（四）加工技术

1. 大麦青稞食品饮料加工工艺优化 除传统的啤酒、麦片外，多为青籽粒、青汁、茶、清酒、烧酒、发酵面饼、膨化食品和咀嚼片等。食品膨化、微波脱水咀嚼片、连续振荡传送配套表面巴斯德灭菌进行籽粒灭菌、基于薄膜超滤技术的发酵面饼制作、大麦奶的制作等工艺都得到了优化。

2. 大麦医疗保健产品研发 麦芽中的功能成分研究日益受到重视。如籽粒淀粉随发芽进程发生结构和组分变化，引起抗糖尿病成分的活性改变；采用乳酸和单宁酸处理，能防止大麦膳食纤维降解，缓解小鼠因高脂饮食导致的肥胖；作为能够降低冠心病发病率的 β-葡聚糖，其提取工艺得到优化；降血压活性物质 γ-氨基丁酸（GABA）生产过程中的含量动态检测得以实现；研究还发现功能大麦 Lunasin 对乳腺癌的发生也有一定的预防作用，是一种新型的黑色素瘤的靶向药物。此外，在新活性物质的发现和结构鉴定方面，大麦及麦芽中抗氧化活性较高的酚类物质、黄烷醇类衍生物、植物甾醇、抗真菌大麦芽胍碱等不仅结构多样性丰富，且在不同生长阶段的变化显著。

3. 饲料加工和其他综合利用 反刍抗性淀粉含量、粉粒大小、加工工艺等对肉牛消化和瘤胃疾病的抗性得到了研究；化学、热处理可以调节瘤胃的发酵模式和增强纤维降解，乳酸处理效果更佳。其他进展包括：大麦幼叶粉的喷雾干燥技术制备；啤酒糟加工膨化食品的工艺优化；大麦秸秆的亚临界热液化处理技术；大麦秸秆处理获取糖类的工艺优化等。

4. 大麦青稞的食品安全研究 针对无谷胶食品要求，新的电化学基因型传感器检测谷胶含量比酶联检测技术更加灵敏；生产常用的杀真菌剂三唑酮，在大麦和啤酒中的药残水平虽大大降低，但其代谢物在加工副产品中的毒性有待进一步研究；以大麦为原料的酿酒过程保留了多种镰孢毒素，通过研磨、洗涤和煮沸等工艺，可有效减少真菌毒素的含量。

四、国内大麦青稞产业技术研发进展

（一）新品种选育和栽培技术与产品研发

1. 多元个性化育种 根据各产区的生态、生产特点与企业多元产品加工和原料专业生产定制需求，开展了适于啤用、食用（青稞）、饲用（饲料和饲草）和健康食品加工等各类特色专用"粮草双高、优质营养、资源高效"的大麦青稞新品种选育。通过共在135个试点进行产量、品质、抗病性和抗逆性等综合鉴定评价和生产试验，育成通过省或自治区审（认）定大麦青稞品种33，其中啤酒大麦品种16个、饲料大麦13个和青稞4个。

2. 提质降本生产技术研发集成 以减少化肥和农药用量、节约灌溉用水等降本减污提质增效为目标，组织开展了大麦青稞种植方式革新与养分调施精准化、病虫草害防控一体化、栽培方法轻简化、农艺操作机械化等生产栽培技术研究集成。进行了高产、优质、卫生、高效生产技术规程和标准制定，开展了技术生产示范。研制出17项大麦青稞生产栽培和植保新技术，制定出7项生产技术规程和12项地方标准，初步满足了生产需求。

3. 多元产品及加工技术研发 开展了区试品种的酿造性能评价，青稞主粮食品和发酵饮品加工技术提升优化；主粮复配和青稞绿苗制品等健康营养食品、配方饲料、麦芽、绿植饲料、发酵饲料和秸秆饲料加工技术创新与产品研制及企业中试；研制出10种新型青稞加工产品（无添加剂手工拉面、白酒、营养粉、奶渣饼、松茸饼、鲜花饼、红曲醋饮品、奶茶、米糕、红曲酒糟饲料），完成青稞麦芽汁加工、米糕加工、红曲醋饮料配方完善与工艺优化；制定出啤酒大麦机械化栽培技术规程和青稞米糕生产等2项企业标准。

（二）产业技术前瞻性研究

1. 育种技术与种质创新 ①重要性状的 QTL 定位和基因克隆。国内大麦青稞重要农艺性状及育种目标性状的基因定位研究进展迅速。通过连锁和候选基因分析，进行了紫粒色、白颖壳基因 *WH*1、早熟突变基因 *EM*、叶绿素合成缺陷基因 *CAO*、抗条纹病基因 *Rdg*3、抗倒伏性的定位、候选基因克隆以及等位变异分析。通过全基因组关联分析，对抗病性、早熟性状、麦芽浸出率、籽粒与苗粉矿质营养元素、叶片和籽粒代谢组产物等性状进行了研究和 QTL 定位，找到了性状相关的高效应遗传位点和候选基因。对落粒性、皮裸性以及棱型等驯化性状相关基因在我国大麦青稞中的等位变异进行了分析。研究发现穗分支基因 *prbs* 是由于 *VRS*4 基因的缺失导致；我国大麦青稞地方品种中，存在棱型和皮裸基因新的低频变异类型，是我国作为大麦青稞驯化中心之一的又一有力证据。②重要基因的功能验证。通过基因差异表达分析、基因克隆以及农杆菌介导的遗传转化，对参与大

麦青稞的非生物胁迫相关基因进行了功能验证。包括：体细胞胚胎发生受体激酶 SERK，与愈伤产量和盐胁迫反应相关的 $HvLEC1$，耐铝酸候选基因 $HvACO5a$、$HvEXPA$、$HvACO5a$；籽粒低镉积累相关基因 $HvZIP3$、$HvZIP5$、$HvZIP7$ 和 $HvZIP8$；营养组织细胞膜特异性表达的耐旱相关基因 $HvXTH$ 等。此外，采用膜片钳技术研究发现，在叶片和叶鞘中受盐胁迫诱导上调表达的高亲和钾转运蛋白 HvHKT7 为 Na^+ 特异转运体。③种质资源引进收集、鉴定评价与种质创新。通过与美国、德国、哈萨克斯坦、以色列、国际干旱农业研究中心等的国际合作，引进栽培大麦青稞和野生大麦种质 464 份；进行各类编目和育种目标性状的多点田间精细鉴定评价 42 597 份次；完成国家库编目繁种入库 408 份。筛选出优质、抗病、抗逆、养分高效、早熟等各类优异种质 367 份；采用杂交、物理和化学诱变等技术手段，创制各类育种材料 229 份；利用小孢子培养技术创制出耐低氮性状的 DH 作图群体。

2. 病虫草害生态区差异性综合防控　①病害调查、病原菌分析与鉴别寄主体系构建。开展了全国大麦青稞产区主要病害种类、发病程度和为害情况的年度调查和标样采集，共采集各类主要病害病原菌样本 301 份；进行了病原菌分离繁殖与毒性变异鉴定；分别构建了大麦青稞白粉病菌和条锈菌鉴别寄主体系，分析了白粉病菌群体的毒性结构，明确了不同地区菌株的毒性频率、致病类型和优势菌株；发现条纹病病原菌存在一定程度的遗传分化和致病性强度差异。②虫害调查、抗药性检测与抗虫性鉴定。调查发现，西藏地区的青稞蚜虫高峰期出现于抽穗期，灌浆前蚜虫混合种群主要集中在植株中上部，且降雨对蚜量有明显影响；江苏、河南的禾谷缢管蚜种群对吡虫啉产生了不同程度的抗药性，但对抗蚜威和氧化乐果均处于敏感水平，表明这两种药剂仍具有很好的防治效果。③病虫害药剂防治方法试验与抗病（虫）性鉴定。在大麦青稞主产区开展 3 种药剂对云纹病的防治试验结果表明，敌委丹悬浮种衣剂对云纹病防治效果最佳；种子包衣和剂量田间试验表明，对条纹、赤霉病等多种病害均有较好的防治效果，且增产效果显著；通过抗白粉病、条锈病以及抗蚜性鉴定，筛选出 46 个抗性优良品种（系）。

3. 大麦青稞高产抗逆机理与调控　①不同基因型、地理气候因素对大麦青稞产量和品质的影响。干物质积累研究发现，在灌浆期与乳熟期，高产大麦青稞品种地上部的干物质积累量显著高于非高产品种，地下部干物质积累则在乳熟期差异最为明显；不同生态条件下地理气候因素对产量和品质的影响研究发现，随海拔增高生育期延长，发芽率和蛋白质含量降低；长日照促进发育，使抽穗期提早；灌浆期随温度增高，籽粒淀粉含量下降，蛋白质含量上升；高浓度 CO_2 条件下，地上部生物量、单株产量、穗数和穗粒数均显著增加；适度干旱促进根毛生长发育和根鞘形成，重度干旱会引起根细胞严重受损，过氧化氢酶活性剧烈下降，脯氨酸呈数十倍积累。②大麦青稞的养分生理。研究发现，大麦青稞在磷胁迫下保护酶活性降低，叶绿素含量减少，但磷高效基因型各项指标的升降程度明显低于敏感基因型；氮胁迫条件下，氮高效基因型的生物量、氮素积累量和硝酸还原酶活性均高于氮低效基因型；恢复供氮后，氮高效基因型根中的谷氨酰胺合成酶活性升高幅度更大；代谢组分析结果表明，低氮胁迫对碳、氮分配的影响具有特异性；以诱变小孢子+氮胁迫培养获得氮素利用率与亲体品种差异显著的突变体，低氮水平下，灌浆期氮高效突变体的硝酸还原酶和谷氨酰胺合成酶活性显著强于氮低效突变体。③大麦青稞的耐盐、耐铝酸生理。大麦青稞的耐盐性显著高于小麦、玉米和水稻，如 150mM NaCl 胁迫处理 10 天，大麦仍能较好生长，而水稻已胁迫致死。研究表明，抗盐大麦能够保持较高的抗坏血酸-

谷胱甘肽循环效率，从而可以有效抑制 H_2O_2 的积累和过氧化伤害；大麦地上部保持较低 Na 浓度，是导致其与水稻耐盐性差异的另一个关键因素；研究还发现，耐铝酸西藏野生大麦能够利用磷酸盐将铝离子固定在根表皮细胞成熟区，从而阻止铝离子进入皮层细胞。

4. 大麦青稞营养功能评价安全检测和代谢机理研究 为配合啤用、食用（青稞）和健康食品加工等原料生产和专用品种改良，开展了大麦青稞生产品种和育成品系的蛋白质含量、浸出率和糖化力等麦芽加工和啤酒酿造品质指标、β-葡聚糖、直支链及抗性淀粉、黄酮、生物碱等食饲用营养品质性状的测定；完成大麦青稞品种（系）的种子、叶片初生与次生代谢物的靶向高通量测定，初步构建了大麦青稞代谢组数据库，并通过对大麦青稞种子中重要代谢物的鉴定注释，发现了多种不同修饰类型的多种母核花青素；进行了紫青稞色素提取工艺研制和色素稳定性研究；采用细胞学、基因芯片等分析方法，初步建立了黄酮等成分对培养细胞影响的毒理实验分析技术，探明了黄酮浓度效应。

（三）取得的阶段性成果

（1）创新研发成果 69 项。包括审（认）定新品种 33 个、新生产技术 17 项、新规程 7 项、新工艺 3 项、新产品 10 种。

（2）技术标准 22 项。包括 12 个地方标准、8 个行业标准和 2 个企业标准。

（3）知识产权 24 项。其中：申请国家专利 9 项、获批专利授权 8 项、获品种权 7 个。

（4）获得国家科技进步二等奖 1 项、省级科技奖 4 项、市级一等奖 1 项。

（5）发表论文 106 篇、出版著作 2 部、编写培训教材 12 种。

（大麦青稞产业技术体系首席科学家　张京　提供）

2016 年度高粱产业技术发展报告

（国家高粱产业技术体系）

一、国际高粱生产与贸易概况

（一）生产概况

2016 年，世界范围内高粱总播种面积大约为 4 232 万 hm²，总产量 6 372 万 t，平均产量 1.51t/hm²。2016 年世界高粱播种面积较 2015 年略有减少，减少面积为 22 万 hm²，单产比 2015 年增加 0.10t/hm²，总产量增加 356 万 t，增长 5.91%。

苏丹、印度、尼日利亚、尼日尔和美国是世界上高粱种植面积前 5 位的国家，与 2015 年相比，生产总体格局没有明显变化，美国的高粱播种面积有所降低（减少了 73 万 hm²），苏丹连续三年生产面积居世界第一。播种面积前 5 位的国家累计播种面积 2 505 万 hm²，较上年减少 5.8%，约占世界总种植面积的 59.19%，中国排名第 13（图 1）。

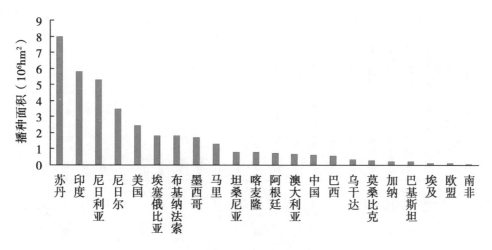

图 1　世界高粱主要生产国（地区）播种面积

从高粱的生产总量来看，美国总产量仍居世界第一，为 1 174万 t，其次为墨西哥和尼日利亚，总产量均为 650 万 t。产量超过百万吨的国家共有 14 个。中国高粱总产量为 330 万 t，世界排位第八（图 2）。

从单位面积产量来看，欧盟地区最高，为 5.72t/hm²，但是其播种面积相对较小，仅为 13 万 hm²。就播种面积超过 100 万 hm² 的国家来说，美国是单产水平最高的国家，为 4.8t/hm²，其次是墨西哥、埃塞俄比亚和布基纳法索，单产分别为 3.8t/hm²、2.06t/hm² 和 1.06t/hm²；就播种面积超过 50 万 hm² 的国家来说，中国是单产水平最高的国家，为 5.0t/hm²，其次是美国、阿根廷，单产分别为 4.8t/hm²、4.5t/hm²（图 3）。

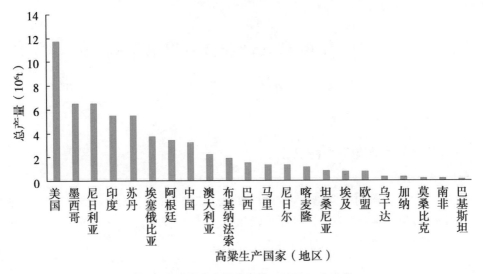

图 2　世界高粱主要生产国（地区）总产量

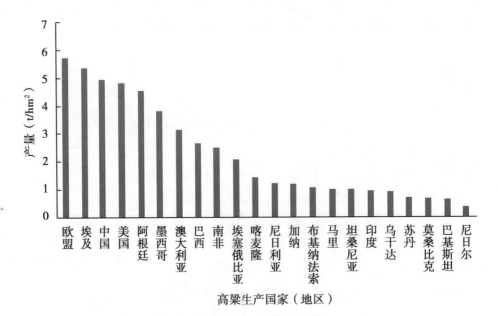

图 3　世界高粱主要生产国（地区）单位面积产量

（二）贸易概况

2016 年，世界高粱的进出口总量为 847.5 万 t，较上年减少 177 万 t。2016 年美国、澳大利亚和阿根廷高粱出口量仍居世界前 3 位，3 个国家高粱贸易总额占世界的 94.5%，但出口数量发生明显变化，3 个国家的出口量分别为 630 万 t、90 万 t 和 80 万 t，分别比上年减少 20.2%、10.0% 和 11.1%。乌克兰出口为 15 万 t。进口方面，中国、日本和墨西哥是高粱的主要进口国家，进口量分别为 645 万 t、70 万 t 和 70 万 t。中国依然为全球第一大高粱进口国（图 4、图 5）。

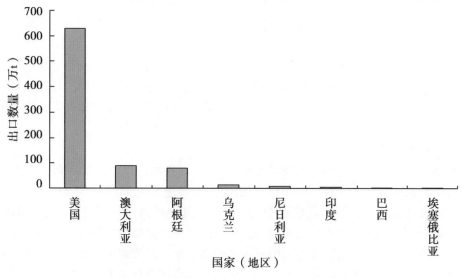

图 4　高粱主要出口国家（地区）及出口量

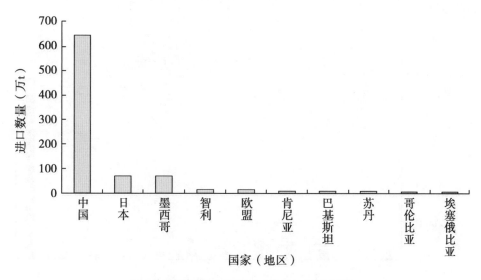

图 5　高粱主要进口国家（地区）及进口量

二、国内高粱生产与贸易概况

（一）生产概况

2016 年，由于国家调减玉米种植面积，高粱种植面积有所增加，特别是镰刀弯地区高粱面积增加明显。我国高粱种植面积约为 86 万 hm²，预计总产量将达到 430 万 t 以上，（USDA 网站 66 万 hm²，330 万 t），占世界总产量的 5.3%，总产水平依然居世界第 8 位；单位面积产量为 5.0t/hm²，单产水平有所提升，是世界平均单产水平的 3.3 倍。全国高粱生产以北方高粱生产主产区及西南高粱生产优势区为主导。北方高粱生产区主要涵盖辽宁、吉林、黑龙江和内蒙古等省（自治区），其高粱生产面积占全国生产面积约 60% 以上，西南高粱主要生产省份，如四川、贵州等省仍依靠名酒企业，通过白酒企业的生产基地建设，拉动当地的高粱生产。由于机械化品种及配套栽培技术的推广，加上高粱耐旱、耐盐碱、降水快，不用烘干，黑龙江省第三、四积温带高粱面积增加很快，而且可以和大豆生产机械共享，已成为与大豆轮作和提高种植效益的热门作物。

在生产方式上，高粱规模化、机械化生产步伐加快。从利用途径来看，饲用高粱生产和应用比例加大。养殖业圈养比例提高和对饲料品质要求的提升，使大家对高粱用作饲料增加了认识和信心，甜高粱和饲草高粱作为青贮和青饲料种植占比明显加大，高粱用途出现多样化趋势。

（二）贸易概况

截至 2016 年 11 月，我国进口高粱 645.1 万 t，在谷物进口量中排名第一，占谷物总进口量 2 055.6 万 t 的 31.4%。与 2015 年相比，高粱进口量同比减少 339.2 万 t，减少 34.5%。2016 年除了 1 月进口量增加 25.9% 以外，其他各月进口量均呈现不同程度的下降趋势，持续了几年的进口激增势头放缓，但仍达到国产总量的 2 倍以上（图 6）。

一直以来，我国的饲料行业能量饲料主要依靠玉米，进口高粱虽然对我国高粱生产造成了较大冲击，但高粱进入工业饲料对高粱生产和高粱产业意义重大，将推动我国高粱饲料产业的发展。我国扩大高粱种植面积，对干旱、半干旱地区作物结构调整和旱作农业发展有重要意义。

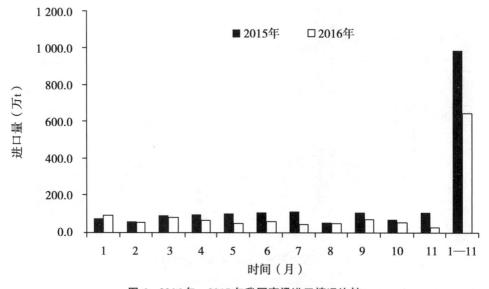

图 6　2016 年、2015 年我国高粱进口情况比较

2016 年 1—11 月，我国高粱出口量 23 698.5 t，比 2015 年同期增加 17 520.1 t。出口地主要是我国台湾省和韩国，分别占 88% 和 11%，其他国家合计只占 1%。出口增加主要是由于出口台湾省的数量增加了 18 567 t。

2016 年秋粮收获已经完成，新粮将逐渐进入市场。目前粳质高粱收购价格基本在 1.9~2.1 元/kg，北方杂交糯高粱 2.2~2.4 元/kg，南方糯高粱 3.5~4.0 元/kg，而高粱主产区玉米价格目前大多在 1.3~1.4 元/kg，因此高粱价格优势明显，效益提高。

考虑到进口高粱的冲击以及玉米收购价格波动的影响，后期高粱价格分化运行，低水分优质粮源价格仍有上涨可能，普通高粱价格存在一定波动。

国内生产高粱的主要市场需求仍是酿造产业，不足以有效带动我国高粱生产，应加大饲料专用粒用高粱品种筛选与选育工作力度，边研究、边试验、边示范，尽早应用于大面积生产，同时加大甜高粱和饲草高粱的推广力度，尽早占领国内饲用高粱市场。国家高粱产业技术体系已经有针对性地在"十三五"的体系任务中加入了籽粒饲用高粱、青刈青贮高粱品种的选育、筛选及示范推广工作的任务内容，2016 年度已初步筛选出一批适宜不同高粱产区种植的饲用高粱品种。

三、国际高粱产业技术研发进展

（一）生物技术研究

1. 组培转化技术实现突破 农杆菌介导的单子叶植物的转化效率受到基因型的制约非常严重，而转化效率高的基因型通常在农艺性状上表现较差，育种人员不得不在后期进行大量的回交改良工作。今年杜邦先锋联合巴斯夫和陶氏益农公司发表了新的研究成果，研究人员在玉米中发现了两个对转化效率影响极大的基因（Bbm 和 $Wus2$），将其表达后可以使那些转化效率低的基因型品种转化效率从不到 2% 提高到 25%~50%。更妙的是，研究人员在 Bbm 和 $Wus2$ 两侧设了 LoxP 重组位点，使得转化完成后 Bbm 和 $Wus2$ 能够删除，从而避免对产品开发的影响。该系统不仅在大规模玉米自交系中测试良好，在高粱和甘蔗等难转化的作物中同样表现优异。这将为遗传转化技术带来巨大突破。

2. 第 3 代测序技术 随着测序技术的发展，第 2 代高通量测序技术已经广泛地应用于各项研究领域中，但第 2 代测序技术存在读长短、对后续序列的拼接困难、技术依赖于 PCR 等不足，这些缺点一定程度上制约了第 2 代测序技术的应用，第 3 代技术因此应运而生，在基因组测序、甲基化、突变鉴定、RNA 测序和重复序列测序中得到广泛应用。高粱利用第 3 代测序发现了 11 000 多个基因不同剪切方式和 2 100 多个新基因，丰富了高粱基因组的注释。

3. 植物基因组编辑技术大收获 基因组编辑技术不会产生因基因插入或缺失而造成其他变异，保证了基因编辑技术的大规模应用。防褐变的蘑菇、抗白粉病小麦、抗黄花曲叶病的番茄等，都是靠 $CRISPR-Cas$ 基因编辑技术得到的。我国的科研人员将水稻中的内源 $EPSPS$ 基因通过定点的基因替换方法实现了水稻对草甘膦的抗性，高粱体系分子岗位也在开展相关工作，而且编辑技术还在不断创新，该技术具有巨大的应用前景。

（二）养分利用与非生物胁迫抗性研究

1. 营养与施肥研究 Ameen 等研究结果表明，在半干旱地区的边际土壤上，氮肥施用量较低的氮利用效率最高。在高氮施肥条件下生理氮利用效率的下降可能导致农学氮利用率的下降。建议施氮量在 $60~120kg/hm^2$ 可以满足边际土壤种植能量高粱的可持续发展需求；Miranda 等研究结果表明，施氨态氮能够提高高粱植株的耐盐能力。Paiva 等研究发现，不同高粱品种与环境间的作用可能影响高粱矿物质含量。研究水分胁迫对不同高粱品种的矿物质含量的影响，发现不同水分供应条件对不同高粱品种的矿物质含量影响显著，水分胁迫使不同高粱品种 Mn、P、Mg、S 元素含量下降明显。相同的水分条件下品种间 K、Ca、Cu、Fe、Zn 元素含量差异性较大。

2. 非生物胁迫抗性研究 Ongom 等研究表明，开花末期的干旱胁迫是限制高粱产量的重要因素之一。利用不同类型及不同浓度胁迫液在开花末期模拟干旱胁迫，发现干旱对不同高粱品种的产量及粒重有显著影响，不同类型的胁迫液及其浓度间干旱效果也存在差异。表明干旱胁迫液能够充分模拟开花末期的干旱胁迫，可用于快速模拟干旱试验，进行育种筛选；Jia 等形态生理学特征分析结果表明，甜高粱对镉具有较高的耐性，在土壤中镉与锌、锰、铁竞争吸附位点时具有优势，有利于镉从根部向地上部转移，认为甜高粱在镉污染土壤修复中具有较大的潜力；Hasan 等研究结果表明，两个水通道蛋白基因 PIP1；5 和 PIP2；3 对高粱植株的耐干旱和维持水分利用效率起着非常重要的作用；Sayyad - Amin 研究结果表明，高粱的抗盐能力在生长和繁殖阶段的表现明显不同，除了较低的 K/Na 比率外，其余生化物质含量在繁殖期均高于生长期。甜高粱比粒用高粱具有较高的耐盐性，因其具有较高的细胞膜稳定性、较低的过氧化氢和较高的抗氧化酶活性；Sutka 等在干旱条件下对两个高粱品种的根部及芽部形态和生理研究中发现，两个品种（杂交组合）调节需水规律的机制存在着差异性。为了避免水分流失，两个品种将自身的水分压力调节到不同的水平上，杂交组合 RedL&B2 调节自身的气孔抗性，而品种 IS9530 通过控制根系实现抗旱性。两个品种在苗期对于干旱胁迫表现出的不同调节规律可作为一种新的评价机制，应用在不同环境中高粱品种的评价。

（三）加工利用研究

在高粱作为青贮饲料的研究方面，Zhang Sujian 等测定了玉米、甜高粱、饲草高粱和青贮饲料不同类型的化学成分、矿物和体外发酵。玉米和玉米青贮饲料比两个高粱牧草和高粱青贮饲料有更高的粗蛋白、淀粉和其他成分。甜高粱有比较高的灰分和水溶性碳水化合物含量。甜高粱和甜高粱青贮含有较低的中性洗涤剂纤维、酸性洗涤纤维和木质素。饲草高粱有较高的干物质（DM）和 pH。研究结果表明，甜高粱作为优质青贮饲料有望代替玉米。然而，饲喂动物还需要研究反刍动物的可接受性和饲喂效果。

Oliveira 等研究不同高粱品种的籽粒和面粉在不同贮藏温度和贮藏时间下，180d 中 3-脱氧花青素、花青素、酚类化合物和单宁含量及颜色都发生了不同程度的变化。品种 SC319 面粉中的木樨黄定和芹菜定的含量高于籽粒，品种 TX430 糠中的酚类化合物含量高于面粉，而贮藏温度对于这些指标的影响差异不明显。两个品种籽粒和淀粉中的化合物在第一个 60d 内减少，之后处于稳定。在 180d，两个品种 3-脱氧花青素、花青素含量、酚类化合物含量及单宁的含量都保留在一个稳定的范围内；Bárbara Biduski 等通过对高粱淀粉生物降解膜酸性和氧化的单改性或双改性修饰，与天然酸单改性的淀粉相比，生物降解膜的强度增加，且具有较高的伸长强度及较低的伸长率；双改性修饰淀粉膜提高了水蒸气的渗透性且溶解度没有发生变化。修饰后高粱淀粉浓度的增加使得其淀粉厚度也得到提升，薄膜的水蒸气渗透性和延伸率也得到相应的提高。

在高粱功能食品研究和开发方面，国外研究较多的是高粱饼干、面包，国内除了原有的习惯（东北食用高粱米、山西吃高粱面）之外，高粱功能食品几乎没有。黑色食品现在已成一种趋势，国内不少作物开展黑色食品研发，但黑高粱利用相对薄弱，目前国外也在探索黑高粱的利用，应引起关注。

四、国内高粱产业技术研发进展

（一）遗传育种研究

2016 年，随着国家高粱产业技术体系工作的深入开展，我国高粱遗传育种研究在新品种选育、种质资源挖掘与鉴定、分子育种等方面均取得了良好进展，为高粱产业发展提供了强有力的技术支撑。

1. 新品种选育 育成审（鉴）定高粱新品种 14 个，选育出优良高粱亲本系 5 个。通过国家高粱品种鉴定委员会及各省品种审定委员会审（鉴）定的 14 个新品种中包括适宜机械化酿酒用高粱品种 11 个、青贮用甜高粱品种 1 个、饲草高粱品种 2 个；选育出的 5 个亲本系中包括矮秆早熟不育系 1 个、矮秆糯质早熟恢复系 1 个，籽粒饲料用恢复系 1 个，甜高粱保持系、恢复系各 1 个。

2. 种质发掘与筛选 本年度共收集到国内外抗性鉴定新种质资源 82 份，这些资源中包含了抗旱、耐盐碱、抗黑穗病及抗除草剂材料，已完成了部分资源的抗性初鉴和复鉴工作。筛选耐瘠薄材料 2 份，创制甜高粱育种材料 1 份。

3. 分子育种研究 高粱抗除草剂和抗旱基因的转化。利用基因枪转化技术，将抗除草剂基因、耐旱基因等转化高粱 Tx430 幼胚愈伤组织，创制具有除草剂抗性或耐旱性的新品系。具体转化基因包括：①抗除草剂 *Bar* 基因；②改造后的细菌 ADDs 系列基因（*ADD*2 和 *ADD*12）；③改良的细菌抗旱基因 *KHA* 和 *KHB*。上述目的基因载体与 pUKN（带有 *nptII* 抗性基因）的筛选载体共转化，目前已经获得转化 *Bar*、*ADD*2 和 *KHA* 基因的阳性转基因植株。

高粱重要性状基因定位和基因克隆。利用 Super-BSA 和 GWAS 方法初步定位了高粱调控叶中脉质地基因，定位在 6 号染色体 46，929，760-53，226，920 之间。筛选茎秆蜡层合成候选基因 2 个，其中一个基因为 *Sobic*.010*G*019000，是 SPX-MFS 亚家族成员之一，跨膜转运蛋白。另一个是 *Sobic*.010*G*022400，*NAC* 类转录因子。高粱髓部干湿基因定位于 6 号染色体 49，937，723－50，477，527bp，初步筛选得到一个糖基转移酶基因 *Sobic*.006*G*139900 可能为目的基因。

高粱基因功能分析。构建高粱野生型的 *PHO2* 基因超表达载体（35s-SbPHO2），转化水稻中同源突变体 osPHO2，获得 T1 代阳性转基因植株 10 个株系，半定量分析表明 *SbPHO2* 基因在这些株系中有不同程度的超表达，初步的表型分析表明转基因 35s-*SbPHO2* 水稻株系能缓解 osPHO2 突变体叶片坏死的表型，为耐低磷材料研发提供了新思路。

（二）栽培与病虫草害研究

1. 栽培技术研究与应用 在主产区进行机械化生产酿造高粱栽培技术研究与示范：包括品种选用、种植方式、播种与种植密度、田间管理及收获等。完成试验项目 19 个，示范品种 22 个，面积 866.67hm^2，平均单产 450～600kg/667m^2，节约生产成本 80 元/667m^2 左右，增加效益 100 元/667m^2 以上；依据籽粒饲料高粱需肥、需水规律，研究饲料专用高粱播种、耕作、收获等的时期及方式，以及与产量和品质的关系。共完成相关试验 25 个，涉及品种 11 个，面积 92.87hm^2，平均单产 400～600kg/667m^2，增产 5%～15%，增加效益 80～100 元/667m^2；进行耐盐碱生理与栽培相关试验 12 个，与山东试验站合作完成《盐碱地农作物栽培技术规程（高粱）》制定，按照《盐碱地农作物栽培技术规程（高粱）》和《盐碱地高粱咸水直灌栽培技术规程》，结合当地盐碱地情况和品种特征进行试验示范。示范品种 6 个，面积 262hm^2。粒用高粱平均单产 408～527kg/667m^2，比一般栽培增产 10% 以上，效益提高 10% 以上。

2. 营养与土肥研究 初步明确机械化生产酿造高粱品种养分需求特性。机械化生产酿造高粱栽培配套施肥研究结果表明：有机肥+秸秆还田+NPK 高粱产量较高，其结合深翻对高粱产量没有影响，大颗粒尿素（大颗粒 NPK）处理具有较高的产量，进一步说明大颗粒尿素具有较好的效果；初步明确了籽粒饲料高粱品种辽杂27、辽夏梁2号、龙米梁1号的养分需求规律；专用肥推广和施用效果较为显著。与企业结合生产60t优化专用肥，用于133.33hm²高粱生产。在高粱主产区哈尔滨、通辽、赤峰、白城、东营、汾阳、朝阳、贵州、平凉、潞城、沁县、山阴、晋中、清徐、河套等地区示范，大部分表现出增产效果，增幅在2%～36%；微生物制剂对连作障碍的减轻效果研究结果表明：与连作比较，施用菌剂和轮作均提高了高粱产量，在播前、拔节和穗花期施用菌剂提高了单穗籽粒数和粒重，从而提高了产量。

3. 病虫草害防治研究 化学除草剂安全性评价技术研究结果表明，莠去津和氯吡嘧磺隆对高粱株高及鲜重的抑制率不大，在使用剂量以内对高粱安全，可以在大田上推广使用；提出了高粱主要土传、种传病害防治技术，完成了辽宁省地方标准《高粱主要土传、种传病害防治技术规程》审定；制定了辽宁省地方标准《高粱抗炭疽病鉴定技术规程》和《高粱抗黑束病鉴定技术规程》；通过田间调查，掌握高粱顶腐病田间发病症状特点，采集发病植株与健康植株进行微生物多样性分析，明确了高粱患病植株与健康植株体内真菌和细菌种类、数量及丰度。

（三）综合利用

1. 高粱酿造产业 随着种植业结构的调整和市场的变化，茅台集团、泸州老窖集团、汾酒集团、五粮液集团等大型酿酒企业均在积极推进高粱原料生产基地建设，保证原料的安全性和稳定性。泸州老窖有机高粱原料生产基地面积已超过1 733hm²，并正在积极推进6 666.67hm²原料基地建设。五粮液集团积极在东北高粱主产区建立基地，目前已与辽宁、吉林、内蒙古相关地区签订了战略合作协议，2017年东北酒用糯高粱生产将会有大幅度增加。

"十二五"以来，四川省委省政府深化酿酒高粱产业基地建设，为打造"中国白酒金三角"提供稳定的原料支撑。在此部署和安排下，酿酒高粱产业取得了长足的发展，高粱种植面积稳定在7.33万hm²以上，产量40万t左右。郎酒厂在宜宾发展了订单原料生产基地，四川酿酒高粱产业稳步向前发展。

随着企业流转土地和订单农业的逐步健全，高粱生产的规模化、机械化水平有所提高。2016年河北高粱种植全部实现规模化、机械化。相关农业公司应运而生，目前河北有5个高粱生产、加工、销售的公司，年经销高粱在1万～3万t，并有扩大的趋势。酿酒企业原料基地建设带动黑龙江省机械化种植比例进一步提高。由于规模化种植和原有大豆产区农业机械基础雄厚，种植高粱采用机械化栽培方式的比例进一步提高，尤其在第三、四积温带，全部采用机械化。

2. 高粱饲料业 近几年来高粱在动物饲料中的使用量迅速增长，成为我国高粱进口主要目的。国际谷物理事会（IGC）称，中国南方饲料加工商的需求强劲，导致中国从美国进口的高粱数量大幅提高。该机构指出，高粱逐渐成为养殖户青睐的饲粮，尤其在南方地区的养猪及养鸭场。部分饲料厂与大型养殖场尝试研究用低价的进口高粱替代玉米作为饲料的主要原料。在大量进口国外高粱的同时，也给我国的高粱育种提供了一个新的研究方向。随着"十三五"高粱体系重点任务的落实，育种家已深入开展了籽粒饲料高粱种质创新与新品种选育研究，并对已审定品种进行了饲用品质筛选。相信在不久的将来，我国的饲用高粱品种将逐渐占领国内饲用高粱市场，改变我国籽粒高粱用途过于单一的窘境。

　　随着人民生活水平的提高，对肉、蛋、奶的需求量和品质要求不断扩大，使我国畜牧业得到快速发展。而草场资源缺乏、优质饲草短缺及结构单一，已成为畜牧业发展中的重要限制因子。饲草高粱、甜高粱生物产量高、抗旱性好，含糖量高、适口性好，适宜在干旱、半干旱、盐碱、瘠薄地区种植，是节水高产的优质农田饲草，既可青刈，又可青贮。对高粱青刈、青贮饲料化高效利用关键技术进行研究与开发利用，不仅可以提高饲料的品质，满足不同类型养殖需要，推动我国畜牧业发展，而且可以高效利用边际性土地，保护生态环境，有效促进农业增收和农村经济繁荣。2016 年高粱体系加强了优质青刈、青贮高粱品种的选育及品种筛选工作，并开展了高粱青刈、青贮饲料化高效利用技术研究。

（注：国际高粱生产及贸易情况数据引自美国农业部和中华人民共和国商务部）

（高粱产业技术体系首席科学家　邹剑秋　提供）

2016年度谷子糜子产业技术发展报告

（国家谷子糜子产业技术体系）

一、国际谷子糜子生产与贸易概况

中国是谷子糜子生产大国，其中年度谷子面积约 133.33 万 hm² 占世界谷子的 80%，居世界第一位；年度糜子面积约 53.33 万 hm² 占世界糜子的 20%，居世界第二位。世界上粟类作物的出口国为印度、中国、俄罗斯、乌克兰等国家，近年来世界粟类作物贸易量为 35 万~40 万 t，出口国主要是印度、中国、美国、澳大利亚，进口国主要是日本、韩国、马来西亚、巴西、德国等。2016 年中国只有出口，没有进口，出口量 4 400t，出口额 450 万美元，出口到 25 个国家和地区。出口量较 2015 年同期增长 30.0%，价格由 2015 年的 1 381.5美元/t 减少到 1 022.7美元/t，降低 26.0%，虽然出口量增大，但是单价较低，出口金额相应降低 3.7%。国际谷子市场对国内市场整体影响不大。

二、国内谷子糜子生产与贸易概况

（一）生产

2016 年在谷子糜子机械化生产轻简化生产技术的带动下，谷子的精量播种比例逐渐增加，许多开发企业和专业合作社投资建设了千亩规模的生产基地，多的达到 666.67hm² 以上，使谷子糜子生产的规模化、专业化程度大幅度提高。根据产业经济岗位调研，2016 年谷子的生产成本比 2015 年有所增加，主要是人工工价的上涨（目前 10~12.5 元/h）。机械费的增加说明谷子的机械化生产越来越多，机械费增加 71.6 元/667m²，增长 136.38%。国家倡导减少化肥农药的使用，今年化肥农药费用比 2015 年减少 27% 和 40%。

（二）市场与价格

1. 批发市场小米价格上半年较平稳　9月在新谷子上市前一段时间小米价格上涨，之后又稍有下降，进入 11 月以来小米价格又呈上涨趋势，到 12 月 10 日，小米价格基本稳定，石家庄桥西批发市场小米价格 8 元/kg，北京新发地批发市场小米批发价格目前是 10 元/kg，相比 2015 年同期相比有所下降。

2. 2016 年小米价格下半年比上半年高 40%~50%

3. 小米集散地谷子和小米价格有起伏　上半年较低，7 月逐渐上涨，8—9 月有所下滑，10 月新米上市有所好转，后来逐渐增长，目前集散地谷子 5.1 元/kg，小米 8~8.5 元/kg。

4. 散装小米价格起伏不定　最高价达 12 元/kg 左右，最低价仅 5 元/kg 左右，差距较大。

三、国际谷子糜子产业技术研究进展

2016 年在国际刊物上发表多篇涉及谷子和青狗尾草的论文，有关研究主要来自美国、巴西、澳大利亚、日本、印度等国家。Andrew Doust 和刁现民（出版了《谷子遗传学和基

因组学》）系统介绍了谷子的起源与进化、遗传育种、种质资源和多样性、基因组和比较基因组学、形态学发育等。该书对国内外学者系统了解谷子、开展谷子研究起到促进作用，对提高我国谷子研究的国际影响力具有重要意义。

（一）考古学研究

Li 等通过比较分析新疆小河墓地发掘的青铜器时代糜子籽粒和现代栽培品种籽粒的遗传差异，发现糜子 rDNA 的遗传多样性随时间流失而丧失，即小河墓地发掘的糜子具有现代栽培品种普遍具有的 rDNA 异质性，但现代品种中没有与小河墓地发掘糜子匹配的确切序列，印度和欧洲地方品种存在最相似的序列。Li 等研究了怒江河谷石岭岗青铜器时代遗址的作物种植情况，认为公元前 2500 年石岭岗种植水稻和谷子。结合生物考古研究结果，可以确定云贵高原在公元前 4800—前 3900 年仅有水稻种植；公元前 3900—3400 年不仅有水稻，也有谷子和糜子种植；到公元前 3400—前 2300 年，除了种植水稻、谷子、糜子外，也有了小麦种植。

（二）生物技术与遗传研究

在遗传转化方面 2016 年取得了显著的进展，美国加州大学戴维斯分校利用农杆菌进行谷子的野生种青狗尾草幼穗浸泡转化，获得了经过分子检测的转基因植株，并找出幼穗即将抽出到半抽穗的 S2 到 S3 期是最佳的转化时期。这种方法实现了非愈伤组织的谷子外源基因转化，为谷子成为模式作物起到极大的促进作用。在基因组测序和功能基因挖掘方面，中国农业科学院作物科学研究所谷子糜子体系分子育种岗位刁现民课题组 2016 年完成了谷子叶绿素合成关键酶、矮秆基因 2 等多个基因的克隆，这是在谷子上首批完成的基于连锁定位的谷子功能基因克隆。中国台湾大学李文雄 2016 年对台湾地区的 1 个谷子品种进行了测序和全基因组重新组织，完成一个覆盖 97% 基因组的草图，覆盖预测基因的 98%，较 2012 年的 83% 的覆盖度大幅度提升，这将显著促进谷子功能基因组、分子育种和模式作物的进展。中国农业科学院作物科学研究所的马有志团队分离获得了谷子氮饥饿相关基因 *SiATG8a*，将该基因转化水稻，结果表明，转基因水稻在氮缺乏条件下仍具有较高的氮含量。Fang 等基于豫谷 1×龙谷 7 的 F2 群体，构建了包含 1013 多态性 SSR 的高密度遗传图谱，鉴定了 11 个稳定农艺性状和产量性状相关 QTL。Masumoto 等通过 2 代测序（NGS）和 QTL-seq 快速定位了谷子穗顶端分支基因 *NEKODE*1，该基因为显性基因，位于第 9 染色体上。在糜子基因组研究方面，Hong Yue 等用 Illumina 测序技术测定了榆糜 2 号、榆糜 3 号转录组，分析了差异性表达基因。Rajput 等利用 93 个重组自交系的 F1 群体构建了目前国际上第一个糜子遗传连锁图谱，并对 9 个形态和农艺性状做了 QTL 定位。

（三）栽培生理研究进展

Dong 等分析了不同生育期灌水对谷子产量和主要形态特征的影响：拔节、抽穗、灌浆 3 个时期灌水处理可使生长期缩短 5.4d，促进株高、穗长、单株穗重、单株粒重、单株鲜重和产量增加。Aidoo 等研究发现 38℃ 土壤温度显著影响了苗的蒸腾作用、气孔导度、光合作用、根的生长和代谢。而且高温条件下根系分泌物发生变化，并具有品种特异性。Yano 等发现叶黄素在谷壳和麸皮中含量很少，主要存在于胚乳中；还发现谷物的颜色与谷物的叶黄素呈正相关；自抽穗 25 天开始，随着积温的增加，黄体素含量增加。Liu 等测定了 200 个中国谷子品种的硒和胡萝卜素含量，并分析其与农艺性状的关系，结果发现辽宁的品种中黄体素和玉米黄质较高，来自山西的品种中的硒含量较高，内蒙古的品种硒含量最低。并筛选出 23 个硒富积品种、29 个高黄体素富集品种、30 个富含玉米黄素品种。

（四）食品加工研究

Ren 等发现小米粉体外消化能力明显低于小麦粉，小米食品血糖生成指数以下面顺序变化：小米粥 >小米馒头 >1 类小米饼（75.0%小米粉和 25.0%面粉，83.0±9.6）>2 类小米饼（不加面粉，76.2±10.7）>小米饭，1 类小米饼干和小米饭对 β 细胞温和，因此，谷子对 2 型糖尿病有一定预防作用。Kumar 等研究了小米不同部位碾磨粉的功能和营养特性，发现内胚乳粉级分的脂肪含量降低了 42%，植酸和多酚的显着减少，导致较低的亚铁还原和总抗氧化活，但蛋白质含量没有显著变化。

四、国内谷子糜子产业技术研发进展

（一）材料创新与分子育种取得新进展

1. 创制出一批农艺性状较好的谷子抗除草剂材料和糜子诱变材料 夏谷育种岗位对抗烟嘧磺隆的创新材料进行鉴定，筛选出株高、穗形、结实率等综合性状接近栽培品种的新材料 102 份，筛选出农艺性状较好的抗烟嘧磺隆材料 2 份。结合色差仪检测，获得 4 份抗烯禾啶材料，其中高代苗头品系 K1180 为中秆抗烯禾啶除草剂，产比试验折合单产 443.3kg/667m²。春谷育种岗位从 46 份稳定的抗咪唑乙烟酸材料中鉴定筛选出 10 份材料，较对照赤谷 8 号增产 2.8%~27.8%。右玉试验站与资源岗位合作采用 EMS 对晋黍 2 号进行诱变处理，获得了花序色诱变材料 6 份，穗型诱变材料 8 份，早熟诱变材料 5 份。

2. 鉴定筛选出一批抗病、抗旱和抗倒伏优异资源材料 抗病资源鉴定方面，对 67 份谷子材料白发病抗病性的初次鉴定中，免疫材料 3 份，占 4.47%；高抗材料 2 份，占 2.98%；对白发病的重复鉴定中，免疫品种 2 份，占 3.17%；高抗品种 17 份，占 26.98%。对黑穗病初次鉴定中，免疫材料 2 份，占 3.92%；高抗材料 4 份，占 7.84%；对黑穗病的重复鉴定中，没有免疫材料；高抗材料 19 份，占 26.38%。对 311 份糜子品种资源采用黑穗病病原菌人工种子饱和接种法进行鉴定，免疫材料 8 个，高抗材料 13 个。

抗旱资源鉴定方面，在敦煌通过成株期抗旱胁迫鉴定，筛选出具有较高抗旱性的丰产糜子品种晋黍 3 号、陇糜 3 号、固糜 21 号等品种 13 个；对 329 份糜子后代材料进行了抗旱鉴定和筛选，鉴定筛选出抗旱性强、综合农艺性状好的糜子创新材料 1162-3-2、1121-4-3 等创新材料 14 份。对 298 份糜子核心种质的抗旱丰产性鉴定结果，45 份育成品种中有 13 个品种抗旱性强，丰产性好，256 个地方品种中 104 个品种抗旱性强，丰产性较好，其中 13 个地方品种的抗旱性强，且丰产性超过所有育成品种，建议育种家在抗旱高产育种中充分利用这批抗旱丰产资源，以提高糜子品种的抗旱性和旱地生产能力。

抗倒伏资源筛选和矮秆资源筛选方面，郑州试验站对 369 份资源进行了抗倒伏鉴定，鉴定出 118 份材料具有较强抗倒性，郑谷 16 表现突出。糜子育种岗位对 59 份糜子育成品种和农家品种材料形态特征和力学特性方面的抗倒伏性进行了鉴定。44 个育成品种中，未倒伏品种仅 10 份，而倒伏品种有 34 份；15 个农家品种中，7 个品种没有倒伏，8 个品种不同程度倒伏。倒伏的 41 份材料中，22 份材料属于根倒伏，19 份材料属于茎倒伏，1 份材料属于根茎复合倒伏。

3. 糜子起源演化与育成品种数据库研究 品种资源岗位对国内国外 80 个栽培糜子地方品种、22 个野生糜子共 102 份材料的遗传多样性进行了研究，来自山西大同的野糜子野生基因最为丰富，暗示山西大同可能是野生糜子的分化中心；吉林和辽宁的栽培糜子保持了较多的当地野生糜子基因，似乎当地野生资源参与了栽培品种的演化。糜子育成品种数据库（1986—2010）基本完备，2011—2015 年间的糜子育成品种数据正在增补，新增育成品种 8 个，构建了一套包括糜子次级核心种质和育成品种组成的基础研究群体（共298 份材料），并出版了《谷子品种志》一书。春谷育种岗制定了《赤谷 10 号原种良种繁育技术规程》、糜子育种岗位制定了《糜子良种繁育技术规程》等。

（二）新品种筛选与选育研究

1. 新品种选育取得显著进展 2016 年，本体系共提交 104 个谷子糜子新品种参加区域试验，其中谷子品种 83 个、糜子品种 21 个，33 个谷子品种、21 个糜子品种完成国家谷子品种区域试验两年试验程序，50 个新品种第一年参加全国谷子品种区域适应性联合鉴定试验。104 个谷子糜子新品种中有 74 个品种较对照增产，其中谷子品种 67 个，糜子品种 7 个。通过综合鉴定，36 个谷子品种符合合同要求，其中中矮秆类型 20 个，抗除草剂类型 31 个，兼具中矮秆和抗除草剂特点的 16 个，一级优质米类型 3 个，适合主食加工类型 1 个。2016 年，共有 755 个新品系参加品系鉴定试验，其中谷子品系 702 个，糜子53 个。通过综合鉴定，共鉴定出较对照增产的新品系 121 个，其中，符合合同要求的新品系 78 个，包括中矮秆谷子品系 35 个、糜子 3 个，抗除草剂谷子品系 13 个，优质谷子23 个、优质糜子（适合干饭）4 个。

2. 品质育种方法研究取得初步进展 对 114 个新品系进行了品质检测，其中谷子 88份，糜子 26 份，有 30 个品系符合籽粒脂肪含量低于 3.5%、总淀粉含量高于 65% 的目标要求，其中谷子品系 16 个，粗脂肪含量最低的 2.03%，总淀粉含量最高的 67.66%，糜子品系 14 个，粗脂肪含量最低的 2.01%，总淀粉含量最高的 79.56%。品种资源岗位对690 份谷子材料的脂肪酸及其组分进行了分析，从 960 份材料中筛选 7 份北方生态型、脂肪含量低、饱和脂肪酸组分含量低于平均数的谷子资源，建议育种家利用这些资源材料培育低脂肪谷子品种。

3. 新品种示范进展 2016 年，18 个岗位和试验站在 78 个示范县建立了百亩新品种核心示范区，总面积 3 769.73hm²，示范新品种 60 多个，结合配套农机实现了轻简化生产，节支增收 300 元/667m² 左右，示范区谷子最高单产 592.5kg/667m²，糜子最高单产427.7kg/667m²。此外，杂种优势利用岗位在纳米比亚、尼日利亚、埃塞俄比亚示范谷子杂交种 240hm²。2016 年体系示范县从引种示范的新品种中筛选出 19 个符合产业化生产的品种。试验站示范的糜子品种基本都是在所属地区培育的品种，主要是高产优质、适合主食加工的榆黍 2 号、齐黍 1 号、晋黍 8 和 9；榆糜 1 号是优质高产的中矮秆，以及高产品种甘肃的陇糜、宁夏宁糜品种。

（三）高效高质栽培进展

在谷子糜子减量施肥、合理群体结构、抗旱保苗等关键技术研究方面，形成了以抗除草剂品种、精量播种、宽行密植、地膜覆盖等技术为核心，适合不同生态区的轻简高效集成配套技术。谷子糜子生产机械取得显著进展，谷子糜子精量条播机通过改进播量调整装置，性能得到进一步改善；精量穴播机通过安装新排种器有效提高了穴粒数的精确度；割晒机通过改进输出结构，减少了输出堵塞故障，提高了割晒质量；整株脱粒机通过滚筒结构，提高了脱粒与分离能力，降低了损失率，提高了工作效率；通过分段收获的方式，提高了联合收获机的收获质量。制定了《黍子地膜覆盖栽培技术规程》《谷子旱地高产栽培技术规程》《谷子春播中晚熟区宽窄行种植技术规程》等地方标准。

2016年国家谷子糜子产业技术体系18个试验站90个示范县共示范谷子糜子新品种及其配套技术近万公顷，其中谷子9 380hm²，糜子309.33hm²。生产机械化岗位改进小型履带型联合收获机、推广分段收获模式。研发和完善谷子、糜子精量条播机；研发大型多行距机具；改进谷子、糜子穴播机、整株脱粒机、双滚筒整株脱粒机、3ZF-0.5和3ZF-1.5型中耕机；改进和完善了适用于山区丘陵地带的小手扶覆膜播种机；增加分水器，分两路控制，可单独控制喷头，实现了喷洒均匀等。对后桥连接进行优化设计，减少了故障发生。7项农机产品获得专利授权，1项技术规程颁布，免间苗播种，联合机械收获，植保和中耕机械得到了应用，极大地减轻了劳动强度，提高了谷子种植积极性。

（四）病虫草害研究取得显著进展

2016年谷子病虫害岗位制定了《谷子病虫害防治技术规程》等6个技术规程的河北省地方标准。改造了自走式喷雾机，保证了施药效果；针对生产上主要病害白发病和谷瘟病研发了有效防控技术；澄清了镰孢菌为害谷子的症状类型和镰孢菌的种类。糜子病虫害岗位制定了陕西省地方标准《糜子主要病虫害防治技术规程》（DB61/T 1028—2016）；结合糜子病虫害综合防治技术试验示范基地建设，引进糜子精量播种机械，并在府谷、神木等地大面积试验示范和推广，增产效果明显。

（五）加工基础性研究及产后加工研究进展迅速

1. 营养生理和功能成分多个方面取得进展 ①研究了8种小米品种做成的小米粥、小米饭感官品质评价，并对小米的物理化学性质、色泽品质、淀粉的相关性质，品种间理化性质的差异进行了分析。②研究了小米（生粉、挤压粉）膳食对高脂膳食联合STZ诱导糖尿病大鼠体重和进食量、血糖水平、甘油三酯水平、肠道菌群、免疫组化的影响，发现小米膳食有利于糖尿病大鼠的体重控制、平均血糖水平的降低。③分析了小米淀粉理化特性指标间的相关性、黄米粉添加量及黄米-小麦混粉粉质特性指标间的相关性及黄米粉添加量及黄米-小麦混粉拉伸特性指标间的相关性。④对我国4个产区107份谷子品种的抗性淀粉含量进行了分析，明确了产区和品种对谷子抗性淀粉分布影响的规律，选出4个高抗性淀粉材料。本年度完善了小米发糕工艺、小米馒头工艺；开发了以小米淀粉为原料通过酶水解生产高麦芽糖浆产品，重点研究了小米淀粉糖浆的制备工艺和技术参数；研究了小米糠营养成分分析和提取物制备技术。

2. 多个产品实现了产业化生产，利用研究有显著提高 将研制的糜米苦荞黄酒在汾阳市杏花村增亮黄糯米专业合作社等企业实施试验示范，进行建厂、生产等技术指导与服务。综合利用技术主要围绕谷糠和谷草利用展开，谷糠加工技术主要开展了小米糠水溶性膳食纤维、多肽、黄色素以及黄酮成分提取制备方面的研究。谷草综合利用主要开展了在冀西北奶牛日粮中添加干杂交谷草替代羊草的研究，通过分析奶牛的头日产奶量、乳脂率、乳蛋白、乳糖、冰点、灰分、采食状态，认为谷草对产奶奶牛的生产性能及其牛奶营养价值影响不大，值得推广应用。谷糠和谷草综合利用技术的突破，为综合开发利用提供更多的理论依据和技术支撑，也为拓宽谷子产业道路提供了技术储备。

五、产业经济研究

2016年对北方13省份及南方个别城市（共16个城市，83个大型超市）的小米包装产品及小米深加工产品开展了调查。发现位于谷子主产区的大型超市散装小米主要来自于本地，非谷子主产区的大型超市散装小米来自于内蒙古赤峰、辽宁朝阳，河北张家口、石家庄，山西等谷子主产区。小米包装产品知名度最高的是沁州黄小米，其覆盖范围较广。高附加值的深加工产品较少，沁州黄小米婴幼儿米粉附加值较高，其他产品，如醋、锅巴、煎饼等深加工产品附加值较低。小米作为配料开发各类产品较多。通过问卷调查发现，糜子成为老年人食品，年轻人很少关注或购买糜子；71.13%的消费者购买糜子是通过超市购买，购买的标准主要是口味（54.81%）和营养及配料（53.14%），消费者消费糜子主要是与其他谷物熬粥食用，占到问卷的 57.32%，其次是和大米混合做米饭，占到40.59%，但消费者年消费量很少，其中 1~10kg 的占到 46.86%。综上，应加强小米主要成分的深加工产品研发，加大小米高附加值产品的开发，促推小米主粮化。

（谷子糜子产业技术体系首席科学家　刁现民　提供）

2016年度燕麦荞麦产业技术发展报告

（国家燕麦荞麦产业技术体系）

一、国际燕麦荞麦生产与贸易概况

2016年，全球燕麦种植面积为926万hm^2，总产量为2 255.6万t，产量同比下降0.83%。燕麦主要生产国包括欧盟28国（780.7万t）、俄罗斯（470万t）、加拿大（300万t）、澳大利亚（160万t）、美国（94万t）。燕麦主要出口国加拿大出口150万t，澳大利亚出口30万t，欧盟出口20万t。燕麦主要进口国美国进口150万t，中国进口20万t，日本、瑞士、南非各进口5万t。2016年全球燕麦消费量预计为2 286万t，欧盟、俄罗斯、美国、加拿大、澳大利亚、中国消费量分别为770万t、460万t、261万t、165万t、135万t、85万t。我国从澳大利亚进口燕麦20万t，主要用于燕麦片加工。

2016年世界荞麦种植面积约239万hm^2，总产量为264.3万t，同比增加约14.9%，其原因是主产国俄罗斯和中国丰产。本年度世界荞麦生产排名前10位的主产国为俄罗斯（83.4万t）、中国（73.3万t）、哈萨克斯坦（28.9万t）、乌克兰（18.3万t）、法国（15.9万t）、波兰（9.1万t）、美国（8.1万t）、日本（3.3万t）、白俄罗斯（3.0万t）、立陶宛（2.8万t）。俄罗斯荞麦播种面积增长4%，达到100万hm^2。中国出口荞麦约15万t，主要出口到日本。

二、国内燕麦荞麦生产与贸易概况

据国家燕麦荞麦产业技术体系统计，2016年中国燕麦种植面积为70万hm^2，总产量为93万t，企业总加工能力约80万t，总产值约65亿元。燕麦片大型加工企业主要有西麦集团（6万t），日隆公司（4万t），百事公司（3万t），钰统公司、金味公司、荔浦公司、塞宝集团、金维他公司、康希公司、宏昊集团各1万t，燕麦片全国加工能力约为25万t。虽然我国饲草用燕麦种植大幅度增加，但还需要从澳大利亚进口。2016年燕麦草价格整体稳定，到岸价稳定在330美元/t左右，进口燕麦干草总计19.9万t，同比增加48.2%。

我国荞麦种植面积约70万hm^2，产量约75万t。荞麦米、荞麦粉和荞麦茶依然是主要加工产品，较大型的加工企业有河北益海嘉里公司（1.0万t），陕西塞雪公司（0.8万t），云南云荞公司（0.6万t），四川环太集团（0.5万t），其他企业加工量均小于0.5万t。由于去年荞麦市场紧俏，今年荞麦种植面积增加，导致需求较为疲软。陕西定边和内蒙古库伦旗逐渐形成"定边荞麦""库伦荞麦"名牌效应。全国荞麦平均价格为3 600元/t，荞麦总体价格平稳。我国荞麦主要出口到日本、美国、英国、马来西亚等，今年俄罗斯荞麦产量增加，导致我国荞麦出口量减少。

三、国际燕麦荞麦产业技术研发进展

2016年7月11—15日，第10届国际燕麦大会在俄罗斯圣彼得堡召开，来自13个国

家的 130 多位代表参会，会议交流了生物技术尤其是生物信息学在燕麦上的最新进展，强调种质资源在研究与生产领域的重要性，燕麦食品多元化对消费市场的拉动力，这些信息对我国燕麦的研究与进一步发展具有很好的借鉴与启发。

2016 年 9 月 8—12 日，第 13 届国际荞麦会议在韩国清州和平昌举行，来自 20 个国家 150 多名国内外荞麦专家、学者和企业家参加本次会议，会议交流了荞麦育种、栽培、加工、营养方面的最新研究进展，对我国荞麦产业发展具有很好的借鉴意义。

在燕麦荞麦栽培与生产技术方面，国际上仍以管理措施、土壤利用和施氮方法对品种的丰产性、稳定性和适应性的研究应用为主。巴西圣保罗大学研究了长期使用石灰和磷石膏对大豆—燕麦—高粱轮作产量及土壤的影响。土耳其使用微卫星和 SNP 标记研究了本国 375 个燕麦品种的基因多样性。

在荞麦方面，主要集中在提高荞麦产量、品质方面开展工作，甜荞苦荞的基因多样性研究也正在进行。日本研究了生长环境温度对其荞麦主干、花期、花簇数、结实率的影响。韩国使用辐照处理荞麦种子，从 75 种苦荞品种中筛选产量大，芦丁含量高的品种。

在育种方面，英国政府及农业和园艺开发委员会（AHDB）资助的燕麦新技术生产及利用项目，历时 5 年，耗资近 500 万欧元，开发了燕麦主要特性特异基因标记分子技术，联用基因工具和高通量显型技术培育燕麦，同时研发满足农业需求的高品质饲用燕麦。加拿大经过 16 年的工作，于 2016 年取得一株多年生燕麦品种，并存入加拿大植物基因库（PGRC）。西班牙研究了冠锈病及其抗病机理，培育出了抗禾冠柄锈菌燕麦品种。土耳其对 375 个燕麦品种进行抗冠锈病筛选。日本培育出春荞麦新品种 Tohoku 3 号以及不苦苦荞品种。

抗性方面，基因技术已经成为燕麦抗逆性研究的主流。波兰研究者考察了次生代谢产物对燕麦抗逆性的影响，发现抗逆品种蛋白质含量、酚酸物质和 β-葡聚糖的含量高。澳大利亚发现了一个主控冠锈病致病型（PT0000-2）的调节因子，在砂燕麦中发现了 2 个抗冠锈病基因。美国农业部报告了苯并噻二唑（BTH）在燕麦田抗冠锈病的应用及其对燕麦生产的影响。

加工利用方面，意大利比较了裸燕麦和皮燕麦在采收时及贮藏后的营养特性，发现 β-葡聚糖在贮藏过程中较稳定。澳大利亚研究比较了国际上主要燕麦品种不同分子量 β-葡聚糖的降糖降脂效果，认为分子量越大降糖降脂效果越好，并且开展了中式燕麦粉磨粉与产品加工方面的研究。目前国际上关于荞麦加工与营养研究有两个主要方向，一是亚洲和东欧等国在荞麦营养和加工特性方面的深入研究，二是美国和西欧等国对具有特定的功能蛋白质、多糖等成分的药物化开发和功效分析，特别是对荞麦功能成分的机理分析和生物再利用方面开展了系统研究。

四、国内燕麦荞麦产业技术研发进展

我国燕麦荞麦体系专家参加了第 10 届国际燕麦大会，作了 7 场大会或分组报告，全面展示了我国燕麦育种、栽培、病虫害防控、加工与营养方面的研究进展，受到国际专家高度评价，尤其是我国在裸燕麦育种、野燕麦基因挖掘、燕麦传统食品加工方面研究居于国际前列。

我国燕麦荞麦体系专家在第 13 届国际荞麦会议上做了 5 个荞麦育种、栽培、加工与营养学研究方面的报告，与会专家对我国荞麦研究工作给予了高度评价和认可，认为我国在荞麦专用品种选育、荞麦药代动力学、荞麦加工及荞麦益生菌的利用等方面的科研工作已经达到世界先进水平。苦荞由于其营养功能显著，近年来逐步受到世界的认可，并逐渐成为研究的热点。国际上对于苦荞的研究主要集中于功能物质的富集及营养的保留上，我国应该把突破苦荞茶这一单一产品作为切入点，促进荞麦产品多元化发展。

我国燕麦荞麦体系专家育成燕麦（白燕 18 号、白燕 19 号、品燕 4 号）、荞麦（西荞 6 号、西荞 7 号）新品种共 5 个，初步建立了野燕麦与栽培燕麦远缘杂交技术，找到并定位了一个显性矮秆基因。通过全基因组的 GBS 测序分析，明确了二倍体、四倍体中两个野生种是栽培六倍体燕麦最直接的祖先种。通过农杆菌介导方法进行功能验证，筛选出 13 个候选燕麦光周期不敏感基因。使用 SSR 技术标记了云贵川苦荞的种群关系和基因多样性。在甜荞结实率、荞麦抗倒伏、燕麦控盐吸碱、燕麦抗旱方面有一定进展。

在病虫草害防控方面，明确了燕麦胞囊线虫、黏虫、白粉病、红叶病、菊科及禾本科杂草，荞麦根结线虫、轮纹病、西伯利亚龟象甲等病虫草害的为害规律，并针对性地建立了应对方案。

加工利用方面，研究了燕麦淀粉的分子结构和老化特性，燕麦籽粒硬度对加工的影响，以及燕麦传统食品工业化加工技术。体系专家起草的"燕麦米"粮油行业标准通过了国家粮油标准委员会的审查，即将发布执行。在设备开发方面，联合山西帮你富食品机械有限公司开发的新型多功能自动化碗团机解决了荞麦碗团这一传统食品工业化生产问题。联合多家企业开发生产的高含量燕麦荞麦面条（杂粮含量 70%）已经投放市场，口感好，降糖效果明显，受到消费者欢迎。

（燕麦荞麦产业技术体系首席科学家　任长忠　提供）

2016 年度食用豆产业技术发展报告

（国家食用豆产业技术体系）

一、国际食用豆生产及贸易概况

（一）生产概况

2016 年为"国际豆类年"，故食用豆种植面积稳中有升，但受东南亚等主产国严重洪灾、动荡及病虫害影响，国际食用豆总产量较 2015 年有所下降。

（二）贸易概况

2016 年世界食用豆贸易种类包括 9 种，贸易总额 195.47 亿美元，小扁豆、干豌豆、芸豆、鹰嘴豆、绿豆 5 种豆贸易额占世界食用豆贸易总额的 83.9%。其中，小扁豆 26.2%，干豌豆 20.8%，芸豆 15.5%，鹰嘴豆 12.8%，绿豆 8.6%。

2016 年主要食用豆贸易国为印度、加拿大、澳大利亚、美国、中国、土耳其、埃及、巴基斯坦等国，贸易总额 127.16 亿美元，占 65.03%。其中，贸易额最大国印度，占世界食用豆贸易总额的 19.66%，较去年增加 4.05%；加拿大占 17.59%，较去年增加 1.22%。

食用豆主要出口国为加拿大、澳大利亚、美国、中国、阿根廷、俄罗斯、土耳其、坦桑尼亚、埃塞俄比亚、印度、墨西哥、埃及等国，占全球食用豆出口贸易总额的 84.55%。其中，加拿大出口贸易额市场占有率 34.55%，较去年增加 2.10%；澳大利亚市场占有率 13.56%，较去年增加 4.89%。食用豆主要进口国为印度、巴基斯坦、中国、埃及、美国、土耳其、意大利、阿尔及利亚、英国、德国、日本、西班牙等国，进口贸易额 71.96 亿美元，占食用豆总进口额的 72.17%，

干豌豆：2016 年世界干豌豆最大进口国为印度，其次是中国和巴基斯坦，其中，中国 3.39 亿美元，同比增加 11.95%。

绿豆：中国是世界最大绿豆出口国，出口额 2.28 亿美元，同比增加 6.17%。

红小豆：中国也是世界最大的红小豆出口国，出口额 0.67 亿美元，同比下降 17.19%，占全球出口贸易总额 53.66%。

芸豆：中国出口芸豆 2.98 亿美元，同比下降 31.75%，占全球芸豆出口贸易总额的 19.62%。

干蚕豆：埃及是世界最大干蚕豆进口国，进口额为 2.84 亿美元，占全球干蚕豆进口贸易总额的 62.30%。澳大利亚是最大的干蚕豆出口国，出口额为 1.54 亿美元，同比下降 14.57%，占全球干蚕豆出口贸易额的 37.76%。

二、国内食用豆生产与贸易概况

（一）生产概况

2016 年我国食用豆播种面积和产量比上年有所增加。其中绿豆、小豆、蚕豆增加明显，芸豆持平，豌豆有所减少。绿豆比去年大幅增加，约 80 万 hm²，其中东北四省区增

加明显，总产约 100 万 t，单产 1.3t/hm²。价格平稳在 7.5~8.8 元/kg 之间。红小豆比去年增加约 30%，约为 27 万 hm²，其中，黑龙江、吉林增加明显。总产量约 40 万 t，单产 1.5t/hm²，产区收购价格在 8.4~10.8 元/kg 之间。干豌豆有所下降，约 70 万 hm²，总产量约 100 万 t，单产 1.4t/hm²，收购价格总体在 2.9~3.4 元/kg 之间。芸豆面积总体持平，约 55 万 hm²，总产量约 110 万 t，单产 2t/hm²。蚕豆比去年有所增加，约 100 万 hm²、总产量 170 万 t，单产 1.70t/hm²，收购价格基本稳定 6 元/kg。

（二）贸易概况

1—9 月中国食用豆出口量 51.636 万 t，比去年同期增加 40.2%；出口额 5.4584 亿美元，同期增加 16.4%。进口量 72.60 万 t，同期增加 1.3%；进口额 2.986 亿美元，同期减少 13.7%。主要出口芸豆（71.20%）、绿豆（16.30%）和红小豆（6.40%）。进口品种为干豌豆（92.92%）。

芸豆 1—9 月出口量 36.77 万 t，占食用豆出口量的 71.20%，出口额 3.02 亿美元，占 55.37%，出口价格平均 834.18 美元/t，最高 944.93 美元/t。主要出口巴西、印度、古巴、意大利等。

绿豆 1—9 月出口量为 8.42 万 t，出口额 1.62 亿美元。主要出口日本、越南、美国、韩国、加拿大等。其中，吉林省出口量最大，为 3.63 万 t，占中国绿豆出口量的 43.13%。1—9 月进口量为 2.22 万 t，主要进口澳大利亚、缅甸、泰国、印度尼西亚等。

干豌豆 1—9 月进口量为 67.46 万 t，占中国食用豆进口量的 92.92%，主要进口加拿大、美国、英国和法国等国家。

红小豆 1—9 月豆出口量为 3.31 万 t，出口额为 4 840.57 万美元，主要出口韩国、日本、越南、马来西亚等国家（占 87.66%）。

干蚕豆贸易量为 0.88 万 t，出口额 979.06 万美元，主要出口日本、泰国、印度尼西亚，其中日本贸易量为 0.67 万 t，贸易额为 782.97 万美元，分别占 75.72% 和 79.97%。

三、国际食用豆产业技术研发进展

（一）遗传育种方面

1. 种质资源研究与抗性基因挖掘 Sharma 等鉴定出耐热性较好的绿豆种质数份。Sahoo 等通过根癌农杆菌介导，获得转基因耐盐绿豆植株。Chotechung 等精细定位了 Br 基因于第 5 染色体的 38Kb 的基因组区域内，包含 2 个注释基因，分析显示 DMB-SSR158 对应于编码多聚半乳糖醛酸酶抑制剂，命名为 *VrPGIP*2，可能是豆象抗性基因。Yoshida 等鉴定出两份较好的耐盐材料，在盐的胁迫下仍能进行光合作用。Venkataramana 等将饭豆中抗豆象基因定位在 11.9cM 和 13.0cM 的区间内，分别解释表型变异 67.3% 和 77.4%。Takahashi 基于细胞核 rDNA-ITS 和叶绿体 atpB-rbcL 序列分析在豇豆属（*Vigna*）植物 *V. indica*、*V. sahyadriana*、*V. aconitifolia*、*V. dalzelliana*、*V. khandalensis* 等中发现了一些有益新基因。

2. 基因定位与分子标记辅助选择育种 Liu 等比较了豆象抗感材料间基因组和转录组测序结果鉴定出 91 个差异表达基因（DEGs）。Schafleitner 发掘出与抗豆象相关的 SNP 标记，获得了 6 000 多个 SNPs，将一个抗豆象 QTL 位点定位在第 5 染色体。Lin 检测到与抗豆象有关的 3 个差异表达基因即抗性特异蛋白 g39185、多肽蛋白 g34458 和天冬氨酸蛋白酶，并定位到第 5，第 1，第 7 号染色体。D Satyawan 证明随机选择剪接在绿豆中普遍存在，至少 37.9% 的绿豆基因具选择性剪接（AS），而小豆基因组中只有 2.8% 的基因中检测到保守的 AS。Jiao 等将控制小叶形基因 *lma* 定位到绿豆第 3 染色体和菜豆第 1 染色体的共线性区域。Chen 等将花瓣张开基因定位到第 6 染色体。Sakai 等构建了豇豆属基因组服务系统"VigGS"，该系统是基于小豆基因组序列整合而成。

（二）耕作栽培方面

Chauhan 等建议绿豆窄行种植，窄行间距（25～50cm）可减少杂草和增加产量。Rafique 等研究表明，施硼可增加绿豆产量 20%～28%。Roychoudhury 等研究表明，种子播种前水杨酸浸泡，可诱导抗氧化防御机制，减少幼苗中 Cd 诱导的氧化应激，提高整体生长性能。Choudhary 研究表明，在南亚棉花-小麦种植系统中，增加绿豆倒茬可实现持续集约化发展。Islam 等研究认为，根瘤菌（PGPR）蜡状芽孢杆菌 Pb25 显著促进盐害下绿豆生长，增加氧化酶活性，增加 NPK 积累，促进根系生长、干物质积累和提高产量。Raina 研究表明，高效的气孔调节及更好的光合能力构成了抗旱基因型干旱适应的重要特征组合。

（三）病虫害防控研究

1. 豆象防治 Dhole 等研究了植酸含量与绿豆抗逆性的关系，发现植酸（PA）含量在豆象抗性种质中含量最高（>18mg/g），其次是抗白粉病（PMD）品种和黄花叶病毒病（YMD）抗性品种（>8mg/g）。如果 PA 浓度过低，即使植物中存在抗性基因，也导致对生物胁迫的耐受性降低。

2. 病害防治 Ramzan 研究表明，枯草芽孢杆菌浸泡绿豆根部可以促进绿豆生长、提高抗病性、减少真菌感染。

（四）功效成分研究和产品研发方面

Luo 等研究发现，小豆、绿豆的豆壳中化学物质最丰富，决定全豆的抗氧化活性、抗炎和抗糖尿病作用，但子叶中单宁更丰富。Kim 等证实，小豆主要通过抑制 NAFLD 中脂质生成和炎症介质的肝信使 RNA 表达来减弱脂质积累和氧化应激诱导的炎症，从而抑制非酒精性脂肪性肝病发生。Shi 等研究表明，小豆抗性淀粉占淀粉总量 23.57%，棕榈酸、亚油酸和亚麻酸是优势脂肪酸。

四、国内食用豆产业技术研发进展

（一）遗传育种研究进展

1. 资源研究 张志肖等发现搜集到的 45 份豇豆属野生资源 V. minima 在粒色、子粒大小、植株形态等方面变异丰富。徐宁等鉴定出 9 份耐碱材料，5 份碱敏感材料，其中潍绿 7 号碱极敏感。何玉华等鉴定出早熟、多荚、低单宁、大粒的蚕豆 7 份，早熟、多荚、软荚、抗白粉病等豌豆 8 份。刘玉皎等从引进 ICARA 种质 278 份中，鉴定出抗赤斑病 5 份材料。田静等通过 ^{60}Co 辐射处理获得绿豆不育材料 6 份，抗病材料 3 份。

2. 遗传研究 马燕明等鉴定出 JN6 和 CWA108 共有和特有的 miRNA，明确差异表达的 miRNA 可能和抗病与抗逆途径相关。刘长友等构建了小豆高密度遗传图谱，总长 1 628.15cM，包含 2 032 个标记，平均密度为 0.80cM，并将控制开花期基因定位在第 3 和第 5 连锁群。王建花等利用 F2-F3 群体构建了绿豆遗传连锁图谱，包含 11 个连锁群，全长 1 457.47cM，平均间距 15.34cM，分别找到与株高、幼茎色、主茎色、复叶叶形有关的 QTL 各 1 个。刘玉皎等筛选到与蚕豆单宁相关基因连锁的 SSR 标记 6 个，ISSR 标记

3个。

3. 育种研究 培育出省级及以上审（鉴）定品种43个，包括绿豆10个、小豆10个、芸豆6个、蚕豆7个、豌豆6个、其他品种4个。新品系联合鉴定试验鉴定出一批综合性状优良的新品系。小豆适宜北方春播区的有白红9号等，适宜北方夏播区的有冀红0015等，适宜南方区的有品红2011-18等；豇豆适宜北方春播区的有双色豇豆等，适宜北方夏播区的有双色豇豆等，南方区适宜品种桂豇豆等。丰产性适应性优良的芸豆品种中芸5号等。绿豆适宜春播区的有JLPX02等，适宜夏播区的潍绿11号等，适宜南方区的冀绿0816等。

（二）病虫害防控研究进展

林志伟等研究表明，喷施粗提蛋白的感桃色顶孢霉病植株叶片的病斑变化明显，无白粉病菌侵染症状。鲁玉杰等测定中药桂皮、小茴香、肉豆蔻3种精油对绿豆象成虫有抑制作用。袁海滨等研究表明，黄花蒿精油明显抑制绿豆象成虫体内乙酰胆碱酯酶活力，明显诱导谷胱甘肽-S-转移酶活力，对绿豆象成虫体内羧酸酯酶、酸性磷酸酯酶、碱性磷酸酯酶表现出一定的抑制作用。李薇等研究表明，25%噻虫咯霜灵悬浮种衣剂、25g/L升咯菌腈悬浮种衣剂和38%多福克种衣剂对绿豆生长安全，可防治绿豆根腐病。王争艳等研究表明，绿豆象的卵、幼虫、蛹和成虫经0.1~1.0 kGy剂量的电子束辐照后，卵和幼虫死亡；蛹发育至成虫的死亡率显著增加，0.2 kGy以上的剂量则能完全抑制F1代孵化为幼虫。刘振兴等研究表明：75%噻吩磺隆水分散粒剂+960 g/L精异丙甲草胺乳油播后苗前喷施、15%乙羧氟草醚乳油+15%精吡氟禾草灵乳油行间喷施效果好，适宜小豆、绿豆田杂草防除。

（三）耕作栽培研究进展

1. 栽培生理研究 王金龙等研究表明，缺铁胁迫降低小豆幼苗叶片的叶绿素含量及光合速率，增加幼苗根系呼吸速率及Fe^{3+}还原酶活性。章淑艳等研究表明，小豆始花期追施普通氮肥，植株鲜重、干重、产量和氮素累积量分别比基施处理高2.7%、3.7%、5.6%和1.9%。马爽等研究表明，喷施S3307和KT能够一定程度上提高小豆叶面积指数、超氧化物歧化酶、过氧化氢酶的活性，脯氨酸和蛋白质含量。古述江等研究表明，化肥减量施用增施磷细菌剂可明显促进小豆生长发育，改善产品品质。李必钦等研究表明，随外源硒肥施用量增加，小豆的含硒量升高；但产量呈现递减的趋势。韩彦龙等研究表明，小豆以N2P1K1处理产量和产投比最高。

金喜军等研究表明，适合黑龙江省西部地区小豆的最佳种植密度是21万株/hm^2，施肥组合是尿素60.3kg/hm^2、二铵154.2kg/hm^2、硫酸钾61.8kg/hm^2。刘洋等研究表明，激动素可以提高喷药后第12天绿豆叶片叶绿素含量，并减缓喷药后第22~27天叶片可溶性糖含量和蔗糖含量的下降，有效增加喷药后第22天叶片淀粉含量。

2. 抗逆研究 张媛华等研究表明：Cd显著降低了绿豆幼苗的株高、根长、根数及生物量，降低植物的光合速率（Pn），降低幼苗茎叶中微量矿质元素Zn、Mn、Fe和Cu的含量，促进根中Zn、Fe、Cu含量的积累，说明Cd通过改变植物对微量元素的积累进而影响植物的生长发育和光合作用。

3. 配套栽培技术研究 任建平等集成了旱地红小豆双沟覆膜集水高产栽培技术，充分利用有限的天然降水，提高水分利用率，并获得高产、高效，一般单产可达70~

100kg/667m^2，适宜于川台、涧、原、坝梯地推广。井苗等总结了黄土高原区旱作绿豆双沟覆膜栽培技术。豌豆早秋旱地间作免耕高效栽培技术规程用于蔬菜专销生产，农户可获得的净产值一般不低于 3 000 元/667m^2。

（四）功能成分分析与产品研发进展

李芳等研究表明，最佳小豆花色苷类色素提取条件为：乙醇浓度 60%、料液比 1：20（g：mL）、温度 50℃、pH 值＝2.0。花色苷粗提物得率为 19.1%，纯度为 3.06%。程晶晶等研究表明，超微粉碎处理可显著改善红小豆全粉颗粒均匀性、吸湿性、溶胀度、溶解性等。冉佳欣等优化了绿豆饮料制备中 α-淀粉酶解工艺，沉淀率降低，产品口感爽滑，稳定性较好。韩飞飞等改善了绿豆分离蛋白（M 蛋白质溶解性和乳化特性得到不同程度的改善。杨勇等研究表明，超声波处理下绿豆蛋白溶解性未发生显著变化，但有效地增强了蛋白表面疏水性、乳化性能、起泡性及泡沫稳定性。高银璐等对发芽绿豆和菊花为原料的复合保健饮料加工工艺进行了优化，使得饮料口感最佳、稳定性最好。郑少杰等研究表明，绿豆芽蛋白氨基酸种类丰富，至少含有 17 种氨基酸，必需氨基酸占总氨基酸的 40% 左右，发芽 6h 绿豆芽蛋白与标准蛋白的贴近度最高；发芽 42h 绿豆芽蛋白营养价值最高。

（食用豆产业技术体系首席科学家　程须珍　提供）

2016年度马铃薯产业技术发展报告

（国家马铃薯产业技术体系）

一、国际生产与贸易概况

（一）生产概况

据 FAO 统计数据，2014 年全球共 163 个国家和地区有马铃薯生产统计，种植 1 920 万 hm^2，较 2013 年增加 2.67 万 hm^2，总产 3.85 亿 t，较 2013 年增加 0.11 亿 t。亚洲和欧洲面积分别占全球面积的 52.01% 和 29.41%，世界十大主产国是中国、印度、俄罗斯、乌克兰、美国、德国、孟加拉国、法国、波兰和荷兰。世界平均单产 1 336.80kg/$667m^2$，较 2013 年增加 38.80kg/$667m^2$。总体来看，2014 年全世界马铃薯生产形势好于 2013 年。

（二）贸易概况

根据联合国商贸数据统计，2015 年世界马铃薯及其制品国际贸易总额为 236.71 亿美元，其中出口额 121.37 亿美元、进口额 115.34 亿美元，分别比 2014 年下降了 14.17% 和 19.33%。2015 年淀粉和冷冻薯出口量增幅分别为 36.62% 和 5.97%；其他产品出口量均有不同程度的减少，其中冷冻薯条、鲜薯和种薯出口量减幅分别为 31.12%、11.32% 和 10.89%。2014 年淀粉进口量增加了 9.47%，其他产品进口量均为减少，其中鲜薯、种薯和全粉降幅分别为 16.89%、11.75% 和 10.13%。总体来看，2015 年世界马铃薯国际贸易形势要差于 2014 年。

二、国内生产与贸易概况

（一）生产概况

根据体系专家调查统计，2016 年共 29 个省份种植面积约 653.33 万 hm^2，较上年增加 4%；总产 1.21 亿 t，较上年减少 1.5%。超过 66.67 万 hm^2 的省份有贵州、四川和甘肃，在 33.33 万~66.67 万 hm^2 的有内蒙古自治区（以下简称内蒙古）、云南、重庆和陕西。全国平均单产 1 234.7kg/$667m^2$，较上年减少 28kg/$667m^2$。各地生产水平差异比较大，山东平均单产 2 500kg/$667m^2$ 以上，而山西、陕西和宁夏回族自治区（以下简称宁夏）不足 1 000kg/$667m^2$，主产省份中黑龙江、四川和云南等单产水平均高于全国平均水平。种植的区域化、规模化、机械化水平进一步提升。

（二）贸易概况

1. 市场价格 全国田间价较上年平均上涨 14% 左右，批发市场价格较上年上涨 12%。其中 2—6 月，田间和批发市场价格分别较上年同期上涨 35% 和 25% 左右，进入 6 月后都跌落到近两年同期价格水平之下，8、9 月创近几年新低，较上年同期下滑 20%；进入 10 月后价格回升，11 月田间和批发两个价格分别较上年同期上涨 15% 和 10%。

2. 国内贸易 收获后鲜薯异地销售 3 950 万 t、占总产量的 30.87%；储藏量 4 167 万 t、占总产量的 32.58%，商品流通比上年差。

3. 国际贸易 马铃薯及其制品贸易总额 49 439.6 万美元，其中出口额 26 956.9 万美元、进口总额 22 482.7 万美元，均略低于去年水平。出口以鲜薯为主，共 41.06 万 t、22 639.9 万美元、占出口总额的 84.0%，速冻薯条 1.55 万 t、2 823 万美元、占 10.47%，冷冻马铃薯 1.19 万 t、1 216 万美元，全粉和淀粉量少；进口主要为速冻薯条、淀粉和全粉三类产品，其中速冻薯条 14.45 万 t、17 575.74 万美元，占进口总额的 78.17%；淀粉 4.21 万 t、3 137.74 万美元、占 13.96%；全粉 1.42 万 t、1 753.71 万美元、占 7.80%。

三、国际产业技术研发进展

（一）遗传育种

种质资源研究利用、重要农艺性状遗传调控机理与分子改良、品种选育等取得了重要进展。

（1）荷兰 Paola Gaiero 等研究了近缘种与四倍体栽培种间的遗传共线性，CIP 研究者克隆并验证了墨西哥野生种晚疫病抗性基因，英国的 Kamil Witek 利用单分子测序技术克隆了光果龙葵（*Solanum americanum*）中晚疫病抗性基因 *Rpi-amr3i*。

（2）欧美等国科学家对晚疫病抗性、耐旱、块茎形成、块茎品质、块茎损伤和块茎表皮蜡质等分子遗传调控机制进行了深入研究，荷兰 Peter G. Vos 等研究了四倍体马铃薯连锁不平衡。

（3）Andersson 等开展基因组编辑等新技术改善块茎淀粉品质、增强晚疫病抗性、降低油炸产品丙烯酰胺含量等；德国的 E. M. Schönhals 利用块茎产量和淀粉含量等性状关键基因 SNPs 标记进行了关联分析等研究；多国科学家利用 RNA-seq、GWAS 等技术挖掘栽培品种晚疫病数量抗性基因，发现了 27 个 SNPs 与晚疫病持久抗性相关。

（二）栽培与作物生产

国际研究热点依然集中在养分、水分管理和种植模式上。

（1）加拿大 Cambouris 的研究表明，在灌溉条件下，一次性施用聚合物包膜尿素能最大限度地减少氮素损失的风险，块茎产量和品质并不降低。

（2）CIP 的 David Saravia 从农艺和生理性状上对 3 个马铃薯基因型水胁迫和氮水平的响应进行了评估，发现叶绿素含量和冠层覆盖度是预测氮缺乏和检测早期干旱的关键指标。

（3）荷兰 Drakopoulos 的研究表明，少耕与常规耕作相比，块茎产量降低了 13.4%，加拿大 Francis 等研究证实，马铃薯-小麦-甜菜-小麦-豆类 5 年轮作比马铃薯-豆类-小麦 3 年轮作块茎产量提高 18%，并能有效控制病害的发生。

（三）病虫害防控

在致病疫霉 RxLR 效应蛋白与寄主（马铃薯）互作的致病机理、晚疫病持久抗性基因的 SNP 标记、生物防治和轮作在黑痣病和疮痂病等土传病害防控的作用和机理等取得了重要进展。

（1）Nature Communication 报道了促进致病疫霉菌对寄主侵染的 RxLR 类效应蛋白 Pi04314，其通过与植物细胞内 PP1c 酶类似物结合扰乱植物正常的防卫反应，使致病疫霉逃避寄主识别，从而侵染寄主植物。

（2）芬兰科学家发现了一种非致病性链霉菌 272，能够使疮痂病的发病率减低 43% ~ 59%，连续施用 3 年以上能够延长土壤对疮痂病的抑制达 2 年以上，长期使用可抑制土壤中疮痂病的蔓延。

（四）田间机械

（1）研制了液压控制精确变量施肥播种机。

（2）巴西研发了一种无线测试球测量收获时块茎损伤的装置。

（3）研制了杀秧装置铰接在滚筒侧部的杀秧收获机，德国开发了全自动转速调节装置的单行收获机、适用潮湿土壤的自走式收获机，研制了自走式节油收获机并应用了最新的尾气处理技术。

（4）新型堆垛装车机可无线遥控器操作准确地控制所有功能，上料单元上设置有坠落缓冲装置的出库机、输送带可无极调速。

（五）贮藏与加工

（1）Pia Heltoft 等研究表明，块茎成熟度和贮藏通风方式显著影响块茎质量，Derek J. Herman 等研究发现贮藏期低氧使转化酶活性降低，从而抑制低温糖化现象。

（2）用加工废料制成的士力架巧克力棒包装材料赢得 2016 年全球生物塑料大奖。

（3）大量研究结果表明，不同加工（烹饪）方式会影响淀粉的消化吸收，从而影响血糖；加拿大的 Dupuis 等报道了热处理和贮藏对块茎理化性质及体外消化率的影响；美国的 Raatz 等报道了块茎抗性淀粉含量受到烹饪方式和食用时温度的影响，而与品种没有关系。

（4）巴西的 Heleno 等报道了臭氧溶液能去除马铃薯 70%~76% 农残，而清水只能去除 36%。

四、国内马铃薯产业技术研发进展

（一）遗传育种

在资源评价与抗病新材料创制、重要性状基因克隆与分析、分子标记开发与品种选育等方面取得了重要进展。

（1）段绍光等发现 436 个我国审定品种主要以 T 型与 D 型细胞质为主；李凤云等利用原生质体电融合方法创制了抗晚疫病新种质；陈琳等利用 SSR 标记研究了五倍体马铃薯体细胞杂种遗传模式。

（2）魏桂民等克隆了马铃薯 *StSGT3*、*StMAPK3* 和 *StNAC72* 基因并分析了功能；陈国梁等利用 RNAi 技术研究了淀粉代谢基因及相关酶活性，张会灵等分析了淀粉代谢途径在低温糖化中的作用。

（3）李婉琳等利用 SSR 标记对主要农艺性状进行了关联分析。

（4）截至 2016 年 11 月 26 日，共审（认）定品种 54 个。

（二）栽培与作物生产

研究以施肥、灌水、覆膜和种植模式等为重点，不同因素对土壤特性的影响为本年研究热点。

（1）张绪成等研究发现，在全膜覆盖垄沟种植模式下，减氮增钾和有机肥替代可提高水分和养分利用效率；于显枫等提出化肥减量 25% 花期追施、化肥减量 50% 花期追施并增施有机肥，可提高产量和水分利用率。

（2）王沛裴等指出有机肥底肥对 Pd、Cd 胁迫有明显的缓解效应。

（3）张国平等、王红丽等的研究显示白膜、黑膜和绿膜均具有增温保墒增产的效果，绿膜增产效果最好。

（4）谭雪莲等报道了作物套作显著增加了土壤中微生物和细菌数量、降低了真菌数量，显著提高了土壤蔗糖酶活性，降低了脲酶活性，提高了马铃薯产量和品质。

（5）万年鑫等的研究表明，玉-薯轮作或薯-玉轮作比马铃薯连作减少了土壤速效养分消耗。

（三）病虫害防控

在致病疫霉效应子功能、晚疫病菌交配型动态变化、病害检测及甲虫传播路径等方面取得了较大研发进展。

（1）Plant Physiology 报道利用酵母双杂交技术证实致病疫霉中的 Pi02860 效应子与马铃薯 StNRL1 蛋白结合，导致病原菌侵染马铃薯引起晚疫病发生。

（2）晚疫病菌 A2 交配型已成为云南省群体中的优势交配型。

（3）开发了一种基于特定波长 LED 的早疫病快速无损检测装置。

（4）建立了青枯菌 LAMP 检测、qRT-PCR 病毒检测技术。

（5）筛选到对黑痣病有良好拮抗作用的莫海威芽孢杆菌 QHZ-M1 和萎缩芽孢杆菌 QHZ-M2。

（6）RAPD 与 SSR 分子标记技术证实了马铃薯甲虫从哈萨克斯坦共和国的塔尔巴哈台地区传入中国新疆塔城，之后沿天山北坡逐步向东扩散；李慧霞等报道在甘肃定西地区发现了马铃薯腐烂茎线虫（*Ditylenchus destructor*）。

（四）田间机械

据统计，全国公开马铃薯机械相关专利 84 项，其中，播种机的 33 项、收获机的 39 项以及杀秧、地膜回收、中耕和施药施肥等相关专利 12 项。

（1）收获机（挖掘机）相关专利主要为用于收获机的分选分级、防损伤、集条压垄、横向输送和薯秧薯土分离等设备和装置。

（2）播种机相关专利主要为：漏播补种、新型取种器、气吸式播种机动态供种系统、小种薯拨轮式排种器、排种抖动和覆膜播种等设备和装置。

（3）地膜回收、中耕管理和施药施肥等类型专利的数量有所增加。

（五）贮藏与加工

（1）贮藏：葛霞等初步探索可取代氯苯胺灵的其他化合物在薯块贮藏抑芽保鲜中的应用效果；程建新等研究了环境温度对贮藏初期块茎的生理影响。

（2）刘刚团队与定西农科院完成了淀粉分离汁水脱蛋白水转化为"有机碳水肥"研究，并编制了技术指南。

（3）江南大学 Wang 等报道了马铃薯全粉与米粉混合制作膨化面条。

（4）江南大学 Su 等报道了新型微波真空油炸在降低薯片吸油和提高品质方面的应用。

（5）华南理工大学 Wang 等报道了淀粉的颗粒大小对结构性质和辛烯基琥珀酸酐改性和流动性的影响。

（马铃薯产业技术体系首席科学家　金黎平　提供）

2016 年度甘薯产业技术发展报告

（国家甘薯产业技术体系）

一、国际甘薯生产与贸易情况

根据联合国粮农组织（FAO）统计数据，2014 年全世界甘薯种植面积为 835.23 万 hm^2，鲜薯总产量 1.07 亿 t，种植面积和鲜薯总产量均高于 2013 年。我国甘薯种植面积与总产量仍居全球首位，分别占世界的 40.50%、67.11%。2014 年，全世界甘薯单产平均为 $12.76t/hm^2$，略高于 2013 年的 $12.60t/hm^2$，我国单产为 $21.15t/hm^2$。甘薯种植面积多集中在发展中国家。近年来非洲甘薯种植面积稳定在 380 万 hm^2，仅次于亚洲，其中尼日利亚、坦桑尼亚、乌干达的种植面积较大；非洲甘薯总产量为 2.26 万 t，单产为 $5.82t/hm^2$，总产量和单产呈现升高趋势。

根据联合国统计司（UNSD）统计数据，2015 年国际进出口甘薯（鲜甘薯和薯干）77.08 万 t，比 2014 年减少 9.39%；总值 67 494.93 万美元，比 2014 年减少 10.20%。其中进口甘薯 43.58 万 t，总值 38 210.02 万美元，主要进口国为英国、荷兰、加拿大、德国、法国、日本、美国；出口甘薯 33.50 万 t，总值 29 284.91 万美元，主要出口国为美国、荷兰、西班牙、埃及、以色列、中国、英国。美国是世界甘薯最大的贸易国，世界甘薯 55.31% 来自美国的供应。FAO 数据显示，2012—2015 年，国际甘薯贸易平均价格由 599.04 美元/t 增长为 819.82 美元/t，呈现逐年升高态势；中国的平均价格分别为 284.95 美元/t，远低于国际甘薯贸易价格的平均水平。

依据体系调研分析上述数据与实际数据有一定的差异。

二、国内甘薯生产与贸易情况

根据甘薯生产技术考察和生产形势分析会议、产业技术体系调研和专家指导组统计综合分析，2016 年由于受种植业结构调整和鲜食甘薯价格持续走高的影响，多数省（直辖市）反映生产面积持平或略升，全国甘薯面积略有增加，特别是鲜食品种，估计总体增加幅度在 5% 左右，种植总面积在 433.33 万 hm^2 左右；由于受到清洁种薯种苗供应量不足、甘薯病毒病为害、特别是长江中下游和北方大部分薯区中期干旱、收获期连续阴雨等因素的影响，估计单产下降 8% 左右，总产较去年有所下降，鲜薯产量在 9 500 万 t 左右。对单产影响最大的气候因素是 9 月下旬开始全国甘薯主产区阴雨天多，影响了甘薯收获及耐贮藏性，造成很多地区收获推迟，而收获期降雨太多，又导致土壤湿度太大，部分生产区域延后 15~20d，漏收严重，甚至还出现冻害不利于冬季种薯贮藏的现象。据 2016 年全国 700 户固定观察点农户问卷调查资料显示，不同农户类型中，以种植大户单产量最高，为 2 223kg/$667m^2$；其次为合作社，为 2 170kg/$667m^2$；普通农户产量最低，为 2 105kg/$667m^2$。

2016 年全国甘薯产后加工产品仍以淀粉、粉丝为主，合计占 70.40%，其中淀粉占

44.35%，粉丝占 26.05%。据中国海关信息网的统计资料，2016 年 1—10 月，我国鲜、冷、冻或干的甘薯进出口总量为 10 467.20t，进出口总额为 1 104.73 万美元，其中出口总量为 10 439.40t，出口总额为 1 096.84 万美元，与 2015 年相比，出口总量下降较大，但出口总额有所升高。近年来，我国鲜、冷、冻或干的甘薯主要出口国有德国、日本、荷兰、香港、韩国、加拿大、美国和马来西亚等，但出口总量持续下降，其下降的主要原因是主要欧盟国家进口量大量调减。中国海关统计数据显示，2014—2016 年我国甘薯淀粉进出口通关以南京海关、青岛海关和石家庄海关为主，占通关总量的 87% 以上，主要出口韩国、日本、泰国和美国等国家。

三、国际研发进展

（一）生物技术

甘薯基因功能鉴定方面研究较多，包括淀粉、生育酚、类胡萝卜素、抗逆等方面取得很多进展。基因组学研究是近年来的热门领域，Shekhar 等对两种不同生态型甘薯进行蛋白质组和代谢组比较分析，Hoshino 等测定了 I. nil 基因组为甘薯相关植物研究提供便利。

Hernandez-Martínez 明确了苏云金芽胞杆菌 Cry3Aa 和 Cry3Ca 蛋白与 Cylas puncticollis 的刷状缘膜囊泡显示出不同的结合位点。Ma 测定了甘薯麦蛾的线粒体基因组全序列，并对基因组进行生物信息学分析。Raza 等采用 RNAi 干扰技术研究表明，与调节渗透压相关的下调基因很有可能在控制害虫方面起着关键作用。Wang 采用新一代高通量测序技术对浅黄恩蚜小蜂寄生的烟粉虱若虫进行了测序并进行生物信息学分析。

（二）资源与育种

Ngailo 等利用 SSR 标记对坦桑尼亚甘薯品种进行遗传多样性分析，认为来自 Kisarawe 地区的甘薯资源遗传距离最大，可以用作育种材料。Furtado、Ono 等对野生资源研究表明：Ipomoea asarifolia 叶片内多酚成分有消炎作用，使用分光光度和化学方法确定了 I. muricata 的糖基树胶的化学结构，首次发现有机酸连接糖基和糖苷配基形成大环酯环。

日本 NARO 作物科学所 Kuranouchi 等利用杂交方法成功培育出新的直立高产品系，Baafi 等人通过杂交来改良甘薯微营养成分，加快非洲橘黄肉甘薯的推广。Moyo 等对南非的甘薯高质量种薯的生产程序的规范性进行了报道。

（三）栽培生理与施肥、机械

国外对甘薯栽培生理与施肥技术方面研究较少。Negesse 等认为，甘薯间作体系下作物植株干物质量和产量提高，Idoko 认为甘薯大豆间作造成结薯数、薯重及产量降低。

Khairi 等认为，施用堆肥可在提高产量的同时有效改善土壤地力。Doss 等研究表明，配施磷钾肥条件下，喷施海藻提取物叶面肥，可提高甘薯分枝数、叶片数、单株结薯数、薯重等指标。Liza 等认为，乙酰水杨酸提高叶片生理活性，但对块根产量无显著提高。Ghasemzadeh 等研究发现，喷施茉莉酮酸甲酯、水杨酸和 ABA 等调节剂后，块根类黄酮、花青素及 β 胡萝卜素含量显著提高。

美、加、英、日等国甘薯机械化生产技术较为成熟，已实现自动化技术、信息技术与传统生产机械相嫁接，如日本的 GZA 系列联合收获技术和薯蔓机械采割收集技术。

（四）病虫害防控

Scruggs 等探索通过二氧化氯熏蒸等综合防控甘薯软腐病取得了较好的效果；Scruggs 等对美国发生的甘薯根腐病的病原及流行病学条件进行了研究。Kandolo 等首次报道南非发现甘薯链格孢病，并对25个甘薯品系对该病的耐受性进行了评估，筛选出了抗病品种199062-1和感病品种W119。Ye等首次报道了Diaporthe batatas引起的甘薯干腐病在韩国的发生。Martino等首次报道了SPLCGV病毒病在阿根廷甘薯上的为害。Karuri研究表明49份甘薯品种材料被鉴定为高抗根结线虫，并可被应用于甘薯抗性育种。

Obear等研究了杀菌剂对日本丽金龟卵孵化、幼虫存活和解毒酶活性的影响。Samantaray研究发现甘薯Kishan品种的挥发物对蚁象雌虫有较高的吸引力，葎草烯、桧烯，反式石竹烯等化合物对蚁象雌雄趋避不同。Zafar利用白僵菌对烟粉虱进行生物防治，取得了较好的防效。Su等研究B型和Q型烟粉虱共生细菌群体、寄主植物与番茄黄化曲叶病毒（TYLCV）之间的相互作用。

2016年国际上在甘薯双生病毒卫星分子研究、甘薯病毒检测技术研究、病毒基因组结构与功能以及病毒病对甘薯产量的影响等方面取得了重要进展。

（五）营养与加工技术

甘薯营养评价和甘薯质量安全方面，Ghasemzadeh等研究了外源激素茉莉酮酸甲酯、水杨酸、脱落酸对甘薯品质的影响，并分析其相关性；Magwaza等利用建立的近红外光谱测定甘薯蛋白的模型；Amoah等发现乙烯处理可以加速甘薯呼吸、提高糖代谢、抑制保藏期出芽并增加酚类物质的积累。Habila等建立了甘薯、马铃薯、萝卜等植物中重金属铅、镉、锌的检测方法，实现了灵敏、高通量的重金属检测。

国外甘薯加工技术领域的研究主要涉及甘薯淀粉、甘薯色素、甘薯果胶、甘薯食品加工等方面。研究酶、高压、保存温度等处理对甘薯淀粉结构特性、可消化性等影响，研制复合淀粉并考察其凝胶稳定性；研究紫甘薯花青素和胡萝卜素工业化提取技术、利用花青素等制备高灵敏度的pH试纸；探讨了果胶对癌细胞的抑制作用和甘薯果胶生产技术；研制了新型无麸质甘薯淀粉面条，克服了甘薯淀粉面条的低营养价值。

四、国内研发进展

（一）生物技术、资源与育种

罗凯等使用SSR标记、农艺、品质性状分析中国西南地区主要甘薯育种亲本遗传多样性，表明这些材料遗传差异不明显，品质性状与农艺性状间呈负相关。辛国胜等探索食用型甘薯品种评价方法，采用灰色系统理论中的品种灰色关联度多维综合评估分析法对12个品种的11个主要性状指标进行综合分析和评价。

石璇和苏文瑾分别使用简化基因组技术对甘薯栽培种、野生种进行测序，开发SNP标记，表明SLAF-seq技术可以很好地应用于甘薯研究。刘恩良等研究甘薯抗旱生理，表明抗旱指数与叶片Pro含量、POD活性呈正相关，与MDA含量呈负相关。贾等人分析了甘薯与野生种体细胞杂种耐旱性和遗传及表观变异。

国内围绕甘薯自交亲和性、发芽率、干物质含量测定、快速育种等方面展开研究，取得了不错的成果。Chen等探讨了温室甘薯茎段快繁的影响因子。侯夫云、张文斌、张治良、陈玉霞等分别对甘薯脱毒苗的制备、试管苗快繁、温室高倍快繁以及种苗制备技术进行优化。

2016年通过国家鉴定的甘薯品种有32个，淀粉型品种6个，兼用型品种2个，食用型品种1个，高胡萝卜素型品种1个，高花青素型品种3个，食用型紫薯品种14个，叶菜型品种5个。2016年通过省级审（鉴）定甘薯新品种28个（不完全统计），其中四川省审定 5 个、北京市鉴定 2 个、重庆市鉴定 5 个、广东省审定 6 个、福建省审定 1 个、陕西省登记 1 个、广西壮族自治区审定 8 个。

（二）栽培生理与施肥、机械

平衡施肥处理下的氮磷钾素农学利用率与养分回收利用率最高，易获得高产。吴春红、安霞等认为，适宜的氮肥施用对营养生长和产量有良好的促进作用，而不同类型的氮肥效益以施用铵态氮肥最优。贾赵东等研究表明，施用磷肥可提高土壤磷含量、植株地上部和块根产量，秦文婧则认为，磷肥对甘薯营养生长影响较小，施钾肥促进钾素的吸收利用，提高块根干物质的积累量，显著增加单薯重和产量，改善品质。胡启国、蔡英强等认为，含有适量氮素的有机肥可获得较高的品质，适量施用生物有机肥既可获得最高的薯块产量，亦可改善土壤微环境。

马征、姜瑶等发现施氮量为 $45kg/hm^2$ 时喷施 $25mg/L$ 的烯效唑抑制甘薯地上部分徒长，干旱条件下烯效唑处理显著增强耐旱性较差品种的抗氧化酶同工酶表达量。解备涛等发现植物生长调节剂通过改变内源激素的变化动态，促进地上部同化物向块根的转运，提高块根产量，且其对光合作用的影响因品种类型而异。

曹清河、吴燕、李长志等研究发现，干旱胁迫影响甘薯根系的形态建成，降低不定根的数目、长度，阻碍后续侧根形成，降低产量。杜召海、吴巧玉、边晓峰等认为干旱胁迫气孔关闭，叶绿体结构变化，膜系统损害，光能利用率降低。李长志等研究表明，旱后水+氮处理有利于缓解干旱胁迫，促进营养生长与干物质积累。孙哲、汪宝卿等认为干旱胁迫下施钾可提高幼苗根系活力，提高叶绿素含量和光合性能，进而提高甘薯抗旱性。

借鉴国际经验，甘薯体系研发了 4JSW-600 型步行型甘薯藤蔓粉碎还田机；将无人驾驶自走式技术引入微小型多功能作业机。

（三）病虫害防控

2016 年我国报道甘薯上发生的新病害有叶斑病、甘薯茎腐病、甘薯茎溃疡病、茎枯、根腐和甘薯贮藏块根腐烂和由 *Neopestalotiopsis ellipsospora* 引起的甘薯叶斑病，*Corynespora cassiicola* 引起的甘薯叶斑病、甘薯块茎腐烂，*Alternariasp.* 引起的一种甘薯新病害，甘薯爪哇黑腐病以及甘薯病毒病 SPBV-A。茎线虫病的田间药剂筛选，甘薯根腐病的病原鉴定及生物防治研究取得了新进展。鄢铮等对烦夜蛾幼虫调查分析表明，环境因子是导致烦夜蛾幼虫聚集分布的主要原因。王容燕等明确了甘薯蚁象各虫态的发育历期和有效积温，并对河北省甘薯主要产区蛴螬的发生为害进行了调查。王振宇等研究了不同时期施药对地下害虫的防治效果。李学成等利用 PCR 结合核苷酸序列测定的方法检测各种甘薯病毒病。卢会翔等从重庆地区的 SPVD 甘薯样品上克隆获得了 SPFMV cp 和 SPCSV 的 hsp70 基因序列，并根据保守区核苷酸序列设计引物，建立了 SPVD 的荧光定量 RT-PCR 检测方法。

（四）营养与加工技术

甘薯营养评价，通过主成分分析、灰色关联度多维综合评估分析、质地分析、高效液相色谱分析等方法分别建立了甘薯综合品质、熟化甘薯、菜用甘薯、紫甘薯等品质评价方法。测定了甘薯中有机磷农药、重金属铝含量，评价了特种甘薯 TSP-1 口服液的安全性。

国内甘薯加工技术领域的研究主要涉及甘薯淀粉、甘薯深加工技术、甘薯贮藏保鲜、甘薯副产物综合利用等。研究了压热冻融循环处理对甘薯淀粉结构及物化性质的影响、甘薯淀粉及其系列产品生产技术等。研发颗粒全粉、花青素、类胡萝卜素、茎叶绿原酸等生产技术。分析了涂抹保鲜、贮藏温度、植物激素对甘薯保鲜效果及对其品质的影响，研制了新型节能型甘薯贮藏库、甘薯越冬贮藏大棚等设施批量贮藏甘薯。甘薯淀粉加工副产物综合利用依然是目前甘薯淀粉加工领域的研究热点，研究内容主要集中在利用淀粉加工废渣制备膳食纤维、低聚糖、果胶、乳酸、乙醇等和利用淀粉加工废水制备蛋白、多糖等。

（甘薯产业技术体系首席科学家　马代夫　提供）

2016 年度木薯产业技术发展报告

（国家木薯产业技术体系）

一、国际木薯生产与贸易概况

（一）生产

据 FAO 报告数据，2016 年全球木薯总产量约 3.0 亿 t，其中非洲总产量约 1.8 亿 t，亚洲总产量约 0.9 亿 t，美洲总产量约 0.3 亿 t；尼日利亚是世界木薯生产第一大国，年产约 0.6 亿 t，约占非洲产量的 1/3。尼日利亚、泰国、巴西、印度尼西亚和刚果是世界木薯总产量前 5 名的国家。2016 年，中国种植面积约 33.47 万 hm²，有所减少，越南、缅甸、柬埔寨、老挝等东盟国家有较大的增长。

（二）贸易

世界木薯（或干片）的主要贸易国集中在亚洲和西欧地区，世界木薯进口国主要分布在亚洲和西欧国家，出口国集中在东南亚和美洲国家。中国仍然是世界木薯产品的第一大进口国，木薯原料近 80% 的市场份额依赖进口；泰国是木薯干片的最大出口国，最主要的出口市场仍是中国；越南是世界第二大木薯和木薯制品出口国，越南木薯出口量约 80% 出口到中国。近年，国际市场对木薯的需求减少，导致国际木薯干片价格呈逐年下降趋势。2016 年东南亚木薯鲜薯收购价格为 55~80 美元/t，价格较往年下降。据泰国木薯贸易公会（TTTA）12 月报价，泰国木薯块根（淀粉含量折合 25%）价格在 1.75~1.90 泰铢/kg，木薯淀粉价格 10.60~10.80 泰铢/kg，曼谷离岸价（FOB）320~325 美元/t，价格小幅上涨；泰国木薯干片货源紧张，曼谷离岸价 173~174 美元/t。主要由于 11 月泰国政府或实施新的木薯报价政策，木薯淀粉出口价格上调，加上近期市场货源相对紧张，木薯淀粉价格有所上涨。越南第三季度鲜木薯价格持续在高位水平，越南木薯淀粉到岸价（CNF）报价 310~320 美元/t 较为集中；越南木薯干市场货源较为紧张，到岸价（CNF）175~180 美元/t。

据海关统计，泰国、越南、柬埔寨 3 个东南亚国家 2016 年 1—11 月累计出口至中国的木薯淀粉 176.08 万 t、木薯干片 674.81 万 t（表 1）。泰国、越南、柬埔寨出口的木薯淀粉分别占中国进口量的 73.09%、25.09%、1.65%，出口的木薯干片分别占中国进口量的 80.5%、18.15%、1.21%。

表 1　2016 年 1—11 月东南亚国家主要木薯产品出口中国情况

国别	木薯淀粉（万 t）	均价（美元/t）	木薯干片（万 t）	均价（美元/t）
泰国	128.91	364	544.03	184
越南	44.26	347	122.63	180
柬埔寨	2.91	340	8.15	190
合计	176.08		674.81	

（卓创资讯，2016 年）

二、国内木薯生产及贸易概况

（一）生产

受到木薯原料价格连年偏低和部分地区种植结构调整的影响，2016 年我国木薯种植较 2015 年略有减少，总种植面积约 33.47 万 hm²，鲜薯总产量 785.0 万 t，平均单产约 23.46t/hm²。国内木薯种植主要集中在广西、广东、云南和海南等省区，其中广西仍然是木薯种植大省，约 18 万 hm²，鲜薯产量约 432 万 t，种植面积和产量均占全国的 55%；广东约 8.07 万 hm²，鲜薯产量约 170.0 万 t；云南约 2.67 万 hm²，鲜薯产量约 73.0 万 t；海南约 2.13 万 hm²，鲜薯产量约 45.0 万 t；福建约 1 万 hm²，鲜薯产量约 27.0 万 t；江西约 0.8 万 hm²，鲜薯产量约 21.0 万 t；其他地区约 0.8 万 hm²，鲜薯产量 17.0 万 t。

（二）贸易

我国木薯产品贸易包括鲜薯、干片、颗粒和木薯淀粉等。2016 年 11 月，国内淀粉加工厂已经开始陆续生产，鲜薯收购价格较去年同期相比有所下滑，地区不同存在差异，海南地区多在 400~430 元/t，广西地区多数在 430~520 元/t，少数报价 370~400 元/t，江西报价稍高，500~550 元/t；12 月底国产粉方面表现相对稳定，海南地区厂家报价在 2 800 元/t，广西地区低端粉报价 2 800~2 900 元/t，中端粉报价 3 000~3 100 元/t，高端粉报价 3 200元/t 左右，福建基本维持在 3 000~3 300 元/t。2016 年整体来看，市场货源依然紧张，无法满足木薯加工业的需求，由于我国极大的木薯市场需求和国际木薯干片、木薯淀粉价格的低迷，我国大部分木薯干片和木薯淀粉主要依赖进口，木薯产品的进口量远大于国内的生产量。

据海关统计，2016 年 1—11 月，我国木薯淀粉进口总量 176.38 万 t，较 2015 年同期进口总量增加 10.04 万 t，累计进口量同比增幅为 9.11%；木薯干片进口总量 675.80 万 t，较 2015 年同期进口总量减少 181.5 万 t，累计进口量同比减少 21.17%；木薯淀粉和木薯干片进口总金额达 18.74 亿美元（表2）。

表 2　2016 年 1—11 月中国进口木薯产品（干片和淀粉）情况

时间（月）	进口量（万 t）			进口额（万美元）		
	淀粉	干片	小计	淀粉	干片	小计
1	17.17	60.40	77.57	6 570	11 742	18 312
2	12.34	72.10	84.44	4 615	13 047	17 662
3	20.28	96.30	116.58	7 456	16 705	24 161
4	23.93	74.10	98.03	8 821	13 065	21 886
5	14.97	70.60	85.57	5 534	12 839	18 373
6	11.03	75.50	86.53	4 211	14 102	18 313
7	9.31	46.20	55.51	3 563	8 862	12 425
8	11.50	30.20	41.70	4 345	5 727	10 072
9	15.98	57.50	73.48	5 680	10 850	16 530
10	17.41	41.00	58.41	5735	7 722	13 457
11	22.46	51.90	74.36	6 691	9 512	16 212
合计	176.38	675.80	852.18	63 220	124 182	187 402

（卓创资讯，2016 年）

三、国际木薯产业技术研发进展

（一）遗传育种技术研究发展动态

利用木薯基因组测序技术，发掘与重要农艺性状关联的基因的研究方兴未艾。Bredeson 等、Wolfe 等、Khatabi 等、Utsurmi 等在木薯基因组的进化、与重要农艺性状的关联基因、microRNA 等方面都有研究。Utsumi 等、Naconsie 等、Schmitz 等在基于转录组和蛋白组的分析解析病原菌侵染、储藏根膨大等领域也有系列研究。Siebers 等、Boonrueng 等、Gleadow 等、Han 等分别对一些重要因子如腺苷酸激酶、木质部和形成层的调控因子、盐分的响应、Trehalose 的含量变化开展了初步的研究。Ndunguru 等、Maredza 等在木薯基因组中发现两个与增强病症和突破 CMD2 抗性的 DNA 分子，这为下一步提高木薯抗病性提供了可能。Carvalho 等、Uarrota 等分别对木薯不同特异资源如胡萝卜素合成相关基因的变异、PPD 发生的生理生化变化进行了研究。CIAT 的 Karlström 等研究结果表明，糯性木薯与其母本的产量方面并没有太大差异，但干物重有所降低。

（二）栽培技术发展动态

国际上对木薯施肥管理方面的研究有一些进展。Byju 等研究了印度基于热带土壤定量分析模型（QUEFTS）发展的定点养分管理技术（SSNM），其结果为 SSNM 相比农民常规施肥（FFP）对木薯有显著增产作用，平均增产 $6t/hm^2$（22%，P = 0.001），且显著增加了对土壤氮磷钾的吸收。并根据 SSNM 施肥建议，土壤、气候、农业生态区域，开发了基于地理信息系统的印度热带作物主产区的相应作物的普适的肥料比例区划。George 等 2016 年发表了 2009—2012 年的 3 个夏季（干燥月份）在印度开展微灌和施肥制度试验，探讨其对木薯生长和水肥利用效率的影响的研究结果。Oketade 等在尼日利亚西南、Uzokwe 等在坦桑利亚都有进行木薯肥效试验研究。Panitnok 等研究了早膨大木薯品种的块根产量和农艺特征对泰国沙质土壤中养分管理的响应，结果表明，土壤调理剂显著影响鲜薯重、淀粉含量和块根数；不同品种的最高产量所需的肥料不一样。Mesele 等研究了有机肥和化肥对木薯地水土流失的影响，得出免耕和少耕法配合禽粪肥和 NPK 化肥施用，能最大限度地减少土壤流失和保持表层土以及与之相关的问题。Amonpon 等在泰国罗勇省的沙土上研究肥料处理如何降低农民在木薯上的投入成本，得出木薯最高产量为 $37.91t/hm^2$ 时的 N-P-K 养分吸收量为分别 $29.94kg/hm^2$，$34.75kg/hm^2$ 和 $106.69kg/hm^2$，相当的 N-P2O5-K2O 施肥量为 29.94、79.56、128.0kg/hm^2。

（三）病虫害草防控技术发展动态

2016 年度国外病害研究集中在病毒病，在花叶病方面包括木薯种质对 ACMV-CM 和 EACMV 抗性评价、马达加斯加岛上病毒株系的遗传多样性、微繁过程中 CMD2 基因丧失现象、外壳蛋白表达、病毒和木薯互作过程中抗病基因类似系列和 sRNAs 表达情况、病毒毒力增强相关因子等；涉及褐条病的研究包括利用 miRNA 提高植株抗病力、田间防治技术（采用无病种茎）、病毒株系遗传多样性、种质抗性评价、病毒和木薯互作过程中 sRNAs 表达情况等方面；另外也评估了木薯抗病毒基因漂移对木薯种群的影响。2016 年度，IITA 建立了以非洲本地木薯品种为材料的农杆菌介导转化技术，汇总了之前针对鲜薯产量、干物质含量和花叶病抗性等性状所进行的 3 轮基因组选择和重组等育种工作相关数据，在坦桑尼亚和乌干达共进行了 6 个耐褐条病/抗花叶病种质的推广工作。

2016 年，国际木薯害虫及害螨研究在种质抗虫性、基因组学、监测预警与风险评估、生物防治及综合治理等方面取得了重要进展。在种质抗虫性研究方面，Chen 等首次克隆并通过转基因获得转 MeCu/ZnSOD+MeCAT1 双基因株系，并证明 SOD、CAT 具有抗螨性功能；陈青等、Lu 等系统总结了中国木薯种质资源抗螨性鉴定评价与创新利用研究进展。Chen 等在基因组学方面，绘制出了烟粉虱的基因组草图，为烟粉虱的研究及有效防控奠定了基础。Kris 在监测预警与风险评估方面，对 5 个国家 429 个地区的重要木薯病虫害发生情况及风险做了预测与分析；卢辉等明确了木瓜秀粉蚧在中国海南的适生区；Njoroge 等首次调查发现肯尼亚木薯粉虱种类主要有烟粉虱和温室白粉虱；Tania 和 Darren 对木薯单爪螨（*Mononychellus tanajoa*）的最新发生为害、世界分布、寄主种类做了综述。Robert 等在生物防治及综合治理方面利用盲走螨（*Typhlodromalus manihoti*）防治木薯单爪螨在加纳取得了成功；陈青等总结了中国木薯重要害虫防控研究进展，为中国木薯产业的可持续发展提供了害虫防控信息支撑。

（四）加工与综合技术发展动态

木薯淀粉、木薯粉和副产物的加工利用以及木薯食品安全仍然是当前国际上木薯相关研究的重点。2016 年，Xu 等人发现草酸青霉（*Penicillium oxalicum*）能够高效降水解木薯淀粉，这为木薯淀粉的能源化利用提供了新的技术。在木薯粉利用方面，Senentl 等人发现酶的添加对面包有较大的影响，Adebukla 等人提出混合油炸小吃的加工参数及其对油炸食品质量的香味、口感和外观的影响。在副产物利用方面，Kemausuor、Adekunle 就木薯皮的能源化利用生产沼气技术得到开发，并已经在非洲加纳得到推广。木薯氰化物一直是木薯食品安全研究的重要领域。据 Desire D 研究发现，当人体血液中氰化物亚致死浓度为 80μmol/L，这时人体会产物类似"Kozon"病症，而种植区域的气温和干旱条件可能是提高块根氰化物含量的主要因素；另外，Chandrasekara 认为木薯块根含有一定的酚类物质，是一种十分有用的功能食品原料，在抗氧化和抗菌等方面有良好作用。

四、国内木薯产业技术研发进展

（一）遗传育种研究

Hu 等、Wei 等利用基因组信息对不同家族的基因（如 ERF 转录因子家族、CDPK 基因家族、MAPK 基因家族、bZIP 转录因子家族、WRKY 基因家族）开展了分析。Li 等、Liao 等、Fan 等、Fu 等、Ding 等利用转录组分析了木薯淀粉富集、抗旱、叶片离层形成、光线遮蔽对叶片的影响等涉及的基因表达变化。An 等、Wang 等对木薯近缘种和栽培种、低温响应、储藏根发育等涉及的差异蛋白也进行了分析，陈松笔提出了综合育种理论。Liao 等、Lu 等利用协同表达 SOD 和 CAT 的转基因木薯证明了 ROS 调控木薯离层的形成并且提高木薯对朱砂叶螨的抗性。An 等研究发现，木薯过表达拟南芥 CBF3 基因可明显提高木薯对低温和干旱逆境的抗性，但也引起植株表型的变化。Ma 等、Hu 等、Wei 等在采后生理性衰变方面，报道了褪黑素对木薯 PPD 发生的延缓作用。

（二）栽培技术研究进展

2016 年，国内在木薯施肥管理方面研究进展主要有：研究得出在广西红壤田根据不同品种差异推荐合适的施肥配比；根据适当施氮水平，既促进源叶生长又促进块根分化与增粗，有利于源库关系达到平衡，提出木薯不同的生长期最佳施氮量；得出"技术综合集成生物有机肥+测土配方肥+盖膜集雨水+深耕"是木薯最优的施肥及耕作栽培模式；对中国木薯主产区调研分析表明，连作年数越长产量越低，木薯连作以 2 年为佳，建议采用

"合理密植，减少连作年数，增施钾肥，调整基追肥比例，增施氮钾基肥，追肥增钾，推广全程机械化"的高产高效栽培措施。在水土保持方面的研究表明："犁耙—施肥—不起畦—间种花生"是木薯坡耕地土壤保持的首选种植模式。木薯与花生、大豆、穿心莲间作等效果显著。从农艺性状、生理生化指标等方面，研究种茎处理方法对木薯种茎的抗旱影响和耐贮性的影响等，得出贮藏后的茎段短时间浸水有利于提高成活率、薯干产量和淀粉产量，贮藏 7~14d 的种茎浸水 2h 效果较好。在木薯灌溉与水分相关的研究有新进展，采用滴灌处理对改善土壤理化性状，促进木薯生长、提高产量最为有利。在木薯机械化种植方面有了新的理论研究和机型设计，从农艺性状、薯块根系分布特性、产量等方面开展不同种植模式研究，为改进种植机、中耕机和收获机提供农艺参数；王涛等设计了挖拔式木薯联合收获机，该机一次作业能完成木薯的挖掘、拔起、薯茎分离、薯块和茎秆收集等工序，该设计为后续的木薯联合收获机的设计与研究提供了一定的参考；另外，木薯深松机、耙地机、种植机、微耕机、撒肥机、粉碎机、收获机、无人机喷药等在木薯生产上示范作业效果良好，促进了农机农艺结合，加快了推进木薯全程机械化。

（三）病虫害防控技术研究进展

2016 年度，国内在木薯病害防控技术方面的研究主要集中在木薯细菌性萎蔫病灾变关键因子分析、罹病种茎消毒技术的熟化和应用、生防微生物资源的收集和评价、病原菌致病机理、病原质粒标准样品制备等，部分主栽品种对花叶病和褐条病的田间抗性评价，新发病害藻斑病和根腐病的发生为害及病原鉴定等方面。在木薯害虫防控方面，进一步完善了我国木薯害虫（螨）基础数据与基础信息；明确了已入侵我国的木薯粉蚧的种类及其为害特性与发生规律；抗螨性鉴定方面，在"十二五"工作基础上，进一步验证鉴选出具有广谱生态适应性的抗螨品种（系）6 个；开展抗感 9 个优良品种（种质）×抗螨品种的正反杂交试验，获得 1 个可用于抗螨性遗传分析的正反杂交 F1 群体；初步建立 4 类木薯抗螨相关基因资源库；研发出基于形态学与生物学特性相结合的美地绵粉蚧与木瓜秀粉蚧快速检测技术；针对性地筛选出能与联苯肼酯合理轮换使用和混配使用的绿色防控朱砂叶螨的药剂 7 种及 1 个具有联合增效作用的联苯肼酯与炔螨特的最佳混配比；针对性地提出了 1 套木薯北移种植条件下的害虫综合防控策略及配套关键技术；初步构建了木薯全程专业化害虫防控技术体系。

（四）加工与综合技术研究进展

木薯产业更多的创新创意产品不断涌现，高品质木薯全粉产地清洁生产及成套装备集成在中国实现工业化生产，引领了木薯加工行业的发展，实现了木薯全粉加工的原料利用最大化、生产过程清洁化、工艺和设备最优化和效益最大化。在贮藏方面，木薯块根营养特点和贮藏技术获得进展，魏艳等分析了块根不同部分的营养情况，王中元、林立铭等研究了木薯块根贮藏技术，提出了不同贮藏方法，对延长木薯块根采后贮藏时间提供了借鉴；此外，张振文等人开展了木薯茎秆低温贮藏技术研究，提出茎秆处理方法，为木薯北移种植的种茎保存提供技术保障。在块根利用方面，林立铭、张立超研究木薯粉的加工特性，系统分析了木薯粉在不同应用领域的特点，而基于木薯粉为原料的食品研制不断得到加强。黄丽婕、王晓彤、肖瑶、赵华、王琴飞、莫现会在副产物利用方面，木薯渣、木薯茎秆和木薯等副产物的加工工艺和技术研究也有新进展，木薯产业链不断得到拓宽和延伸。

（木薯产业技术体系首席科学家　李开绵　提供）

2016 年度油菜产业技术发展报告

（国家油菜产业技术体系）

一、国际油菜生产与贸易概况

（一）世界油菜收获面积、产量和单产均减少

据美国农业部（USDA）统计，2016 年世界油菜总收获面积为 3 365.6 万 hm^2，较 2015 年减少 44 万 hm^2。加拿大、中国、印度和欧盟仍然排在前四位，中国占 20.8%。世界油菜籽总产量为 6 781.4 万 t，较 2015 年减少 242.5 万 t，其中，欧盟仍然排名第一，加拿大排名第二，中国和印度分别排名第三和第四，中国占 19.9%。世界油菜单产为 134kg/$667m^2$，比 2015 年减少 3.3kg/$667m^2$。智利仍为单产最高的国家，为 273.3kg/$667m^2$。

（二）世界油菜籽贸易总量略有下降，菜籽油贸易总量有所上升

据 USDA 统计，2016 年世界油菜籽出口总量为 1 408.2 万 t，比 2015 减少 60.3 万 t。其中，加拿大、澳大利亚和乌克兰排在出口国前三位，加拿大占 68.9%。世界油菜籽进口总量为 1 411.6 万 t，比 2015 年减少 11.5 万 t。其中，中国、欧盟和日本排在进口国前三位，中国为 380 万 t，占世界市场的 26.9%。

2016 年世界菜籽油出口总量为 411.1 万 t，比 2015 年减少 2.7 万 t，其中，加拿大占世界出口份额 70.1%。世界菜籽油进口总量为 413 万 t，较 2015 年增加 6.7 万 t。其中，美国、中国和欧盟排在进口国前三位。

二、国内油菜生产与贸易概况

（一）生产概况

根据 USDA 数据，2016 年我国油菜收获面积为 700 万 hm^2，比 2015 年减少 7.09%；全国油菜籽总产量达 1 350 万 t，比 2015 年减少 4.26%；2016 年全国油菜平均单产为 128.67kg/$667m^2$，比 2015 年减少 2.52%。由于 2015 年油菜籽托市收购政策取消，油菜籽收购价格大幅下降，农户种植积极性降低，导致 2016 年国内油菜收获面积、总产量和单产三者皆降。

（二）贸易概况

由于今年油菜籽减产，农户惜售等原因，新季油菜籽交易并不活跃，油菜籽价格总体上呈锯齿状上升。上半年油菜籽价格呈现先升后降再上升的趋势，5 月降至全年最低价 3 880元/t。第三季度油菜籽价格较平稳，有小幅下降的趋势。从 9 月开始油菜籽价格持续上升，在 11 月达到最高价 4 460元/t，呈现出良好的发展态势，预计未来一段时间国内菜籽价格不会大幅下降（图 1）。

在供给压力和成本支撑的共同作用下，以及受油菜籽托市收购政策取消的影响，2016 年我国菜籽油价格全年总体呈现先升后降再升的趋势。第一季度菜籽油均价先升后降，总

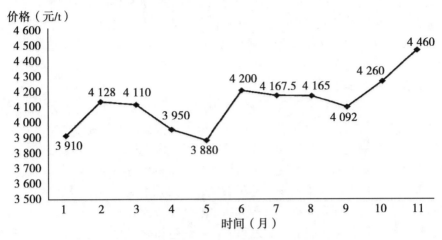

图 1　2016 年 1—11 月油菜籽价格变化趋势

注：油菜籽月度价格根据中华油脂网相关数据整理得出，
限于数据的可得性，仅以 1—11 月份数据分析价格走势。

体在 7 000~7 300元/t 波动，波动幅度略大。4 月菜籽油均价降至全年最低，为 6 862.55 元/t，之后价格保持持续上升态势，11 月均价达到全年最高价，为 7 530.49 元/t。预计后期受需求刚性、国内外市场油菜籽供给减少等因素影响，价格会持续上升（图 2）。

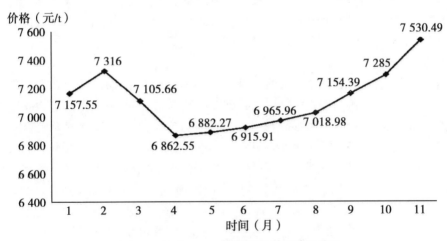

图 2　2016 年 1—11 月菜籽油价格变化趋势

注：菜籽油月度价格根据中华油脂网相关数据整理得出，
限于数据的可得性，仅以 1—11 月数据分析价格走势。

三、国际油菜产业技术研发进展

（一）遗传改良与品种改良

加拿大、澳大利亚以及欧洲油菜效益的实现主要依靠规模化、机械化与品种优质高产稳产的结合。全球杂交油菜种植面积继续稳步扩大。加拿大高油酸油菜种植面积已达 120 万 hm² 以上，由于高油酸菜籽油具有较好的热稳定性，且不含反式脂肪酸，所产高油酸菜籽油直接供应美国麦当劳，因此效益好于普通双低油菜。澳大利亚非常注重向北方干旱区域扩展油菜生产面积，因此对品种的抗旱性和花期耐高温比较重视，正在投入大量人力物力加大研究力度。拜尔公司在澳大利亚试验的 PodGuard 品种具有强抗裂角性状，不仅适合机械联合收获，品种因迟收还可以获得 5% 左右的增产。

（二）栽培与生产技术

随着全球气候的持续变化，油菜的栽培管理措施，如播期、密度、肥水调控等，也都随之而发生了变革。目前，加拿大、澳大利亚和欧洲等国家均开始注重研究发展以油菜的生理生态过程为基础的模拟模型和栽培决策系统，避免由于气候、土壤及品种的变化而带来的栽培措施改变，减少播期、密度、水肥管理等具体栽培措施的重复研究。一方面，模拟在最佳环境生长条件下油菜生长发育的生育期、干物质、籽粒生长及密度、LAI、冠层捕捉光及对光的利用等生理生态过程，研究油菜的最大产量潜力；另一方面，综合专家知识和栽培管理经验以及油菜生长发育的过程，建立经验和机理并重的油菜栽培管理优化模拟模型，在不同环境条件下模拟油菜的生育期和产量，指导确定油菜的栽培管理措施。

（三）植保技术

国际上，加拿大油菜抗除草剂新品种的选育及推广应用依然走在世界前列。目前，加拿大已经有抗根肿病的油菜品种，并已经进行了大面积的推广。油菜根肿病的防治已经成为国际性的重点和难点问题。油菜菌核病依然是世界性的油菜主要病害，对该病害的防控依然没有突破性的进展，主要通过化学农药防治。甘蓝瘿蚊 2000 年在加拿大安大略省被发现，现已成为为害加拿大油菜的主要害虫之一，导致部分地区油菜生产停滞。近年来该害虫已扩散至北美大草原，并开始为害。我国油菜籽进口主要来自加拿大，因此，在油菜籽进入我国口岸时需加强对该害虫检疫，防止带入我国。

（四）机械化装备

在播种方面，国外农业发达国家油菜规模化种植广泛使用功能集成度高、工作可靠性强的大型联合式作业机械，作业行数从 6 行到 36 行不等，作业幅宽可达近 20m，普通作业速度 10~12km/h，最高生产率可达 18hm²/h。在收获方面，以加拿大为代表的国家以分段收获方式为主，而以德国为代表的国家则以联合收获为主，适合大型化、高效化的纵轴流脱粒清选系统不断得以改进和完善，坡边筛面智能化调整技术、筛片开度智能化调整技术也得到了长足发展，收割机底盘逐步将机械传动改为液压传动，割台、脱粒滚筒、振动筛等主要工作部件也采用了液压驱动。此外，国外大型收获机上普遍应用了 GPS 辅助导航系统，收获的作物产量、水分、含杂量以及蛋白质含量等可实现自动检测，并同 GPS、GIS 系统进行信息融合，形成产量分布图。

（五）加工和检测技术

在菜籽加工产业技术研发方面，国际上主要集中在低温压榨和低温精炼技术研究方面，目前国内外研制的低温压榨技术残油率较高，在设备自动化与智能化研究方面也相对滞后，限制了低温压榨技术的推广应用。低温吸附脱胶和脱酸等油脂精炼技术具有操作简便、无溶剂污染、无废水排放以及低耗能等优点，随着吸附材料的进一步发展，低温吸附精炼技术将具有良好的工业化应用前景。在油菜质量控制与品质检测技术研发方面，国外油菜生产大国越来越重视油菜籽中未熟粒、曼陀罗籽及其他有毒植物种子的检测，油菜育种更加重视高油酸油菜种子材料的选育，因此，对油菜籽水分、含油量、粗蛋白、脂肪酸等品质参数的快速检测也是国外油菜检测发展的方向。

四、国内油菜产业技术研发进展

（一）遗传改良与品种改良

经统计，本年度完成两年国家区试的品种有 35 个，完成两年区试和生产试验的品种有 8 个。虽然国家取消了油菜品种的审定制度，但以上品种均应该达到了登记的要求。经过近些年的不断努力，目前培育适合机械化生产的新品种所占的比重越来越高，从而促进了油菜机械化生产水平不断提高。此外，油菜品种的功能不断得到拓展，饲料油菜、绿肥油菜、适合观光的油菜新品种（不同花色、花期较长）、油蔬两用类型油菜品种不断涌现并呈方兴未艾之势。育成了多个油酸含量在 75% 以上的油菜新品系和新组合，高油酸油菜开始进行产业化开发，2016 年高油酸品系示范面积超过 133.33hm^2。培育了油菜抗根肿病新品系，示范面积在 200hm^2 以上。品种选育技术不断进步，实现了多种育种途径和方法的有机整合。通过广泛杂交、诱变、小孢子培养、品质检测、抗性鉴定等传统技术与现代生物技术相结合，创新了一大批在品质、抗性、配合力、含油量、株型、产量、抗除草剂、新型不育系统等方面有较大突破的双低优质油菜新材料。特别值得一提的是，以 CRISPR-Cas9 为基础，上油菜 DNA 编辑技术平台已经在几个不同实验室获得了成功，这为加快我国油菜种质资源创新的步伐奠定了重要基础。

（二）栽培与生产技术

我国油菜生产中机械化程度低，主要依赖人工操作，费工费时，劳动强度大，从而导致了油菜生产成本居高不下，已成为我国油菜种植和生产的主要限制因子。目前，我国油菜机械化农机农艺配套技术已取得了新的突破，攻克了包括品种筛选、播期优化、肥水管理、收获损失率控制等在内的农机农艺配套技术难关，为我国油菜机械化生产提供了强有力的技术支撑。在油菜高产理论方面，针对不同熟期特性基因型的油菜品种，开展了播期、密度等栽培措施与油菜花芽分化、株型结构及产量构成因子等的相关关系方面的研究，探讨了不同栽培措施对油菜结实器官形成发育规律的影响，为构建油菜理想株型、深入挖掘油菜高产潜力提供了理论基础。在栽培管理措施方面，提出了创新的高密度栽培管理模式，推行以密补迟、以密省肥、以密控草等更加适宜油菜机械化生产的种植模式。

（三）植保技术

病害方面，无人机喷药技术在油菜菌核病防治方面表现出了明显的优势，已经在长江流域 30 个地（市）召开了现场观摩会，进行技术宣传和推广。目前国内已经研发出了抗根肿病的油菜品种，并且表现出高抗甚至免疫的效果。通过适当晚播，培育无菌苗进行育苗移栽，以及利用迭氮化钙进行土壤改良等多种手段均能显著降低油菜根肿病的为害。根肿病的发病机理研究仍主要集中于探索寄主对侵染的反应、抗病相关基因的定位和防治措施等。虫害方面，目前已初步发现 1 份抗蚜虫和油菜叶露尾甲的油菜品种资源，筛选出 2 种诱集蚜虫能力较强的十字花科作物，3 种诱集欧洲粉蝶的十字花科作物。下一步将对植物的抗虫和诱虫机理进行深入研究，为抗虫品种选育、害虫诱杀提供资源和技术支持。

（四）机械化装备

在油菜直播机研究和产品开发方面，开展了免耕播种、旋耕播种联合作业、开沟覆土免耕播种等多类作业技术研究，其中冬油菜区稻茬地油菜种植的灭茬、旋耕、精量播种、施肥、覆土、开畦沟、仿形驱动、封闭除草等集成作业技术进一步得到了完善。在油菜毯状苗机械移栽技术方面，通过对切块取苗质量、覆土镇压立苗影响因素的研究以及栽插轨迹和分插机构的优化，创新设计了张角、开角、开距可调的覆土镇压机构，进一步提高了栽植质量，降低了伤苗率。在油菜收获机械方面，大幅改进了现有的联合收获机具的割台、输送槽、脱粒清选、底盘动力等，正常作业条件下收获损失率可控制在8%以下，作业效率由以前的2 000m²/h提高到目前的3 333m²/h；研制了模块化设计的液压独立割台，实现割台液压驱动，拨禾轮和割刀、搅龙分别驱动，旋钮式无极调节，并通过快速挂接装置，实现快速更换割台，满足不同作物不同收获方式的需要；成功研制了纵轴流油菜联合收割机，并得到推广应用，进一步提高了作业效率。

（五）加工和检测技术

在油菜籽产地加工方面，针对油菜籽清理过程中存在霉籽、瘪籽、不成熟粒难分离等问题，联用组合筛、风选、磁选、比重等组合净选方法，使菜籽含杂率降低到0.05%以下。针对微波调制增香设备存在能耗高问题，采用微波电磁能和风能耦合协同手段来实现节能降耗，使能耗降低10%左右。为提高低残油低温压榨机压榨性能，设计并增加了自动压榨控制系统，使低残油低温压榨机性能得到进一步提升。建立了同步吸附脱胶-脱酸工艺，可使精炼设备减少40%，能耗降低35%，产能提高50%。在油菜及菜籽油检测方面，主要开展了菜籽油真实性鉴别技术研究，建立了菜籽油真实性鉴别技术和离子迁移谱快速真实性鉴别技术，这些新技术为保证食用植物油质量安全、提高老百姓对菜籽油的消费信心、保障产业健康发展提供了必要的技术支撑。

（油菜产业技术体系首席科学家　王汉中　提供）

2016 年度花生产业技术发展报告

（国家花生产业技术体系）

一、国际花生生产与贸易概况

美国农业部发布的 9 月油料作物展望报告显示，2016—2017 年全球花生产量预计为 4 170 万 t，比上月预测值高出 64 万 t，因为印度和美国的产量数据有所上调。印度夏季花生播种面积大幅增加，促使美国农业部把 2016/2017 年度印度花生播种面积数据上调了 50 万 hm²，总共达到 530 万 hm²，特别是古吉拉特邦花生种植面积增加了 16%。2016/2017 年度印度花生产量预计为 550 万 t，比预测值高出 50 万 t。截至 2016 年 10 月 31 日，美国商业储存的花生量达到 187.8 万 t，这里面包括了实际上农民存储的 161.9 万 t。该数据同比去年有所下降，下降比率约为 8%。其中脱壳花生的存储量为 18.64 万 t，包括食用级别花生 17.37 万 t，油炸级别花生 1.26 万 t。食用级别花生包括 3.21 万 t virginias 和 valencias，13.56 万 t runners，5987t spanish。非洲尼日利亚的花生产量仍为全球第三。塞内加尔作为世界第七大花生出口国，2015 年的花生产量达到了创纪录的 100 万 t，在中国买家和价格上涨的激励下，2016 年塞内加尔的花生产量还要上升。

二、国内花生生产与贸易概况

中国市场对花生和花生油的需求持续强劲，中国一直是花生出口大国，由于花生价格一度较低，花生种植面积缩小了不少，加上天气因素，中国的花生总产量发生了下滑。自 2014/2015 年度起，中国花生的价格一直保持在高位，虽然预计 2016—2017 年中国花生产量将达到 1 680 万 t，但是中国庞大的油料加工企业的需求量更加旺盛，因此中国慢慢开始成为花生进口国家。过去 10 年，中国的花生出口量减少将近一半，约 50 万 t，同时花生进口量升高近 50%，伦敦交易商表示，中国从美国、非洲进口的花生多是用来榨油，从阿根廷和巴西进口的花生多是用作零食。

国内花生价格高企，随着美国等国花生产量增加，且价格低于国内，使我国花生出口形势发生转变。企业转向进口价格更为便宜的国际市场，印度、南美、非洲花生的到港量有所增加，对国内花生市场会造成一定的冲击，不利于保护本地花生种植业的发展。为了确保花生种植和食用油市场的安全，有必要制定相关政策扶持国内的花生种植产业。

三、国际花生产业技术研发进展

（一）育种方面

1. 抗性研究仍是育种研究的重要主题　美国何国浩团队定位了花生抗青枯病 QTL。巴西 Leal-Bertioli 团队定位了野生种 4 个与花生根结线虫虫瘿和产卵相关的 QTL。美国 Ozias-Akins 团队利用罕见重组子鉴定出新的分子标记，可用于抗花生根结线虫育种。

2. 花生栽培种祖先种 A 基因组祖先种蔓花生（Arachis duranensis）基因组测序　已由花生体系首席禹山林研究员团队完成，相关研究结果发表在 PNAS 上。

3. 分子标记辅助育种将有助于改进花生品种 分子标记育种能够帮助花生育种研究人员确定不同品种中期望或者是不期望的特性，例如利用一些品种自然的抗病抗虫性，延长货架期，并且提高产量。这项技术将会把新品种的育种时间从 15 年缩短到 7 年。根据美国花生基金会估计，这项技术将在 5 年内推广，这将有助于花生种植农民获得更高的收益，并且提高花生对于其他农作物的竞争力。

（二）病虫害方面

全球范围内花生重要的病害包括早斑病、晚斑病、锈病，尤其是叶斑病的分布最为广泛，区域性较强的病害包括细菌性青枯病（主要在东亚、东南亚、非洲的乌干达）、网斑病（北纬、南纬 35°以上的冷凉地区）、花生条纹病毒（东亚地区）、花生丛簇病毒（非洲为主）、番茄斑萎病毒（美国）。土传性真菌枯萎病、烂果病、黄曲霉毒素污染等问题在世界各地均存在，但尤以热带、亚热带地区发生更严重。据美国农业部估计，全球因花生病害造成的经济损失率平均在 20% 左右。

（三）栽培方面

花生生产综合技术水平最高的国家仍然是美国，不仅花生种植机械化程度高、产后加工业发达，生产技术管理水平也是比较高的。施肥方面"重视前茬施肥""根据土壤化验结果和花生的需肥特点科学施肥"，按照土壤分析结果和产量要求，确定施肥种类和数量。近年已开始应用卫星和微机指导花生施肥。美国花生生产特别重视轮作，轮作能有效地减轻病虫为害，克服花生连作减产障碍，采用的主要轮作方式为玉米—花生—棉花等。花生生产用种，视各地病虫害情况，采用相应的杀菌剂和杀虫剂包衣，种子包衣由种子公司运作，直接供应农场主，农场主自己不留种子。包衣的种子再用机械精量单粒播种，保证了合理的栽培密度，防止了早期病虫为害。花生灌溉技术先进，设备好。灌溉设施多为大型移动式喷灌机，少数臂式圆型喷灌机，灌溉的次数和定额根据花生的需水规律做到指标化和定量化。美国的花生生产，从耕地、播种、施肥、中耕、病虫害防治、灌溉、收获，直到摘果、脱壳等所有农艺过程，无一不使用机械。有许多农场主用飞机喷药，防治病虫害。机械化作业，不仅大大提高了工效，降低了生产成本，而且增强了抗御自然灾害能力。

阿根廷为了减轻花生重茬造成的各种为害，非常注意花生的轮作换茬；花生种采用机械脱壳和机械选种，大小均匀，种子用含有微量元素和根瘤菌的种衣剂包衣，呈粉红色，采用大型花生播种机播种；田间管理不中耕、不追肥、不喷药，田间杂草靠喷施除草剂防除，若遇天旱，则采用大型平移式自动喷灌机进行喷灌；收获时，采用大型花生掘刨机将花生掘起，并将荚果向上平放在地里，自然晾晒至荚果含水量为 18%～20% 时，再用花生摘果机自动进行摘果。荚果去沙、去杂后随即装进相连接的两个储藏车厢内，然后直接运到花生加工厂储藏棚中。储藏车厢内热气鼓风机鼓风烘干（25～35℃），使荚果含水量降到 9% 以下。

日本花生栽培主要采取地膜覆盖技术，日本是采用花生地膜覆盖栽培最早的国家之一。降水量较大种植区，花生覆膜面积占 70% 以上，干旱地区花生覆膜面积达 90% 以上，覆膜、收刨和摘果全部实现机械化作业，生产方式为一家一户为单位的个体种植和经营。机械覆膜、人工播种、花生开花下针期揭膜、机械收刨和机械摘果，避免了对土壤和环境的污染。围绕无公害栽培，保证花生品质进行的栽培技术研究包括：①早熟花生与蔬菜轮作换茬；②减氮增磷钾优化施肥研究；③采用生物制剂防治地下病虫害；④生长期间不喷施有毒性农药。

（四）机械方面

美国花生生产机械化技术已相当成熟，代表了当前世界最先进水平，其花生种植体系与机械化生产系统高度融合，耕整地、播种、施肥、中耕、灌溉、病虫害防治、收获、摘果、干燥、脱壳等各个环节早已全面实现机械化。机械化包衣技术、机械化单粒精播技术、保护性耕作技术、大型机械化灌溉技术等应用普遍。美国花生收获技术以两段式收获为主，即先用花生挖掘机将花生挖掘、清土并条铺于田间，待花生干至一定含水率后，再用捡拾花生联合收获机捡拾摘果，相应的装备也早已实现了专用化、标准化和系列化。近年来，GPS 卫星定位、自动导航等高新技术逐渐应用在花生耕整地、播种和收获作业机械上。美国花生产后干燥、脱壳加工技术也相当先进和完善，就车低温通风干燥、太阳能干燥得到广泛应用。

总体而言，美国花生机械化生产技术模式与装备均已相当成熟，在成熟机具大面积应用的同时，装备制造企业作为技术持续创新的主体，还在不断对现有机型进行升级完善，使其产品向智能化、高效化等方向发展。

（五）产后加工方面

1. 花生和花生酱是防止肥胖的最好零食 Albany 的研究表明，在 6 个月的时间内，具有肥胖高风险的青春期孩子持续摄入花生和花生酱类的零食，可以有效降低自身的 BMI 指数。这项研究是在 257 个随机的拉丁裔青春期孩子中进行的。尽管这些孩子具有肥胖的高风险，但是在他们按照一周四次的频率摄入花生和花生酱的零食后，对比那些食用其他零食的孩子们，他们的体重控制的更好，而且营养补充更加充分。

2. 花生在全美 2015—2020 营养指南中被评为五星 花生的营养价值在最新公布的 2015 美国营养指南中被重点提及。在这篇报告中至少有 5 条饮食指南提及了花生。花生包括在所有提及的健康饮食目录中；花生是营养成分最为集中的食品之一；绝大多数的花生产品基本上只含有少量的糖、饱和脂肪和盐，非常有利于健康；花生和花生酱改善营养状态；花生类食品能够适用于任何环境，提供给儿童、工作人员健康的食物。指南建议：作为营养食品模式的一部分，每周摄入两次花生或者其他坚果。

3. 4~11 个月龄的婴幼儿越早接触花生制品越能降低花生过敏的风险 患有湿疹、鸡蛋过敏或两种共患的 640 名月龄在 4~11 个月的婴幼儿作为研究对象，记录他们在该月龄对花生过敏原的反应（皮肤点刺）。实验对象被分为两组，一组暴露于花生食品中，一组严格杜绝花生食品的摄入。实验对象们 5 岁时，之前 530 名花生过敏原皮肤点刺阴性反应的幼儿中，杜绝花生食品的实验组花生过敏率为 13.7%，摄入花生食品的实验组花生过敏率为 1.9%。98 名花生过敏原皮肤点刺反应阳性的幼儿中，杜绝花生食品的实验组花生过敏率为 35.3%，摄入花生食品的实验组花生过敏率为 10.6%。对于花生食品的早期暴露能够调节人体对花生的免疫反应，并且显著地降低花生过敏高风险儿童群体的花生过敏症发病频率。早期花生暴露预防花生过敏的效果研究随机试验中，对比了隔离花生 12 个月实验组和婴幼儿时期摄入花生的实验组的花生过敏结果，对花生过敏高风险的孩子，在 1~5 岁，累计 12 个月隔离花生类食品并不能有效预防花生过敏的发生。

四、国内花生产业技术研发进展

（一）育种方面

（1）2016年花生育种与种子学研究，高油酸育种继续得到重视，陆续有新的品种育成，由于国家非主要农作物品种登记办法和花生品种登记指南一直没有出台，所以没有国家登记品种。预计相关管理办法正式公布实施后，登记品种将会井喷。

本年度花生育种的突破点是株型育种，以盘型株型高产高油酸花生品种花育971的育成为标志。长期以来，我国花生生产面临着用种量大的困扰。该品种具有用种量少（可单粒播种）、繁殖倍数高、产量高、品质好、适合机械化收获、节省劳动力等优势。盘型株型因此将成为未来我国花生育种的重要方向。

（2）耐盐碱或耐低温高油酸品系和适合机械化收获（果柄强度高、果柄自荚果基部脱落）的高油酸花生品系的育成是2016年花生育种的亮点，说明培育抗逆高产适合机收的高油酸花生品种是切实可行的。

（3）花生南繁北育可扩大繁殖系数，缩短育种年限，提高南种的品质和产量。花生是中国重要的油料和经济作物之一，花生繁殖系数低，用种量大，是制约花生育种速度和新品种推广应用的主要因素，为解决这一问题，利用海南独特的地理位置和气候条件，在北方不能生长花生的情况下，把花生育种工作迁移到海南来加代繁殖，可以实现一年两代化，扩大了繁殖系数，缩短了育种年限。同时，利用北方土地肥沃，气候干燥，病虫害较长江以南偏少，南种在北方进行繁育，可以提高南种的品质和产量。有效利用南繁北育的育种手段，获得加代和提高品质的试验结果。

（二）病虫害方面

我国由于花生种植区域较广，不同地方的土壤条件、小气候条件千差万别，因此花生病害发生的种类和发生的严重度在不同产区存在较大的差异，普遍发生的是花生褐斑病、黑斑病、网斑病、疮痂病等。白绢病2016年在部分产区发生严重。

（三）栽培方面

1. 花生种植制度、种植模式改革取得显著成效 随着国家农业产业结构调整政策的落实，尤其是粮食调减给花生发展留出较大发展空间，花生主产区对种植制度和种植模式进行了积极探索，形成了多种成熟的轮作模式和种植模式，例如：丘陵旱地的春花生-冬小麦-夏玉米（或夏甘薯）-春花生两年三作轮作，平原粮田的小麦-夏花生一年两熟轮作，长江流域油菜-花生一年两熟轮作、春花生-青贮玉米轮作。黄淮海花生产区改麦田套种花生为麦后夏直播花生，花生与玉米间作，花生与果树间作。华南花生与木薯间作等。

2. 抗旱节水灌溉研究取得进展 优化了膜下滴灌节水灌溉系统，研究了土壤水分动态，研发了灌水模型，形成花生膜下滴灌管理技术。通过示范增产和经济效益均非常显著，在东北、新疆维吾尔自治区（以下简称新疆）得到大面积应用，在黄淮海花生产区也具有广阔的推广应用前景。

3. 新型肥料与肥料减施技术 研发优选了炭基肥、包膜控释肥、温控肥、活性腐植酸肥、水溶肥、花生肥料套餐等品种，研发了水肥一体化技术、肥效后移技术等施肥技术。

4. 综合高产技术集成与示范 近年来，针对不同花生产区的主要问题，围绕建立高产、优质、高效、安全、生态友好的生产技术体系开展了大量研究工作，如黄淮海花生产区集成了丘陵旱地花生优质高产栽培技术、花生单粒精播高产配套技术、夏直播花生高产优质栽培技术、花生与玉米间作高产高效等技术。各地实施了绿色高产高效创建项目。

研究确定了东北农牧交错区风沙地花生高产高效栽培模式框架。一般花生田的关键技术为改革种植方式、选用良种、地膜覆盖、增施肥料、增加密度、化学控制；高产田的关键技术是在一般田的基础上，实行轮作换茬，实施膜下滴灌，提高水分利用效率和肥料利用率，探索实现水肥管理一体化新模式。已初步制定出东北区沙壤地花生抗旱节水保护性种植模式。以充分利用当地自然资源为基础，以提高产量为目标，以节水和提高水分和肥料利用效率为中心，以采用保护性栽培法和膜下滴灌为主要技术手段，使东北农牧交错区花生生产实现新跨越。

华南区进行旱薄地花生间种高效种植模式研究与示范。与国家木薯产业技术体系梧州综合试验站、武鸣综合试验站、广西壮族自治区（以下简称广西）玉米创新体系百色试验站、合浦试验站等部门合作，开展了花生与木薯、玉米间作的试验研究；示范推广花生与水稻轮作栽培技术，均达到预期增产效果。形成了花生/玉米高产高效栽培技术规程 1个，花生/木薯高产高效栽培技术规程 1 个。

豫南多雨易涝区麦后直播起垄种植技术集成与示范，为解决淮河流域易涝多灾，对花生生产影响较大和生产机械化程度低的问题，在多年研究的基础上，进一步扩大了麦后直播起垄种植技术的示范范围。

5. 新疆花生种植水平处于全国前列　　花生是典型的耐旱作物，其抗旱能力超过高粱和谷子，被称为作物界的"骆驼"，在枣林、杏林、核桃林间套播种植花生，可以"一水两用"，做到果林与套播花生的灌溉一致。近几年，随着花生种植面积的不断扩大、栽培模式的创新、大型花生种植采摘机械的引进，花生在新疆的发展，逐渐引起人们的关注。新疆具有夏季日照时间长，热量资源丰富等适合花生生长的气候优势，再加上生产全程机械化，收获季节气温干燥，不易滋生黄曲霉毒素等因素，进一步强化了新疆花生生产的优势。新疆花生近几年的快速发展，主要还得益于规模化订单种植和大型机械化作业，从花生生产的装备水平和科技水平来看，新疆起点高、发展快，已经迈进了全国的先进行列。

（四）机械方面

2016 年，花生机械化水平进一步提升，相关科研单位及农机制造企业就麦茬免耕播种、全喂入摘果、高效半喂入联合收获、高效捡拾联合收获、种用花生脱壳、荚果烘干等技术开展了大量的研发与试验示范等工作，并已取得阶段性成果。

1. 麦茬全秸秆覆盖花生免耕播种技术进一步熟化　　国家花生产业技术体系完成了麦茬全秸秆覆盖地花生免耕播种技术新一轮优化提升、样机试制和试验示范等工作，技术性能得到进一步熟化，目前正在协助成果转让企业进行批量生产前期准备，2017 年将会在典型地区进一步扩大推广应用面积。

2. 分段式花生收获机不断优化升级　　分段式收获机仍是豫、鲁、冀及东北等主产区保有量最大的花生收获机具，随着产区对作业质量和作业效率要求越来越高，科研单位和生产企业也在不断对现有技术进行改造升级，适于南方轻黏重土壤的分段式花生收获技术研发工作也已开展。

3. 大中型全喂入花生摘果机不断优化升级　大中型全喂入花生摘果机在河南、山东、河北、东北等传统花生主产区已广获应用，但普遍存在着破损率高、夹带损失大、含杂率高等问题，农机制造企业每年都不断对相关技术产品进行改进与升级，机具作业质量在逐步提高。

4. 半喂入两行花生联合收获机不断优化升级　半喂入两行花生联合收获机已在黄淮海花生产区广泛应用，但还存在着生产效率偏低、可靠性不高等方面问题，国家花生产业技术体系、临沭东泰花生机械有限公司等研发机构与生产企业仍不断对半喂入两行花生联合收获技术进行持续优化提升。

5. 高效花生联合收获机技术性能不断提升　针对现有两行半喂入花生联合收获机生产效率相对较低、渐已无法满足规模化种植快速发展对高效花生收获设备的迫切需求现状，科研机构和企业分别研发提升了包括半喂入四行花生联合收获机、牵引式捡拾联合收获机、自走式捡拾联合收获机等多种高效联合收获设备，生产效率大幅提高，普遍为目前市场上花生联合收获机的2倍以上，部分产品性能已达到小批生产要求。

6. 花生种子脱壳技术不断优化　针对目前花生种子脱壳机存在生产效率低、作业成本高、破损率大、品种适应性差等问题，国家花生产业技术体系对花生种子脱壳成套设备进行持续创新，完成了新一轮样机设计、试制与试验示范，目前设备主机——花生种子脱壳机已通过了性能检测，为成套设备产业化奠定了基础。

7. 花生荚果烘干技术逐渐成熟　针对主产区收获季节多雨，花生收获后容易造成荚果霉烂及黄曲霉毒素污染等问题，国家花生产业技术体系围绕提高设备使用经济性，对花生荚果烘干技术进行持续攻关，完成了设备新一轮优化、试制与示范应用，并在江苏宿迁开展了花生荚果烘干试验与示范应用，相关技术近期有望实现产业化。

（五）产后加工方面

1. 产地和采后花生果干燥技术　江西省农科院农产品加工研究所低温降湿干燥鲜花生种子干燥设备及其干燥技术和热泵干燥鲜花生种子技术两项技术的研制成功，表明此2项干燥技术具有种子干燥安全性高、均匀性好、干燥温度低、能效高、干燥成本低的优点，干燥后的花生种发芽率均在98%以上。此干燥设备还适用于其他多种作物种子的干燥，能解决南方雨季作物收获干燥难的难题。

2. 鲜食花生产业发展　鲜食花生类产品在市场上日渐增多，已经进入了城市居民的"菜篮子"，这些产品既丰富了市场供应，又改善了饮食结构，这是其他农副产品不可替代的，特别是南方有鲜食花生的习惯，鲜食花生的效益比常规花生产品要好。鲜果量为干果的1.7~2.2倍，单价是干果的1~2倍，鲜食花生比干果花生采收时间提早15~25d，提早20d上市的鲜食花生果的应市价格是常规收货季节花生价格的3倍左右，经济效益成倍增长。鲜食花生生产是一项低投入、易操作、高产出、高收益的栽培模式，深受广大种植者的欢迎。

3. 花生产品塑化剂污染风险　近年来屡有爆出花生油产品中检出塑化剂的新闻。塑化剂存在于塑料容器和塑料包装材料中。花生油中的塑化剂主要来自过滤和罐装过程中。有研究表明，当含有塑化剂的塑料制品接触到食品中含有油脂等成分时，塑化剂就会溶入这些成分，从而使得食品中含有塑化剂。塑料容器中的塑化剂含量越高，则溶出的可能性越大。目前国内花生油生产企业使用不含塑化剂的塑料容器，已经不存在技术难度，但是在开启用的瓶盖拉环处，由于需要软性处理，仍可能含有塑化剂。自加工的油存于普通塑料桶中，就更不可取了，因此散装的塑料桶装油存在更大的塑化剂污染风险，需要进一步加强监管。

（花生产业技术体系首席科学家　禹山林　提供）

2016年度芝麻产业技术发展报告

（国家芝麻产业技术体系）

一、国际芝麻生产与贸易概况

（一）生产概况

2016年世界芝麻种植面积1 133.33万 hm²，比2015年增加3%；年度世界芝麻总产量比2015年提高15%左右，突破570万 t。亚洲和非洲芝麻主产国芝麻种植面积略增，总产提高5%。印度主产区夏季雨水较多，夏播芝麻生长发育较差，减产明显，总产量约72.0万 t。缅甸黑芝麻种植面积增加20%，白芝麻面积略减，生长期间雨水多，年度减产严重、品质较差，总产量约30万 t。苏丹年度气候有利于芝麻生长发育，单产较高，总产达47.0万 t。埃塞俄比亚种植面积与去年持平，总产量45万 t；西非尼日利亚、布基纳法索、多哥芝麻种植面积略增，后期雨水多，年度总产55万 t；坦桑尼亚、莫桑比克、乌干达等东非芝麻主产国年产总量25万 t，但收获时雨水大，品质较差。

（二）贸易概况

2016年世界芝麻贸易量约200万 t，比去年增加14.3%。国际市场芝麻价格持续下降，比2015年下降约15%，对国内芝麻生产发展影响较大。主要进口国为中国、日本、韩国、土耳其等国家，中国为年度最大进口国，2016年1—10月进口量84.15万 t，比去年同期增加17.4%，预期年度突破90万 t，我国芝麻消费对国外原料依存度达到60%以上，占世界总贸易量的45%。主要芝麻出口国为印度、埃塞俄比亚、苏丹、缅甸、尼日利亚、坦桑尼亚等亚非国家，埃塞俄比亚为年度最大出口国，出口量40.0万 t，占世界芝麻贸易量的20%。苏丹、埃塞俄比亚、印度年度芝麻原料库存较多。

二、国内芝麻生产与贸易概况

（一）生产概况

2016年全国芝麻主产区种植业结构调整力度大，河南芝麻种植面积增加15%、湖北增加10%、安徽增加5%、江西增加10%，东北、西北芝麻生产快速发展，全国芝麻种植面积52万 hm²。河南芝麻生育中期降雨多，对生长发育影响较大，但后期持续高温，有利于成熟与收获，单产基本与去年持平。安徽淮北芝麻长势较好，单产比去年提高10%，但淮南芝麻生育中期雨水较大，涝害严重，缺苗较多，减产约20%。长江流域、淮河流域芝麻主产区，芝麻生育中期降水量特别大，渍害严重，受灾面积大，收获面积减少10%，缺苗面积占15%~20%，平均单产比去年减产约20%。江西上半年雨水较大，但对秋芝麻影响较少，单产和总产略增。预计全国平均单产90kg/667m²，总产量约70万 t。芝麻生产中的突出问题是主产区渍涝害严重，机械种植水平低，生产成本较高。

（二）贸易概况

2016年我国芝麻市场需求量持续增加，年需求达到150万 t，国产芝麻难以满足国内市场需求，进口量持续大幅增加。据海关统计，2016 年 1—10 月我国芝麻进口量 84.15 万 t，比上年同期增加 17.4%；主要从埃塞俄比亚、苏丹、尼日利亚等非洲国家进口。此外，通过边境贸易进口芝麻约 5.0 万 t；预期年度进口总量将突破 90 万 t，我国芝麻原料对外依存度达 60%，创历史新高。我国 2016 年 1—10 月出口芝麻总量为 2.16 万 t，比 2015 年同期减少 8.65%，主要出口到韩国和日本，产品为优质白芝麻或者脱皮食品用芝麻。

三、国际芝麻产业技术研发进展

（一）种质资源研究

在种质资源评价方面，Balaji 等对 140 个芝麻品种抗鳞翅目昆虫特性进行了田间鉴定，筛选出高抗品种 NIC7875，可能存在芝麻抗鳞翅目昆虫抗性的潜在靶点。在遗传多样性研究方面，印度 Patil 等对芝麻属的 7 个种进行 RAPD 分析，聚类结果表明 *Sesamum mulayanum* 和 *S. orientale var. malabaricum* 的关系最近，栽培种也与之聚为一类。塞内加尔 Dossa 等利用 33 个多态性 SSR 标记对来自 22 个国家 6 个地理区域的 96 个芝麻品种进行多态性分析，共检测到等位基因 137 个，平均每个位点 4.15 个等位基因；发现来自南亚、东亚和西非地区的遗传多样性高，44% 的遗传变异来自地理区域间的多样性，来自同一地理区域的品种多数聚类在同一组内。Kiranmayi 等利用 SSR 分子标记对 23 份印度地方芝麻种质资源进行遗传多样性分析，共检测到 4 个多态性位点，14 个等位基因，每个位点平均有 3.5 个等位基因。韩国 Shim 等对 250 个芝麻种质资源农艺性状进行主成分分析和聚类分析，基于重要农艺性状相关性将种质资源分为 4 类，发现芝麻表型多样性与其地理来源没有明显关系。奥地利 Sehr 等利用 SSR 对乌干达的 121 个芝麻品种进行遗传多样性分析，其中 CpSSR 标记检测到 4 种单倍型，nSSR 和 EST-SSRS 标记分别检测到 6 个和 8 个多态位点。聚类结果与品种来源无明显关系。

（二）遗传育种

在种质创制方面，印度 Kumari 等利用 γ 射线和 EMS 处理种子开展了理化诱变，发现在 150Gy 剂量的 γ 射线辐射或 1.0% EMS 处理下，获得的芝麻叶绿素突变频率最高；比较分析发现，低剂量的物理和化学诱变有利于突变体存活，诱变效果更好。印度 Sanghani 等对芝麻 EMS 诱变 M1 和 M2 观察发现，M1 蒴粒数遗传变异最大，而 M2 单株产量变异最大。印度 Savant 等以 JLT-7 和 Western – 11 两个芝麻品种为材料，通过 EMS 和叠氮化钠化学诱变，在 M2 代获得 2 株雄性不育株，不育株花变小。印度 Pratik 等以 TMV7 和 SVPR1 去胚子叶为材料开展芝麻子叶植株再生体系研究，发现 MS 培养基中添加 BAP （2mg/L） +IAA （0.5mg/L） +ABA （0.5mg/L） +AgNO$_3$ （0.25mg/L） 和 6% 蔗糖分别获得 67.0% 和 65.3% 茎尖发生率；之后用 MS 培养基培养，在添加 GA3 （0.3mg/L） 情况下，分别获得 37.0% 和 47.0% 最高茎尖伸长率。

在遗传研究方面，印度 Vaja 等开展了黑芝麻品种 GT-10 的基因组测序，测序获得 61.07Gb 数据。在 GO 分析中，69 474 个序列进行定位，28 044 个序列进行功能注释。获得 406 对 SSRs。塞内加尔 Dossa 等收集近年来发表的芝麻相关分子标记、QTLs、基因位点等信息，整合了 1 张包含 151 条基因组序列的物理图谱，鉴定出 83 135 个 SSR。塞内加尔 Dossa 等利用已公布的抗旱相关基因序列开展芝麻同源性比对分析，鉴定出分布在芝麻 16 个连锁群上的 75 个抗旱候选基因，其中在 *Hsf* 基因家族，发现 20 个干旱基因。干旱胁迫表明，90%的 *Hsf* 基因具有干旱响应。印度 Tripathy 等通过双列杂交开展芝麻含油量遗传分析，结果表明，芝麻含油量主要受显性和加性效应遗传，含油量广义遗传力为84.0%，狭义遗传力为31.7%。

（三）病虫渍旱害防控

在病虫害防治方面，Gupta 田间调查发现，白粉病的发生与当地早晨和晚上的相对湿度成正相关。Ortega-Acosta 等首次报道了 *Phytophthora tropicalis* 在墨西哥侵染芝麻，造成芝麻茎秆和根部的腐烂。Pamei 等首次报道了属于 16SrII-D 组的植原体在南印度的 Telangana 地区侵染芝麻，引起芝麻小叶病。Gupta 利用绿色木霉和荧光假单胞菌处理土壤和种子能够有效地防治芝麻茎点枯病。Balaji 等开展芝麻抗荚螟抗性鉴定，从 140 个印度芝麻资源中发现了 1 个芝麻材料 NIC 7875 具有稳定的抗性。Ha 等对 10 个芝麻品系根结线虫抗性进行鉴定，发现所有鉴定品系对南方根结线虫（*Meloidogyne. incognita*）均具有抗性，但都对花生根结线虫（*M. arenaria*）感病。在渍旱害研究方面，Sarkar 等对 BARI Til 2 和 BARI Til 3 芝麻品种进行 36h 小时淹水胁迫处理，产量分别下降了 51.67% 和 58.24%。Najafabadi 等研究发现，在干旱胁迫条件下，通过叶面喷施水杨酸可以缓解干旱对芝麻植株的伤害。

（四）耕作栽培技术

在栽培技术方面，Shahzad Ali 等研究发现，提早播种时芝麻籽粒油酸和棕榈酸降低，而亚油酸和硬脂酸增加，油酸/亚油酸比率降低。伊朗 Shakeri 等研究发现，追施植物根际促生菌（PGPR）可以提高氮肥利用率，提高油酸和亚油酸含量，降低棕榈酸和硬脂酸的含量。Al-Bachir 等研究认为 γ 辐射处理对芝麻种子水分、灰分和脂肪含量没有显著影响。Hussein 等研究认为，以低剂量 60Gyγ 射线处理芝麻种子，能促进生长发育，显著提高产量。Chinmaya 等试验认为，采用纳米黄铁矿水悬浮液浸泡芝麻种子 12h，可减低肥料消耗，显著提高产量。

在逆境栽培方面，Silva 等观察认为，干旱胁迫对芝麻营养生长与生殖生长并进期影响最大；Kadkhodaie 等研究发现，喷施外源水杨酸和激动素可激活芝麻植株体内的抗氧化系统以抵御干旱胁迫。Bahrami 等研究认为，不同芝麻品种耐盐性不同，采用浓度 4.89～17.74ds. m-1NaCl 水溶液浇灌芝麻，随着盐分含量的增加，对产量及籽粒含油量的影响逐渐增大。孟加拉国 Sarkar 等试验发现，随着渍涝持续，籽粒产量显著降低，在渍涝 36h后，品种 BARI Til2 和 BARI Til3 最大减产分别为 51.67% 和 58.24%。在芝麻收获方面，Lisboa 等观察认为，芝麻成熟蒴果达到 90% 收获的籽粒具有较高活力和生存力。保加利亚 Ishpekov 等对振动式芝麻脱粒机试验表明，在籽粒含水量为 12.2%～13.3% 时，脱籽率达95%，脱粒效率是人工的 225 倍。

（五）加工技术

在加工技术方面，Manikantan 等研究了研磨时间、浸泡时间、湿热处理时间和干燥温度对芝麻和压榨芝麻饼质量的影响，开发了芝麻粉生产技术。Kumari 等研究认为，通电加热能提高芝麻的出油率，但芝麻油的酸值会略有增加。Othman 等采用 70% 乙醇从脱脂芝麻粉中提取极性物质，发现提取物具有很好的抗氧化活性。在芝麻品质检测方面，Zhou 等发现芝麻的抗氧化、抗增殖活性与其中的酚类物质含量有很好的正相关性。Walallawitaa 等研究认为，芝麻油对光氧化和自氧化均表现出最强的稳定性。Kavuncuoglu 等发现，向橄榄油中添加芝麻油能显著提高橄榄油的储存稳定性。Zhao 等利用中红外光谱技术并结合化学计量学，采用簇类独立软模式法和偏最小二乘法判别分析法对芝麻油真伪进行甄别，取得很好的效果。

四、国内芝麻产业技术研发进展

（一）种质资源

芝麻体系专家收集各类芝麻种质资源 131 份，完成了 1 748 份芝麻核心种质重要农艺性状进行鉴定与评价，筛选出高含油量材料 15 份、高蛋白含量 12 份、高芝麻素含量 6 份、高抗枯萎病 4 份、高抗茎点枯病 9 份、高度耐渍 21 份、抗旱 8 份。通过芝麻全基因组关联分析，获得与芝麻生长发育、产量、品质等重要性状显著关联的基因位点 143 个、抗旱基因位点 4 个、耐渍相关基因位点 38 个；发掘出芝麻抗枯萎病基因 2 个、抗茎点枯病相关基因 5 个。通过遗传群体构建与连锁分析，获得与芝麻生长发育与产量相关的主效 QTLs 61 个，与含油量、蛋白质含量、芝麻素含量相关的主效 QTLs 5 个，重要性状高油优异基因群 3 个。采用图位克隆和基因组重测序方法从有限花序突变体 DS899 中克隆出了芝麻有限生长基因 *SiDt*1，为采用图位克隆方法获得的首个芝麻基因；建立了我国 151 个育成芝麻品种的分子指纹图谱及二维码图标，仅需 15 个 SNP 标记，或 14 个 InDel 标记，或 9 个 SSR 标记即可将育育成品种完全区分，为芝麻新品种知识产权保护、种子市场检验提供了依据。魏忠芬等通过聚类分析将 37 份贵州芝麻种质资源聚为 4 个类群，遗传变异与地域来源无直接关系。

（二）遗传育种

在芝麻优异种质创制方面，芝麻体系专家通过理化诱变、远缘杂交、群体改良等途径，创制出抗病、抗逆、优质、高产、雄性不育等优异芝麻新种质 29 份。其中，高抗枯萎病、茎点枯病种质 5 份、高油种质 3 份、高蛋白突变体 6 个、大粒突变体 1 份、不育突变体 1 份。通过轮回选择，选育出产量超对照 10% 以上的新品系 14 个。汪强等通过聚合育种选育出不育系 0176A 及其雄性不育性状具有完全保持的新材料 WB51220、WB7-1D，实现了芝麻隐性核不育三系配套。李雪等采用花粉管通道法，将胰岛素基因转入芝麻，已整合到受体芝麻的基因组 DNA 中，并获得了 T5 转化株。本年度选育出芝麻新品种 20 个，新品种平均产量比对照增产 3.78%~15.13%，脂肪含量 45.33%~58.62%，蛋白质含量 16.14%~26.75%。

（三）病虫草渍害防控

国内主要开展了芝麻病害防控化学试剂与生物菌剂筛选以及防控技术研究，抗病抗逆性鉴定以及病虫害防控技术研究。筛选出对芝麻黑孢叶枯病防效较好的药剂 2 种，高效防控芝麻枯萎病和茎点枯病药剂 4 个。化学防控以 10% 苯醚甲环唑水分散粒剂和 75% 赤霉酸结晶粉（GA）拌种，现蕾期和盛花期 10% 苯醚甲环唑水分散粒剂 6 000 倍液喷雾，终花期 30% 己唑醇悬浮剂 2 500 倍液喷雾处理防控效果最好。筛选出 4 种对菜豆壳球孢有较好抑制作用的生防细菌。研制的芝麻生物种衣剂和高孢粉剂对芝麻茎点枯病有较好的防治效果。开展了茎点枯病病原菌产孢条件研究，建立了一套简便的茎点枯病菌产孢方法。分析了在茎点枯病菌侵染后芝麻抗病基因表达特点，克隆出 3 个抗病相关基因。建立了芝麻病害绿色防控技术，"复合型种衣剂拌种，定苗前 NEB 加印度楝提取液灌根，现蕾期和盛花期分别进行 NEB 喷雾"。汪瑞清等研究发现，硫磺作为杀菌剂对红壤旱地重茬芝麻茎点枯病防治效果明显。倪云霞等研究发现，12.5% 烯唑醇可湿性粉剂、50% 多菌灵可湿性粉剂、40% 氟硅唑乳油对芝麻茎点枯病病菌抑制效果较好。许兰杰等研究发现，在盐碱胁迫条件下，芝麻发芽种子根长、鲜重及可溶性糖随盐碱浓度的增加而减少，芝麻素、芝麻林素随盐碱浓度的增加而增加。孙建等研究发现，5 种重金属离子对芝麻种子萌发及芽期幼苗生长的毒害程度依次为 $Ni^{2+} > Cr^{6+} > Cd^{2+} > Hg^{2+} > Pb^{2+}$。

（四）耕作栽培技术

芝麻体系专家对芝麻光合特性、干物质积累规律进行了研究，明确了 $100kg/667m^2$ 和 $150kg/667m^2$ 产量水平下干物质积累与分配规律。高温胁迫下叶绿素含量降低、光合关键酶活性下降，从而致使光合速率下降，CO_2 同化能力降低，花蒴发育不良，落花、落蒴量增多，最终表现为籽粒产量下降。对高产条件下芝麻产量构成因素、生育进程及高产长相进行了观察，发现在保证单位面积株数条件下，以单株蒴数与产量关系最密切，其次是千粒重。建立了深沟窄厢+精准机播融合的绿色高效渍害防控技术，实现了耕整、开沟、起垄、施肥、播种、覆土、喷药等 7 个工序一次完成。周林娜等试验明确了每生产 100kg 芝麻籽粒需要钾素（K_2O）6.24~6.68kg，且不同生育阶段吸收钾素的比例相差很大。吕丰娟等研究认为，喷施矮壮素、6-苄氨基腺嘌呤和丁酰肼 3 种植物生长调节剂可替代人工打顶，芝麻增产达 12.72%。魏林根等对芝麻耕种施肥一体化播种设备进行了研究，认为将芝麻种子播于旋耕刀片后端、经滚轴镇压，可以获得高出苗率。郭永鹏等报道了芝麻多功能全覆膜精量播种机播种，一次性完成起垄、施肥、铺管、覆膜、打孔、播种等多道工序。

（五）加工技术

国内芝麻加工研究主要在芝麻油脂、蛋白加工技术，功能物质提取及保健品开发，芝麻油掺伪鉴别技术等方面。芝麻体系专家确定了芝麻低温压榨与脱脂关键技术，把冷榨制取油脂和亚临界萃取技术结合，明确了冷榨生产工艺技术参数和流程，建立芝麻油脂与蛋白联产生产技术及工艺。完善了从芝麻油中提取芝麻木酚素技术及工艺，降低了结晶纯化的温度，提高了分离效率。研制出富含芝麻木酚素的抗氧化功能性芝麻油生产技术及工艺；以芝麻油为原料研制出用于乳化功能的凝胶状油生产技术及工艺。王斌等探讨了不同原料酶解液对浓香芝麻油美拉德反应风味的影响。毕海燕等分析了芝麻酱长期放置后分层、板结现象的原因，研究了乳化剂加入方法以及乳化剂配比对芝麻酱稳定性的影响。张丽霞等对芝麻进行萌芽处理，研究了萌芽发育程度对芝麻理化指标的影响和对芝麻制品芝麻酱风味的影响。蒋珍菊等建立了一种快速、高效测定芝麻油中苯并芘的固相萃取-高效液相色谱方法。唐韵熙等建立了芝麻油、芝麻调和油中乙基麦芽酚 LC-MS/MS 检测方法。杨虹等研究了应用无损红外光谱技术分析芝麻油脂芝麻油脂中掺假大豆油、IV70 棕榈油以及芝麻油香精的判别效果。芝麻体系专家开发出抗氧化芝麻油、凝胶状芝麻油、芝麻蛋白粉等芝麻功能性食品。卢毅宁等发现，芝麻素具有改善 SHR 脑皮层损伤的氧化应激作用。韩军等探讨了芝麻素减轻自发性高血压大鼠肾脏纤维化作用与其可能存在的机制。胡浩然等发现，芝麻素减轻 SHR 大鼠肾脏损伤的作用机制可能与降低血压、对抗氧化应激、抑制细胞凋亡、阻滞过度活化的 PI3K/AKT/mTOR 信号通路有关。

（芝麻产业技术体系首席科学家　张海洋　提供）

2016 年度向日葵产业技术发展报告

（国家向日葵产业技术体系）

一、国际向日葵生产与贸易概况

（一）生产概况

目前，全世界种植向日葵的国家超过 70 个，面积和产量较大的国家有 25 个，年种植面积 2 000 万~2 500 万 hm²，年总产量 2 500 万~3 500 万 t，单产量 1 200~1 400kg/hm²。

截至 2016 年 12 月 30 日，联合国粮农组织（FAO）2015/2016 年度向日葵生产数据仍未公布，因此，此处仍引用 2014 年数据。2014 年世界向日葵种植面积为 2 520.36 万 hm²，总产量 4 142.23 万 t，种植面积和总产量较 2013 年略有减少。其中欧洲种植面积 1 641.63 万 hm²，总产量 2 897.45 万 t，占世界总产量的 69.95%；亚洲种植面积 370.79 万 hm²，总产量 582.95 万 t，占世界总产量的 14.07%；美洲种植面积 221.63 万 hm²，总产量 353.32 万 t，占世界总产量的 8.53%；非洲种植面积 283.61 万 hm²，总产量 304.72 万 t，占世界总产量的 7.36%；大洋洲种植面积 2.70 万 hm²，总产量 3.80 万 t，占世界总产量的 0.09%。

（二）贸易概况

截至 2016 年 12 月 30 日，联合国粮农组织（FAO）2014—2016 年度国际向日葵籽进出口贸易数据仍未公布，因此此处仍引用 2013 年数据。2013 年国际进出口向日葵籽共 1 001.60 万 t，总值 82.00 亿美元。其中进口向日葵籽约 472.05 万 t，总值 40.48 亿美元；出口约 529.55 万 t，总值 41.52 亿美元。与 2012 年相比，2013 年世界向日葵籽进出口总量和总值均有较大增加。

二、国内向日葵生产与贸易概况

（一）生产概况

近几年中国向日葵种植面积在 100 万 hm² 左右，其中 70% 是食用向日葵。根据中国种植业信息网统计数据，2015 年年底我国向日葵种植面积为 103.63 万 hm²，总产量 269.81 万 t，单产水平为 2 603.55kg/hm²。2015 年我国向日葵的种植面积、总产量和单产水平都较 2014 年有所增加。

中国向日葵生产主要集中在东北三省、山西、陕西、河北、内蒙古以及新疆、宁夏、甘肃等省（自治区）。内蒙古是中国最大的向日葵主产区，根据中国种植业信息网统计数据，2015 年种植面积 51.82 万 hm²，总产量 141.77 万 t，占全国总产量的 52.54%。其次是新疆、吉林、河北、甘肃和黑龙江。内蒙古巴彦淖尔市是向日葵产量最大的地区，根据巴彦淖尔市农牧业科学研究院统计数据，2015 年种植面积为 24.05 万 hm²，总产量 70.57 万 t，其中五原县是中国最大的向日葵主产县。

（二）贸易

近年来向日葵加工企业发展快，效益好，有力地拉动了向日葵产业的发展。其中安徽合肥华泰集团生产的洽洽牌瓜子不仅占据国内主要市场，而且远销国外 38 个国家和地区。五原真心食品有限公司生产设备在国内是最先进的，年加工能力 10 万 t。

我国的向日葵油脂加工企业主要集中在内蒙古地区，有大小油脂加工厂 15～20 个；新疆的益海粮油工业有限公司年处理原料约 25 万 t，效益也非常好。

我国的向日葵籽每年都有一定的出口量，呈稳步发展的趋势。1979/1980 年为 6 100t，1980/1981 年为 9 900t，1981/1982 年为 13 500t，1982/1983 年为 15 000t，出口量较少。从 20 世纪 90 年代开始有向日葵籽仁的出口，主要出口到东南亚、中东和欧洲。2000 年后，成品向日葵香瓜籽开始出口东南亚、北美和欧洲，每年的出口量约 2 万 t。从 2005 年开始，出口量稳定在 11 万 t 以上，总值 1.07 亿美元。

根据联合国粮农组织统计数据，2013 年中国出口向日葵籽 19.04 万 t，总值 3.34 亿美元，比 2012 年有所增加；进口向日葵籽 0.45 万 t，总值 0.23 亿美元，比 2012 年降幅较大。

三、国际向日葵产业技术研发进展

（一）育种

1. 向日葵育种研究进展情况与水平　近年来在抗病育种、品质育种和获得理想株型的高产育种等方面不断深入，获得了较好的结果。目前国际育种先进的国家有法国、美国、塞尔维亚、阿根廷、俄罗斯等。育成的油葵杂交种籽实含油率可达 52%，有的杂交种试验产量可达 300kg/667m²。

2. 种质资源的利用　在杂种优势利用的初期，种质资源主要来源于当地的向日葵群体和俄罗斯、阿根廷的常规品种，到 20 世纪 90 年代，通过远缘杂交加强了野生种的利用，主要是获得抗性基因。过去的 10～15 年，主要是创造特殊性状遗传变异基因库，如：生产力、抗病、抗旱、油品质等。目前的种质资源创新趋向于利用现有的具有不同期望性状的自交系间杂交汇集和提高遗传变异性，再通过自交选育新的自交系。

3. 国外育种技术发展　国际上向日葵育种技术发展也经历了常规品种选育、杂种优势利用两大阶段。在 1968 年"三系"发明之前的常规品种选育阶段，主要是注重单一群体的改良，杂种优势利用阶段主要是注重种质资源创新，增加抗性、品质和产量的遗传变异性。

4. 国外向日葵杂交种在我国的应用情况　2016 年，我国推广应用的国外引进的食葵杂交种主要有 X3939、3638C，在抗旱性、抗病性、产量和品质方面都没有国内新育成食葵杂交种好。国内育成的杂交种在应用中已占主导地位。随着国内育成的食葵杂交种的推广应用，国外的食葵杂交种已经退出了垄断地位。

国外引进的油葵杂交种主要有 TO12244、567DW、NX19012 等，国内育成的有些油葵杂交种的产量、抗性、含油率等指标已经优于国外引进的油葵杂交种。从推广应用的情况看，国内育成的油葵杂交种的推广面积明显多于国外引进的油葵杂交种。

（二）病虫草害

1. 向日葵菌核病　Živanovl 等研究表明，所有测试的木霉菌株的生物功效都具有统计学显著性。Li 等研究表明，供试的 90 株核盘菌菌株可以被划分成 15 个 MCG 亲和组。Körösi 等研究表明，BTH 治疗导致减少活体营养病菌和死体营养病菌早期互作阶段的疾病症状。Sarbjeet 等研究表明，分离株在菌落形态、菌丝生长速率、菌核形成和菌核大小方面存在不同，且基于菌丝体亲和性存在差异。Livaja 等开发了包含超过 25K 标记的向日葵的 SNP 基因型微阵列，代表大多在基因组转录区域中或附近的单个基因座。

2. 向日葵霜霉病 Livaja 等研究结果显示，针对 5 408 个向日葵抗性评估中，其中 1 075 个对病原具有高水平的抗性。该中心还鉴定了 14 个具有霜霉病抗性（P1 基因）的亲本系。Sedlárová等报道，向日葵霜霉菌的 705 和 715 种是在 2014 年 6 月初在捷克共和国东南部的摩拉维亚收集的向日葵上分离得到。这使到目前为止已鉴定和报道的霜霉种群的数目扩大到了 44 种。Ćurčić 等研究表明，防御相关基因霜霉病感染的早期反应类似于超敏反应，并与 P16 基因赋予的抗性相关。

3. 向日葵列当 Louarn 等测定了 101 个重组自交系种群（RIL），来源与 HA89 和 LR1 两个品系之间的杂交后代的抗性。Ortiz-Bustos 等报道首次使用 MCFI 技术测定健康向日葵或被寄生的向日葵的生理指标。采用红光和远红光照射温室中盆栽的健康向日葵。在相同的培养条件下，使用 680nm 和 740nm 光波检查列当侵染向日葵的初期。通过本实验能够证明 MCFI 在红光及远红光波区段，检测初期列当对向日葵侵染。这项技术可以在向日葵育种过程中检测其早期的表现型。Akhtouch 等与 P-96 的杂交结果显示，F2 代存在超亲遗传的感病性，表明两个品系具有不同的抗性等位基因，主要存在于隐性基因的两个位点。Imerovski 等对一个抗 F 小种或更高级别的小种的抗病基因进行了遗传分析和作图。对抗性品种 AB-VL-8 和感病品种 L-OS-1 杂交产生的 F1 和 F2-3 代进行了抗性评估。

4. 向日葵锈病 Zhang 等报道，北美的向日葵生产受到来自向日葵锈病（*Puccinia helianthi Schwein*）的新小种的严重影响。其将来源于野生向日葵种群的种质系 PH3 中命名了 R14 的抗锈性基因，该基因对 11 个锈病小种抵抗。Guo 等对 2013—2014 年中国北方向日葵主产区的 80 份锈菌菌样进行了生理小种的鉴定，最终确定了 15 个生理小种。

5. 向日葵黑茎病 Schwanck 等研究数据表明，向日葵在开花期的形态属性与病害严重度有关，低发病度与有大量绿色叶片和高大形态株型有关，向日葵理想形态株型可能作为一个抗茎点霉黑茎病的向日葵育种目标。

6. 向日葵病毒病 大量数据表明，向日葵杂交种自然感染 TSV 存在差异。Sharman 等温室试验表明，这种耐病性在抵抗 Queenland 中部地区发现的其他 TSV 菌株也有效，如 TSV-crownbeard。

7. 向日葵线虫病 Dias 等研究表明，向日葵基因型对线虫存在着不同抗性。向日葵杂交种 BRS321 和 BRS323 抗爪哇根结线虫（*Meloidogyne javanica*）和显示出对南方根结线虫（*M. incognita*）低的病指数。

8. 向日葵黑斑病 Rajender 等从 IIOR，Rajendranagar，Hyderabad 收集到的 25 株黑斑病菌菌株对其生化性质进行了体外试验，结果显示，各菌株间存在显著差异。

（三）种植技术现状与进展

1. 栽培技术 Garcia-Lopez 等在旱作向日葵方面研究表明，在胁迫或非胁迫条件下，灌溉量 60%~80% 和氮肥剂量约 100 和 150 单位氮产量最高。Zhao, Yonggan 研究表明，土壤蓄水量随着种植时秸秆深度的增加以及幼苗和萌芽在 0~40cm 深处更大。

在抗盐生理及微生物利用方面，Pereira, Sofia 等研究表明，在幼苗接种弓形菌根、真菌、根瘤菌 ECP37（T）或细菌内生菌 ZR3-5 后，可进行植物组织中的植物生长，对营养物积累和脂质过氧化以及土壤酶的活性评价，可作为盐碱化地区向日葵栽培技术的理论依据。Farghaly 等明确了两种浓度下 NaCl 和 Na_2CO_3 盐度对向日葵品种 Sakha 的种子生长、脂氧合酶（LOX）活性、膜完整性、总脂质、产量参数和脂肪酸（FA）组成的影响等。

在微咸水灌溉方面，He Xin 研究表明，与盐胁迫相比，水分胁迫对油葵产量的影响更为显著，水参数在水-盐-作物功能模型中最敏感，油葵在开花期对水和盐胁迫最敏感。

2. 水肥管理技术　在节水节肥及水肥一体化技术研究方面，Kiani 等研究表明，灌溉和水与氮的相互作用对总生物量、种子产量、油产量和 N 使用效率（NUE）具有极显著影响（p<0.01）。Kiani 在伊朗对灌水量与 N 肥施用在不同滴灌条件下影响向日葵生长的作用进行了研究，明确了水分与 N 素对干旱区向日葵生长的影响。

在微生物肥料及应用方面，Arif，Muhammad Saleem 研究表明，将植物促生菌、有机无机氮配施处理较 CK 对照处理和单施植物促生菌的处理可有效增加向日葵的芽长和根长、叶面积、叶绿素含量、花盘直径、鲜物质重、秸秆产量及氮吸收量。

在施肥阈值及环保型施肥技术方面，Recena 在西班牙研究表明，有效 P 的阈值与 P 缓冲液容量、黏土含量、pH 值以及 Fe 氧化物呈负相关关系。Seddaiu 研究表明，西班牙在雨养农业条件下，向日葵采用不耕作的方式是不可行的，因为黏土质土壤含水量过高导致播种困难。向日葵种植采取少量耕作效果最好。

在氮肥和钾肥高效利用方面，Sheoran 在印度研究表明，当施 N 量≥100kg/hm^{2}时，向日葵产量有显著提升。1kg N 肥可提升向日葵产量 26kg。

Ertiftik 在土耳其研究表明，K 肥的施入对提高向日葵产量及产量构成的影响大于 Mg 肥。并且 K 肥和 Mg 肥混合施用处理的产量构成指标（千粒重，花盘粒数，花盘重等）最好。

3. 农机作业技术　2016 年国外在向日葵机械作业及农机配套方面同其他作物基本相同，特别是油用向日葵早已经实现了全程机械化作业，近年来多种高性能机具前后挂接的联合作业机的推广与使用，极大地提高了农机作业的效率。

四、国内向日葵产业技术研发进展

（一）育种

1. 育种研究　2016 年，国家向日葵产业技术体系育种与种子研究室育成了 6 个向日葵杂交种，有 5 个食葵品种具有抗性好、产量高、籽实蛋白含量高等特点，油葵龙食杂 10 号具有高耐菌核病、产量高、籽实含油率高等特点。

2. 体系自育新品种应用情况　2016 年，推广应用体系自育新品种 6.4 万 hm^2，新增效益 1.09 亿元。通过新品种的推广，基本解决了向日葵抗黄萎病的问题，同时吉林省、新疆阿勒泰地区的向日葵列当为害也得到了有效控制，且育成的新品种的产量、抗性、品质和商品性又有了进一步提高，与 2011 年前相比，育种取得了新的突破，育成的抗黄萎病、抗列当食葵新品种已经得到了稳定的推广。

3. 品种资源的收集与利用　我国 1997 年编辑出版了《中国特油作物品种资源目录》（1986—1995），收录了国内向日葵品种资源 2 433 份，国外向日葵品种资源 382 份。到目前为止，入国家中、长期库的向日葵品种资源已超过了 3 000 份。各育种单位目前保存的新资源约 1 500 份。2016 年，向日葵体系完成了包括种质来源、类型、形态特征和生物学特性等 26 项数据。共计完成了 356 份种质资源数据。

4. 国内育种技术

（1）常规育种现状：向日葵常规品种的选育方法主要应用系统选育、杂交选育、诱变育种、轮回选择（半分法）等方法，我国向日葵常规品种选育使用最多的方法是系统选育和轮回选择。

（2）抗逆性研究进展：①向日葵抗黄萎病抗性机制研究。利用 RNA-Seq 方法，寻找抗性品种和易感品种在转录水平的差异表达基因，对 16 个样品的 RNA-Seq 分析共得到 509，533，702 个 reads，利用 TMAP 软件将这些 reads 匹配到参考基因序列上，最后得到 76，011 个基因。通过品种间共表达分析和差异表达分析，最后得到 2107 个差异表达基因，通过 KEGG 富集分析发现，有 112 个基因和植物病原菌互作相关，有 97 个基因和植物激素合成相关，有 53 个基因与类黄酮生物合成相关。②向日葵干旱胁迫应答相关基因的克隆与表达调控研究。2016 年采用 Realtime PCR 的方法对 PEG 处理下和对照中的 5 个基因在叶片和根中的表达情况进行了分析，同 DEG 测序结果进行了比较。结果发现，在叶片中，$comp9755\_c0$、$comp11967\_c0$、$comp29815\_c0$、$comp36138\_c0$ 4 个基因 PEG 处理后发生了上调表达，而 $comp72325\_c0$ 则在胁迫处理后表达量显著下降。RT-PCR 的结果与 DEG 测序结果在趋势上完全一致。

（3）幼胚营养土培养：利用营养土进行向日葵幼胚培养可因陋就简，提高可操作性，减少污染，成活率高。目前已成为成熟技术在育种中应用，极大地缩短了育种进程，每年可以完成 3 个世代的选育。

（4）单倍体育种：花药培养技术研究也在进行中，目前可以培育出幼苗，但还不能繁殖后代，该项技术接近国际水平。

（5）分子辅助育种：分子标记辅助育种也已经开始，体系各育种单位正在进行深入研究，有些已在育种中应用，处于研究与应用并进阶段。

（二）病虫草害

1. 向日葵菌核病　王靖等对向日葵菌核病进行盆栽与大田防效评价，并测定了该菌株的生理特性和其在根际土和向日葵体内的定殖情况。刘佳等以核盘菌菌丝体悬浮液和孢子悬浮液作为接种物，对接种后保湿材料和保湿时间进行比较试验，结果表明，两种接种物均可使向日葵抗、感品种产生盘腐症状。王靖从向日葵根部一年生全寄生杂草向日葵列当植株内分离纯化得到 135 株内生细菌菌株，采用平板对峙法等筛选得到 2 株对核盘菌拮抗活性较好的内生细菌 LIEH92 和 LIEB54。

2. 向日葵黄萎病　刘继霞等鉴定了不同向日葵品种对黄萎病抗病差异和无发病条件下的产量水平，筛选出 4 份既高抗又高产的品种。

3. 向日葵列当　刘宝玉等研究表明，向日葵新品种 TP3313 列当寄生率为 0%，抗寄生指数为 1，为免疫品种。石必显等抗列当水平鉴定结果表明，油用向日葵品种资源中抗列当材料较多，食用向日葵品种资源中抗列当材料较少。他还利用向日葵列当国际通用鉴别寄主对新疆、内蒙古、吉林、河北 4 省（自治区）13 个不同地点的向日葵列当进行生理小种鉴定。结果表明，上述地点当前向日葵列当生理小种类型为 A、D、E 和 F，其中 D 和 E 小种存在范围广，主要分布在新疆、吉林和内蒙古地区。王鹏等构建了抗列当向日葵产量预测模型，并量化模型中各性状指标对产量的直接和间接影响效应。贾雪婷等研究表明，供试的 16 种中草药的甲醇或蒸馏水浸提液诱导瓜列当种子的萌发率 ≥20%，21 种中草药的甲醇或蒸馏水浸提液诱导向日葵列当种子的萌发率 ≥20%。崔超等研究表明，列当轻度为害下，2 个试验点向日葵产量分别较无为害处理减产 24.85% 和 16.32%；列当重度为害下，2 个试验点向日葵产量分别较无为害处理减产 44.56% 和 48.70%。王焕等研究显示，小麦和蚕豆植株的根部甲醇浸提液以及根系分泌物对向日葵列当种子的萌发有较强的刺激作用。

（三）种植技术

1. 高产高效栽培技术 在抗旱抗盐碱地保苗种植技术方面，内蒙古巴彦淖尔市农牧业科学研究院李军等研究表明，先覆膜后灌水保墒可大幅度延长土壤水分的适播期；播种穴覆沙可有效解决种穴覆土遇雨板结问题。吉林省农业科学院花生研究所朱统国等研究表明，在相同密度条件下，二比空栽培模式产量高于常规栽培模式，且适度降低种植密度可进一步提高向日葵产量。李小牛试验表明，在轻中度盐渍化土地上利用玉米秸秆覆盖种植向日葵，植株生长状况良好，叶面积指数高，总体增产效果显著。刘文杰等研究表明，播种时间与向日葵病虫的发生有明显的相关性，播种期适宜，可有效降低病虫害发生程度。内蒙古农业大学王婷婷等试验表明，187 份向日葵种子的发芽率、发芽势、发芽指数、胚根长、胚芽长、胚根干鲜重及胚芽干鲜重在干旱胁迫下较正常供水条件呈现不同程度的下降。

在适宜盐碱地种植的品种方面，内蒙古农业大学马荣等试验表明，不同食用向日葵品种的抗盐碱能力差异较大。张庆昕等抗盐碱性综合评价试验表明，不同油用向日葵品种的抗盐碱能力差异较大。昝亚玲等探索了 NaCl 胁迫对向日葵幼苗生长发育的影响，明确了随着 NaCl 浓度的升高向日葵幼苗的形态指标均呈下降趋势等。

在适宜节水灌溉技术方面，内蒙古农业大学王立雪等研究表明，河套灌区小麦套种向日葵节水与高产相统一的耗水量为 5 000~6 000m^3/hm^2，全生育期灌 3 次水是小麦套种向日葵实现高产的最佳节水灌溉模式。中国牧区水科院田德龙等研究表明，微润管埋深为 20cm 更能促进向日葵的生长，显著提高向日葵产量和水分利用效率。孟彤彤等研究表明，全膜垄作沟播喷灌技术可抑制土壤水分无效蒸发，提高灌溉水分的利用效率。

2. 施肥技术 缓释肥料应用技术研究方面，向日葵体系土壤肥料岗位专家及团体段玉等研究表明，在向日葵上施用缓释尿素具有显著的增产效果。增施磷钾肥提高品质研究方面，黑龙江省农业科学院马军等分析明确了钾肥是进一步提高向日葵增产潜力的限制因素之一。李为萍等研究明确了水、氮及交互对油葵籽仁粗脂肪及主要脂肪酸组分均有显著影响。

吉林省白城市农业科学院许翠华等研究表明，白葵杂 9 号向日葵专用复合肥适宜的施用量为 300~400kg/hm^2；锌肥为 10kg/hm^2，硼肥控制在 5kg/hm^2 时效果最好。杨宏羽研究表明，低磷胁迫对向日葵根系生长和保护性酶活性有明显影响。何玲等提出了在滴灌条件下适合当地的最优水肥耦合组合。

在提高养分管理及肥料利用效率方面 2016 年也有新的进展。杨素梅等研究了冀西北地区播种期、密度、氮肥、磷肥、钾肥对食用向日葵产量的影响。杨宏羽等研究表明，向日葵品种具有较强的抗低磷胁迫能力。刘景辉等发现，采用地膜覆盖可以维持耕作层土壤脲酶较高的活性。

3. 农机农艺一体化 2015—2016 年向日葵专用农机具研发主要在机械化程度提升及

向日葵收获机械发展方面取得新进展，特别是向日葵产业技术体系配套机械岗位专家及团队成员的工作，初步解决了向日葵机械化播种和田间管理所需要的技术及其农机具，2016年向日葵生产应用的专用农机具有明显增加，特别是大型配套的播种机具和中耕除草施肥机具的应用，使向日葵的机械化程度进一步提升，向日葵全程机械化作业的地区不断扩展，新疆比较成熟的耕、种、收全程机械化作业生产模式，不仅在新疆各地的油用向日葵生产上广泛应用，而且逐步向内蒙古、甘肃的旱作向日葵生产基地扩展，有效提升了油葵机械化生产的水平和规模。而且食葵也基本能够实现全程机械化生产。

（向日葵产业技术体系首席科学家　安玉麟　提供）

2016 年度胡麻产业技术发展报告

（国家胡麻产业技术体系）

一、国际胡麻生产与贸易概况

（一）生产概况

世界胡麻最大的种植国家有加拿大、印度、中国、美国等，近年来俄罗斯、哈萨克斯坦，白俄罗斯和乌克兰等国胡麻生产也有不同程度增长。

加拿大是世界胡麻最重要主产国之一，2015—2016 年预计播种面积 66 万 hm²，比上年增加了 5%，基本持续保持一个平稳的趋势。总产 80 多万 t，约占世界的 30% 以上，单产 1 358kg/hm²，高于世界平均水平 956kg/hm²。单产、总产均居世界前列。俄罗斯已经成为世界胡麻种植面积和总产最大的国家，出口量超过了世界的 50%。俄罗斯胡麻主要种植在 Rostov（29%）、Altaj（20%）、Samara（16%）、Stavropol（11%）。印度胡麻平均年种植面积 40 多万 hm²，一直居世界前列，但是印度单产水平较低，总产也较低。在印度主要种植在 Madhya Pradesh，Uttar Pradesh，Maharashtra，Bihar，Rajasthan，West Bengal，Karnataka，Orissa，Andhra Pradesh，and Himachal Pradesh。哈萨克斯坦 21 世纪以来胡麻种植发展迅速，从 21 世纪初的年种植面积 1 000hm² 发展到了 2012 年的 37 万 hm²，成为世界胡麻生产大国和主要出口国之一。

（二）贸易概况

加拿大亚麻协会分析，2012 年，加拿大总产量为 51.8 万 t，2015 年加拿大出口胡麻籽约 68 万 t，其中中国进口胡麻籽将占加拿大出口的一半。长期以来，加拿大的胡麻生产和出口居世界领导者地位。2015 年中国进口胡麻籽高达 43 万 t，主要来源于加拿大。2012 年度，世界第一出口大国的位置已经被俄罗斯占据，俄罗斯出口量为 39.7 万 t，比上年 15.2 万 t 增加了一倍以上。哈萨克斯坦也增加了供应，居世界第三。同期，加拿大的出口量为 39.1 万 t，较上年的 40.4 万 t 略有下降。中国胡麻籽需求的增加带动了世界胡麻籽需求和全球胡麻产业发展。世界最大的胡麻籽种植区域是加拿大、中国、美国、俄罗斯、哈萨克斯坦，同时，白俄罗斯胡麻籽产量也增加，乌克兰也大规模生产胡麻籽。世界主要买家、加工和消费者是欧盟。2011/2012 度，中国和美国也大规模进口胡麻籽，2000 年后，我国胡麻消费需求呈现明显增长态势，年平均增长率达 6%，2012 年消费量约 60 万 t，2016 年达到 80 万 t 以上。

二、国内胡麻生产与贸易概况

（一）生产概况

2016 年胡麻生产总的形势是好的，属丰收之年。分区域看，华北地区面积、产量都有增加，西北西部、东部同样增加，但以定西为中心的西北中部产量明显下降。根据国家胡麻产业技术体系调研数据，2015 年度胡麻种植面积 40.4 万 hm²，较 2014 年增长

2.23%，单产水平较上年有明显提升，约增长 7.75%，总产量为 51.7 万 t，约增加 5%。2016 年全国胡麻播种面积 40.9 万 hm²，较上年增加了 1.27%，受西北中部减产的影响，总产量 51.03 万 t，较上年减产 1.3%。调查资料显示：甘肃省中部产区受春季干旱影响，兰州、定西、白银等胡麻主产区种植面积和产量均有明显下降，2016 年定西市种植面积下降 11.26%，产量下降 11.27%，兰州地区种植面积下降 15%，产量下降 19%；白银地区种植面积下降 14.7%，产量下降 6.2%。以定西地区调研为列：青岚乡青湾村杨永吉、西巩驿镇罗川村罗洪德、鲁家沟将台村张宗义、通渭华岭乡老站村杨文毕、漳县武当乡张坪村蔡家门社蔡元喜等 5 个示范县 126 户胡麻种植户的胡麻产量调查，2014 年胡麻单产量在 62.5 ~ 110.2kg/667m²，平均 86.35kg/667m²。2015 年胡麻产量在 71.3 ~ 166.5 kg/667m²，平均产量 90.31kg/667m²。2016 年定西胡麻种植面积减少，3 万 hm² 左右，今年定西春季干旱较为严重，影响了胡麻播种集出苗，胡麻产量明显下降，地膜胡麻（旧膜重复利用）产量多为 85kg/667m² 左右，山旱地胡麻产量一般 75kg/667m² 左右，个别地块，几乎没有出苗被犁翻复种或休地。

华北地区面积增长幅度较大，带动全国种植面积有小幅度增长。如内蒙古乌兰察布地区种植面积较上年增加 27%，张家口面积增加 13.2%，西北地区西部和东部面积也有增长，如伊犁地区种植面积增加 9.6%。甘肃省平凉市面积增加 10% 左右，宁夏回族自治区面积增长近 10%。这些地区今年气候条件较好，降水量较多，主要是较为适时，如甘肃平凉市、宁夏西南部地区，在降雨较多的同时，灌浆成熟期没有遇过狂风暴雨和连阴雨，胡麻灌浆成熟好，籽粒饱满，千粒重提高，产量增加。大同产量增加 6.3%；鄂尔多斯产量增加 13.4%。

在国家镰刀弯地区压缩玉米种植面积的政策影响下，特别是玉米价格大幅度下降的影响使得玉米面积逐步减少，与此同时，胡麻需求明显增长，虽然受到进口胡麻籽的严重冲击，但胡麻籽价格相对稳定，胡麻面积呈现小幅回升发展态势。例如：甘肃平凉市崆峒区草峰镇 2016 种植胡麻 876.48hm²，新增加 136.47hm²，增长 16%。其中：夏苙村 2015 年 830 户农民有种植胡麻，2016 年增加到 1 006 户，均由 1 067m² 增加到 1 267m²；刘郭村 2015 年为 210 户种植胡麻 38.67hm²，户均 1 866.67m²，2016 年种植 46.48hm²，户均 2 200m²；草滩村 440 户种植胡麻 33.2hm²，户均 800m²，2016 年种植 39.84hm²，户均 934m²；九龙村 2015 年种植胡麻 27.67hm²，户均 667m²，2016 年 33.2hm²，户均 800m²；4 个村 2015 年户均 1 000m²，2016 年 1 200m²。又如宁夏回族自治区彭阳县古城镇挂马沟村大庄队，该队 120 户农民，480 多人，约有 106.67hm² 耕地，2015 年在固原综合试验站的指导带动下，种植胡麻近 8.67hm²，户均 722m²，较 2014 年翻了一番多，2016 年农民自发种植胡麻超过 10hm²，较去年增长 16% 以上。

根据调查，玉米价格下降之后，胡麻的比较效益好转，加上胡麻市场稳定，销售很快，镰刀弯地区玉米面积减少之后，胡麻很可能还有一定的发展空间。

（二）贸易概况

加拿大亚麻协会分析，2015 年加拿大出口胡麻籽约 68 万 t，其中中国进口胡麻籽将占加拿大出口的一大半。国内进口数据显示，2015 年进口胡麻籽高达 43 万 t，主要来源于加拿大。自 2010 年以来，俄罗斯、哈萨克斯坦、乌克兰等国对欧洲的出口占据主导地位，2012 年俄罗斯出口量为 39.7t，比上年（15.2 万 t）增加了一倍。哈萨克斯坦也从

2010/2011 年度的 5.9 万 t 增加到了 2011/2012 年度的 24.0 万 t。

当前国内胡麻籽收购价，西北地区 6 000~7 000 元/t，华北地区 5 800~6 400 元/t。2010 年国内局地胡麻价格达到 8 000 元/t，同年，加拿大胡麻籽出口欧盟受阻转向中国，价格不足国产胡麻籽的 1/2，受此影响，国产胡麻价格小幅回落，此后价格相对保持稳定，和进口亚麻籽的价格差缩小。

近年来国内胡麻籽的自给率呈逐年下降趋势，目前基本维持在 50%左右。2000 年后，我国胡麻消费需求呈现明显增长态势，年平均增长率达 6%，2012 年消费量约 60 万 t，2016 年达到 80 万 t 以上。可以看出：胡麻产品消费由低层次向高层次拓展、由产区向全国拓展、由农村向城市拓展的局势特别明显。与需求相对照，我国胡麻供给侧明显不足。弥补缺口依赖大量进口解决，从 2006 年后，进口逐年大幅度增加，2010 年达到了 22 万 t，2015 进口量为 43 万 t，2016 年截至 10 月，进口 40 万 t，预计全年进口量逼近 50 万 t，较上年增加了 38.9%，超过国产胡麻籽量，占国内胡麻籽需求量的 60%左右。与进口胡麻籽相比，国产胡麻产品更受消费者普遍欢迎，在接近 1/3 的价格优势之下，国产胡麻籽仍然是供不应求，但也不能不说国产胡麻受进口胡麻的严重冲击，也有个别农户产品惜售。2016 年出口胡麻籽仅约 3 000t，但价格远高于进口胡麻籽。

三、国际胡麻产业技术研发进展

（一）加工技术

国际上已实现高效亚麻油提取，并能良好保持亚麻油营养和风味，国内特别缺乏营养和风味保持技术。在产品开发方面，国际上以亚麻为原料开发出数十种产品，实现亚麻油、α-亚麻酸、亚麻木酚素、亚麻胶等产品的标准化和系列化生产，我国亚麻油产品质量不达标现象相当普遍；α-亚麻酸、亚麻胶生产其消耗巨大，不能实现产业化；亚麻木酚素还鲜有报道；基本没有其他功能性系列产品。

（二）基础研究

目前国际上已对亚麻油、α-亚麻酸、亚麻木酚素等的营养、功能及风味研究深入到细胞和分子水平，全面研究其作用机理和影响机制，而国内对亚麻油、α-亚麻酸等的功能和风味研究尚停留在动物实验和感官评价阶段，对亚麻木酚素、亚麻胶的基础研究很少开展，缺乏产品走向应用的理论基础。

（三）育种方向发展趋势

在亚麻育种方向上国外主要培育高品质品种和不同亚麻酸含量品种，环保型品种可以大量从土壤中吸收镉和铅，起到净化土壤的作用。低亚麻酸的品种用于亚麻食品的开发，高亚麻酸品种主要用于高值化产品的开发利用。目前我国也转向以生物技术为主要手段，培育高纤、优质作为我国今后亚麻育种的主要目标和发展方向，广泛开展各方面的研究。加大亚麻品质育种的力度，提升我国亚麻纤维的品质。

（四）机械研究进展

世界发达国家亚麻生产的显著特点是高度集约化、规模化和机械化，从整地、播种、施肥、灌溉到收获、脱粒、打捆等过程全部机械化，生产效率很高，亚麻生产机械化技术主要包括整地、选种、播种、植保、拔麻、翻麻、脱粒、打捆、加工等。就亚麻生产过程各个环节机械化水平而言，我国与国外存在着很大的距离。亚麻播种和收获机械的滞后成为制约亚麻规模化的瓶颈，也是亚麻生产机械化急待解决的关键问题。目前我国已研究开发出了一系列亚麻作业机械，主要包括种子清选机、播种机、拔麻机、脱粒机、翻麻脱粒机、翻麻机、打捆机、剥麻机等。这些机械各具特点，可满足亚麻全程机械化生产的要求，在生产中已得到广泛应用。

四、国内胡麻产业技术研发进展

（一）杂交种选育取得重大突破

创新建立了两系法杂交育种体系，新育成胡麻杂交品种 3 个，陇亚杂 2、3 号通过国家新品种鉴定，陇亚杂 1、2、3 号获得新品种权。研制出胡麻杂交种纯度分子标记快速鉴定技术及不育系核心种子和原种的生产技术。

（二）建立了抗旱育种技术体系

制定了《胡麻抗旱性鉴定评价技术规范》，确定了抗旱指标，对 512 份国内外种质资源进行了抗旱鉴定评价，筛选出 1 级抗旱资源 110 份。新选育 13 个胡麻品种，9 个通过国家品种鉴定。筛选出陇亚杂 1 号、晋亚 10 号、陇亚 11 号、内亚 9 号和同亚 12 号 5 个抗旱性突出、丰产性好的品种，作为体系主推品种进行示范推广。

（三）地膜抗旱栽培技术取得明显进展

1. 地膜重复利用胡麻免耕穴播抗旱栽培技术 研究解决了地膜选择与保护、适宜品种选用、基肥及追肥施用、机具改进等核心技术。单产 $96 \sim 150 kg/667m^2$，较露地平均增产 40%。

2. 垄膜集雨沟播胡麻抗旱栽培技术 改制成功起垄、施肥、覆膜、播种一体机；确定了带宽、行距、密度及地膜回收等技术。单产 $70 \sim 152.3 kg/667m^2$，较露地增产 14%~35%。

（四）立体高效种植栽培技术

为了提高热量一季有余两季不足区域种植效益，研究提出了胡麻套作大豆、向日葵、玉米、蔬菜等模式，极大地提高了种植效益。胡麻套莲花菜净收益为 1 521.8 元/$667m^2$；胡麻套大豆的亩净收益为 1 122.0 元；胡麻套食葵亩净收益为 1 043.3 元；胡麻套玉米的亩净收益为 1 067.3 元/$667m^2$；分别比胡麻单种的净收益提高 57.4%、31.4%、38.24% 和 9.6%。

（五）病虫草害无公害防控技术

在探明胡麻田主要病、虫、杂草发生为害规律的基础上，筛选出了防治胡麻白粉病的高效低毒低残留杀菌剂氟硅唑和戊唑醇，防治胡麻蚜虫等害虫的生物杀虫剂阿维菌素、苦参碱和鱼藤酮等。特别是在胡麻田除草剂筛选及示范应用方面，2 甲辛酰溴+精喹禾灵或高效氟吡甲禾灵苗期茎叶喷雾一次用药兼防阔叶与禾本科杂草，甘肃、内蒙、河北、山西、宁夏、新疆大面积示范结果，对杂草的总体防效达 87.9%以上，且对胡麻和后茬作物安全，胡麻增产效果显著，节本增效 12%以上。

（胡麻产业技术体系首席科学家 党占海 提供）

2016年度棉花产业技术发展报告

（国家棉花产业技术体系）

一、国际棉花生产与贸易概况

（一）面积下降产量略增

2016年国际棉花面积持续下滑，为近5年的最低点，单产增加，总产小幅上涨。据美国农业部（USDA）2016年11月预测，2016年度全球棉花收获面积为2 949万 hm^2，同比减3.5%，比2012/2013年度减少14.3%，棉花总产量为2249万t，同比增7.0%，棉花单产为762.4kg/hm^2，同比增10.9%。印度、中国和美国是位列世界前3的棉花生产国，2016年度3个国家的棉花收获面积和产量分别占世界的59%和62.1%。2016年度美国棉花面积和单产均增加，产量同比增25.4%，至352万t，印度棉花收获面积同比减少10.1%，但由于单产提高，棉花产量增加至588万t，同比增加2.3%。中国棉花受目标价格补贴试点政策实行、产业结构调整等因素影响，棉花生产持续大幅下滑，产量同比减4.5%，至457万t，比2014年减少30%。澳大利亚棉花产量增幅较大，同比增53.8%，至87万t，巴基斯坦和巴西棉花产量增加，乌兹别克斯坦棉花产量小幅下降。

（二）棉价波动走高

2016年，国际棉花价格在经历了一年多的低谷徘徊后逐渐走出低谷，呈现波动走高态势，尤其在3月以后，国际棉花价格回暖态势明显。2016年1—12月，Cotlook A指数月均价每磅从68.75美分上涨至79.65美分，上涨15.9%。2016年Cotlook A指数年均价74.23美分，同比上涨5.5%。但月度间变化不一。1—3月，受供需基本面宽松、大宗商品价格整体低迷、中国需求减弱及储备棉投放传闻等因素影响，国际棉价持续震荡下行，Cotlook A指数（相当于国内3128B级棉花）月均价从每磅68.75美分下跌至65.46美分，降幅为5%。4月开始受美棉出口形势较好，美元走弱等因素影响，国际棉价止跌反弹，连续5个月上涨，8月Cotlook A指数月均价上涨至每磅80.26美分，与3月相比上涨了22.6%。9月，受中国延长储备棉投放时间，新棉陆续上市，全球经济形势无明显改观等因素影响，国际棉花价格承压较大，棉花价格小幅回落，后期由于美棉出口利好支撑、国际大宗商品价格指数上涨、中国棉价持续上涨、印度新货币政策导致印度棉供应短期偏紧，出口延迟等多重因素影响，国际棉价震荡加剧，小幅上涨。

（三）消费保持稳定

2016年，世界经济增长速度仍然在低位徘徊，美联储进入了"加息"周期，全球宏观经济形势较为严峻，一些新兴市场经济体发展面临货币贬值、资本外流、债务负担加重等多种问题，欧元区经济虽然有所好转但尚未走出泥潭。因此，在这种宏观经济影响下，全球棉花消费仍然没有大的起色。据美国农业部（USDA）2016年12月预测，2015/2016年度，全球棉花量为2 423万t，与上年度基本持平。中国、印度、巴基斯坦、土耳其、孟加拉、越南是世界主要的棉花消费国。其中，中国、土耳其、孟加拉、越南棉花消费量同比增加，分别为 762 万 t、145 万 t、133 万 t 和 96 万 t，印度和巴基斯坦棉花消费量略有下降，分别为 528 万吨和 224 万 t。中国仍然是世界第一大棉花消费国，2015/2016 年度消费量占全球棉花消费的 31.4%。

（四）贸易小幅下降

2016 年，由于中国收紧滑准税配额，中国棉花进口量大幅下滑，导致 2016 年全球棉花贸易规模下降。据 USDA 数据，2015/2016 年度全球棉花出口 765 万 t，同比降 0.5%，进口 768.1 万 t，同比降 1.2%。美国、印度、巴西、澳大利亚和乌兹别克斯坦是世界主要棉花出口国，其出口量占世界出口总量的 70% 左右。2015/2016 年度 5 个棉花出口大国除美国出口量减少 18.6% 外，印度、巴西、澳大利亚和乌兹别克斯坦的出口量分别增加37.3%、18.7%、10.3% 和 2.1%。孟加拉、越南、中国、土耳其和印度尼西亚是世界主要棉花进口国，其进口量占世界进口总量的比重接近 70%。2015/2016 年度中国棉花进口从上年度的 180.4 万 t 下降至 95.9 万 t，同比减 46.8%，印度尼西亚的棉花进口同比下降10.3%，孟加拉和土耳其棉花进口有所增加，进口增幅均为 14.8%。

（五）库存明显下降

2015/2016 年度，由于全球棉花产量连续 3 个年度下降，而棉花消费量略微恢复，因此全球棉花去库存速度加快。据 USDA 数据，2015/2016 年度，全球棉花期末库存为 2108万 t，较上年度下降 13.3%，库存消费比从上年度的 100.22% 下降到 86.99%。其中，中国的棉花库存占到了全球棉花库存的一半以上，中国的棉花库存消费比为 166.1%，中国以外地区的棉花库存消费比为 50.61%。

二、国内棉花生产与市场贸易概况

2016 年我国棉花平均单产 111.2kg/667m²，同比增加 9.2%；按全国棉花实播面积292.3 万 hm² 测算，预计总产量 487.7 万 t，同比减少 6.5%。今年黄河流域温度、湿度适宜，土壤墒情好，棉花衣分、长度等指标均好于上年同期。该区域平均单产 79.3kg/667m²，同比减少 2.1%；预计总产量 66 万 t，同比减少 26.2%。今年长江流域汛期雨水多，棉花发育推迟，虽然后期天气转好，利于棉花恢复性生长，但对棉花单产影响较大。该区域棉花平均单产 60.1kg/667m²，同比减少 13.4%；预计总产量 34.5 万 t，同比减少37.4%。西北内陆棉花平均单产 131.2kg/667m²，同比增加 11%；预计总产量 384.1 万 t，同比增加 3.2%。虽然 8 月底以来新疆部分地区遭遇冰雹袭击、10 月后冷空气带来的局部降温降雪不利棉花生长和采摘，但对棉花长势影响不大，疆内棉花长势较好格局没有改变，预计 2016 年新疆平均单产 131.3kg/667m²，同比增加 10.9%；预计总产量381.4 万 t，同比增加 3.9%。

本年度棉花受灾面积减少，但绝收面积增加。棉田受灾面积 140.97 万 hm² 次，同比减 145.7 万 hm² 次，同比减幅 103.4%；占播种面积的 9.0%，同比减少 28.8 个百分点。后期的 9 月 28 日台风"鲇鱼"和 10 月 19 日台风"海马"过境，对浙江、江苏、江西、安徽和湖北棉区有影响，对棉花产量和品质造成了一定的损失。因冰雹、渍涝绝收面积3.03 万 hm²，增加 1.03 万 hm²，增幅 51.3%。天气灾害在长江中下游洪涝致灾面积 30.47万 hm²。黄河 7 月下旬短时渍涝但受灾但面积不大。西北天气平稳，极端天气少。

总体看，与 2014 年、2015 年的减产相比，2016 年全国棉花是丰收年景。适宜的气候条件提高了棉花单产，特别是西北内陆单产增长11.0%，抵消了因面积减少引起的产量下降。

农业部公布12月中国农产品供需形势分析报告显示：2015/2016年度中国棉花产量为493万t，消费量为756万t，进口量为96万t，储备棉投放成交量205万t，棉花期末库存量估计为1 111万t。据海关统计，2016年前11个月累计进口75.09万t，同比下降41.7%；2015/2016年度我国累计进口棉纱203.48万t，同比下滑12.47%，但目前国内棉价与印度S-6轧花厂出厂价差5 000元/t以上，港口印巴C32S及以棉纱与国产纱的差价1 000~1 500元/t，棉纱进口非常活跃，2016年度棉纱进口量将突破250万t，因此棉花减少消费60万t以上；另外2016年储备棉轮出延长至9月，2016/2017年度棉花消费应该减少1个月，约60万t。2016/2017年度棉花消费量约为711万t。

三、国际棉花产业技术研发进展

（一）遗传育种

美国孟山都公司对苏云金芽孢杆菌的Bt蛋白Cry51Aa2的晶体结构进行了X衍射分析，分辨率达到2.3埃，发现某些氨基酸的突变会改变蛋白的结构，进而影响对盲蝽蟓的抗性，将突变后的Cry51Aa2蛋白进行棉花遗传转化，转基因棉花表现出对盲蝽蟓的高抗，研究成果发表在《Nature Communication》上。印度的科学家发现一种低等植物蕨类对白粉虱有高的抗性，通过饲喂白粉虱发现Tma12蛋白是导致蕨类抗白粉虱的主要因子，将其转化到棉花上，转基因棉花对白粉虱的抗性明显提高，研究成果发表在《Nature Biotechnology》上。通过将新型的抗虫基因导入棉花，获得了抗盲蝽蟓和白粉虱的棉花新品种（系），将给转基因市场带来新鲜血液和活力。

（二）栽培技术

国际各主产棉国的植棉技术逐步实现机械化，机械化率以美国和澳大利亚最高，而且向大型化、信息化和智能化发展，智能化导航业已替代驾驶员。生产管理技术主要集中在：合理轮作，提升土壤质量；种植模式优化和合理密植，提高产量；精量播种，实现一播全苗；化学调控，促早集中成熟；精准施肥、依据作物需求合理灌溉，提高肥料养分和水分利用效率。另外先进植棉国家的植棉技术向信息化、智能化、自动化转变，美国和澳大利亚COTMAN的量化栽培技术大面积推广。一些冠层水分、温度、病害监测的红外温度传感器、高光谱、无人机航拍、遥感、土壤环境的实时信息采集分析自动化控制灌溉技术得到广泛应用。

（三）转基因防控病虫草害

在病害方面，美国田纳西州发生了由多主棒孢霉引起的棉花靶斑病，澳大利亚发现存在棉花黄萎病病菌高毒力落叶型VCG1A；利用CRISPR/Cas9技术成功实现了同时抑制病毒DNA复制和卫星分子的传播，提高了对棉花曲叶病毒的防治效果，另有研究证明，利用RNAi技术构建抗病毒棉花的可靠性。在虫害方面，孟山都公司成功研发了转*Cry51Aa2*基因棉花，能有效控制盲蝽类害虫发生。在草害方面，美国、澳大利亚等发达国家主要推广种植转基因抗除草剂棉花，再通过喷施除草剂来解决棉田杂草的为害；然而，伴随着除草剂的大量使用，种植模式的单一，杂草抗药性问题日益突出。

（四）棉副产品加工利用

棉籽等棉副产品是一类宝贵的资源，各植棉国对其利用十分重视，棉油经精炼后用于食用油，留下的棉籽粕和棉籽壳大多被用作牛羊等牲畜的饲料或用作肥料，棉秆大多粉碎后返还于农田。近年来，棉油脱酚精炼、棉籽蛋白提取等方面已取得重要进展，美国、澳大利亚、埃及等国的脱酚脱色棉油和脱酚棉籽蛋白作为食品原料或食品添加剂已进入商业化应用。另外，棉籽油除食用外，用以生物柴油、维生素 E 及其他营养成分提取等研究也已取得较大的进展。在美国和澳大利亚等国，清花废料的加工利用也取得显著进展。对于以提高棉籽品质为目的的育种研究也有显著的进展，主要集中于采用生物技术手段降低棉籽中的棉酚含量，以提高棉籽的利用价值。

（五）棉花生产机械化技术

目前国际上最先进的还是美国，以约翰迪尔公司和凯斯公司两大农机制造巨头为代表研制生产的水平摘锭式采棉机，其采收效率、采收质量、采收品质都是最好的。美国公司在采棉机上应用了 GPS 定位导航技术、自动驾驶技术、自动测产技术和自动打包技术。减少了收获籽棉的田间转运工序，减少了用工量，大幅度提升了采棉机的作业效率。如约翰迪尔公司在 7760 型打圆包采棉机基础上新研制开发的 CP690 采棉机就是此类机型，自动化程度和采收效率都更高。世界棉花生产采用机械收获面积约占总面积的 30%，美国、澳大利亚、巴西等国已实现棉花生产全程机械化，阿根廷、土耳其、巴基斯坦开展一些机械采收试验，埃及、印度等棉花生产大国仍采用手工采摘。

（六）棉花产业经济

2016 年全球棉花经济信息研究咨询机构主要有：国际棉花咨询委员会（ICAC）、美国农业部（USDA）的世界棉花展望、英国利物浦棉花展望公司（Cotlook），以及一些国际著名跨国集团和贸易公司如路易达孚、嘉吉等。这些组织、机构与企业均建有自己的棉花经济信息数据信息库，并对全球以及主要国家的棉花生产、消费、进出口贸易、库存以及棉花大国的政策调整等密切关注，分析其对全球棉花市场的影响。国际棉花咨询委员会（ICAC）、美国农业部（USDA）每个月定期发布全球棉花市场平衡预警报告。上述研究分析咨询报告对世界主要棉花生产国、消费国和贸易国的棉花产业发展以及棉花经营企业的经营决策具有重要的参考作用。

四、国内棉花产业技术研发进展

（一）遗传育种

2016 年我国棉花育种工作取得了重大突破。中科院微生物所在棉花黄萎病研究领域取得重大成果，国际上首次成功利用寄主诱导 RNAi（HIGS）技术在陆地棉中实现了抗黄萎病的种质创新，新品系经过实验室和国家西北内陆棉区抗病性鉴定中心的鉴定，抗黄萎病性相对于对照品种提高了 22.25%，研究论文发表于国际期刊《MolecularPlants》和《Nature Plants》上。中棉所和南京农业大学定位到了控制棉酚形成的关键基因，为培育低酚棉花新品种提供了支撑，研究成果发表于《TAG》和《Nature Communication》上。降低棉籽棉酚含量的专用棉育种也已取得显著的进展，育成的低酚棉品种已在生产上大面积应用，推广面积居世界领先水平，中棉所定位到了控制棉花零式果枝的基因，为改良棉花株型，培育适合机采的棉花新品种奠定了理论基础，研究成果发表于 TAG 上。这些研究成果为创制抗黄萎病、低酚及适宜机采的新品种提供了优良的种质材料。

（二）栽培技术

近几年在产业体系的推动下，我国棉花栽培技术正在随着社会的变革而发生变化。长江流域的营养钵育苗移栽技术正在被基质育苗机械化移栽、麦（油）后直播技术替代。从播种、植保、采收等环节能够实现全程机械化生产。黄河流域引进改良版的精量播种技术得到大范围的应用并取得成功，除了除草外，大部分农事操作过程都实现了全程机械化，人工投入控制到了 5 个/667m² 左右。打顶机机械打顶，化学调控打顶，肥水化控配套的免整枝免打顶技术开始研究并取得了一定的效果。新疆棉花生产全程机械化、肥水药一体化大面积应用，信息化、智能化技术也正在起步，开始研究和应用，自动化控制灌溉、痕量灌溉也在研究和示范，绿色生产减肥减药、生物地膜和免膜露地栽培技术也正在探索研究和小范围示范。

（三）病虫草害防控

在棉花病害方面，研究发现来自天麻的抗真菌蛋白基因 *gafp*4，能够在陆地棉栽培品种中稳定表达，并对不同生理型黄萎病菌株表现抗性；通过分子聚合育种技术培育出新植杂 2 号棉花，在新疆创造了抗病丰产新纪录；基于 Maxent 模型，预测长江流域棉区将是棉花曲叶病发生及防控的重点区域。在虫害方面，成功建立盲蝽测报与防治技术体系，并制定了行业技术标准，害虫食诱剂、高选择性杀虫灯、航空喷雾等防控技术产品的研发与产业化进度不断加快。在草害方面，随着棉花生产现代化水平的提高、耕作方式的转变，我国棉田杂草抗药性及其种群发生为害不断加重，研究了利用多种微生物、植物源等生物农药防除恶性杂草的绿色控草理论与技术。

（四）棉副产品加工利用

由于资源缺泛，我国在棉副产品的综合利方面走在世界的前沿。棉籽油（清油）一直是我国棉区的主要食用油，而棉籽饼粕则作为重要的蛋白质资源被用于反刍动物及其他畜禽饲料，棉籽壳主要用于食用菌的培养，培养食用菌后的棉籽壳菌渣已开始用于制作再生炭。此外，有关棉籽品质改良，特别是油分、蛋品质和棉酚等性状的改良已取得较大的进展；棉籽油及脂肪酸含量、蛋白质及氨基酸含量、棉酚和植酸等棉籽重要成分的快速分析方法已取得较大的突破；开展了棉籽油制作生物柴油和棉籽维生素等的营养成分提取等等相关的研究工作。然而，我国对于棉副产品的利用还处于较初级阶段，棉副产品的精深加工研究进展滞后，除食用油外，棉籽蛋白质及其他产品还未进入市场。

（五）机械研究

我国棉花机械产业 2016 年技术进展比较大，仅新疆机采棉面积就达到 80 万 hm² 以上，占比 39.97%，其中新疆生产建设兵团机械采收棉花面积 45.33 万 hm² 以上，占其棉花种植面积的 79.07% 以上。尤其是新疆地方的机械采收棉花面积在 2015 年的基础上又上了一个台阶，达到了 33.33 万 hm²，占其棉花种植面积的 21.74%。新疆拥有采棉机 3 000台以上，机采棉清理加工线（包括新建和改建）400 条以上。黄河流域棉区的山东省拥有采棉机 13 台，拥有机采棉清理加工线 3 条。近年来，随着棉纺织行业的迅猛发展，市场对棉花需求的不断增加，尽管有的小型轧花厂在不断淘汰，棉花加工企业数量仍然很大。目前国内仅拥有"400 型"棉花加工厂的企业就超过 1 600 家，但大部分规模较小，产能相对分散。这些棉花加工流通企业主要分布在新疆、山东、河北、湖北等几个大的产棉区。

（六）棉花产业经济

2016 年我国棉花产业的研究重点集中在 3 个方面：（1）目标价格改革效果及未来走

向。我国实行棉花目标价格改革试点政策 3 年来，政策效果如何、未来政策向哪种方向调整，是国内业界关注的重点。（2）棉花产业供给侧结构性改革。当前我国进入经济结构转型升级阶段，提高供给侧效率，提升产业层次，是促进棉花产业健康稳定发展的重要方面。（3）棉花供需平衡表。供需平衡表是为市场提供正确信息、帮助市场主体判断市场发展状况和未来趋势的重要支撑。但长期以来，棉花信息多、乱、杂的特点突出，构建科学合理的信息来源途径、预测分析方法，完善棉花平衡表的支撑体系，对于建立平衡表系统具有重要作用。

（棉花产业技术体系首席科学家　喻树迅　提供）

2016年度麻类产业技术发展报告

（国家麻类产业技术体系）

一、国际麻类生产与贸易概况

2016年国际麻类生产和贸易由于市场需求和自然环境的差异，存在着复杂性和多样性，麻类的生产和贸易已经集中到了深加工和多用途开发的领域。世界各国的亚麻生产总量分布较去年无较大变化。生产国家还是集中在亚洲、美洲和欧洲，这些区域的生产总量明显高于大洋洲和非洲。出口方面，加拿大在黑海地区亚麻籽供应商增多，但价格不断上升。日本基本转为内销。整体来说，中国是亚麻出口的第一大国，其出口量比欧洲和美国的出口量总和还多。令人意外的是，原来的亚麻出口国日本在2016年几乎未出口亚麻。

二、国内麻类生产与贸易概况

（一）生产

近年来，国内麻类种植面积不断下降，2013年种植面积为9.2万hm^2，2014年为8.64万hm^2，而到2015年种植面积则为8.13万hm^2。而黑龙江省近年来种麻面积提升明显，2015年黑龙江省种麻面积为3 033.33hm^2，其中亚麻1 413.33hm^2，大麻1 620hm^2。

（二）产业投资

在麻类产业投资方面，2016年我国1—5月纺织业规模以上企业完成投资2 184.70亿元，同比增长13.19%。其中，规模以上麻纺织及染整精加工企业累计完成投资47.58亿元，同比增长13.84%；投资方向主要侧重于麻纤维纺前加工和纺纱行业及麻织造加工行业，实际完成投资分别为19.14亿元和24.47亿元，同比分别增长25.27%和14.89%。由于麻纺织企业用工比较多，环保任务重，设备效率低，导致经营成本过高。因此，前纺和织造行业投资的增长将有助于麻纺织行业攻克技术瓶颈，不断实现技术创新，对企业的发展产生积极影响。

（三）贸易

1. 麻类进口贸易 据中国纺织工业联合会统计中心数据显示，2016年1—8月，全国麻原料累计进口总额4.63亿美元，占麻类纤维及麻制品进口总额的81.7%。全国麻织物1—8月进口总额0.324亿美元，其中亚麻织物累计进口0.218美元，同比小幅上涨3.26%；黄麻织物累计进口0.045亿美元，同比下降29.6%；苎麻织物累计进口0.021亿美元，同比大幅下降52.4%。亚麻织物进口金额不仅较大，而且呈现上升趋势，因此亚麻有进一步的市场发展空间。而黄麻和苎麻纺织企业的生产加工形势不乐观，受原料价格上涨影响，黄麻和苎麻对进口的需求下降，因而黄麻和苎麻纺织加工行业有萎缩风险。麻制品进口金额的上涨，说明国内对麻制品的需求正不断提高。但总体而言，我国麻类进口以原料进口为主。

2. 麻类出口贸易 据中国纺织工业联合会统计中心数据显示，2016年1—8月我国麻类纤维及麻制品出口总额为 7.83 亿美元，同比下降 35.75%。其中麻纱线出口总额 1.77 亿美元，同比下降 21.9%，亚麻纱线占麻纱线出口额比为 89.6%。除了 3 月麻纱线出口同比有所增长，其他月份的麻纱线出口额相较去年同期均有不同程度的下降。建议以出口为主的麻纺织生产企业谨慎经营，以防库存积压。

三、国际麻类产业技术研究进展

(一) 育种

国际麻类育种研究集中在麻类转录组测序分析、转基因技术和重要基因的表达分析等。Beyaz 利用 7 日龄无菌苗的下胚轴作为外植体，利用无菌室内空气流动干燥下胚轴，用不同体积、不同时期菌液进行侵染。Takáč 报道了使用过氧化氢增强亚麻不定根的形成的研究。Gabr 报道了木脂素在愈伤组织和发根农杆菌介导的亚麻毛状根中积累，如 SDG (木酚素)、SECO (开环异落叶松脂素) 和 MAT (罗汉松树脂酚)。Zhang 等利用 63 个标记将 159 份黄麻种质分成 2 个群体；Banerjee 等利用 172 个 SSR 标记对 292 个黄麻资源群体结构和遗传多态性进行了评价。2016 年国际上公布许可种植的工业大麻品种有 68 个，与 2015 年相比，减少 1 个。

(二) 病虫草害防控

2016 年麻类病虫害研究国际研发报道较少。加拿大科学家 Galindo-González L 将尖孢镰刀菌接种至亚麻抗性品种，取接种后不同时期的亚麻植株进行转录组测序分析，明确了植物-病原互作研究的关键基因。

(三) 加工

在生物脱胶方面，从红麻温水沤麻液中分离到烟曲霉 (*Aspergillus fumigatus*) R6 菌株，从印度分离到一株适用于工业生产中生丝织物和苎麻脱胶的双脂芽孢杆菌 (*Bacillus* sp. SM1 strain MCC2138)，研究了脱胶菌株 (*Bacillus tequilensis*) SV11-UV37 以麦麸为固态发酵基质生产果胶裂解酶的最优培养条件，发明了一种环保型苎麻生态脱胶技术，将果胶酶、半纤维素酶等以一定的比例混合，开发出一种独特的苎麻脱胶制剂，开发了一种在黄麻中利用果胶杆菌 (*Pectobacterium* sp.) DCE-01 菌株进行生物脱胶的技术，探讨了芽孢杆菌 (*Bacillus licheniformis*) 菌株 HDYM-04 所产脱胶复合酶对亚麻脱胶的作用效果及其对亚麻纤维性能的影响，创新性地将摩擦电效应引入了苎麻脱胶领域，研究了不同蒸汽压力对蒸汽爆破处理红麻纤维化学和结构性能的影响，研究了纤维保护剂蒽醌在苎麻氧化脱胶过程中的应用。虽然全世界已建有多套纤维乙醇的中试或小试生产线，在一些关键技术上取得了重要进展，并建立了多个示范工厂，但整体而言，原料前处理投入高、纤维素酶成本高、高温及戊糖己糖共发酵菌株构建等方面的问题依然存在，制约着纤维乙醇产业化进程。目前燃料乙醇生产除了巴西以甘蔗为主要原料外，其他地区均以粮食为主要原料。纤维素燃料乙醇产业正处在中试和示范阶段。

国际上麻类加工主要还是在纤维的初加工，即氧化处理、生物处理以及利用麻类纤维制作氧化纤维素等，此外，用作复合材料的研究也在持续进行。

四、国内麻类产业技术研究进展

(一) 育种

我国麻类作物育种目标向专用、兼用、多用深层次拓展。其中苎麻向饲用、污染治理、高纤维细度、适于机械化收获等深化，选育高 CBD 含量工业大麻品种、菜用黄麻品种、皮骨易分离红麻品种、高皂素含量剑麻品种、油纤兼用亚麻品种是当前的主要育种方向。2016 年共育成麻类作物新品种 20 个，其中苎麻 7 个，亚麻 6 个，黄麻 2 个，红麻 3 个，工业大麻 2 个。此外，开展了大量的种植资源创新与鉴定、不同生态区适宜品种筛选、育种与繁育技术研究、生物技术基础研究等工作，取得了重要进展，如进行了苎麻矿山及水体污染治理品种筛选、建立了大麻高效再生体系、优化了亚麻转基因试验条件、研究了 γ 射线辐照对剑麻的生理生化变化的影响等。

（二）栽培与耕作

栽培与耕作研究主要集中在种质资源筛选、抗逆栽培、农艺措施对产量和品质影响方面。对 203 份饲用苎麻种质进行了鉴定和评价。研究发现，施用磷肥能有效提高苎麻株高、茎粗和产量，苎麻的保护系统能够进行自身的调节以抵抗干旱伤害，苎麻根系与叶片对镉胁迫的应答机制不同，外源物质的施加可提高非超富集植物对重金属的吸收和转运能力。探明了固化剂的施加使得苎麻各部位减少对镉、铅的吸收。对国内外的 221 份亚麻种质资源 6 个主要性状进行了分析与评价。筛选出优质高产内亚 9 号，发现新引亚麻品种 ARAMIS 生产潜力巨大。在广西南宁进行了冬种亚麻引种试验。研究表明，亚麻是重金属污染土壤修复的理想作物之一。揭示了亚麻碱胁迫、盐胁迫对亚麻的伤害程度。分析了 26 份黄麻资源特点，可为品种改良及亲本利用提供依据。确立了一种快速准确测定黄麻、红麻韧皮纤维主要化学成分的新方法。对菜用黄麻（福农 2 号）最适栽培模式进行了研究。研究了 6 个大麻品种在低钾胁迫下的苗期生长、干物质积累和钾吸收利用特性。阐明工业大麻坡耕地最佳栽培密度及适宜施肥量。探明了用大麻屑栽培大球盖菇的最佳配方。研究了环境因子对大麻植株 THC 含量的影响。研究了 γ 射线辐照对剑麻 H. 11648 种子发芽及幼苗生长的影响，剑麻不定芽玻璃化过程中的细胞学和生理变化。测定了剑麻皂苷元在甲醇和乙醇中的溶解度。

（三）病虫草害防控

我国学者以环保、高效防控为目标，在筛选、组配麻类作物有害生物防控专用药剂、集成综合防控技术、基础研究等方面取得了重要进展。首次将 3 个炭疽病菌株与黄麻病害关联。发现 H. 11648 剑麻的叶汁能显著抑制橡胶木兰变菌（*Lasiodiplodia theobromae*）菌丝生长和分生孢子萌发。分离筛选到一株对亚麻立枯病菌具有显著拮抗作用的枯草芽孢杆菌 HXP-5。通过对抗性苎麻品种转录组测序分析，明确了健康根和受咖啡短体线虫感染的根的差异表达基因，发现半胱氨酸蛋白酶抑制物可能在线虫抗性中发挥着重要作用。利用转录组测序研究了苎麻夜蛾诱导的苎麻叶片中基因表达情况，发现 1980 个基因表达产生差异。形成了 2 甲 4 氯钠+烯草酮组配防控亚麻、大麻田杂草技术。

（四）设施设备

开展了大麻、苎麻、黄红麻等麻类纤维收获与剥制机械选型研究，调研 16 家麻类生产企业及合作社，收集了大麻收获与加工机械的信息资料，基本确定大麻、苎麻、黄红麻等麻类作物适宜的收获与剥制机械。开展了青贮饲料收割机械、切碎揉搓机、打包机械以及混料添加打包一体机械等设备的选型研究，基本确定了青贮饲料加工生产企业及机器型号，购置了茎秆切断机、揉丝机和全自动打包机典型样机，提出了苎麻青贮切碎与打包试验方案。设计了大麻碎茎机试验台架，提出了利用光电传感器和重量传感器控制额定喂入量的智能调节技术，应用于大麻茎秆额定喂入量的自动控制。

继续从机械性能、保温性、透湿性、透光性、热稳定性、降解性能等方面，研究麻地膜特性，改进制作工艺和应用方法。开展了以苎麻、亚麻、大麻、黄麻为原料的麻地膜成膜试验，发现不论从加工角度还是从降低原料成本角度，采用脱胶开松后的植物纤维生产麻地膜产品都是最佳选择。引进了"基于多糖和植物纤维制备可降解液态地膜的方法及应用"技术，研发出了基于麻纤维与麻秆碎屑的液态地膜，进一步丰富了麻地膜产品体系和生产技术体系。研究了麻育秧膜对水稻机插秧苗根系呼吸代谢酶活性的影响特征，开展了麻育秧膜轻量化育秧技术研究，探索出一种利用窝孔盘培育质量轻、规格大、素质优良的水稻机插毯状秧苗的育秧方法，并对麻育秧膜水稻机插育秧技术进行了推广应用。

（五）加工

国内麻类脱胶研究主要涵盖生物脱胶菌株的分离、脱胶菌株产酶条件的优化及发酵液中脱胶关键酶的变化规律、复配酶生物脱胶处理工艺、脱胶预处理工艺的研究、助剂等其他影响脱胶效果因素的探讨、化学脱胶工艺条件的优化等。分离到适用于汉麻雨露脱胶的真菌 2 株，发现白腐真菌可用于红麻韧皮纤维的脱胶，构建了表达海栖热袍菌内切 $1,4-\beta-$甘露糖苷酶的工程菌，研究了 DCE-01 菌株降解汉麻韧皮的发酵液成分变化规律，优化了亚麻粗纱生物酶脱胶工艺，分析了酸性溶液预浸对酶法亚麻脱胶及纤维性能的影响，探讨了苎麻生物脱胶过程中回收利用黄酮的可行性及最佳工艺，对亚麻粗纱前处理工艺进行了研究。

（六）多用途

在麻类作物多用途方面，重点开展了饲料化、生物活性物质提取与利用、工厂化栽培食用菌等相关研究。研发了一套以放牧利用苎麻鲜草为核心的种养结合技术，配套了多个新型苎麻配合全价饲料产品，研究了剑麻皂素的分离提纯技术，公开了替告皂苷元的提取工艺，对超临界 CO_2 萃取剑麻中总皂苷的工艺进行了研究。研究了苎麻副产物含量、pH值、含水量和添加剂等栽培基质对真姬菇栽培的影响，研究了不同基质对平菇产量和性状的影响。以大麻屑替代稻草作为主料进行大球盖菇的栽培试验，对菌丝生长状况、出菇性能、生物学效率等方面进行了对比研究。

（麻类产业技术体系首席科学家　熊和平　提供）

2016 年度甘蔗产业技术发展报告

（国家甘蔗产业技术体系）

一、世界甘蔗及制品生产与贸易概况

（一）全球甘蔗和食糖产量小幅下滑，市场由连续五年"供给过剩"转为"供给短缺"

2015/2016 年度全球甘蔗糖料产量稳中略减，食糖产量为 1.67 亿 t，较上年度减产 1.81%，食糖消费量约为 1.71 亿 t，较上年度增长 2.10%，市场供给短缺 483 万 t。受 2010/2011 年度至 2014/2015 年度连续五年供给过剩、2015/2016 年度供给短缺影响，2015/2016 年度世界食糖库存消费比下降到 43.58%，为近 6 年最低水平。2015/2016 年度，食糖产量下滑主要受到气候和比较效益双重因素影响。其中，泰国、中国、印度均显著减产，泰国遭遇 20 多年来最严重的干旱，食糖产量下滑约 13.64%；中国因糖价低迷导致种植面积下降和田间管理不用心，糖产量减少 185.41 万 t，下降了 17.56%；印度因甘蔗生长关键期时降水减少单产下降以及连续两年比较收益不好，食糖产量下降了 10.99%。巴西、俄罗斯分别增产 17.9% 和 12%。总体上，因减产影响明显大于增产影响，食糖产量呈下降趋势。2016/2017 年，中国由于比较效益回升和田间管理积极性增加，预计产量恢复性增加 150 万~180 万 t；巴西因连续三年干旱和田间管理不足甘蔗产量下滑，但制糖用蔗比率增加 4 个百分点，估计巴西糖产量小幅增加；因拖欠蔗款，印度种植面积下滑、单产基本稳定，食糖产量预计下滑 300 万 t 左右。巴西和中国食糖增产抵补部分印度和泰国食糖的减产，预计全球食糖产量小幅微增减产 1.06% 达到 1.71 亿 t，食糖消费仍然以 2% 左右的增速平稳增长，估计 2016/2017 年供应短缺 619 万 t。

（二）全球蔗糖贸易稳中有增，巴西是第一出口国

2015/2016 年危地马拉、欧盟、哥伦比亚、巴基斯坦、阿尔及利亚食糖出口有所下降，巴西、印度、阿根廷、韩国食糖出口有所增加。从近年发展趋势来看，巴西、泰国、澳大利亚、印度、危地马拉是主要食糖出口国，5 国出口量约占 75%；中国、欧盟、印度尼西亚、美国、韩国、马来西亚是主要食糖进口国，6 国/地区进口量约占全球的 35%。世界食糖贸易量变化受到产量与政策变化影响。巴西在糖价回升下，上调甘蔗制糖比率 3.5 个百分点；泰国对蔗农实施 180 泰铢/t 直补，并且，由于巴西到 WTO 挑战泰国国内食糖生产和出口补贴政策，估计泰国政府还可能推迟对国内食糖市场管制的时间，因此 2016/2017 年泰国政策值得关注；随着国内糖价上涨，印度免征甘蔗收购税、不提高甘蔗收购价、限制贸易商糖库存、提高乙醇混掺比例、废除强制出口规定、征收出口关税等多策并举，以稳定国内糖市；缅甸与东盟的柬埔寨、泰国、越南、印度尼西亚、菲律宾、马来西亚 6 国共同组建"糖业联盟"以加强地区合作，共同促进食糖贸易。中国对巴西、澳大利亚、泰国和韩国展开调查，主要是因为我国从这些国家的食糖进口量增加可能会损害本国食糖生产，我国糖业进口许可、自律进口和保障措施对于有序进口发挥促进作用。因

此，未来食糖产量与贸易政策将影响 2016/2017 年食糖贸易。

二、国内甘蔗及制品生产与贸易概况

（一）甘蔗与食糖大幅减产，食糖消费量平稳

自 2011/2012 年恢复性增产后，2014/2015 年和 2015/2016 年我国糖料与食糖大幅减产。据中国糖业协会统计，全国食糖产量为 870.19 万 t，较上年度 1 055.6 万 t 减少了17.56%，减产 185.41 万 t。其中，产甘蔗糖 785.21 万 t，较上榨季的 981.82 万 t 减少20.03%，占食糖产量的 90.23%；产甜菜糖 84.98 万 t，较上榨季的 73.78 万 t 增加15.18%，占食糖产量的 9.77%。全国食糖消费量与上年基本持平，但消费结构略有变化，民用消费占比小幅提升，民用消费：工业消费为 39%：71%。

（二）工业临储 150 万 t 食糖，多策并举食糖进口量明显下降

为了促进制糖行业发展，帮助制糖企业解困，缓解制糖生产期食糖库存和销售压力，2015/2016 年年初国家实施了地方食糖工业临储 150 万 t 国产糖、中央财政 4 个月贴息的政策。企业临时储存采取中央财政贴息、制糖企业承储、地方政府落实、企业自付盈亏的市场化方式运作。与此同时，随着糖价回升，得益于全行业配额外进口自律、食糖进口自动许可管理、严厉打击食糖走私等政策，食糖打击走私效果初步显现，国家对进口食糖进行贸易保障措施立案调查等，支撑了食糖销售价格后期回升，食糖进口量较上年下滑。2015/2016 年食糖进口 373 万 t，比上年 481.58 万 t 同比减少 22.6%。据海关统计，2016年 1—11 月中国累计进口糖 285 万 t，同比增长 34.55%。2016 年 1—10 月我国累计出口食糖 13.47 万 t，同比增长 148%。

（三）食糖价格回升到高位水平，去库存效果明显

产量为 870 万 t，消费量为 1 510万 t，进口量 373 万 t，因国内外糖价回升和严打走私，走私糖明显减少，食糖产需差额主要消耗前期库存，去库存效果显著，我国 10 月和12 月先后两次投放 65 万 t 糖，库存消费比较上榨季下降了 20 个百分点左右，是近 5 年库存最低的年份。从食糖价格来看，2015 年 10 月至 2016 年 12 月，国内食糖价格呈现先震荡走低、后平稳上涨、再高位震荡态势，价格最低点为 5 220 元/t，期间最高涨至7 140 元/t，现在基本在 6 500~6 800 元/t 之间运行。2015 年四季度至 2016 年一季度总体呈现震荡走低态势，二季度开始到三季度减产预期逐渐明朗，国际糖价一路走高，外糖进口受到控制，糖价企稳震荡逐步走高到 6 690 元/t。四季度后，国内糖价持续上涨，保障措施激励下国内糖价一度跳空涨到 7 140 元/t，后略有回落，高位震荡运行。2015/2016年，由于种植面积下滑和田间管理不足，国内食糖大幅减产，消费平稳。

（四）2016 年糖料面积基本稳定，2016/2017 年食糖产量可能回升至 980 万~1 000 万t

随着糖价经历 2012 年至 2014 年的连续下滑，2015 年至 2016 年糖价震荡回升到高位水平，糖料收购价逐步企稳，2015/2016 年收购价为 450 元/t，2016/2017 年回升到 480 元/t，2016 年糖料种植面积与上年大致稳定，但因气候适宜和长势较好、单产提升，估计产糖量为 980 万~1 000 万 t。其中，甘蔗糖为 876 万~896 万 t，甜菜糖约为 104 万 t。

三、世界甘蔗产业技术发展动态

（一）遗传改良创新

甘蔗品种改良是蔗糖产业发展的保障，世界各蔗糖主产国都把新品种选育应用作为产

业发展的首要工作。在甘蔗的改良中，巴西、印度、泰国等世界甘蔗生产发达国家均意识到甘蔗杂交育种亲本网络化、近亲化已成为甘蔗杂交育种的重要瓶颈，利用现有种质亲本培育甘蔗品种难以进一步提升品种种性，育成品种数量多，但单一品种栽培面积缩小，纷纷聚焦甘蔗种质创新、SSR 及 ALFP 等分子标记技术构建遗传图谱，研究亲本间的多态性和亲缘关系、重要育种目标性状关联标记的开发以及重要功能基因发掘与转基因改良，希望谋求进一步突破。同时，育种目标瞄准宿根年限、耐旱节水，强调多抗病害，如巴西 RIDESA 育成了 16 个 "RB" 型适应不同环境、不同熟期、不同抗病性的新品种投放生产；印度针对赤腐病造成甘蔗大幅度减产的情况，通过多年的努力从 679 亲本中筛选出 5 个抗性亲本用于育种计划，目前已获得 28 个杂交组合 3 479 个实生苗，以期培育出优良抗病品种；泰国为了选育优良品种，重点收集生长在河谷的湿润型和旱地抗逆型细茎野生种，广泛开展宿根性、适应性、抗旱、耐淹及耐盐性研究，培育出的 KK3、KK88-92 及 KK07-048 等甘蔗品种，不仅宿根性强、抗旱、抗多种病害、且适宜机械化，促进了泰国蔗糖产业持续稳定的发展。

（二）栽培耕作技术

精准农业是现代农业栽培的发展方向，被认为是可持续发展最有效的方法，但它需要有效的方法准确地测量土壤物理、化学性质及其动态变化。土壤表观电导率（ECA）是一个快速的间接测量土壤电导率传感器，不需要广泛的土壤取样就可用来确定土壤参数的空间变化。巴西在最大中南部蔗区开展不同时期氮肥施用技术，研究表明，在土壤水分充足的情况下，早期收获品种苗龄在 60 日内，中期收获为 60 日时施用氮肥利用率最高，最佳施氮量为 $140kg/hm^2$。美国、巴西等先进国家通过对甘蔗不同时期的需肥量、需水量研究结果，通过 GPS、RS 和 GIS 技术相结合，建立起甘蔗生产的全方位物联网系统，更加有利于精准、集约化甘蔗生产方式的发展。

（三）病虫防控技术

国际先进国家对蔗区环境和甘蔗农产品安全性要求严格，限制使用化学农药防治病虫害。甘蔗病虫害防控优先考虑培育和种植抗性品种，广泛以野生资源作为抗源，加快抗病虫育种力度，抗病虫育种中强调多抗育种和聚合育种。印度、巴西等推行甘蔗健康种苗技术，其中印度主要采用 50℃ 温水或 55℃ 热空气进行甘蔗种苗消毒，巴西主要采用组织培养甘蔗健康种苗，建立专门的健康种苗圃，可降低病害的发生程度，还可增产并提高糖分。此外，利用释放天放赤眼蜂、古巴蝇，以及性诱剂等生防措施控制虫害也是普遍采取的重要措施，取得显著效果。同时，许多国家作为后续技术储备也大力开展抗病虫转基因育种研究并加强抗逆基因的鉴定。

（四）设施与设备

国外蔗区土地资源丰富，户均土地大，如泰国蔗区户均甘蔗耕地在 $6.67hm^2$ 以上，巴西、澳大利亚等先进蔗区甘蔗生产户以农场为经营单位，经营面积 $66\sim667hm^2$，为此，国外甘蔗生产主要依托甘蔗机械化作业，在耕、种、管、收均实现了全程机械化作业，其中最为显著的甘蔗联合收获机，国外主要是美国的从凯斯纽荷兰公司、约翰迪尔公司两大巨头为主生产制造的主产收购的凯斯 8000 型，以及针对较小地地块和行距的凯斯 4000 型（该机型我国广西已在引进试验示范）；近期，约翰迪尔公司在先进、成熟的大型甘蔗收割机 3520 的基础上，对其多项功能及零部件加以改进，开发研制了 CH330 新型甘蔗收割机，该机在诸多方面具有更优越的性能，机型操作非常灵活，适用于窄行距、产量高的小地块蔗田作业（该机型我国已在引进试验示范）。近年来，国外在机械化程度不断提高的同时，注重与自然气候、土壤、地形、病虫害防治、GPS 导航相配套的智能机械等的研发与应用。同时，不断研发应用与机械配套的液体肥、高效控释肥、新型农药等农用物资。

（五）产后加工

国外甘蔗加工与我国有很大的不同，区别在于，国外采取两步法生产，在甘蔗产区生产原糖，又称粗糖或二号糖，以甘蔗榨糖取汁，经过简单的过滤、澄清，通过沸腾浓缩、煮炼结晶、离心分蜜，制成的粗糖带有一层糖蜜，不供直接食用，作为精炼糖厂再加工用的原料糖。国外原料加工企业规模大，自动化程度高，制糖普遍实现了信息化管理，包括压榨、澄清、过滤、煮炼、结晶等全过程实现了自动控制。在制糖新工艺上，近年来，膜分离技术和离子交换技术在制糖上得到了越来越多的应用，其中膜分离技术应用于蔗汁的澄清阶段，借助于特殊制备的具有选择透过性的薄膜，利用温度差、压力差、电位差作为推动力，对双组分或多组分的溶质和溶剂进行分离、分级、提纯和富集；离子交换树脂是用有机单体物质经过聚合反应合成高分子物质而成为树脂的基体，再经过各种化学反应，接上各种化学活性基团而制成，通过溶液中的离子与树脂中的活性离子互相作用，可有效去除糖汁中的灰分和色素等杂质。甜菜糖业已普遍采用这种技术，主要应用于稀汁脱钙，从废蜜中提糖，糖液脱色，制备液体糖，二碳汁或糖浆脱盐等。树脂色谱提纯技术的应用和膜过滤技术的应用为人们带来更高质量精制白糖，还可提纯其他产品，如叶绿素、蔗腊、蔗酯，生物酶分解生产健康食品果糖及燃料乙醇，化学合成生产蔗糖多酯，利用乙二醇生产塑料，甘蔗的综合利用将引入多门学科。

四、国内甘蔗产业技术研究进展

（一）遗传育种与种业

甘蔗品种改良是甘蔗产业发展的重要保障，针对我国大陆品种新台糖 22 号因长期种植出现退化、病虫害发生严重的情况，我国开展了超新台糖品种的育种攻关研究，育种中十分注重高糖性状的遗传选育。①采用高糖亲本 CP72-1210、CP89-2143 等高糖血缘与新台糖 22 号、20 号等进行广泛杂交。②应用家系评价技术和经济遗传值评价开展新品种选育和评价工作。2016 年，国家甘蔗产业体系 4 个育种单位（福建、广东、广西、云南）育成通过国家鉴定的高产高糖新品种 8 个，分别是粤糖 06-233、粤糖 06-233、云蔗 08-2060、桂柳 07-500、福农 43 号、福农 40 号、闽糖 02-205、赣蔗 20 号，我国十分重视甘蔗新品种的区域筛选应用工作，目前在广西、云南主产区，依托二十多个甘蔗综合试验站筛选出了福农 42 号、桂糖 40 号、42 号、云蔗 05-51、柳城 05136 等一批高产高糖新品种，进行大力推广。在新一代自育品种的推广上，成效显现，2016 年，粤糖 93-159、粤糖 00-236、云蔗 05-51、桂糖 40 号、柳城 03-182、福农 40 号等一代自育品种在我国蔗区推广应用面积已达 26.67 万 hm^2 以上，占我国蔗区种植面积的 30%以上。在甘蔗品种推广中，十分重视甘蔗健康种苗的应用，我国先后建立了甘蔗健康种苗基地 50 个，健康种苗基地达 1.33 万 hm^2 以上，以甘蔗茎尖组织培养和温水脱毒技术两条技术路线，生产推广甘蔗健康种苗，使我国的甘蔗种业呈现了健康化、专业化的发展趋势。

（二）栽培与水肥管理

近年来，我国甘蔗由于劳动强度大、劳动力成本高的因素，严重影响了甘蔗生产发展。栽培与水肥研究主要针对这一难题，在主产蔗区光温特性和杂草类型的研究基础上，运用现代工艺技术，研究开发应用了甘蔗降解除草地膜产品并产业化应用，形成以全膜覆盖为主的甘蔗轻简保水技术。国家甘蔗产业技术体系，在主产区广泛开展测土配方施肥，深入研究甘蔗不同时期和不同科学施肥量，形成了氮、磷、钾科学配比的甘蔗专用底肥和甘蔗专用追肥，在广西、云南、广东等蔗区进行广泛应用，使我国蔗区的甘蔗专用肥面积达到90%以上。根据甘蔗轻简施肥技术特别是两减一增技术的需要，在甘蔗上，重点开展缓施肥技术和一次施肥技术研究应用，研究发明了以氮（肥）为内层，磷（肥）为中层，钾（肥）为外层，前期（苗期）释放外层磷、钾肥，中期（伸长期）释放氮素的甘蔗控（缓）释肥工艺生产技术，根据蔗区土壤养分的分析结果，结合甘蔗的生长营养需求规律，研发出普适性、中浓度、低浓度、长效性等配方产品，肥料用量比传统施肥方法节省15%~25%，肥料利用率提高10%~20%。

（三）病虫防控

甘蔗生长期长，在整个生长过程中，都会遭受到病虫的为害，防治病虫害的农药量大，造成环境污染已成为甘蔗产业的重要问题。我国甘蔗产业围绕减少农药施用量，开展了甘蔗病虫害的绿色防控技术研究和规模化应用。①在我国主产蔗区，布局了40个病虫害发生流行的精准监测及预警体系，使甘蔗主要害虫的虫情监测预报信息服务蔗区面积超过40万 hm^2。②推广应用以性诱剂和赤眼蜂为主的甘蔗生物防治技术，在广西、广东等甘蔗主产区域，喷施性诱剂微胶囊，并探索应用无人机喷洒性信息素，均取得良好的效果。③针对甘蔗主要病虫害发生，开展了环境友好型的病虫害综合防控技术示范，选择了氯虫·噻虫嗪颗粒剂、10%噻虫安·杀虫单颗粒剂、4%吡虫·毒死蜱颗粒剂、0.3%辛硫磷颗粒剂（药肥）、5%毒·辛颗粒剂（对照）、生物制剂（0.05%阿维菌素·100亿活芽孢/g苏云金杆菌可湿性粉剂、200g/L虫酰肼悬浮剂）等高效低毒农药，进行了防治甘蔗主要害虫的示范和推广。

（四）设施设备技术

近年来，甘蔗生产劳动强度大，生产劳动力成本高，已成为影响我国甘蔗产业竞争力提高和制约产业发展的关键问题。2016年，国家甘蔗产业体系以甘蔗机械化研究室为主，集成其他5个研究室的力量和20个综合试验站的力量，合力攻关研究甘蔗生产全程机械化关键技术，目前在耕地、种植和田间管理上，适宜我国耕地条件的中小型机械得到了广泛应用。

在关键的甘蔗联合收获机械上，我国积极从凯斯纽荷兰公司引进凯斯8000型以及针对较小地地块凯斯4000型，从约翰迪尔公司引进甘蔗收割机3520和CH330新型甘蔗收割机，同时国内主要农机企业在消化吸收的基础上，自主研发甘蔗联合收获机，以中联重科、广西柳工、广东科利亚、贵州中首信等为主的企业研发出了十余种甘蔗联合收获机型，主要为机型切断式收割机，部分为整秆式收获机。目前，我国的中大型甘蔗联合收获机已突破100台，全国甘蔗机械收获年作业能力可达804t/ hm^2 以上，但在实际生产应用中，由于土地规模小和机械化适应条件差，甘蔗收获机械化应用率仅为20%左右，今后与甘蔗全程机械相适应的现代甘蔗规模化、标准化基地建设将是我国机械化发展的重要方向。

（五）产后加工

我国甘蔗产后加工技术，主要目标是针对糖业生产工艺的关键问题，采用高新技术解决蔗糖业的共性、关键技术难题，近年来，制糖工艺的膜技术和离子交换技术是加工的重点，新膜技术的研究成果，将其与糖厂蔗汁清净有机结合，将糖厂压榨的混合汁经加热后直接进入膜系统过滤净化，再造出一种全新的制糖澄清工艺，完全可替代亚硫酸法工艺。同时，以离子交换法为核心的精制糖生产技术，可大幅降低投资及生产成本。产后加工的另一个重要方向是甘蔗与生物资源结合，研究开发健康食品，以保健植物提取物与甘蔗活性物质科学配伍，以高品质糖为基础原料，或研究开发出系列高端功能性糖果产品，改变糖业产品单一、附加值低的状况，开辟一条特色糖业的新路子。制糖副产物是蔗糖产业的重要资源，在制糖副产物综合利用研究上，我国主要针对蔗糖产业的副产物蔗叶、蔗渣和糖蜜酒精废醪液开展综合利用研究，利用蔗渣开发优质青贮饲料和微生物饲料，其中国内进行的蔗渣微生物饲料，已完成有益菌的筛选，并根据甘蔗梢叶、碱化蔗渣、糖蜜等甘蔗副产物的特点，分别调配出专属混合菌剂，确定了甘蔗梢叶、碱化蔗渣单独青贮或两者混合技术。另外，在利用蔗渣生产开发木糖上，国内已形成了木糖生产关键技术——强制循环水解工艺，建立年产千吨级规模的生产线 3 条。在利用甘蔗生产郎姆酒上，国内广西农垦集团昌菱制糖有限公司，建立了国内首家甘蔗郎姆酒生产线，拥有了国内首个朗姆酒产品商标。

（甘蔗产业技术体系首席科学家　陈如凯　提供）

2016 年度甜菜产业技术发展报告

（国家甜菜产业技术体系）

食糖是排在粮、棉、油之后涉及我国国计民生的大宗农产品之一。甜菜和甘蔗一直是世界上最重要的糖料作物，长期以来世界甜菜糖产量占食糖总产量的 35% 左右，2015/2016 年度制糖期我国甜菜糖产量占食糖总产量的 9.77%，但却是我国食糖有效供给的必要补充，产业发展势头强劲，对于保障我国食糖安全起着重要作用。随着人民生活水平的不断提高，我国已经成为全球食糖消费国大国，2015/2016 年度制糖期消费量大约占世界消费总量的 8.74%，而且消费量在逐年增长。随着需求日益增长、食糖消费逐渐进入新一轮增长期。近年全球食糖产量的波动和糖价起伏不断，制糖产业的发展也随之相应的波动，但近两年甜菜制糖产业一直保持稳步发展的势头，尤其是内蒙古甜菜产区。相比而言，我国食糖价格走势与全球食糖价格走势基本一致，而我国甜菜产业发展与我国糖价走势又趋于一致，这说明目前我国甜菜产业发展基本遵循了全球农产品价格走势的基本规律，也是我国经济发展和全球经济一体化的必然结果。

一、中国甜菜生产及贸易概况

（一）生产

1. 甜菜生产 2016 年度全国甜菜播种面积进一步扩大，为 16.87 万 hm²（2015 年度为 13.6 万 hm²），其中：黑龙江 6 666.67hm²（2015 年度为 4 666.67），新疆 7.07 万 hm²（2015 年度为 6.13 万 hm²），内蒙古及河北 8.13 万 hm²（2015 年度为 6 万 hm²），其他地区 1 万 hm²（2015 年度为 1 万 hm²）。

2. 制糖生产 2015/2016 年度制糖期全国累计生产食糖 870.19 万 t，同比减少 185.41 万 t，同比减少 17.56%，其中，产甘蔗糖 785.21 万 t，比上一年制糖期减少 196.61 万 t，同比减少 20.03%；产甜菜糖 84.98 万 t，比上一年制糖期增加 11.2 万 t，同比增加 15.18%。甜菜主产区糖产量分别是：新疆 43.23 万 t（上年度 44.55 万 t），内蒙古 28.4 万 t（上年度 17.7 万 t），河北 9.75 万 t（上年度 5.43 万 t），黑龙江 1.1 万 t（上年度 3.1 万 t），其他 2.5 万 t（上年度 3.0 万 t）。西北产区基本持平，东北产区继续下降，华北产区逆势快速发展。

2016/2017 榨季我国食糖产量预计在 1 000 万 t 左右。其中，甘蔗糖 896 万 t，甜菜糖 104 万 t，其中甜菜糖：新疆 49 万 t，黑龙江 3 万 t，内蒙古及河北 47 万 t，其他地区 5 万 t。截至 2016 年 11 月末，全国已产糖 64.89 万 t，其中：产甘蔗糖 9 万 t，产甜菜糖 55.89 万 t。

（二）消费

2015/2016 年度制糖期全国食糖消费与上年度相当，达到 1 490万 t 左右。截至 2016 年 9 月末，本制糖期全国重点制糖企业（集团）成品白糖累计平均销售价格 5 609元/t，与上一制糖期（5 610.6元/t）基本持平，其中甜菜糖累计平均销售价格 5 568元/t（上一制糖期 5 624.42元/t）。但进入 9 月以后，糖价增长幅度较大，食糖现货月度均价：2016年 7 月为 5 820元/t，8 月为 5 804元/t，9 月为 6 107元/t，10 月为 6 560元/t，11 月为6 673元/t。

（三）进口量

由于本年度国际食糖供需出现缺口，价格上升，我国食糖进口量低于去年，但仍维持较高水平。据海关总署 2016 年 12 月公布的数据显示，我国 2016 年 1—11 月全国累计进口食糖达到 285 万 t，同比减少 34.5%。我国 2016 年 1—11 月累计出口食糖 14.1 万 t，同比增加 132.0%。

二、世界甜菜产业技术研发进展

（一）品种选育

欧美日等主要发达国家在利用现代农业生物技术与传统育种技术结合方面取得了良好成效。借助分子辅助技术在品种抗病虫、含糖率、根产量、耐低温等方面都有显著的提升。在单倍体育种技术、转基因育种技术等方面都有新的突破。选育出的遗传单胚种品种产量和质量性状及抗性等方面也有了显著的提高。另外，国外目前使用的品种均为遗传单粒雄性不育杂交种，商品种均采用丸粒化醒芽加工处理，同时大部分品种具有抗除草剂特性，适宜大规模集约化、规模化、机械化生产要求。

（二）品种商业化利用

国外近些年在种子加工上广泛使用 EPD 技术、3D 技术、醒芽技术和种子引发技术，大大提高了种子成品率，明显提高了成品种子质量。进一步促进了品种种性的充分发挥。种子丸粒化醒芽和精量点播两项技术，保障了甜菜出苗期苗齐苗壮，减轻了甜菜病虫害为害，为甜菜实现优质高产，提供了一个十分重要的基础。

（三）栽培

近些年，欧美日等国外甜菜主产国，甜菜种植过程全部实现机械化作业，充分发挥其雄厚装备制造技术优势，围绕甜菜耕作、栽培、管理等环节对机具的需求，研发出大量先进适用的机具，使耕、种、管、收等全部实现机械化。大量新机具的研制与使用有效提高了作业精度和生产效率，降低了劳动生产成本。从种子加工分级及丸粒化包衣、种子精量点播、生育期间管理到起收全程实现机械化作业。机具农艺先进性和良种种性优势互相结合，有效节约了生产成本，保持了甜菜长期优质高产。

（四）甜菜生产

欧美日等国外甜菜主产国，甜菜种植均采用订单生产的模式，甜菜收购均采用依质论价的收购模式，保证了甜菜生产的有序进行，也保证了甜菜种植农场与制糖企业双方的利益。

目前国内与国外的差距依然显著，欧美等国甜菜科研水平明显领先于我国。主要表现在以下几个方面：①甜菜科研机构品种选育的基础性工作坚实，分工合理。②种质资源拥有的数量特别多，研究的深度和广度明显优于我国同行。③科研设施完善、设备先进、条件优良。④研发经费充足。⑤种子加工分级及丸粒化包衣种子处理技术先进，促进了品种种性的充分发挥。

三、中国甜菜产业技术研发进展

（一）产业技术现状

1. 现代农业生物技术与传统育种技术研究　虽在国内各大甜菜科研单位已经开展，但就研究深度广度和商业化程度还落后于国外，在种质资源数量与质量、科研技术与设施方面差距尤其突出。

2. 品种　近年来随着我国甜菜纸筒育苗及机械化作业的推进，集约化、规模化、机械化生产快速推进，生产中使用品种95%以上均为单粒丸粒化品种。通过我国甜菜育种科研人员的共同努力，我国甜菜育种科研工作取得非常大的突破与进展，已突破多粒型向单粒型品种过渡的技术与资源瓶颈，近年陆续有自育的单粒新品种审定，但由于种质资源匮乏，品种根型与整齐度、块根产量等方面与国外品种仍存在一定的差距，另外受种子加工技术的制约，无法进行丸粒化加工，自育品种无法实现商品化，制约了国产自育品种的推广应用。造成目前我国生产中使用的丸粒化品种均为国外引进品种。

3. 栽培和耕作　我国甜菜栽培和耕作技术整体现状和国外发达国家差距很大，主要表现在我国甜菜产业装备技术落后，从耕、翻、耙、整地、播种、田间管理、病虫害防控到收获，都缺乏相应成熟的专门机具，甜菜生产中使用的大型配套农机具均由国外购入，自主研发使用的均为中小型单项分段式农机具，缺乏农机与农艺相配套的综合栽培技术研发与集成。这一差距不仅限制了先进栽培和耕作技术效果的有效发挥，而且不能切实做到良种良法结合，品种优良种性及优质高效综合栽培技术在生产上发挥受到制约。

4. 病、虫、草害防控　随着我国甜菜集约化、规模化种植程度不断提高，机械化作业的推广以及节水措施的实施，甜菜病虫草为害有逐年加重的趋势，为了防治病虫草为害，我国农药施用量大，对环境造成一定的为害。加之农资及人工成本不断提高，造成生产成本高。

（二）产业技术研究进展

甜菜产业技术体系启动以来，紧紧围绕甜菜产业发展需求，进行了共性技术和关键技术研究、集成与示范；针对甜菜生产中机械化作业程度低、农民劳动强度大、劳动生产率低，甜菜生产中单产较低、种植甜菜的比较效益差；良种与良法脱节，有效的增产、增糖技术运用不到位，一些节水溉灌，平衡施肥，高产、高糖、高效综合配套栽培模式的研究与推广应用不够，施肥不合理，甜菜品质下降，甜菜含糖率降低，优良品种的普及和一些高产高效实用的栽培技术、病虫草害综合防控技术研发滞后，尤其是一些冷凉干旱地区高产高效的综合栽培技术和与机械化作业相配套的农艺技术研发滞后的问题。相继有针对性地开展了品种筛选，相应的技术研发与示范推广，综合栽培技术模式的集成与示范，并取得了良好的社会效益。

2016年度甜菜产业技术体系根据目前我国甜菜主产区生产现状及发展趋势，确立了"十三五"甜菜产业发展目标：即西北产区实现稳产、提糖、增效平稳发展的目标；华北产区实现提产、稳糖、增效可持续发展的目标；东北产区实现提产、提糖、增效恢复性发展的目标。

围绕上述目标，2016年度甜菜产业技术体系开展了以下几方面的研究工作。

1. 各类型甜菜种质资源材料的收集、鉴定及评价　2016年分别在病地和非病地设置试验进行鉴定，年内完成了289份种质资源的鉴定工作，种子质量和数量达到入国家种质库的种质标准，提交种子入国家种质库 17 份。丰富了我国甜菜种质基因资源。

2. 品种筛选 为了解决甜菜生产中品种使用的盲目性，保证种子质量安全，本年度收集生产上使用的主要甜菜品种及新审定的国内外甜菜单粒种品种，开展了适宜品种的筛选工作。筛选出适宜东北、华北、西北甜菜产区种植的高产、优质、抗病品种 18 个，其中东北区 5 个、华北区 7 个、西北区 6 个。

3. 综合栽培技术模式集成与示范 西北甜菜产区通过品种筛选，选择使用适宜膜下滴灌栽培的高糖品种，采用膜下滴灌的模式优化灌溉制度，减 N 增 K 合理施肥，提高肥、水高效利用，叶面喷施生长调节剂和增糖剂，合理密植，对病虫草害进行及时防控等措施，初步形成了适宜昌吉糖区和伊犁糖区与规模化种植全程机械化作业相配套的稳产提糖节本增效生产模式 2 套，并建立了示范田 20hm²，示范田产量 5.6t/667m²，含糖率 15.14%。

华北甜菜产区通过品种筛选，选择使用适宜机械化种植的高产、优质、抗病品种，采用膜下滴灌的模式优化灌溉制度，使用甜菜专用肥，提高肥、水高效利用，筛选选用适宜的中小型纸筒育苗墩土机、移栽机、打缨切顶机和大型收获机，叶面喷施生长调节剂和增糖剂，合理密植，对病虫草害进行及时防控等措施，集成了适宜华北各生态区与规模种植全程式和分段式机械化作业相配套的提产稳糖高效生产模式。进行了甜菜纸筒育苗全程机械化示范推广，建立核心示范田 582.67hm²，示范田块根产量达 4.0t/667m²，含糖率达 16% 以上，辐射面积 6 666.67hm²。

东北甜菜产区通过品种筛选，选择使用高产、高糖、抗病品种，采用纸筒育苗、窄行密植机械直播模式，合理施肥，提高肥、水高效利用，叶面喷施生长调节剂和增糖剂，合理密植，对病虫草害进行及时防控等措施，修改并制定了"甜菜垄作直播栽培技术模式""甜菜窄行密植生产栽培技术模式""甜菜纸筒育苗栽培技术模式"和"甜菜纸筒育苗全程机械化配套栽培技术模式"，累计建立示范田 605hm²，各示范区平均根产量达到 3.5~5.94t/667m²，平均含糖率达到 16.54%。

4. 生物技术研究 以耐盐二倍体甜菜品系"O"68 为材料，在前期对不同时间高盐处理的甜菜幼苗叶片 microRNA 高通量测序、生物信息学分析及分子生物学技术对部分 miRNA 及靶基因进行了验证工作的基础上，2016 年又补充完成了不同时间高盐处理的甜菜幼苗根的 microRNA 高通量测序及降解组测序。

完善了甜菜细胞质育性快速鉴定技术体系，利用获得的甜菜细胞质育性相关的小卫星分子标记（Variable Number of Tandem Repeats，VNTR）引物，2016 年度完成了 200 份甜菜品系的细胞质育性鉴定，明确了不同育性类型甜菜细胞质的分子差异。

5. 甜菜种植区域拓展 甜菜产业生产老区普遍存在甜菜病虫害加重、甜菜产质量及品质下降的问题，为了保证甜菜生产原料种植老区的健康、稳定发展，开展了甜菜抗重茬生物肥研究与示范工作。2016 年示范面积 120hm²，示范效果较好。

甜菜产区规划与新区拓展是甜菜产业进一步发展的关键，我国甜菜种植区域可利用的盐碱地面积非常大，为甜菜产业进一步发展提供了空间。开展了盐碱地保苗技术研究，初步总结形成了盐碱地甜菜栽培技术模式。

四、我国甜菜产业发展应着重加强的内容与措施

近几年中央不断加强农业科技的研发投入，特别是农业部现代农业产业技术体系启动以来，使得甜菜产业在必需的研发经费上有了相对持续稳定的投入，虽然我国甜菜产业在研发经费、基础设施、科研积累、企业科技转化水平方面仍然明显落后于欧美等发达国家，但甜菜产业技术体系全体研究人员上下一心、齐心协力，以产业发展为导向，坚信在农业部相关司局的支持下，在各位专家的共同努力下，与欧美发达国家的差距将会逐步缩小，为我国甜菜产业的持续发展提供强有力的技术支撑。

围绕甜菜产业技术体系根据目前我国甜菜主产区生产现状及发展趋势确立的"十三五"甜菜产业发展目标，今后我国甜菜产业发展中应充分认识制约甜菜产业发展的关键问题，并着重加强和解决好以下方面的问题。

（一）加强基础性研究工作

注重甜菜各类型种质资源的引进与创新，选育高产、优质、抗病单粒雄性不育系，开展抗病、抗逆、高品质、适宜机械化种植新品种选育，筛选与培育适合不同生态区域机械化种植的遗传单粒种。

（二）开展种子丸粒化加工技术研发

甜菜生产中机械化精量播种和纸筒育苗移栽技术的大量推广普及，要求播种甜菜种子必须是丸粒化包衣的种子，虽然通过最近几年全国各育种单位的共同努力，已先后育成各类型单粒品种十多个，但由于国内没有种子加工清选、分级、处理技术与设备和丸粒化包衣技术，国产自育单粒品种无法形成合格的商品化种子，严重制约了自育品种的推广应用。因此要加快甜菜种子加工分级与丸粒化包衣技术的研发，从而推进国内自育品种的推广应用，以保证我国甜菜种子的数量与质量安全。

（三）降本提质增效一体化综合栽培技术模式的研发、集成与示范

加强机械化作业配套农艺技术和降本提质增效一体化的综合栽培技术模式研发与示范，提高甜菜单产、含糖率。开展机械化作业标准和技术规范的农机农艺技术相配套的生产模式，结合水的合理利用、肥和药科学施用，降低成本，提高效益。

（四）积极开展病虫草害防控

随着甜菜规模化种植程度不断提高，机械化作业的推广以及节水措施的实施，甜菜单产水平在显著提高的同时，甜菜块根含糖率逐年下降，病虫草为害加重，这一问题近年逐渐显现，草害问题尤为突出，需开展抗除草剂研究，病虫草害综合防控技术研究工作。

今后必须加强综合技术研究，通过高产高效栽培技术，合理施肥技术，病虫草害的综合有效防控技术和品种选用等措施，来实现甜菜生产增糖、增产、节本增效的目标。

（五）加快实现甜菜规模化生产，集约化经营

我国甜菜产区主要集中在黑龙江、新疆、内蒙古、河北，当前加快甜菜产业发展步伐，必须尽快实现甜菜产业规模化生产，集约化经营，提高技术服务意识、水平与质量。大力倡导和扶持农民建立合作组织，建立种、管、收专业机械化服务的合作社。要以科学的态度，坚持市场的观念，进行优势区域的规划，确定甜菜优势区域，形成稳定连片规模化种植，使甜菜生产提高到集约化经营水平，走专业化生产的路子。政府与企业应在资金上给予支持。提升科学种植甜菜的水平，降低成本，提高效益。建立健全技术服务体系与平台，向互联网+智慧农业方向发展。

（六）国家或者省级财政对甜菜实行补贴政策

经过改革开放近40年发展，我国持续不断地出台一系列鼓励支持发展农业的政策，强农惠农的投入逐年加大，政策和投入在推动我国农业稳定发展的过程中起到了巨大的作用。农业补贴是国家稳定农业、调节国民经济的重要措施，是保证农业可持续发展、促进某些农产品生产的重要保障。当今世界许多国家和地区，尤其是发达国家和地区都采取了农业补贴，这已成为国际通用做法。加快推进甜菜种植的目标价格补偿机制是促进甜菜产业发展的有效措施。

（甜菜产业技术体系首席科学家　白晨　提供）

2016 年度蚕桑产业技术发展报告

（国家蚕桑产业技术体系）

一、国际茧丝生产与贸易概况

（一）生产

目前继续保持以中国为主、并包括印度、乌兹别克、巴西、泰国及越南等其他国家在内的国际茧丝生产格局，预计 2016 年世界桑蚕茧生产量为 80 万 t，其中，中国约占 77%，印度约占 16%，乌兹别克、巴西、泰国和越南等其他国家约占 7%。

中国茧丝商品长期占有世界贸易市场的 75% 左右。"十二五"期间，受传统出口市场萎缩和国际竞争加剧影响，我国真丝绸商品出口较"十一五"略有下滑，年均出口额 33.2 亿美元，比"十一五"期间下降 2.2%。

印度同中国一样，是个农业大国，主要粮食作物和经济作物品种也与我国相似。印度是仅次于中国的第二大丝绸生产国，年产鲜蚕茧 10 万 t 左右，年产丝在 1.8 万 t 左右（其中桑蚕丝 1.6 万 t）。同时印度也是茧丝绸消费大国，由于印度经济的快速增长，印度丝绸消费水平不断提高。印度年生丝需求在 2.6 万~2.8 万 t，缺口在 1 万 t 左右。

（二）贸易

据中国海关统计，2016 年 1—11 月，真丝绸商品贸易总额 28.28 亿美元，同比增长 6.03%，占中国纺织服装贸易总额的 1.07%。2016 年 1—11 月，真丝绸商品出口额 26.48 亿美元，同比增长 6.66%，高出同期全国纺织服装出口同比 11.79 个百分点，占纺织品服装出口总额的 1.09%。

1. 出口商品结构方面　丝类止跌回升，绸缎继续低迷，丝绸制成品增幅扩大。2016 年 1—11 月，丝类出口额 4.93 亿美元，同比增长 0.38%，占比 18.6%，出口单价 40.12 美元/kg，同比下降 5.45%；真丝绸缎出口额 5.98 亿美元，同比下降 13.32%，占比 22.59%，出口单价 5.05 美元/m，同比下降 10.3%；丝绸制成品出口额 15.57 亿美元，同比增长 19.61%，占比 58.8%，单价 10.13 美元/件（套），同比增长 17.7%。

2. 国际出口市场方面　2016 年 1—11 月，对美国、意大利、日本和巴基斯坦等传统主要市场出口仍在下降，但对尼日利亚和沙特等新兴市场暴增。排名前 5 位的市场依次为：欧盟（6.8 亿美元，同比增长 18.94%，占比 25.68%）、美国（3.86 亿美元，同比下降 6.8%，占比 14.56%）、印度（2.76 亿美元，同比增长 18.61%，占比 10.41%）、东盟（1.69 亿美元，同比下降 5.85%，占比 6.37%）、巴基斯坦（1.6 亿美元，同比下降 13.74%，占比 6.05%）。

3. 国内各省份出口情况　江苏和山东由降转升，广东出口同比继续扩大。主要省份排名依次为：浙江（8.1 亿美元，同比下降 12.05%，占比 30.59%）、广东（7.79 亿美元，同比增长 59.01%，占比 29.41%）、江苏（3.06 亿美元，同比增长 1.39%，占比 11.57%）、上海（1.72 亿美元，同比下降 9.99%，占比 6.49%）、山东（1.32 亿美元，同比增长 4.18%，占比 5%）。排在前 5 位的省份出口合计占全国出口总额的 83.06%。

二、国内蚕桑生产与茧丝绸贸易概况

2015 年年末全国桑园面积 82.13 万 hm²，全年桑蚕茧产量 62.8 万 t，生丝产量 17.2 万 t，分别比 2010 年增长 2.5%、-2.6% 和 3.4%。随着东部沿海地区工业化、城镇化步伐加快，茧丝绸产业由东向西转移继续推进。2015 年，中西部蚕茧产量、桑蚕丝产量在全国的占比分别达到 79.3%、71.4%，比"十一五"末分别提高 11.0、12.8 个百分点。东、中、西部形成了各具特色的产业集群，布局结构持续优化。

2016 年我国蚕桑生产规模略有下降。近年来，茧丝市场行情偏冷，养蚕成本不断提高，蚕农生产积极性受到一定影响，桑蚕生产管理跟不上，桑园实际有效利用率偏低。据对全国 20 个蚕茧主产地区统计，2016 年春茧全国桑园面积 79.24 万 hm²，同比减少 3.4%；发种量 644.05 万张，同比减少 10.8%；蚕茧产量 26.33 万 t，同比减少 12.3%；蚕茧收购量 24.9 万 t，同比减少 10.6%；综合均价 36 720 元/t，同比上升 3.8%；蚕农实现收入 91.43 亿元，同比下降 7.1%。

广西、广东、浙江、江苏等主产区秋季长期阴雨低温，秋蚕发种量将继续维持较低水平，造成全年减产预期，全国蚕茧价格急升。预期全国桑蚕茧产量 58 万 t 左右，全年减产 9% 左右；预期全国桑蚕鲜茧加权均价 39 000 元/t，上升 18% 左右；预期全国桑蚕茧总收入达到 230 亿元，同比上升 10% 左右。

全国放养柞蚕面积 86.67 万 hm²，柞蚕茧产量 8.5 万 t 基本保持稳定。柞蚕鲜茧加权均价 40 000 元/t，柞蚕茧总产值 32.7 亿元，同比增加 6.2%。

目前国内丝绸制品的贸易量已经占到我国丝绸贸易总量的近一半左右。我国茧丝绸产业产品日趋多元化，果桑产业已经开始在全国兴起，蚕丝被、蛹虫草、桑枝食用菌、桑叶茶、桑果汁、桑果酒等产品已经为国内消费者认可。据不完全统计，2015 年我国蚕桑资源多元化产品生产总值已经达到 200 亿元以上。

三、国际蚕桑产业技术研发进展

随着国际家蚕基因组、桑树基因组研究的开展，家蚕桑树的功能基因研究等基础研究不断取得重要进展，蚕业科学研究出现加快发展的良好态势。

在桑树基因组研究的基础上，西南大学何宁佳团队通过 FISH 等技术已经进一步证明川桑属于二倍体品种，原来所称的二倍体、三倍体桑树品种有部分染色体与川桑有较高亲缘性、部分染色体无亲缘性，可以认为多数栽培品种应该是异源多倍体。中国农业科学院蚕业研究所与中科院上海植物生理生态所的研究团队根据家蚕性别调控机理，通过转基因技术建立了两个品系，当杂交形成 F1 时，可以实现 F1 代雌性个体的表型"雄性化"、雄蚕表型无影响，建立了 F1 代"全雄"饲养新技术。

近年来国际上利用家蚕丝素蛋白、丝胶蛋白研发各种生物材料的研究已经形成热点，清华大学张莹莹等在桑叶上喷洒 0.1% 浓度单壁碳纳米管给家蚕添食，发现所产生丝强力提高 50% 以上、碳化生丝的电导性明显提高，有望成为一种新型可穿戴设备新材料。

国际上第二大蚕桑丝绸生产国—印度的蚕丝生产以家庭或作坊生产为主。由于印度全年平均气温较高，同时其普遍为个体户饲养，饲养技术和装备比较落后，只有在印度的冬季（11 月至次年 3 月）才能饲养两批二化茧，其他季节主要饲养多化茧。多化茧大约占全年茧产量的90%，多化茧特征为茧型大、颜色黄、茧层厚，但其在缫丝时落绪多，因此要求缫丝车速较低，只能采用手工立缫而不能用自动缫。印度现有手工操作的土缫丝机3.5万台，电力能源的座缫机2.6万台，这两种缫丝机只能生产无等级丝，其丝产量占全国的90%左右。近年来，印度二化白茧蚕品种饲养量及茧丝产量不断增加，目前约占全国桑蚕丝产量的10%左右。为了适应二化蚕茧生产高等级生丝的要求，印度丝绸研究所正在全国推广成套立缫设备，包括烘茧、煮茧、缫丝、复摇、打包等。该设备能缫制相当于我国2A-4A等级的生丝。同时，印度积极引进中国的先进成套自动缫丝设备，印度政府最近几年凡进口自动缫丝机的生产企业将得到政府相应的价格补贴。

四、国内蚕桑产业技术研发进展

"十二五"期间，我国蚕桑丝绸科技创新取得重要进展。全行业先后获得省部级以上科技奖励71项，其中丝胶回收与综合利用、家蚕基因组功能研究项目获得国家级奖励。家蚕病毒、蚕桑品种选育、丝绸工艺、资源综合利用等研究居于国际领先地位。

（一）遗传育种

近年育成的强桑1号普遍表现优异的丰产性能，果桑新品种嘉陵30号等经过生产性示范应用，表现出了果叶两用的品种特性。抗家蚕血液型脓病病毒BmNPV的蚕品种"华康二号"正式通过了广西自治区的品种审定，为在南亚热带蚕区推广奠定了基础，"华康二号""桂蚕N"等实用型抗NPV品种年推广量突破20万张，抗NPV三眠蚕优质丝新品种"富超"在江苏夏蚕期单期饲养规模达到5 500张并实现全部缫制5A、6A生丝，为在类似气候条件的华南蚕区生产高品位生丝提供了技术储备。

在国际上首创的高孵化率雌蚕无性克隆系与平衡致死系杂交，育成的专养雄蚕新品种，已经开始推广并产业化，我国处于国际领先水平。为适应省力高效蚕种繁育的需要，开展家蚕雌雄高效鉴别品种的选育。开展了以中、日系茧色限性育种素材的实用化选育改良工作，筛选出雌29N等5个抗性雌蚕无性克隆系。2016年累计推广雄蚕品种69 011张。利用近红外光谱进行蚕蛹性别鉴定取得突破，准确率几乎可以达到100%，速度达到7头/s，已经形成样机试用。

首次较为系统地开展了家蚕食用加工专用品种筛选，分析家蚕主要营养和功能成分的基本理化特性，确定其食用加工的主要方向5个，并建立相应的食用品质评价标准，在此基础上筛选出加工专用品种5个：以蛋白质含量（干基）、呈味氨基酸含量及占比、感官风味评价等为综合考察指标，筛选出蚕蛹呈味基料品种1个；以蚕蛹必需氨基酸和氨基酸评分（ANS）为评价指标，筛选出全营养蛋白粉专用品种1个；以蚕蛹色泽、外形、气味、口感、滋味等感官特性为评价指标，筛选出即食蚕蛹专用品种1个；以蚕蛹油α-亚麻酸和β-谷甾醇的含量为评价指标，结合体外活性评价结果，筛选出降血脂专用品种1个；以蚕蛹DNJ、蜕皮激素含量为评价指标，结合体外活性评价结果，筛选出降血糖专用品种1个。

针对生产实际需求，确定了"十三五"果桑育种最主要目标为抗菌核病，通过多年的筛选，目前已筛选获得1份抗菌核病果桑资源，为进一步研究工作打下坚实基础。获得不同特性果桑资源6个，果桑新品种累计示范约200hm²，全国果桑栽培面积已经突破2万hm²。

（二）栽桑养蚕技术

全国各地利用果用桑品种、果叶两用桑品种，建立了多种果桑栽培技术模式，规模化开展了桑果业开发，建立了一、二、三产联动的经营模式。气动或电动桑树伐条机、圆盘式桑树伐条机、小型自走式双行桑树伐条机等机械化设备研发取得新进展，已经进入示范推广阶段。多种桑园立体种养、复合经营生产模式得到大面积推广，大幅度提升了蚕桑产业总体收入。

计算机控制高密度催青、小蚕电气化加温补湿等先进设备，多种型号的切桑机、饲育机进一步完善推广，小蚕商品化共育得到大面积推广，小蚕综合饲育机研制成功进入生产性试验，木（竹）制方格蔟上蔟及机械采茧技术在主产区开始推广，长江流域蚕区全年多批次养蚕技术的探索取得进展，养蚕的劳动生产率得到提高。

在各个基地县开展蚕桑规模化生产模式及配套技术集成与示范，组合集成了包括桑树硬枝扦插一步建园等桑树快速成园技术、少免耕栽培、配方施肥、桑园秸秆覆盖盐碱土壤改良、地膜覆盖、垄作、有机无机复混肥施肥、水肥一体化技术、化学除草、多次条桑收获技术等多种形式的桑树省力化栽培技术。广泛开展了各种省力化养蚕试验示范，如蚕种自动控制高密度催青、小蚕温湿度自动控制标准化共育、小蚕 1 日 2 回育技术、小蚕人工饲育技术、大棚大蚕省力化饲育、大蚕简易蚕室育和方格蔟自动上蔟、室外预挂内营茧提高茧质技术、组合式蚕台饲养技术、可升降悬空上蔟技术、分批次滚动养蚕技术；开展了新型省力化设备机械试验示范，实验示范了多种小蚕温湿度自动控制器、电动和气动伐条机、切桑机、臭氧消毒器、静电喷雾器、微耕机等。试验示范区综合劳动生产率提高20%～30%，综合效益提高 20%～40%。

（三）病虫害防控技术

建立了以消毒为主的蚕病综合防治技术体系和以母蛾检验为主的微粒子病防治技术体系，蚕病损失率已经下降到12%左右。近年来，主要病毒病与微粒子病的高效分子检测技术已经开始应用于生产性应用，筛选出 1 种对家蚕微粒子病具有良好防治作用的新药物，蚕种生产中利用叶面施药技术防控微粒子病的规模化生产性试验取得良好结果。初步开展了物联网、移动互联网技术在现代蚕桑生产和蚕桑病虫害防控上的集成创新与应用示范。

根据适度规模生产的要求，研究开发了新技术新装备并开始试用。初步建立了采用无人机进行桑园治虫、自走式桑园治虫机械、烟雾机桑园治虫技术等。在桑树病虫害防控技术方面，利用木霉等生物农药进行桑葚菌核病的绿色防控技术取得了一定的进展，桑疫病药物防治技术初步建立，但桑青枯病和桑花叶病等主要病害的药物防治技术仍有待加强。

（四）资源利用技术

近年来在蚕沙的无害资源化利用、蚕蛹加工生产蛹蛋白饲料及多种活性肽方面取得了重要进展，蚕蛹肽蛋白饲料应用于畜牧业与水产养殖取得良好效果。桑叶茶的市场化开发取得进展，市场认可度逐步提高。桑叶作为多种畜禽饲料的研究取得进展，进一步明确了桑叶粉（或发酵桑叶）在牛、羊、猪、兔、鸡、鸭、鹅等大宗饲养畜禽中的应用技术及对生长、肉品质量的影响。桑枝食用菌、蛹虫草产品实现了产业化，已经出现一批蚕桑综合利用规模化企业。

（蚕桑产业技术体系首席科学家　鲁成　提供）

2016 年度茶叶产业技术发展报告

（国家茶叶产业技术体系）

一、国际茶叶生产与贸易概况

（一）生产

2016 年全球茶叶产量较 2015 年有小幅上涨，估计全球总产量可达 539 万 t。其中，中国茶叶产量预计为 252 万 t，占全球茶叶总产量的 46.7%，占全球总产量的比重与上年保持相近水准；印度茶叶产量 124 万 t，占比 23%，同比上涨 4%；肯尼亚茶叶产量预计为 41 万 t，同比增加 2.76%；斯里兰卡受全球经济形势和出口需求的影响，尤其是 2016 年受干旱和阴雨天等极端气候的影响，预计其茶叶产量同比减少 2.74%，为 32 万 t。

（二）贸易

2016 年全球茶叶贸易基本与 2015 年持平。2016 年 1—8 月，肯尼亚出口 35.12 万 t，同比增长 26.12%；2016 年 1—7 月，斯里兰卡出口 16.78 万 t，同比下降 5.76%；马拉维茶叶出口 1.86 万 t，同比下降 19.43%。在进口贸易中，2016 年 1—8 月，英国进口茶叶 8.49 万 t，同比减少 4.03%，美国进口 8.68 万 t，同比增长 0.15%，日本茶叶进口 1.93 万 t，较去年同期增加 0.01 万 t，法国进口茶叶 0.55 万 t，较 2015 年同期增加 0.07 万 t。2016 年 1—9 月，巴基斯坦进口茶叶 12.31 万 t，同比增长 20.75%。

（三）消费与价格

全球茶叶消费量从 2006 年的 357.3 万 t 增加到 2015 年的 494.4 万 t，增幅达到了 38.37%，预计 2016 年全球茶叶消费量将突破 500 万 t。2016 年全球茶叶消费主体仍为红茶，占比达 60% 以上。2016 年 11 月，蒙巴萨茶叶拍卖价格达 2.58 美元/kg，为 11 个月来最高，但仍低于去年同期的 2.83 美元/kg。2016 年 1—10 月，印度加尔各答茶叶拍卖均价为 2.46 美元/kg，较去年同时段增长 4.48%；斯里兰卡科伦坡茶叶拍卖均价为 3.01 美元/kg，同比增长 12.63%。

二、国内茶叶生产与贸易概况

（一）生产

2016 年我国茶叶生产规模保持惯性增长，根据国家茶叶产业技术体系产业经济研究室全国调研数据估计，全国茶园总面积可达 300 万 hm²，同比增长 4.26%，其中开采面积约 240 万 hm²，同比增长约 6%。干茶总产量预计可达 252 万 t，同比增长 10.62%。其中，绿茶产量预计达到 152 万 t，同比增长 6%；红茶、黑茶（不含普洱茶）、普洱茶产量增长幅度将保持 10% 左右，产量分别达到 28.3 万 t、18.7 万 t、12.6 万 t；乌龙茶产量约为 26 万 t，增长 1.1%；白茶产量保持平稳，为 1.85 万 t。2016 年，名优茶产量继续增长，将突破 100 万 t。今年茶叶一产产值预计达到 1 670 亿元，同比增长 10%。

（二）贸易

海关进出口统计数据显示，2016 年 1—10 月，我国茶叶出口 26.80 万 t，金额约

12.12 亿美元，分别同比上升 3.94% 和 11.41%。其中，绿茶出口 22.16 万 t，金额 8.76 亿美元，分别同比上升 3.19% 和 10.47%；红茶出口 2.68 万 t，金额 2.07 亿美元，分别同比增长 15.71%、30.06%；乌龙茶出口 1.27 万 t，金额达 0.70 亿美元，较去年分别增长 2.51% 和 0.93%；普洱茶出口量为 0.24 万 t，金额 0.22 亿美元，分别同比下降 11.38%、15.76%；花茶出口 0.45 万 t，出口金额为 0.37 亿美元，分别同比下降 6.92% 和 7.69%。估计全年茶叶出口量 33.5 万 t，同比增长 3%。

（三）消费与价格

整体上今年茶叶市场形势依然严峻，2016 年我国 30% 产区茶叶销量上升，20% 产区销量下滑，50% 产区销量与去年持平。70% 的产区高端礼品茶销售较去年有所下滑，部分地区下滑比率达到 40% 以上。今年干毛茶均价约为 60 元/kg，名优绿茶均价仅有 325 元/kg，且 30% 的产区价格同比下滑；大宗绿茶均价约为 76 元/kg，部分产区反映该类茶压货较多；乌龙茶整体均价基本与去年持平，茶价在 150 元/kg 左右，部分地区乌龙茶严重滞销；红茶价格较为分化，初步统计 60 元/kg 及以下、60~200 元/kg 和 200 元/kg 以上销量比为 5∶2∶1；黑茶（不含普洱茶）、普洱茶毛茶均价分别约为 37 元/kg 和 60 元/kg。

三、国际茶叶产业技术研发进展

（一）遗传育种

国外茶树育种专家十分注重茶树品种的鉴定技术开发。斯里兰卡研究者为了适应紫色芽叶茶树品种的鉴定，开发了冷冻干燥制样法和高效逆流色谱技术，能更准确地鉴定茶树品种鲜叶的多酚类和原花色素等品质成分。CsGT1，CsGT2 可以将游离的挥发性化合物转化为樱草糖苷态挥发性化合物，为了鉴定茶树品种鲜叶香气潜力，日本研究者开发了 CsGT1 和 CsGT2 等 2 种酶的分子标记。印度学者利用银染 TE-AFLP 分子标记构建茶树遗传连锁图谱，试图开发与茶树经济性状关联的分子标记。

功能育种是国外近年来的发展方向。槲皮素具有降低血压、降血脂、扩张冠状动脉的功能，日本的研究表明，茶树品种 "Saemidori" "Sofu" "Surugawase" "Fukumidori" 和 "Asatsuyu" 等槲皮素含量高，可以作为槲皮素的重要来源，开发功能饮料。印度研究表明，KW 和 AT 等茶树品种具有很强的清除自由基的能力，是抗氧化功能食品的良好原料。印度、斯里兰卡和日本育种研究者把选择花青素含量高、紫色芽叶的茶树品种作为抗氧化功能育种的目标。

抗性育种仍然是各国最重视的育种目标。日本在距离福岛核电站约 200km 的崎玉县茶园调查发现，不同茶树品种叶片形态特征和采摘面叶层厚度不同，导致品种间茶叶放射性铯含量存在显著差异。印度研究者发现，抗茶角盲蝽（Helopeltis theivora）的茶树品种叶背茸毛密度高，而且从茶角盲蝽侵食前后叶片基因差异表达谱中筛选出茶角盲蝽诱导的茶树防卫基因标记。肯尼亚研究者发现，在水分亏缺胁迫条件下，茶树叶片脯氨酸含量水平与茶树品种（如 "TRFK 306"，"TRFCA SFS150" 和 "EPK TN14/3"）的抗旱力强，可以作为抗旱育种的筛选指标。

（二）栽培技术

关于茶叶采摘与品质，韩国的一项研究表明，绿茶采摘时期不同，茶叶中内含物差异较大，内含物影响茶叶滋味，如早期绿茶儿茶素含量高，苦涩味重，从而影响了消费者对绿茶的喜好性。研究同时表明，绿茶中挥发性成分如芳樟醇、2,3-甲基丁醛、2-庚酮等能驱动消费者更加喜爱绿茶。

关于茶叶质量安全，联合利华以及中国和肯尼亚的学者对肯尼亚地区的 11 个茶园 197 个调查点进行了环境因子与茶叶铝含量相关性调查，得出粉尘污染、茶树树龄会增加茶叶中的铝含量，而海拔的增高和采摘前降水量的增加会降低茶叶中的铝含量。印度开始重视茶叶中重金属污染的研究，他们对印度的泰米尔纳德邦、喀拉拉邦和卡纳塔克邦茶园土壤 Cd、Cr、Ni 和 Pb 含量进行了调查，并设计盆栽试验研究不同的重金属浓度下茶叶重金属吸收差异。

（三）病虫害防治技术

日本加强了有害生物的生物学研究，采用简朴的农业防治技术达到了防治的要求。如在桑盾蚧第 1 代卵初孵期喷清水进行防治，喷施米糠，抑制桑盾蚧和黑刺粉虱的发生。此外，害虫性信息素防治技术在日本茶产业中发挥巨大作用，其效果与化学防治相当，但成本低于化学防治。

各国在农药使用时把农药的水溶解度作为茶园选用农药的重要指标。近年来各国也都推出一些茶园用的新农药，以日本推出的最多。

欧盟和日本的茶叶中的最大农药残留限量（MRL）标准数最多，分别已有 1138 个和 883 个。国际食品法典农药残留标准委员会（CCPR），美国、印度、加拿大等国家和组织也各自制定有相应的农残 MRL 标准。这些标准对保证茶产品的质量安全具有重要的控制作用。

（四）加工技术

2016 年国外文献中相关茶叶加工技术研究的报道较少。日本的科研人员发现，采用 UV-A（315~399nm）处理茶树，能够提高茶鲜叶中氨基酸的含量，同时降低 EGC 的含量，从而改善成茶品质；印度的科研人员比较了不同的发酵温度（20℃、25℃、30℃、35℃）对红茶品质的影响，发现在 20℃ 的发酵温度条件下，茶汤的明亮度以及 TF/TR 比值可达到最高，因此指出，低温发酵适用于高品质红茶的加工；此外，伊朗的科研人员阐明了 7 种不同的干燥处理对绿茶鲜叶中的总黄酮、多酚以及维生素 C 等化学成分的含量、抗氧化活性以及色泽的影响。

四、国内茶叶产业技术研发进展

（一）遗传育种

茶树品种资源收集和开发利用取得新进展。广东发现罗坑野生茶加工的红茶杏仁香特征明显，带甜香。福建尤溪县将"汤川苦竹茶"资源建立了保护名录。贵州对"贵定鸟王茶""都匀毛尖茶""湄潭苔茶"和"石阡苔茶"4 个茶树群体进行遗传多样性分析。江苏利用 EST-SSR 分析了镇江市和苏州市茶树资源以及云南省镇沅县千家寨自然保护区内的野生茶树群落，证明野生茶树本身的遗传特性和不同海拔居群所处生境的异质性是形成现有遗传格局的主要原因。重庆发现当地的茶树资源可以根据茶树花的香型进行分类。

新品种选育获得多项成果。中茶所培育的"中茶 126""中茶 127""中茶 128"，宁波培育的新梢白化茶品种"黄金蝉""黄金毫""瑞雪 2 号"获得品种保护权证书。"景白 1 号""景白 2 号""中黄 2 号""黄金茶 168 号""皖茶 4 号""皖茶 5 号""皖茶 6 号""皖茶 7 号""三花 1951"等 9 个新品种通过省级茶树品种审定。

抗性育种研究不断深入。江苏学者开发了利用叶片叶绿素荧光特性鉴定茶树抗寒力的方法。山东通过人工杂交和诱变技术开展抗寒育种。湖南通过室内病菌回接致病试验结合田间病害调查,筛选抗茶炭疽病的核心种质资源 18 份。中国农业科学院茶叶研究所根据冬季糖代谢基因表达预测茶树抗寒力,并借助基因表达谱探索抗茶尺蠖的机理和抗旱机理。

(二)栽培技术

1. 茶树营养生理 福建发现茶树新梢第 3~4 叶具有相对较大的 LA 和较强的光合能力,LDMC 积累较大,可以作为表征茶树光合能力的供试叶片,SLA、LDMC 和光合色素含量与 Pn 存在密切相关性,可作为评价茶树光合能力的指标。江苏以"龙井 43"为材料,克隆得到了硝态氮转运蛋白基因(NRT1.1),并对其进行分析,为研究茶树对硝态氮的吸收、转运和调控机制提供了分子生物学基础。中国农业科学院茶叶研究所对氮吸收利用相关基因亚硝酸还原酶进行了克隆,并分析了基因生物学功能。西北农林大学研究干旱胁迫对叶片代谢的影响,结果表明,干旱导致茶氨酸含量降低,同时伴随着茶氨酸代谢途径基因表达的变化,其中谷氨酰胺合成酶基因、谷氨酸合成酶基因、谷氨酸脱氢酶基因、丙氨酸转氨酶基因、精氨酸脱羧酶基因和茶氨酸合成酶基因表达下降,同时茶氨酸水解酶基因表达水平升高。遥感科学国家重点实验室以浙江省松阳县为研究区域,探讨基于资源三号(ZY-3)卫星数据的茶树种植区提取方法,结果表明,决策树方法结合光谱信息和纹理信息可有效提高茶园提取精度,从而可为政府部门进行茶叶估产及灾害预防处理等提供一定的参考。

2. 茶树施肥 广西高山茶区的研究结果表明,在提高茶芽数量上面,有机肥与茶树专用肥配施的效果最好,茶树专用复合肥与有机肥的效果差不多,而单施常规化肥的效果最差。浙江绿茶产区试验结果也表明,与常规施肥相比,通过合理的配方施肥,可以在削减肥料投入的基础上,增加茶鲜叶产量 1%~3%,同时提高茶鲜叶中的氨基酸含量,降低酚氨比。陕西、湖南等地陆续开展了一系列的氮肥总量控制试验,试验结果表面对采摘春茶产区而言,不论是从产量还是效益看,施纯氮 25~35kg/667m² 效果最佳,超过 40kg/667m² 以后,对产量增加并不显著,反而增加肥料成本。安徽地区的研究发现,茶园套种绿肥可有降低土壤体积质量、降低土壤紧实度、改善土壤气相和液相比例,土壤有机质含量、全氮含量、速效磷含量和速效钾含量以及微生物多样性较对照均有所增加。广东连续 5 年对蚯蚓生物有机培肥的茶园土壤微生物特征以及酶活性变化情况进行了研究,结果表明,蚯蚓生物有机培肥处理可以显著增加表层土壤(0~20 cm)中的微生物数量和活性,并可以显著提升过氧化氢酶、脲酶、转化酶和碱性磷酸酶的活性,这将有利于受损茶园土壤生态系统的恢复和重建,从而提升土壤质量。

3. 茶园土壤质量 华中农业大学研究表明,凋落茶叶的添加显著促进了酸化茶园土壤 N_2O 和 CO_2 排放,但能改善茶园土壤酸化现象。该校另一篇文章研究表明,添加生物质炭显著抑制了酸性茶园土壤 N_2O 的排放,但抑制效应并未随生物质炭添加量的增加而加强,生物炭也能改善茶园土壤酸化。福建研究了施氮量和施氮时期对茶园土壤氨挥发的影响,结果表明,施氮既是氨挥发峰值出现的主要原因,也能显著增加土壤氨挥发量,不同施氮时期对氨挥发量影响很大,冬季基肥期挥发量约占全年氨挥发损失量的 50%。

4. 茶园机械 采茶机械仍然是研究重点与热点,研究的内容从一般的采茶机到采茶机器人拓展,耕作施肥技术领域受到重视,其他研究还包括茶园稳压喷灌、施药、茶园预警监测、防霜风机技术、物理植保技术等，智能机械出现了像茶园病虫害监控技术、茶园并联采茶机器人技术等一批智能茶园机械的研究。

5. 茶园管理 开展了遮光对光照敏感型新梢白化茶春梢化学成分含量的影响研究，结果显示，遮光处理对茶叶咖啡因含量无显著影响，对儿茶素类总含量的影响因品种而异，遮光显著提高 β-胡萝卜素、叶绿素 a、叶绿素 b 和新黄质的含量，显著降低紫黄质含量。

（三）病虫害防治技术

中国农业科学院茶叶研究所采集了我国 15 个不同茶区的炭疽病叶，分离获得 106 株炭疽菌，研究发现，这些菌株分别归属于 5 个复合种中的 11 个种，包括 6 个已知种，3 个新记录种，1 个新种和 1 个未确定种，明确了 *Colletotrichum camelliae* 和 *C. fructicola* 为中国茶树炭疽菌优势种。徐礼羿等以茶树 SSR 遗传连锁图谱为基础，首次对茶树炭疽病抗性性状进行 QTL 定位，共有 8 个与茶树炭疽病抗性相关的 QTLs 被发现。中国农业科学院茶叶研究所研究发现，CO_2 浓度升高将引起茶树叶片中的咖啡碱含量降低，进而导致茶树对炭疽病抗性的下降，揭示了大气 CO_2 浓度升高环境下的茶树与炭疽病的互作关系。

茶树重要害虫茶黑刺粉虱（*Aleurocanthus camelliae*）和柑橘黑刺粉虱（*A. spiniferus*）线粒体基因组测序均已发表。两种粉虱的线粒体基因组大小分别为 15 188bp 和 15 220bp，均编码了 36 个基因，但基因构成存在差异，茶黑刺粉虱缺失 *trnI* 基因，橘刺粉虱缺失 *trnS*1 基因。

中国农业科学院茶叶研究所采用狭波技术，使得杀虫灯的诱虫对象更加集中，与常规的频振式杀虫灯相比，狭波杀虫灯的害虫诱杀数量增加了 80% 以上，而天敌诱杀数量减少了 50% 以上，已在 9 个省推广应用，获得了良好的效果。此外，还研制出蓟马数字化色板，为蓟马的无害化防治提供技术支持。

目前已有 13 种茶树害虫的性信息素已经研究清楚，但在生产上应用推广的只有茶小卷叶蛾、茶卷叶蛾、茶细蛾、茶毛虫等几种。华南农业大学鉴定出灰茶尺蠖性信息素，其组分为 Z3Z6Z9-十八碳三烯（Z3Z6Z9-：H）和 Z3Z9-6,7-环氧-十八碳二烯（Z3Z9-6,7-epo-18：H），并与北京相关公司开发出灰茶尺蠖性信息素诱芯产品。中国农业科学院茶叶研究所也鉴定出灰茶尺蠖性信息素，其组分与华南农业大学结果相同，研发的灰茶尺蠖性诱芯在 10 个点上进行的田间诱集对比试验显示，引诱效果是北京相关公司产品的近50 倍。在农药的使用上。我国提出的应以茶汤中的农药残留含量作为制定茶叶中 MRL 的主要依据，已被 2016 年第 48 届 CCPR 大会接受。

（四）加工技术

1. 茶鲜叶分级和品质分析 中国农业科学院茶叶研究所为解决机采鲜叶品质等级参差不齐的问题，开展了基于 YJY-2 型鲜叶分机的机采茶叶分级分类工艺优化研究，并取得了良好成效，分级叶所制产品的感官品质与手采叶较为接近。此外，河南省农业科学院研究发现，信阳毛尖茶不同产区的茶鲜叶品质存在较大差异。

2. 茶鲜叶萎凋工艺研究 中国农业科学院茶叶研究所开展了不同萎凋时间对云南 CTC 红碎茶品质的影响研究，发现萎凋处理 4 h、萎凋叶含水量 69.4% 时制成的 CTC 成品茶感官品质最好。值得关注的是，光照技术在鲜叶萎凋过程已经得到了良好的应用。例如，福建农林大学将 LED 蓝光萎凋和 LED 补光萎凋应用于乌龙茶鲜叶、华中农业大学将黄光萎凋应用于红茶鲜叶等，都有助于在一定程度上改善成茶品质。

3. 杀青工艺研究　安徽农业大学开展了茶叶杀青机双模糊控制系统设计与试验的研究，发现该控制系统输出的茶叶加工工艺参数杀青效果理想，杀青温度偏差低于 1℃，杀青时间偏差小于 5s；此外，江苏大学建立了一种催化式红外杀青联合热风干燥的绿茶加工技术，提出了最优杀青干燥工艺条件为：红外辐照距离 20cm 杀青 150s。

4. 发酵和后发酵工艺研究　中国农业科学院茶叶研究所研究表明，根据不同发酵程度工夫红茶品质成分间的差异，采用动态聚类的方法进行发酵适度判别可行，且分类结果较为理想；湖南农业大学研究发现，不同产区黑毛茶由于"发花"过程中微生物种群结构、代谢方向及作用方式可能不同，对茯砖茶品质的形成具有重要影响；福建农林大学研究发现，"发花"可能存在提高中低档白茶营养价值的潜能，寿眉在"发花"后的风味提升要大于白牡丹；此外，广西壮族自治区梧州茶厂研究发现，双蒸双压处理的六堡茶发酵程度、物质转化程度均低于冷发酵处理。

5. 烘干工艺研究　中国农业科学院茶叶研究所开展了基于复水干燥的绿茶干茶色泽提升工艺研究，提出最佳工艺参数为复水含水量为 40%、复水水温 15℃、复水时间 2h，该方法可明显提高绿茶干茶色泽。

6. 成品茶的后续加工处理　浙江大学研究表明，后湿热工艺处理可显著提高红茶的感官品质；安徽农业大学研究发现，储存 6 年的安茶呈现出明显的陈醇特点；湖南省农业科学院茶叶研究所研究发现，醇化时间的延长在一定程度上能改善茯茶品质；此外，云南农业大学研究发现，负氧离子仓储有助于改善普洱生茶感官品质。

7. 茶叶风味品质形成机理研究　安徽农业大学分析了绿茶中的风味品质成分及其在加工过程中的变化规律，表明绿茶中关键风味品质成分的定向调控可以通过基因类型以及加工方式的改进得以实现；福建省农业科学院茶叶研究所开展了白茶自然萎凋过程中风味形成的动态研究；武夷学院分析了厌氧温度对白茶加工中 GABA 富集的影响，发现厌氧温度对 GABA 的富集和成茶 GABA 含量均有显著影响；此外，我国台湾学者分析了摇青工艺对乌龙茶中儿茶素成分以及挥发性成分的影响。

（茶叶产业技术体系首席科学家　杨亚军　提供）

2016 年度食用菌产业技术发展报告

（国家食用菌产业技术体系）

一、国际食用菌生产与贸易

（一）生产

全球食用菌的种植面积一直呈现不断扩大趋势，即使金融危机影响到食用菌国际贸易规模和食用菌产品价格，食用菌生产者的积极性也未受到明显的影响。以双孢蘑菇和块菌等生产为例，收获面积由 2005 年的 16 513 hm² 扩大到 2014 年的 28 111 hm²，增加了 70.24%，同时，2005 年单产为 320.93t/hm²，2014 年增加到了 369.18t/hm²，增长了 15.04%，双重因素叠加推动了双孢蘑菇和块菌的产量大幅度增长，2014 年世界双孢蘑菇和块菌产量为 1 037.82 万 t，比 2005 年增长了 95.83%。

（二）贸易

在国际贸易方面，世界食用菌产业贸易规模总体呈现恢复增长趋势。以双孢蘑菇和块菌、食用菌罐头为例来说明，进出口数量由 2005 年的 201.38 万 t 增加到 2013 年的 238.63 万 t，增长了 18.50%。进出口贸易总额则由 2005 年的 37.36 亿美元增长到 2008 年的 57.09 亿美元，增长了 52.82%。但世界金融危机爆发后，贸易规模深受冲击，2009 年的贸易总额比上一年减少了 10.46 亿美元，下降了 18.32%。后经不断回调和逐步恢复，再次呈现逐年增长态势。2013 年进出口贸易总额达到 57.69 亿美元，比 2009 年增加了 23.72%。但鉴于金融危机对产业的影响仍将持续，预计今后世界食用菌贸易较难出现大幅增长势头。

（三）市场

在价格方面，食用菌产业受金融危机影响较为明显而持久，但不同国家的表现有所不同。以双孢蘑菇和块菌为例，在中国，生产者价格 2009 年为 1 968.8 美元/t，2010 年则降为 623.3 美元/t，2010 年比 2009 年下跌了 68.34%，直到 2015 年仍处于 970.1 美元/t 的低水平；在爱尔兰，2009 年双孢蘑菇和块菌的生产者价格为 3 835.6 美元/t，2010 则降为 2 447.5 美元/t，2010 年比 2009 年下跌了 36.19%，之后基本处于下跌状态，2015 年则跌至 1 985.2 美元/t；在荷兰，双孢蘑菇和块菌的生产者价格相对稳定，2010 年为 1 615.1 美元/t，相比于 2009 年的 1 625.7 美元/t，仅下跌 0.65%，之后快速恢复，至 2013 年生产者价格提高到 1 971.2 美元/t 的水平，但自 2014 年起处于下跌态势，2015 年跌至 1 513.5 美元/t。

二、国内食用菌生产与对外贸易

与其他农业产业相比，我国食用菌产业的成长性较好，近年来一直呈现不断扩大趋势。2015 年总产量达到了 3 476.1 万 t，产值达到了 2 516.4 亿元，较 2010 年分别增长了 57.9% 和 78.1%。

在对外贸易方面，中国食用菌总体呈现良好趋势。2015 年香菇和食用菌罐头出口量比 2010 年有所下降，减少了 15.7%，但出口金额增长了 50.9%。说明产业质量有了一定提升。2016 年 1—9 月，香菇出口数量为 8.44 万 t，与上年同比增长 14.0%，出口金额为 12.20 亿美元，同比增长 8.7%；食用菌罐头出口相对平稳。出口数量为 18.04 万 t，同比下降 1.6%，但出口金额为 3.09 亿美元，同比增长 1.5%。从贸易发展看，食用菌产业一直呈现贸易顺差状态。

从贸易伙伴来看，中国出口市场的空间区域相对集中，亚洲是中国食用菌主要的出口市场。以香菇和罐头为例，2016 年 1—9 月，中国对亚洲出口香菇数量为 7.82 万 t，同比增长 15.3%，金额为 11.55 亿美元，同比增长 9.5%。自中国进口香菇的国家和地区中，中国香港无论进口数量还是进口金额均最多，2016 年 1—9 月，其进口香菇的数量为 2.74 万 t，同比增长 94.6%，进口金额为 4.31 亿美元，同比增长 77.8%；越南居第二位，数量为 2.30 万 t，同比增长 9.1%，金额为 3.94 亿美元，同比增长 0.2%。2016 年 1—9 月，中国对亚洲出口食用菌罐头数量为 8 598.1t，同比下降 14.3%，金额为 1 445.1 万美元，同比下降 24.9%。自中国进口食用菌罐头的国家和地区中，俄罗斯联邦无论进口数量还是进口金额均最多，2016 年 1—9 月，其从中国进口食用菌罐头的数量为 2.92 万 t，同比增长 7.3%，进口金额为 4 915.4 万美元，同比增长 30.5%。

三、国际食用菌产业技术研发进展

（一）分子生物学基础研究工作取得一定进展

在香菇中进行遗传多样性研究的分子标记发展为 SNP 和 Indel 标记，标记数量更多，更加全面地揭示了菌株间的相似性和差异；香菇进行了单核体 B17 全基因组测序，具有了首个香菇全基因组测序数据；建立了平菇无痕基因敲除方法，实现了平菇多基因敲除；研究表明 PKAc 基因在平菇木质素降解中发挥着重要作用。

（二）栽培技术的系统化研究及应用取得新成效

在栽培基质方面，柿子树木屑被用于香菇生产，60% 的柿子树颗粒加 20% 硬质木屑用于香菇栽培。基质预处理技术取得新进展，通风堆置发酵 7d 的培养料栽培的平菇产量最高。栽培新型设备方面，韩国开发的自动化液体菌种接种机，结构简单、效率较高，接种量达 10 000 瓶/h。日本北斗株式会社的自动化生产线上，配置有模仿人手动作的套片机械手和采收机械手，节省了大量的人工成本。注重工艺创新，双孢蘑菇的隧道通气发酵技术、木腐菌的液体菌种技术、大口径瓶栽技术等新工艺、新发明层出不穷，且迅速应用于生产过程。物流系统化技术取得进展，大型工厂用网络化的管理系统和自动化的物流系统将生产作业全过程连接起来，效率大为提高。

（三）功能性成分及药用价值发现仍是研究的热点

目前，对食用菌药用价值的研究仍集中在多糖和萜类物质及其作用机理方面，以提高免疫力、抗肿瘤、延缓衰老研究为主。在对淡水虾和罗氏沼虾生长的影响研究中发现，灵芝多糖可被罗氏沼虾吸收，且增产作用显著。以香菇、平菇、灵芝和灰树花的菌丝对金属离子的转化作用，分别生物合成了金、银、二氧化硅和硒纳米颗粒，应用于医学和生物学领域。有学者以患有阿尔茨海默病的老鼠为实验动物，研究了平菇多糖减轻认知障碍的作用，结果显示，平菇多糖可作为一种安全有效的药物，用于预防和治疗人类阿尔茨海默氏综合征。

（四）资源高效利用技术的研究陆续展开

2016 年，对生物降解的焦点集中到了木腐菌类对于木质素和几丁质的选择性降解机制。从菌株选育、酶最适环境控制等方面进行相关研究，表明木腐菌处理后的麦草用于饲料，可提高反刍动物对麦草中纤维素的利用效率，获得更高的营养吸收效率。

（五）病虫害防控技术研究取得新开展

随着食用菌栽培模式的转变，传统的室外栽培逐渐转型为新型的工厂化栽培，密闭的栽培环境导致新的病虫害不断发生。日本报导了一种鳞翅目的夜蛾出现在夏季室内栽培的香菇子实体上，以幼虫形态啃食子实体，并大量繁殖。韩国报导了一种隐球菌造成室内栽培香菇褐腐病，严重时感染率达到 20%。香菇的烧菌烂棒一直困扰着农业方式生产，原因不甚清晰。现研究表明，香菇感染一种 dsRNA 病毒后，对木霉的抗性显著降低，从而导致大量木霉污染的发生。

四、国内食用菌产业技术研发进展

（一）组学和分子生物学研究取得新进展

我国食用菌组学研究取得显著进展，在已完成的平菇（2 种）、香菇、金针菇、草菇、灵芝测序工作上，针对研究目标开展了重测序。2016 年又分别完成了我国特有种质黑木耳、白灵菇、阿魏菇、茯苓的测序和标注，并构建了我国特有种类白灵菇的物理遗传图谱。目前我国自测序种类达到 10 个，这将大大推动食用菌分子生物学的研究。同时，针对重要农艺性状的转录组学、代谢组学研究悄然兴起。发现了与基质代谢、热响应、低温响应、子实体形成等重要农艺性状相关的转录因子、蛋白和信号通道。金针菇、平菇等主要食用菌的遗传体系基本构建，用于分子遗传学研究。已构建了糙皮侧耳的 TPS 和 POXC 过表达转化子，转化子的海藻糖合成酶和漆酶活力显著提高；发现金针菇的子实体发育关键调控作用的转录因子等调控元件。

（二）食用菌栽培生理研究取得重大进展

食用菌栽培生理研究多年处于空白，制约着栽培和环控技术的创新。针对这一重大产业技术创新需求，国家食用菌产业技术体系自 2010 年开始着手系统的食用菌栽培生理的研究，2016 年取得的主要进展是：①明晰了食用菌 S 型木质素降解的碳源偏好，为高产配方提供了科学依据；②探究了食用菌栽培中烧菌的"无氧呼吸"途径，提出了高温天气通风优于降温的防烧菌技术措施；③揭示了栽培中烂棒的高温"增强木霉侵染力"和"降低食用菌细胞完整性"的霉菌暴发机制。

（三）食用菌育种取得显著成效

食用菌重要农艺性状的 QTL 定位和遗传规律的研究取得重要进展；明确了双孢蘑菇褐变的主效基因，明确了平菇温度、抗性、产量、纤维素降解之间的相关性；明确了草菇细胞核数量与产量的相关性；明确了金针菇单双杂交重要农艺性状的遗传规律；明确了黑木耳朵型遗传规律。双孢蘑菇、草菇、平菇、香菇、金针菇、白灵菇等食用菌的育种筛选模型基本形成，育种技术水平显著提高，基本实现了定向育种，高效筛选，加快了新品种的选育进程。初步统计，2015—2016 年完成认定、鉴定的新品种 30 个，包括平菇、香菇、金针菇、毛木耳、黑木耳等大宗栽培种类，获得专利权新品种 5 个。

（四）新型基质产业化利用技术趋于成熟

我国的食用菌栽培种类 90% 以上是木腐菌类，生产需要消耗大量的木屑，对生态形成巨大压力，也是产业持续发展的一大瓶颈。体系经过 5 年的研究试验，玉米芯、稻草、棉柴、大豆秸等部分替代木屑的新型基质技术、黑木耳和工厂化产后菌渣的二次种菇技术均已成熟，木屑替代率最高达到 70%，在黑木耳、平菇、金针菇上进行产业化利用，生产效果良好。

（五）栽培技术的系统化及应用取得新成果

以生态区域为基础，聚焦产品市场要求，研发形成的多种类安全优质高效的生产技术配套组合，形成了适合各生态区域的"季节-设施-品种-容器-配方-环控-病虫害防控-分级"配套栽培技术，特别是体系提出的"低温生产"新理念在多种食用菌生产中实施，效果显著，污染率大幅降低，优质品率大幅提高。同时，农业方式生产的设施、机械、设备的专业化取得显著成效，适宜不同原料基质加工的机械、适宜不同气候条件和季节的专用菇棚、菌包接种加塞技术与装备、菌棒接种机、移动式打冷设备、菇棚专用传感器、菇棚专用附属设施等普遍应用，并取得良好的增效作用。物联网技术开始融入农业方式生产基地，实现计算机环控的优质高效生产。

（六）食用菌病虫害无害化防控技术研究取得新进展

明确了侵染食用菌的木霉种类及其侵染机制，试制了大蒜、生姜、苦瓜提取混合液防治平菇真菌病害。食用菌的螨害研究基本处于空白。而随着老产区生产历史的延长和工厂化的快速发展，螨害成为潜在虫害威胁。现有的虫害防控原理和技术措施几乎对螨害防控毫无效果。通过食用菌生产场地的系统调查，明确了我国为害食用菌的螨的种类和基本发生规律，为系统防控奠定了科学基础。

（食用菌产业技术体系首席科学家　张金霞　提供）

2016 年度大宗蔬菜产业技术发展报告

（国家大宗蔬菜产业技术体系）

一、国际蔬菜生产及贸易概况

（一）生产

据联合国粮农组织（FAO）估算，2015 年全球蔬菜收获面积 6 280 万 hm^2，同比增长 2.57%；总产量 12.08 亿 t，同比增长 3.33%。蔬菜产量排名前五的国家为中国、印度、美国、土耳其和伊朗，分别占全球总产量的 51.88%、11.74%、2.96%、2.40%、1.82%；蔬菜收获面积排名前五的国家为中国、印度、尼日利亚、土耳其和美国，分别占全球收获总面积的 41.05%、14.18%、5.38%、1.83%、1.69%。

（二）贸易

1. 贸易总量　据联合国统计署数据，2015 年世界蔬菜进出口贸易总量 1.71 亿 t，进出口总额 1 626 亿美元。其中，出口量 8 627 万 t，出口额 828 亿美元；进口量 8 482 万 t，进口额 798 亿美元。

2. 贸易结构及流向　2015 年鲜冷冻蔬菜、加工保藏蔬菜、干蔬菜和蔬菜种子四大类蔬菜出口额占世界蔬菜总出口额分别为 58.52%、31.87%、5.20%、4.41%。世界蔬菜出口国主要为中国、荷兰、西班牙、美国、墨西哥、比利时等国；世界蔬菜进口国主要为美国、德国、英国、法国、荷兰、日本等国。

二、国内蔬菜生产及贸易概况

（一）生产

1. 产业规模稳中略增　据农业部蔬菜生产信息网监测，2016 年蔬菜种植面积同比略增，受灾害天气影响，产量增加幅度略小于面积增加幅度。

2. 蔬菜价格总体增长，呈现"两头高，中间低"特点　蔬菜地头批发价和市场零售价同比均有明显上涨。其中，1—11 月蔬菜地头批发价同比上涨 11.6%，零售市场价同比上涨 12.6%。受 2015 年 12 月持续低温寡照、雨雪增多等灾害天气影响，1—4 月价格上涨幅度较大，主要蔬菜地头批发价格同比上涨 10% 以上。由于前期市场价格拉动，菜农积极扩种，5—8 月主要蔬菜地头批发价格仅同比上涨 2.1%，其中 6 月为负增长，增长率为-1.95%。9—11 月，主要蔬菜地头批发价格回到同比 10% 以上的增长区间，其中 10 月菜价同比增长 25.3%。

（二）贸易

1. 贸易总额　据海关信息网统计，2016 年 1—11 月我国蔬菜出口量为 887.5 万 t，同比增长 0.5%。出口额为 126.7 亿美元，同比增长 11.9%；进口额为 4 亿美元，同比增长 8.1%。贸易顺差 122.7 亿美元，同比增长 12.1%。

2. 贸易结构及流向　2016 年 1—11 月，我国鲜冷冻蔬菜出口额达 59.7 亿美元，占出口总额的 47.1%；加工保藏蔬菜出口额达 36.7 亿美元，占出口总额的 29.0%；干蔬菜出口额达 30.3 亿美元，约占出口总额的 23.9%。主要出口蔬菜品种仍为大蒜、干香菇、番茄酱、生姜、洋葱等，主要出口至越南、香港、日本、印度尼西亚、马来西亚、美国、韩国、泰国、俄罗斯、巴西等地。

三、国际蔬菜产业技术研发进展

（一）遗传改良与品种选育

1. 图位克隆和基因组编辑等在蔬菜品种遗传与育种中成效显著 Lebaron 等通过 RNAseq 数据找到了与番茄对马铃薯病毒 Y 抗性紧密关联的 eIF4E1 等位基因。Klap 等在 M82 的 EMS 突变体库中找到了单性结实的突变体，并通过图位克隆等研究方法证明该表型是由 *SlAGAMOUS-LIKE* 6 基因突变引起的。Minoia 等发现使 *SlExp1* 基因功能缺失可以提高番茄果实的硬度、延迟果实成熟。Yamamoto 等运用全基因组选择建立了全基因组选择模型。Soyk 等利用 CRISPR/Cas9 体系使 *SP5G* 基因功能丧失，可以显著减低始花节位、缩短始花时间。

2. 对重要性状的 QTL 分析进一步拓展 Chang 等开展了番茄茸毛基因 *dl* 的定位；Lv 等进行了甘蓝结球性状、黄瓜果实性状的 QTL 定位，鉴定了与甘蓝 24 个主要农艺性状相关的 144 个 QTLs，并进一步发现 12 个控制多个性状的 QTL 聚集区段。发掘出黄瓜霜霉病抗性的 2 个主效的调控位点 dm4.1、dm5.1 和 2 个微效的调控位点 $dm^2.1$ 和 dm6.1，鉴定了黄瓜弱光耐性的 5 个 QTLs，甘蓝 24 个相关农艺性状 144 个 QTLs，白菜紫心性状、青花菜酚类化合物的主效 QTL。Gardner 等对青花菜中酚类物质进行了 QTL 定位。

（二）栽培与生产技术

1. 蔬菜抗逆性调控研究进展迅速 Cantero-Navarro 等研究表明，砧木嫁接能够促进番茄根中内源激素向地上部的运输，并能通过减小 ACC/ABA 和增加 IAA/ACC 的比率，提高植株对水分的利用效率，促进水分胁迫下番茄植株的生长。Brutti 等发现接种有益微生物可显著提高蔬菜抗逆性，育苗基质接种 PGPR 可提高结球甘蓝幼苗抗氧化酶活性、渗调物质含量，改变激素水平，降低电解质渗透率，缓解干旱胁迫伤害。Chitarra 等发现根系与丛枝菌根（AM）共生能提高番茄对干旱胁迫的抗性。Ruan 发现提高细胞壁转化酶（CWIN）的活性有助于促进蔗糖的运输和代谢并缓解高温下番茄的落花、落果。

2. 蛋白激酶 TOR 在植物感受营养状况中具有重要作用 Nanjareddy 等发现，TOR 在根尖分生组织和根瘤中均有较高表达，RNA 干涉 TOR 基因表达会显著降低活性氧分子水平、细胞周期蛋白基因表达和表皮细胞的分裂，并最终抑制根瘤的形成。

3. 根际微生物调控、改良耕作制度、系统抗性能防控连作障碍 Thomas 等从番茄中分离获得 14 株内生菌，其中两株 *Pseudomonas oleovorans* 为优势内生菌，可显著促进幼苗生长，兼具青枯病菌拮抗活性。Liu 等基于 12 株 PGPR 配制成两种复合菌剂，可降低 3 周龄、收获期白菜黑腐病发病率。Akhter 等发现土壤中施加山毛榉制作的生物炭和堆肥可以降低番茄枯萎病菌的侵染。Radicetti 等发现填闲作物种类及残茬管理方式会影响茄子 N 利用效率（NUE）及产量。Xie & Kristensen 发现花椰菜/三叶草间作可以维持花椰菜产量、降低 N 肥使用量、减缓土壤 N 淋失。Wagner 等研究表明，植物基因型可明显改变叶片和根系微生物群落组成。Müller 等发现，叶片微生物也可通过诱导系统抗性保护植物免受连作障碍。Khan 等发现，缺磷胁迫不仅会诱导植物分泌 SL，还能促进番茄茉莉酸信号途径，从而提高其对病虫害的抗性。

4. 采用遗传学、植物生理学、分子生物学等手段提升蔬菜品质和产量 Borgognone等发现，利用氮营养液中硝态氮与氯化物置换可提高蔬菜产品的质量。Albert等对141种高度不同的小果番茄进行对比浇水试验，进行了水分亏缺的遗传决定因素的第一个详细表征，提出了利用候选基因的表达及基因多态性数据，研究表明，控制水分亏缺可能会提高蔬菜风味；Padash等、Yildirim等研究发现内生菌根真菌、固氮菌、根瘤菌等微生物处理土壤或蔬菜幼苗能提升土壤微生物碳、氮，改善土壤酶活性，促进蔬菜根系生长，提高产量。

（三）设施蔬菜技术

1. 温室控制是近年来设施蔬菜技术的研究热点 Pawlowski等基于利用作物蒸腾模型和栽培基质含水量模型，研发了一种温室番茄灌溉系统控制策略，可使栽培基质湿度保持在理想水平，又尽可能地节约用水，仅需要常规产量需水量的20%。Suárez-Rey等利用基于N_ABLE模型基础上发展起来的优化菜地水肥管理的新模型EU-Rotate_N指导施肥，能较准确地模拟蔬菜生长和土壤水氮的动态变化过程。Mariani等开发了一种温室能量平衡数学模型，模拟了欧洲-地中海地区温室种植番茄时的温室能量消耗及其时空的分布。日本人研究了温室空气加热器加热对番茄冠层叶片边界层导度的影响。

2. 温室节能技术又有新的进步 荷兰瓦赫宁根大学开发了一种叫zigzag的板材，利用反射光的二次利用，透光率可达89%，最高达到93%~95%。一些国家还开发出了温室屋顶清洗机械装置，用于清洗屋顶的灰尘，增加温室的透光率。荷兰为了提高温室总体密封性能，节约能源，对屋顶铝材结构进行了较大改进，增加了密封胶条，提高了密封性能，有效减少了玻璃由于热涨冷缩发生的破损。

3. 温室工厂化技术得到了广泛应用 奥地利Ruttuner教授设计的Complexsystem和日本中央电力研究所推出的蔬菜工厂采取全封闭生产，人工调控光照，立体旋转式栽培，不仅全部采用电脑监控，而且还利用机器人、机械手进行播种、移栽等工作，完全摆脱了自然条件的束缚，真正实现了工厂化农业的数字设计、调控与管理。日本、韩国研究开发了瓜类、茄果类蔬菜嫁接机器人。日本研制了可行走的耕耘、施肥机器人，可完成多项作业的机器人，能在设施内完成各项作业的无人行走车，用于组织培养作业的机器人等。

4. 温室新材料的应用价值开始凸显 散射光覆盖材料试验表明，在荷兰这种光照不足的国家，在减少4%光照强度的情况下，黄瓜试验可以增产7.8%。一种双层FClean采用"一层F-Clean直射光+一层散射光膜"的薄膜温室可比普通双层充气膜增加10%光照，节能30%以上，较好地解决了温室降温和采光的矛盾。一种近红外反射薄膜在沙特阿拉伯温室的试验表明，与覆盖常规薄膜温室相比，该温室内气温和水汽饱和蒸汽压差（VPD）明显降低，光合速率、蒸腾速率和细胞间二氧化碳浓度明显增加，明显提高黄瓜产量。Calatan等发现采用农作物秸秆纤维材料加入风干砖中，能改善材料的机械强度和导热系数。在建筑材料中添加农业废弃物，能增强抗压强度，降低建筑材料密度和导热系数。Rahim等发现以油菜秸秆纤维添加到石灰基黏合剂中制作建筑材料，能有效提高材料吸湿性能，具有极好的湿度缓冲能力。

（四）病虫害防治

1. 根结线虫生物防治技术研究获得了新突破 Luis V. Lopez-Llorca用荧光蛋白标记和

qPCR 检测发现，厚垣普奇尼亚菌（*Pochonia chlamydosporia*）定殖在拟蓝芥根内，具有植物内生性，这种内生菌在植物根内是受茉莉酮酸酯信号途径调控，并具有提早开花、促进生长与发育和种子产量的作用，并已证实其与开花基因上调表达有关。表明厚垣普奇尼亚菌不但可用于线虫病害的生物防治，也能作为生物菌肥。

2. 十字花科蔬菜根肿病菌的生物学方面获得重要进展　英国、加拿大、波兰和美国多家单位联合在 GenBank 数据库中公布了根肿病菌（*Plasmodiophora brassica*）的 2、3、5、6 和 8 等 5 个致病型的基因组信息。从根肿病菌的基因组中发现了调控植物细胞分裂素和生长素的功能基因。加拿大、捷克和波兰多个国家发现了十字花科根肿病菌的新致病类型，其中在加拿大发现的新致病型较其他致病型含有更多的 *Cr*811 基因拷贝，该基因与根肿病菌的致病型相关，但具体功能未知。瑞典学者发现种植油菜一年再轮作 4 年其他非寄主植物后，土壤中根肿病菌 DNA 含量依然高于 1 000fg/g，表明根肿病菌可在土壤中长期存活。

（五）采后处理与加工技术

1. 有效、环保的保鲜技术不断研发成功　①采用短波 UV-C/B、单色 LED 或复合 LED 灯光处理西芹、青椒、西蓝花、绿芦笋可延缓品质下降，延长保鲜期。②超声处理可增加贮藏期间胡萝卜中的活性物质；高静水压处理对控制蔬菜检疫性昆虫有较好的效果。③热水、热风处理对西蓝花和樱桃番茄采后品质保持有较好的效果。

2. 具有特殊功能的包装材料和包装技术走向应用　①纳米复合包装可有效保持蘑菇收获后质量。②将天然的杀菌剂与包装材料结合，将香芹酚固定到纳米包装膜中对采收后蔬菜上的真菌有较好的抑制作用，可有效控制蔬菜腐烂。③中药、茶多酚、壳聚糖、精油等天然保鲜剂依旧是研究的热点，被更多地应用于蔬菜采后保鲜中。

四、国内蔬菜产业技术研发进展

（一）遗传改良与品种选育

1. 主要蔬菜作物育种项目启动　主要蔬菜作物育种被列入"十三五"国家七大农作物育种专项。其中，蔬菜杂优项目、种质资源创新项目 2016 年已启动；十字花科蔬菜和茄科蔬菜多抗广适新品种培育项目已立项，将于 2017 年启动。"辣椒骨干亲本创制与新品种选育"获国家科技进步二等奖；"适合北京周年栽培系列杂交小白菜品种的示范推广"获北京市科技推广奖一等奖；"不结球白菜分子标记和倍性育种技术与新品种选育"获得高等学校科学研究优秀成果奖技术发明奖二等奖；"花椰菜种质资源创新及新品种选育"获得 2016 年天津市科学技术进步三等奖。

2. 种质资源不断创新　张小丽等针对我国优势根肿菌小种—4 号小种，利用苗期人工接种鉴定方法—伤根灌菌法对 531 份青花菜及其近缘种属材料进行了抗根肿病鉴定。陈静等对 79 份甘蓝材料进行了抗根肿病鉴定，筛选出性状优良的高抗材料 1 份、抗病材料 3 份。Yu 等选用 Ogura 胞质不育芥蓝作为桥梁材料，与含有育性恢复基因的甘蓝型油菜进行远缘杂交，同时结合胚挽救技术获得了育性恢复的回交一代（BC1）种间杂种。

3. 基因组学技术不断深入　黄三文团队将大数据应用到植物次生代谢研究，揭示了葫芦科作物苦味性状的趋同驯化与差异进化。王晓武团队完成了白菜和甘蓝类蔬菜作物代表材料的基因组重测序，构建了白菜和甘蓝类蔬菜的群体基因组变异图谱，分别确定了一大批白菜和甘蓝叶球形成与膨大根（茎）驯化选择的基因组信号与相关基因。

4. 定位、克隆与品质、抗病等性状相关基因 Guo 等利用青花菜对脂肪族硫苷中的部分基因进行了克隆，利用 RACE 技术获得了 5 个主要基因的全长，并进行茉莉酸诱导的研究。王欣蕾克隆了花椰菜 *BoPGIP*2 基因。

5. 育成一批新品种 据不完全统计，审（认、鉴）定品种数 20 个，获得新品种权 19 项。审（认、鉴）定品种包括：大白菜品种"利春"，快菜品种京研紫快菜、京研黄叶，甘蓝品种"中甘 165""中甘 1198""中甘 1280"等；获得新品种权的有："中农 50 号"黄瓜，"福湘佳玉"辣椒、"博辣红牛"辣椒，"中椒 107 号"甜椒，"绿健 85"大白菜等。

（二）栽培与生产技术

1. 蔬菜作物抗逆分子机制取得新进展 孙张晗等发现抗氧化酶同工酶响应盐胁迫的变化趋势具有品种及组织特异性，并且韧皮部是黄瓜幼苗响应盐胁迫的重要组织。邓朝艳等通过荧光定量 PCR 研究了高温对 *CaMBF*1*c* 基因表达量的影响，结果表明 *CaMBF*1*c* 基因表达量对辣椒耐热性有正调控作用，而高温胁迫时长也会影响 *CaMBF*1*c* 基因表达量。郑忠凡等探究辣椒 *LBD* 基因家族对高温胁迫的敏感性，结果显示热激胁迫可以明显激活或抑制部分 *LBD* 基因的表达，其中 Class Ⅱ 类基因较 Class Ⅰ 类对高温具有更高的敏感性。

2. 连作障碍防治技术研究持续开展 杜龙龙等发现堆肥具有防治番茄根结线虫的功效，并可防治设施蔬菜土壤连作障碍为害。任旭琴等研究显示，芽孢杆菌菌剂能够显著促进红椒对土壤有机质和有效养分的吸收和利用，改善根际土壤微生态，提高土壤脲酶、蔗糖酶、蛋白酶、过氧化物酶和脱氢酶活性，降低过氧化氢酶活性，明显缓解淮安红椒的连作障碍。

3. 高品质栽培技术研发越来越被重视 刘亭亭等研究不同生育阶段不同土壤含水率对番茄红素含量的影响，发现苗期适当亏水、番茄生长中期以及成熟采摘前期土壤水分充足，有利于番茄红素含量的增加。杨天怡等研究发现，施肥显著地提高了番茄果实中番茄红素、β-胡萝卜素、维生素 C、多酚类化合物以及谷胱甘肽等功能性成分。有机肥和化肥配施比单施有机肥或化肥更有利于提高番茄果实中番茄红素、β-胡萝卜素和维生素 C 等含量，但对总酚酸、总黄酮等多酚化合物类物质以及谷胱甘肽含量的提升效果不显著。

（三）设施蔬菜技术

1. 农膜更新换代步伐不断加快 高透光、高保温、无滴、消雾、转光等功能性环保棚膜相继面世，功能持效期明显延长，PO 膜的市场占有率增高。五层共挤高保温消雾无滴膜、蔬菜设施生产专用功能环保棚膜等新产品研发取得重要进展，部分已开始示范和推广。光散射薄膜研发成功，有效改善了作物群体受光条件，避免了强光、高温造成的伤害，已进入生产试验示范阶段。马铃薯、大蒜等蔬菜专用可回收地膜、可控生物降解地膜以及水-温-气耦联控制地膜等功能性环保地膜新产品也逐渐得以研发，实现可控，保温、保墒、抑草等功能要求。

2. 设施蔬菜轻简高效栽培技术成为研发重点 日光温室自动通风系统、浮膜卷放机械、嫁接机等已在部分地区进行推广，棚室秧苗移栽机械、空气净化消毒设备、无线遥控电动运输车等已有产品问世，尚处于试验和小范围示范阶段。国内有多家单位研发出具有自主知识产权的水肥自动混配装置，部分已实现产业化。

3. 冬季设施蔬菜栽培过程中的人工补光技术渐受重视 LED 作为一种新型照明光源，适用于设施栽培作物补光。国内外学者初步探明了不同光质对作物生育及代谢的效应机制，尤其在全人工光植物工厂中的应用，国内外均已进入生产示范或部分产业化阶段。

（四）病虫害防治

1. 根结线虫生物防治技术研究获得了新突破 基于基因组结合分子遗传操作确定了白灰制菌素 leucinostatins 的生物合成基因簇，从而解析了其生物合成途径，并首次发现了白灰制菌素（leucinostatins）除具有杀线虫活性外，对疫霉病菌也具有抑制活性。

2. 外来生物入侵加剧物种竞争取代的机理研究取得重要进展 雷仲仁团队通过斑潜蝇的入侵与竞争研究发现，种间竞争是物种群落构成的一个基本机制，认为竞争取代是种间竞争最严重的后果。系统分析了过去 15 年全球 100 多个国家（地区）近百种物种种间竞争取代的经典案例，发现大部分种间竞争取代现象发生在新入侵物种与其他物种之间，且竞争取代机制复杂。

3. 捕食性天敌昆虫在防治蔬菜害虫方面的研究与应用取得进展 北京市植保站、北京市农林科学院植保环保研究所等单位都研发了异色瓢虫大量繁殖技术，优化了瓢虫规模饲养的工艺流程，建立了规模繁育技术规程，实现了异色瓢虫工厂化生产及商品化应用。对于东亚小花蝽的研究主要集中在生物学、生态学特性、天然及人工饲料、大量繁殖等方面，对东亚小花蝽的研究利用多以室内捕食功能研究为主，涉及少量设施蔬菜害虫防治和果园人工调控的研究。

4. 一系列复合有益微生物菌剂或生物有机肥陆续被推出 中国农科院蔬菜所、中国农科院植保所、意大利莫里塞大学等国内外多家单位推出了一系列复合有益微生物菌剂或生物有机肥，对蔬菜根结线虫病和镰刀菌引起的枯萎病等土传病害防效可达 50% 以上。

（五）采后处理与加工技术

1. 采后保鲜及防劣变技术仍是研究重点 真空浸润法可提升氨基乙氧基乙烯基甘氨酸处理番茄果实的保鲜；干雾湿度控制系统可喷发 2~10μm 的水雾离子均匀扩散到环境空气中，提供 90%~98% 的精确高湿度，有效实现果蔬贮藏库内恒定湿度的精准自动控制。蓄冷物流技术在西蓝花、蟠桃、杨梅等果蔬上应用取得了较好的贮运效果。50% O_2 + 50% CO_2 气调包装能有效提高西蓝花的抗性，延缓衰老。单色远红光（740nm）照射红番茄，能有效维持其品质，降低微生物的繁殖。热处理（45℃ 3min）结合冷藏（4℃）技术有效控制辣椒的腐烂和水分散失。0.3% 低聚糖+1% 支链淀粉涂膜、1000mg/L AVG 处理均能延长圣女果的贮藏期。

2. 蔬菜保鲜包装及机械伤控制技术有所进展 利用含有聚乳酸的可降解薄膜气调包装，可有效延长果蔬的贮藏期，有利于保护环境。3 kPa CO_2、高于 12 kPa O_2 的气调包装可维持圣女果较好的外观品质。50% O_2+50% CO_2 气调包装有效提高西蓝花的抗性，延缓衰老。机械伤会加快蔬菜的衰老，1mM 脱落酸、4.1 kJ/m^2UV-C 可有效减轻机械伤对番茄果实的影响。

3. 蔬菜冷害及病害控制技术有新突破 间歇变暖（每 7d 放置 20℃ 24h，1~3 个循环，其余时间为 4℃）、1 mM 甜菜碱处理均可维持甜椒采后品质，并降低冷害。10μM

MeJA^{+1}mM SNP 处理通过抑制 H_2O_2 积累降低黄瓜的冷害。在病害控制方面，使用香芹酚的活性包装能降低果蔬采后腐烂。热空气（38℃ 12 h）结合罗伦隐球酵母处理、90mg/L Harpin 处理均能有效抑制番茄腐烂，增强其抗病能力。

（大宗蔬菜产业技术体系首席科学家　杜永臣　提供）

2016 年度西甜瓜产业技术发展报告

（国家西甜瓜产业技术体系）

一、国际西甜瓜生产与贸易概况

2015 年世界西瓜种植面积达到 347.74 万 hm²，产量达 1.11 亿 t；甜瓜种植面积达到 117.88 万 hm²，产量达 2962.63 万 t（FAO，2015）。全球西瓜和甜瓜的平均人年消费量分别为 15.31Kg 和 4.09kg。

二、国内西甜瓜生产与贸易概况

（一）播种面积、总产量保持增长

根据《2015 中国农业统计资料》，2015 年全国西瓜播种面积 186.07 万 hm²，总产量 7 714.0 万 t，单产 41.46t/hm²，比上年播种面积增加 0.84 万 hm²，总产量增加 229.7 万 t，增幅 3.07%，单产提高 1.05t/hm²。全国甜瓜播种面积 46.09 万 hm²，总产量 1 527.1 万 t，单产 33.13t/hm²，比上年播种面积增加 2.2 万 hm²，总产量增加 51.3 万 t，增幅为 3.47%，单产减少 0.49t/hm²。由于种植效益的提高，农民种瓜意愿增强，近年来西、甜瓜的播种面积、总产量保持增长。

（二）生产区域化特征明显，优势产区集中度大大提高

中国幅员辽阔，南北气候差异大，地理特征明显，西甜瓜最适大陆性气候，在适宜环境中，较高的昼温和较低的夜温有利于西甜瓜生长，特别是果实糖分的积累。由于气候及地域资源的差异，决定了西甜瓜种植的区域性特征较为明显。

1. 西瓜 中国西瓜生产布局依然是华东、中南两大地区主导的局面，全国 3/4 的西瓜产量来自这两个产区。2015 年华东 6 省 1 市的西瓜播种面积为 62.66 万 hm²，产量 2 121 万 t，占全国西瓜总播种面积的 35.8%，占全国总产量的 27.5%；中南六省的西瓜播种面积为 64.34 万 hm²，产量为 2 717 万 t，占当年全国西瓜总播种面积的 34.6%，占全国总产量的 35.2%；西北五省的西瓜播种面积为 24.4 万 hm²，产量为 931.7 万 t，占当年全国西瓜总播种面积的 13.1%，占全国总产量的 12.1%。

2. 甜瓜 中国甜瓜产业布局依然为华东、中南、西北产区三足鼎立的格局，其中西北地区甜瓜播种面积与产量所占比重呈不断增长趋势。2015 年，华东 6 省 1 市的甜瓜播种面积为 12.47 万 hm²，产量 434.1 万 t，占全国甜瓜总播种面积的 27%，占全国总产量的 28.4%；中南 6 省的甜瓜播种面积为 11 万 hm²，产量为 311.1 万 t，占全国甜瓜总播种面积的 23.9%，占全国总产量的 20%。西北地区的甜瓜产业发展迅速，1996—2015 年期间，播种面积呈不断扩大态势，从 1.8 万 hm² 扩大到 12.28 万 hm²，扩大了 6.82 倍；产量从 32.9 万 t 提高到 412.4 万 t，其产量占全国总产量的比重从 9% 增长到 27%，其中新疆 2015 年甜瓜产量 288.9 万 t，比 2014 年增加 22.95%，占全国总产量的 18.9%。

中国是世界西甜瓜最大生产国，但西甜瓜进出口贸易量在世界的比重不大，国际市场

对国内市场的影响不大。中国西瓜进口量占世界进口总量的10%左右，但不足国内产量的1%；相比之下，甜瓜的进口量比西瓜更小。西瓜、甜瓜出口量较少，近年平均在4万~5万t。

三、国际西甜瓜产业技术研发进展

（一）育种技术

本年度，研究学者对重要农艺性状QTL定位、基因表达差异分析、基因功能验证、内参基因设置、分子育种、基于SNP的遗传多样性分析、遗传转化等方面进行了分析。

1. 遗传规律分析　分析了基因型与环境相互作用和对西瓜果实产量的稳定性的影响，很有意思的是，发现并提出了西瓜皮肤表型的3个基因座模型。这3个位点S（前景条纹图案），D（外皮颜色的深度）和Dgo（背景皮肤颜色）分别位于不同的染色体，并以孟德尔方式分离。

2. 基因功能分析　本年度显著的特点是众多学者较好地运用了基因组大数据的分析结果，快速进行了果肉瓤色、低温、渗透胁迫下西瓜特异表达基因等相关基因功能分析，构建了系统发育树，并揭示了水杨酸在缓解低温胁迫中的作用机制。为理解重要基因的分类和功能提供了有价值的信息。

（二）栽培技术

1. 健康种苗生产及嫁接技术　西甜瓜健康种苗的生产技术研究获得广泛关注，涉及种苗株型化学调控、育苗基质筛选、种子引发、温度和光环境调控等方面，LED光源在壮苗培育中的应用受到关注。分析了外界环境条件对种子引发的影响、开发了一套1 000~2 500nm的高光谱种子活力分辨系统，并计算了嫁接实际成本与嫁接收益平衡，说明了大力推广西瓜嫁接技术的优势。

2. 肥水管理技术　主要集中在纳米肥料、叶面肥、生物肥料施用配方及技术方面。发现植物可以通过渗透作用和气孔很好地吸收纳米肥料，同时纳米肥料也可以利用维管束由地上传到地下，并且肥料的吸收、转运与纳米颗粒的形状和施用方法以及植物特性有关。通过实施水肥一体化技术，节本增效效果显著，示范大棚节本增效166元/667m^2。并对水肥一体化精准滴灌技术、滴灌系统的组成进行研究，为发展大棚西瓜推广水肥一体化精准滴灌技术提供参考。

3. 栽培技术　比较了家养蜜蜂和野生蜜蜂对西瓜授粉的影响，证明野生蜜蜂和饲养蜜蜂具有同样的授粉效率。同时发现带状耕作很好地改善了土壤结构以及土壤微生物菌落，对于西瓜增产和品质改善具有较大作用。

（三）病虫害控制技术

1. 针对真菌病害　主要集中于蔓枯病病菌、白粉病病菌的生理小种鉴定、抗病基因的QTL定位及致病机制、防病药剂与使用方法分析。特别是完成了甜瓜枯萎病病菌的测序工作，通过生物信息学分析和遗传转化，鉴定出了效应蛋白基因AVRFOM2，其编码一个无毒性蛋白，能够被甜瓜FOM-2基因识别，激活甜瓜的抗病反应，对甜瓜的抗病机理研究具有较大意义。

2. 针对瓜类细菌性果斑病（BFB）　主要集中于病害发生规律及机理，病原菌检测技术，防治技术等方面。

3. 针对病毒病害　主要集中于新病毒的发生、病毒病害在世界各地的发生及系统进化分析、病毒病害检测方法、病毒病害的传播与流行、病毒与寄主互作、抗性及转基因抗病毒相关研究。

4. 针对西甜瓜害虫　涉及烟粉虱寄主选择性、植物诱导防御反应对烟粉虱驱避作用、高效药剂筛选、西甜瓜害虫田间调查及其综合防治技术研究等。

（四）采后处理加工技术

国外学者对西甜瓜保鲜、加工、功能性研究等方面进行研究，试图通过耐贮品种筛选、贮存方法优化等方面延长鲜食西甜瓜的货架期，筛选不同的灭菌剂、保鲜剂，以延长鲜切西甜瓜的货架期。

四、国内西甜瓜产业技术研发进展

（一）育种技术

本年度，国内学者继续在遗传图谱构建与重要农艺性状基因遗传规律分析、QTL 定位、重要农艺性状基因克隆与分子育种、遗传多样性分析等方面取得了一定的成绩。

1. 主要农艺性状遗传规律和 QTL 定位　主要集中在果实外观性状、酶活性、种子性状、产量和品质性状、生长激素、生理特性等重要农艺性状。同时，结合遗传规律研究，开展了一系列新品种选育工作。

2. 育种基础理论　主要集中在利用各种生理指标分析西瓜枯萎病、白粉病、西瓜细菌性果斑病、黄瓜绿斑驳花叶病毒病等病害，如，盐碱、高低温、干旱对植株生理特性和适应性的影响，在此基础上，进行了种质资源筛选评价，获得一批具有优良抗性的新资源。

3. 基因克隆　本年度对 *ClCP*2 基因的启动子、*CWACO*1 基因、*CitACS*4、*ClWIP*1 等多个基因的功能与定位进行了研究，为西瓜分子育种及良种繁育实践提供理论与技术基础。特别是本年度申请了一批发明专利，包括利用高通量分子标记转育甜瓜雌性系的方法及其专用引物、一种与甜瓜白粉病抗性相关的 SNP 标记及其应用、一种鉴定西瓜籽粒大小的 InDel 分子标记及其引物和在西瓜籽粒大小育种中的应用、与甜瓜霜霉病抗性主效 QTL 连锁的 SSR 标记及其应用等等，显著提高了育种的准确性和选择效率。

2016 年 CNKI 文献报道共选育 11 个西瓜新品种，其中早熟西瓜品种 5 个、中早熟西瓜品种 2 个，中熟西瓜品种 4 个。选育 11 个厚皮甜瓜新品种。

（二）栽培技术

西甜瓜是忌连作的作物，枯萎病是连作障碍的最主要病症之一，学者分析了轮作、间作、嫁接、药剂防治、生物防治以及采用抗病品种等方法来防治连作障碍的技术方案。同时，针对嫁接栽培，研究集中在嫁接育苗管理、嫁接对西甜瓜作物生长发育、生理特性、抗逆性、果实产量、品质及物质代谢等方面的影响，砧木的筛选、砧木抗性评价方面，并开始用组学手段来解释嫁接生理。

此外，国内学者对西甜瓜健康种苗生产技术研究进行了广泛关注，涉及化学调控防止徒长、合理的育苗基质配比、种子引发、温度和光环境调控、LED 光源对幼苗生长的影响等诸多方面。

随着西瓜生产集约化程度的不断提高，简约化栽培技术的需求愈发迫切。为有效提高西瓜栽培效率，提升种植效益，学者对蜜蜂授粉、大棚天窗放风、微喷灌溉重力施肥、整枝、留果方式、地膜覆盖等简约化省工栽培技术进行了总结。

在肥水管理方面，我国西甜瓜种植普遍存在滥用、偏施化肥，没有根据作物需肥特点进行肥料合理配施，致使土壤酸化、肥力下降、肥料利用率低，进而影响西瓜的产量及品质。本年度，研究学者针对西瓜和甜瓜对主要元素、水分的吸收利用特性不同，对各种肥料的配比、用量、肥料类型以及不同栽培条件、套种方式对西瓜生长特性、品质的影响进行了分析，以期建立西瓜高效的栽培技术体系。伴随着水肥一体化和有机肥产业的发展，学者对水肥一体化精准滴灌系统组成、技术要点、商用有机肥对西甜瓜生长及生理指标的促进等进行了分析。

（三）病虫害控制技术

1. 对真菌病害的防治研究　集中在病害的发生、为害及其影响因子、嫁接轮作防治技术等。其中发现枯萎病菌 *FonNot2* 基因可能通过影响分生孢子萌发后对根部组织的穿透能力而在致病性中起作用是本年度工作的亮点。

2. 对西甜瓜害虫的防治研究　集中在害虫的发生为害与田间监测、生物防治、化学防治及综合防治技术等方面。筛选了一批西甜瓜害虫高效低毒药剂，发现大草蛉、中华草蛉、拟小食螨瓢虫、丽蚜小蜂等是防治烟粉虱、白粉虱等虫害的天敌。

3. 在细菌病害研究方面　对西瓜 BFB 生理小种鉴定、快速检测、致病机理、防治方法进行了分析，以期建立西瓜抗 BFB 病育种的理论基础。

4. 在病毒病研究方面　没有新的西甜瓜病毒病害发生，主要集中在已有发生的病毒病的调查和检测方面，构建了病毒 *CP* 基因的系统进化树，并进行了抗病品种的筛选，对病毒的快速检测技术体系进行了优化。

（四）采后处理加工与综合利用

本年度，学者分析了通过构建数学模型对西瓜内部品质进行快速无损检测，有利于在线无损检测西瓜的生长期、预测贮藏与销售中西瓜质量的变化。新技术是促进产业发展的最佳方式，甜瓜研究主要集中于延长甜瓜货架期方法的优化方面，包括气调处理、1-MCP 处理、热处理、保鲜剂处理等，延缓了贮藏期间果实可溶性固形物（TSS）和可滴定酸的下降，保持了果实良好的品质。西瓜研究方面，电子束照射、激光成像技术、以及超高压等技术应用于西瓜采后加工，通过加工技术处理可以显著降低西瓜块上的细菌及真菌数量，对西瓜块硬度及颜色没有负面影响，同时有效保留西瓜块的特征风味。

（西甜瓜产业技术体系首席科学家　许勇　提供）

2016 年度柑橘产业技术发展报告

（国家柑橘产业技术体系）

一、国际柑橘生产与贸易概况

（一）生产概况

2014 年世界柑橘种植面积和产量分别为 890.99 万 hm^2，1.38 亿 t。2014 年世界柑橘类水果总产量排在前五位的国家依次为：中国、巴西、印度、美国和墨西哥，甜橙最主要的产地位于巴西，中国是世界宽皮柑橘的主要产地。

（二）贸易概况

2014 年世界柑橘鲜果的主要消费地区分别为中国、欧盟、巴西、美国和墨西哥，这 5 个国家和地区柑橘鲜果的消费分别占世界总消费的 44.75%、15.11%、7.54%、5.7% 和 5.9%，美国和欧盟是橙汁的最主要消费地区。

2015 年世界柑橘鲜果类产品进口、出口额分别为 124.97 亿美元和 124.3 亿美元，同 2014 年相比分别下降 0.61%、7.98%。进口总量和出口总量分别为 1 387.41 万 t 和 1 533.63 万 t，与 2014 年相比出口量增加 1.24%，进口量下降 1.07%。甜橙的出口额和出口量最大，其次是宽皮橘，柠檬和酸橙、葡萄柚及柚，以及其他柑橘属水果的出口比例相对较少。

二、国内柑橘生产与贸易概况

（一）生产概况

2015 年我国柑橘总产量达到 3 679 万 t，与 2014 年相比增长了 5.34%；从种植面积上看，2015 年我国柑橘的种植面积达到 256.13 万 hm^2，与 2014 年同比增长了 1.59%；另外，平均单产从 1978 年的 1 400kg/667m^2 增加到 2015 年的 9 600kg/667m^2，年均增长率达 5.27%。

2015 年广东、江西两省受黄龙病影响，种植面积减少 2 万 hm^2，西部地区柑橘栽培面积达到 94.2 万 hm^2，占全国总种植面积的 36.8%，比重有所增大。西南部和北部地区面积稍有增长。贵州、江西、福建 3 省产量增幅较大，增幅超过 15% 以上，湖南、广西、四川、重庆等省（自治区、直辖市）产量小幅增长，增幅保持在 4.5%~8.0%；湖北遇到温州蜜柑生产"小年"，产量下降 13.0%，广东和浙江由于受黄龙病为害、结构调整、种植效益下降等因素的影响，果园失管，产量逐渐下降。

（二）贸易概况

2015 年中国柑橘鲜果进出口总额 15.25 亿美元，进出口贸易总量达 113.54 万 t。其中，鲜果出口总量为 92.05 万 t，金额达 12.58 亿美元，出口平均价格为 1 367.1 美元/t；柑橘鲜果进口总量达 21.49 万 t，进口额为 2.67 亿美元，进口平均价格为 1 242.1 美元/t。

在加工品进出口上，我国柑橘罐头出口继续保持较快增长，2015 年其出口金额达

3.299亿美元，占世界柑橘罐头总出口金额的46.03%，与2014年相比，出口额同比下降3.72%。2015年我国进口冷冻橙汁达4.49万t，同比下降14.15%，进口金额为0.926亿美元，同比下降23.97%。巴西是我国冷冻橙汁最主要的进口来源地。

三、国际柑橘产业技术研发进展

（一）遗传育种

1. 重视柑橘砧木资源评价及抗病品种筛选 评价砧木资源抗旱、抗盐、矮化、抗缺素及抗黄龙病等性状；针对现有的柑橘品种，评价其抗病特性（主要是抗黄龙病），并进行抗病性评级。

2. 组学技术在柑橘育种研究中的应用更为普遍 随着组学技术的发展，转录组学和代谢组学技术更广泛地应用于果实色泽、无籽、抗逆及发育和成熟的分子机理研究中。

3. 分子标记技术仍是柑橘种质资源评价的重要手段 分子标记技术依然在柑橘种质资源的鉴定和辅助育种中占有重要地位，新型分子标记的开发和使用缩短了研究时间，大大提高了研究效率。

（二）栽培与耕作

1. 省力化、机械化、智能化是柑橘栽培发展的主要方向 近年，世界柑橘产业面临劳动力短缺和成本上升问题，省力化、机械化、智能化技术成为各国柑橘栽培的主要研究内容。

2. 注重水肥一体化精准管理 根据柑橘对水肥需求特点形成的水肥一体化精准农业，受到各柑橘主产国的重视。推行"先进柑橘生产系统ACPS（Advanced Citrus Production Systems）"，通过水肥一体化施用技术满足植株最适水分养分需求。

3. 利用栽培技术防控黄龙病成为柑橘栽培的研究重点 世界许多地区的柑橘产业均受到黄龙病的为害，如美国主产区佛罗里达100%柑橘园和80%柑橘树已感染黄龙病。从栽培角度防控黄龙病已成为柑橘栽培研发的一个重要方向，如利用耐黄龙病的砧木、重修剪、热处理和矮化高密度栽培模式等。另外，美国通过强化矿质营养元素的根系和叶面补充，对减缓感病树产量下降和延长结果年限有一定作用，在没有其他有效的防控措施前提下，人们不得已选择这一方法，减缓树体死亡的时间，目前在生产上有一些应用。

（三）病虫害防控

1. 重视柑橘黄龙病研究 黄龙病田间多年抗性评价表明，澳沙檬、澳指檬等近缘属植物对黄龙病具有一定抗（耐）性，从转录组和蛋白组水平对植株抗（耐）黄龙病机制进行了初步解析。

2. 柑橘溃疡病、绿霉病等重要病害研究取得一定进展 通过表达来源于烟草的*FLS2*基因可提高甜橙对柑橘溃疡病的抗性；借助柑橘叶斑病毒载体在柑橘中表达*FT*开花基因，可极大提前柑橘的花期；明确了转录因子*PdSte*12在柑橘绿霉病菌的致病、产孢和抗胁迫过程中具有重要功能。

3. 柑橘木虱、全爪螨等主要虫害依然是研究的重点 通过土壤施用噻虫嗪和吡虫啉能够显著减少柑橘木虱的为害，氟啶虫胺腈能抑制柑橘木虱的产卵和若虫发育；干燥处理可有效降低柑橘全爪螨卵的孵化率，且对捕食螨影响较小，这为防治柑橘全爪螨提供了新的途径。

（四）采后处理与加工

1. 柑橘加工向自动化方向发展　由于劳动力短缺和劳动力成本的提高，柑橘加工产业尤其是罐头产业重视研究如何实现机器换人，目前正在研究开发的设备主要有自动剥皮、分瓣设备，智能化在线缺陷检测、在线糖度/酸度检测设备，搬运、装箱机械臂等。

2. 重视柑橘加工品质提升研究　在加工过程中，柑橘的口感和营养品质会有部分损失，尤其是热杀菌过程。目前正在开发非热杀菌新技术，如超高压、脉冲电场、低温等离子杀菌等技术。随着这些技术的完善，柑橘加工产品的品质会有更进一步的提升。

3. 柑橘加工产品向功能化成分方向发展　柑橘中的多种功能性成分通过复配或提取提升产品品质，提高柑橘加工附加值。

（五）果园机械

1. 重视柑橘采收机械研究　设计了基于机器视觉的伺服电机控制器以调整采集装置位置，部分解决了柑橘收获装置定位问题；通过在收货机械上放置无线装置定位果实，精度超过 95%；用有限元法研究收获机械的最优参数以实现最低的果实损伤率和最高的采果率，优化后的收获装置可降低 45% 果实损伤率。

2. 基于病害防控研发的机械技术取得一定进展　用光谱图像技术检测受黄龙病胁迫橘树的树叶并建立预测模型，准确率达 91.93%；评估了不同的杀真菌剂喷雾量和速率对柑橘黑斑病的控制效果，明确基于 TRV 的喷雾高效、低成本、环境影响小等特点。

3. 柑橘生长监测系统研究发展迅速　利用无人机采集多光谱图像，研究盐碱地再生水和亏缺灌溉对柑橘的影响，探索了信息获取的新途径；利用遥感技术观察柑橘树生长阶段及估计其蒸发、预测需水情况，对特定区域效果较好。

四、国内柑橘产业技术研发进展

（一）遗传育种

1. 注重野生种质资源和地方品种的挖掘及评价　继续开展柑橘野生种质资源和地方品种的发掘及评价，新型分子标记技术的应用提高了种质资源评价效率。

2. 砧木种质资源的评价利用及其优良性状的形成机理仍是研究重点　重点评价抗病性、耐盐、耐缺素等性状，并采用离子组学、转录组学等技术深入研究其性状机理。

3. 特色种质资源的功能性成分分析取得一定进展　利用先进的色谱和质谱技术，分析和鉴定某些特色柑橘品种中的功能性成分，以扩大柑橘的应用范围，如枳雀富含柚皮苷。

4. 重视芽变机理研究　利用柑橘中的芽变材料，采用组学技术研究芽变性状如红色果肉形成的分子机理，为分子育种提供了基础。

（二）栽培与耕作

1. 柑橘平衡施肥和省力化施肥发展迅速　重庆、湖北、江西、福建等产区在柑橘叶片营养诊断和配方施肥方面成效显著，缺素矫正技术日趋成熟。部分肥料生产企业与技术部门合作，生产针对性较强的配方肥料，取得较好效果。

2. 黄龙病疫区栽培模式发生变化　受黄龙病影响，疫区栽培模式发生变化，疫区芦柑种植"永春模式"、抹芽（杀芽）控梢栽培受到重视。

3. 重视柑橘留树保鲜技术推广与应用　在四川、广西、重庆等地，柑橘延迟采收和果实留树越冬栽培面积进一步扩大；晚熟柑橘或晚采柑橘发展较快。

4. 柑橘省力化栽培技术研究与应用得到加强　密改稀、大冠改小冠、隔年轮换结果、起垄、地面铺膜、控水控肥和完熟采收等技术的应用面积扩大；果园季节性自然生草栽培、肥料撒施、大枝修剪、果园滴灌等技术大面积推广。

（三）病虫害防控

1. 加强了柑橘黄龙病等重要病害研究　韧皮部特异启动子介导下的转 cecropin B 基因柑橘对黄龙病表现出较强的抗性；建立的黄龙病 LAMP 检测方法，提高了检测灵敏度；首次在猕猴桃上检测出柑橘叶斑病毒，明确在中国引起柑橘脂点黄斑病和果实脂斑病的主要病原分别是 *Zasmidium citri-griseum*（Syn. Mycosphaerella citri），*Z. fructicola* 和 *Z. fructigenum*。

2. 重视柑橘木虱研究　通过组学技术鉴定出柑橘木虱的化学感受基因，并分析了柑橘木虱与黄龙病菌间的蛋白互作关系，为防治柑橘木虱提供了理论基础。筛选出的多变拟青霉菌株对柑橘木虱具有较强防治作用。

3. 柑橘蚜虫、实蝇等害虫研究取得一定进展　通过 RNAi 技术发现，沉默几丁质合成酶基因可导致褐色橘蚜死亡；确定了柑橘大实蝇在果园的时空分布规律和橘小实蝇精巢等性偏向 microRNA 特性；发现 *miR-8-3p*、神经肽 *Natalisin* 基因和双氧化酶基因 *BdDuox* 分别调控橘小实蝇精子发育、交配行为和肠道细菌群落稳态平衡。

（四）采后处理与加工

1. 柑橘加工以自动化设备、非热杀菌和营养功能化等方向为研究重点　柑橘剥皮设备、在线缺陷检测设备、自动化的机械臂等研发产品在工厂正在进行试运行，超高压设备等杀菌技术也在不断完善。

2. 重视柑橘产品农残快速检测、农残快速降解研究　由于农药残留带来的风险正在逐步被认识，柑橘产品农残快速检测、农残快速降解的研究正在开展。

3. 加强柑橘果汁产品开发　我国 NFC 橙汁的市场需求表现出不断攀升的趋势，已有多家国内果汁加工企业先后开发了各自品牌的 NFC 橙汁产品；果汁饮料产品秉承天然健康的理念，以研发柑橘复配果汁饮料产品为趋势。

（五）果园机械

1. 山地果园运输机械发展迅速　设计了以 PLC 为核心的山地果园拆装牵引式双轨运输机控制系统，实现了载物滑车定位停车；研制了山地果园蓄电池驱动单轨运输机，具有转弯半径小、控制简便、安全可靠等优点。

2. 重视果园喷雾技术研究　研制了双气流辅助静电果园喷雾机，提高在果树叶片背面的沉积效果，雾滴冠层覆盖效果较好；探索了无人机施药在柑橘树冠层的雾滴沉积效果，为果园无人机喷雾技术应用发展提供依据。

3. 柑橘黄龙病果园检测技术取得一定进展　用叶绿素荧光仪获取柑橘叶片参数，通过概率神经网络建模处理，鉴定并区分健康的、非黄龙病黄化的以及黄龙病的柑橘植株，效果较好。

4. 加强柑橘收获机械研发　建立柑橘各组分力学参数的有限元模型，模拟机器人采摘过程，研究了不同夹持条件下柑橘的内部应力变化。

（柑橘产业技术体系首席科学家　邓秀新　提供）

2016年度苹果产业技术发展报告

（国家苹果产业技术体系）

一、国际苹果生产与贸易状况

（一）生产

与2015年度相比，2016年世界苹果总产量略有增加，达到7 700万t。其中，美国苹果总产量达670万t，与2015年相比，增幅达到4%~5%。加拿大苹果产量大幅增长，与2015年相比增幅达24%；俄罗斯增长2%；乌克兰增长1%；但墨西哥苹果产量降低16%；瑞士降低5%；白俄罗斯苹果产量则几乎与2015年度持平。2015/2016产季苹果年产量超过100万t的国家和地区无显著变化，依次为中国、欧盟（28国）、美国、土耳其、印度、俄罗斯、巴西、智利和乌克兰，这些国家和地区的产量达6494.6万t。

（二）贸易

2015/2016产季世界苹果出口总量为539.4万t，比2014/2015产季减少1.93%。出口量超过50万t的国家和地区依次为：欧盟（28国）、中国、美国和智利，的出口总量为411.4万t，占世界出口总量的76.27%。2015/2016产季世界苹果进口量为502.7万t，比2014/2015产季减少1.45%。俄罗斯、白俄罗斯和欧盟28国仍然是世界主要苹果进口国家，其他国家或地区苹果进口量都有不同程度的减少。

二、国内苹果生产与贸易概况

（一）生产

2016年，中国苹果种植面积预计为246.69万hm^2，比2015年增长3.52%；苹果生产布局向优势区集中，但"西移北扩"趋势更加明显。2016年，苹果主产区局部遭受冰雹等自然灾害，但影响不大，预计苹果总产量为3 405.13万t，比2015增产5.85%。2016年，全国挂果园苹果单产预计为15.02t/hm^2。

（二）贸易

2014以来，中国苹果价格呈下降趋势。据调查，2016年价格持续走低，全国苹果平均批发价为4.22元/kg，同比下降20%，其中，富士苹果平均批发价格为6.30元/kg，同比下降20.55%；全国苹果平均零售价格为6.35元/kg，同比下降17.67%。

2016年苹果生产成本约为6.98万元/hm^2，较2015年上涨4.21%，其中黄土高原和环渤海湾优势区平均总成本分别为7.11万元/hm^2、8.44万元/hm^2，人工成本和物质成本分别为3.26万元/hm^2、3.15万元/hm^2，较2015年分别上升5.81%、2.71%。总体而言，化肥、农药等农资价格相对平稳，部分地区小幅下降，但化肥、农药投入量加大，导致物质成本增加。

2016年，鲜苹果出口量扭转下滑趋势，有望达到150万t，出口平均单价为1 125.39美元/t，同比下降10.80%，出口目的地主要为亚洲国家和地区，占到85.27%。2016年鲜苹果进口量大幅回落，约为 6.40 万 t，较去年下降 26.95%。

三、国际苹果产业技术研究进展

（一）资源创新与遗传改良

目前，美国已保存了 50 个种约 8 000 份资源，田间保存材料 5 676 份；欧盟 13 国共保存苹果资源 24 827 份，其中法国 3 300 份，英国 2 207 份；俄罗斯保存了 44 个种 2 460 余份；日本约保存 2 000 份；新西兰保存 500 余份。保存方式主要采取田间保存和枝芽超低温保存。

当前对苹果属种质资源研究，主要采用先进技术与常规技术结合，开展优质、功能成分综合评价。美国的康奈尔大学 Sugimoto 等对 184 份种质的硬度、淀粉含量、氨基酸含量、柠檬酸含量测定后，得出果实中的 2-甲基丁酸乙酯，2-丙酸乙酯等含量与柠檬酸代谢途径密切相关。Farneti 测定了 247 份苹果种质果实（野生种质 97 份，栽培 150 份）的多酚。KumarS 利用 8KSNP 芯片进行了 247 份克隆有关 6 个果实品质性状评价。

CRISPR/Cas9 基因编辑新技术在苹果上应用，日本科学家 Nishitani C 等在苹果上基于 CRISPR/Cas9 对苹果 PDS 基因选择第 3、第 6 以及第 7 外显子进行了 4 个 gRNAs 靶位点设计，以 JM2 为转化材料，共获得了 18 个株系转基因苗，其中 16 株转基因苗有明显的白化表型。Haberman 研究表明，$MdTFL1-2$ 基因与二次开花与结果现象密切相关；日本科学家利用植物病毒载体 ALSV 抑制 $MdTFL1-1$ 基因表达，开花周期大约缩短到 2 个月，建立了一套利用早花特性缩短苹果育种周期的技术体系。

当前国际上苹果育种技术研究主要集中在以下几个方面：遗传多样性研究；分子标记研究；功能基因的定位、克隆与功能验证研究；转基因技术研究；组学相关研究。

（二）栽培技术

美国康奈尔大学园艺系 Terence Rodinson 教授和美国康奈尔大学安大略区果树合作推广站 Mario Miranda Sazo 等研究报道，苹果园栽植密度在过去的 50 年内一直稳定增加，从 6~7 株/667m² 到有些果园甚至 500 株/667m²。自栽植模式开始变革后，美国纽约州的栽植者就开始逐渐由 6~7 株/667m² 的实生砧多主干大树树形，转变为 33 株/667m² 的半矮化砧中央主干树形，然后又选择 100 株/667m² 矮化自根砧的细纺锤形，探索了 66 株/667m² 的 M9/MM111 中间砧的中央主干小冠形，应用过 83 株/667m² 矮化自根砧的垂直主干形，又尝试了 367 株/667m² 的矮化自根砧超纺锤形，到目前一致认为 167 株/667m² 的矮化自根砧高纺锤形栽培模式最好。

（三）土壤与肥水管理

土壤环境质量的优劣是果品安全生产的基础和保障，其中果园土壤重金属元素是水果产地环境检测的一项重要指标，美国已将重金属元素监测纳入果园的营养管理。然而，由于人类的活动，如采矿、冶炼、城市交通运输以及农药和化肥的使用等，土壤重金属污染问题越来越严重。重金属是指原子密度大于 $4g/cm^3$ 的一类金属元素，包括 Cd、Zn、Pb、Hg、Cu、Ag、Cr 和 Sn 等，大约有 40 种。土壤有机质（SOM）是土壤中极其重要的组成物质，其数量和组成直接影响着土壤的质量。美国、加拿大和法国的研究者已发现，果园土壤中过量积累的重金属 Cu 和 As 会对敏感型植物的生长产生不利影响。果园生草可以吸收和净化土壤中的重金属，而施肥可促进草种对重金属的吸收。原因包括：①施肥促进草种生长；②影响土壤 pH（少数情况下影响到土壤 Eh）；③提供能沉淀、络合重金属的基团；④带入竞争离子；⑤影响到根系和地上部的生理代谢过程或重金属在植物体内的运转等而间接影响重金属元素的吸收。

（四）病虫害研究

世界各地学者通过形态学和分子生物学方法，鉴定了众多与苹果轮纹病菌相近的植物病害病原。葡萄座腔菌为害多种果树和林木。Abdollahzadeh 等在伊朗鉴别了 *Diplodia bulgarica* 能够引起苹果树的溃疡，流胶，枝枯等症状，这将严重威胁苹果产业的发展。Dhir 等通过 long distance PCR（LD PCR）从苹果中克隆得到 ASGV 的全基因组，将其构建到基于 T7 启动子的表达载体上，成功侵染了苋色藜。这是从木本植物上克隆得到的具有最大 RNA 病毒基因组并发挥侵染性的首次报道。此外，美国科学家 Janik 分离了两个 TCP 转录因子，靶定一个苹果扩繁病原菌 SAP11-like 的效应因子 ATP_ 00189，这是首次分离了苹果扩繁病原菌效应因子，为我们理解苹果扩繁期间病菌发展奠定了基础。

（五）采后处理与加工

国外对苹果资源的加工利用主要集中在果汁生产、苹果新型食品开发以及苹果副产物综合利用等方面。美国、波兰、意大利、德国等苹果主产国几乎都拥有完善的果汁生产技术，这些国家生产的果汁营养成分保留率高，色泽口感良好，在世界果汁贸易市场占据重要地位。此外，在苹果新型食品开发领域，这些国家也占据领先地位。例如，美国开发出亨氏苹果醋、起泡苹果酒、AvailNaturals 苹果纤维素粒、Motts 原味苹果酱等产品，这些产品远销世界各地。欧盟方面，由于德国苹果普遍高酸，而且出汁率很高，因此德国也盛产优质苹果酒和苹果醋，例如诗尼坎普苹果醋、冠利苹果醋等。此外，为开拓市场，德国还生产出 DAS 苹果醋胶囊，受到广大消费者亲睐。

四、国内苹果产业技术研发进展

（一）资源创新与遗传改良

1. 种质资源 我国苹果种质资源主要以田间保存为主。截至 2016 年 11 月，国家果树种质苹果圃（兴城）收集、保存苹果属植物 1 061 份资源，公主岭保存寒地苹果资源430 份，新疆轮台保存当地特色苹果资源 218 份，云南昆明保存苹果属砧木资源 134 份，伊犁野苹果种质资源圃保存苹果资源 102 份，合计 1 945 份。材料保存主要采取田间保存。

2. 新品种选育 一批新育品种市场前景看好，资源基础研究更加系统深入。进收集各类苹果资源 276 份次。对 62 份资源苹果炭疽叶枯病、290 份次苹果属资源抗寒性、110份次资源抗旱性进行了系统评价。创制 7 个种质创新群体 1 895 株，获得 8 个种质创新群体种子 2 230 粒。评价种质 252 份。从俄罗斯引进的 60-160、BP-176、71 3-150 3 个抗寒矮化砧木，在山东表现良好，其中 60~160 嫁接烟富 3 号第 6 年产量达到 5 730.12 kg/667m^2，4 年生幼树累计产量达到 12 035.06kg/667m^2，在西北、东北、华北冬季寒冷地区将会有很好的推广应用前景。

3. 抗逆性评价和基因测序 王忆等对 96 份苹果实生砧木资源和 18 个砧木品种（系）自根苗进行抗逆性评价。朱元娣等以新疆地区不同居群的 52 份新疆野苹果、9 份中国苹果品种、1 份森林苹果种质为试材，进行核糖体 DNA 内转录间隔区 ITS 和叶绿体成熟酶 K（*matK*）基因的测序分析。

4. 基因组重测序 对金冠苹果进行了基因组重测序，其测序质量大幅度提高，并建立了新的苹果基因组数据库。筛选出 4 个抗炭疽菌叶枯病分子标记（1 个 SNP、1 个 InDel

标记和 2 个 SSR 标记）；筛选出 3 个 WUE 性状相关的 SNP 分子标记；获得 42 个枝干轮纹病抗性相关 QTL 位点。

（二）栽培技术

1. 苹果砧木与砧穗组合评价与筛选在各地全面展开 苹果矮砧集约栽培技术不断深化，新模式在适宜区广泛应用，大规模推广。自根分枝大苗繁育技术体系日趋成熟，示范效果全面显现，老龄低效果园重茬更新与新旧模式转化技术研究受到重视。矮砧密植集约栽培是研究的重点，特别是旱地砧穗组合及肥水管理模式的研发；大苗的繁育技术研究和砧木的无性系繁殖技术研发备受关注。岳伟在陕西千阳试验报道，选用自根砧苹果大苗，栽植株距 1~1.2m，行距 3m，培育高纺锤形树形。通过整形修剪控制树冠大小，促进成花、结果是建园成功与否的关键技术之一。

2. 省力化栽培技术及机械研发有新进展 应用率显著提高。在苹果整形修剪方面，这几年最大变化为，树形由大树冠、难培养向小树冠、容易培养的高纺锤形、细纺锤形、开心形转移；修剪时间由春节前向春节后开始转移；修剪量由多去枝，向轻剪长放转移。另外，一般修剪后亩枝量保留在 6 万~8 万条。并针对不同品种、不同地区提出不同的修剪措施。延安北部地区提出拉枝时间 8 月下旬到 9 月上旬，拉枝角度 90°；环切时间 5 月中下旬。修剪技术以简化修剪为主，减少人工及劳动强度。主要推广轻剪长放和拉枝技术，过去繁琐的三套枝修剪、戴帽修剪、轻中重修剪等已经不用了。

（三）土、肥、水管理

现代果园肥水高效利用技术研发取得新进展，减少化肥应用的土肥水管理技术效果初步显现。连作苹果园与轮作作物的果园和非连作果园相比，土壤中的养分的含量有所下降，土壤酶（脲酶、中性磷酸酶、转化酶）的活性显著降低。王寅等将控释氮肥与尿素掺混施加于连作春玉米土壤中，结果发现，控释氮肥与尿素掺混施用可促进连作条件下春玉米获得高产，增加植株氮素吸收，从而提高氮肥利用率。张福锁等研究发现，玉米连作 24 年后，全土中碳含量降低 5.3%，团聚体中碳含量显著降低，团聚体和矿物质结合对有机质的保护作用降低，黑土有机质稳定性下降。李家家等认为，葱树混作，可显著提高苹果连作土壤中脲酶、蔗糖酶、磷酸酶和过氧化氢酶活性，减轻苹果连作障碍。付风云等研究表明，在苹果连作土壤中施加多菌灵和生物有机肥，与连作土对照相比，多菌灵和微生物有机肥复合施用可提高根系呼吸速率，提高幼苗生物量，改变了土壤真菌群落结构，二者复合使用可减轻苹果连作障碍。设施甜瓜连作后，土壤逐渐酸化并伴随盐渍化趋势，氮、磷、钾比例失调，连作 3~5 年后大部分土壤酶活性开始下降，土壤真菌数量。

（四）病虫害研究

利用组学方法，深入研究了苹果树腐烂病、轮纹病、褐斑病、炭疽叶枯病和黑心病等苹果主要病害的侵染规律和发生机制，针对性地提出了各主要病虫害防治方案，在 25 个试验站大范围示范，取得了良好效果。建立了苹果树腐烂病的实时定量 PCR 检测技术体系，进一步明确了腐烂病病菌能从剪锯口的木质部侵染。对苹果轮纹病病菌基因组及其侵染苹果枝条过程中的转录组进行了全面分析。揭示了炭疽菌线粒体基因组的结构特征，建立了胶孢炭疽菌群中间及种群区分的新标记和 PEG 介导的苹果果生炭疽菌原生质体转化体系。研究了苹果腐烂病的侵染发病条件；明确了不同苹果煤污病侵染和利用营养的生物学特性；揭示了我国苹果黑点病病原种类的多样性，获得苹果黑点病菌株 618 株，包含 8

个属的真菌，4 种症状类型，不同症状类型主要致病菌不同。检验测试了 25 个试验站的病虫害防控技术方案，建立了以病虫害防控研究室为中心、以综合试验站为示范区的病虫害综合防治技术指导和示范体系。全国果区用药次数 4.5~9.3 次，每次用药种类平均为 2.5~3.0 种。不套袋果园年用药次数达到 12 次，比常规用药多出 3 次。示范区内将腐烂病的病斑复发率控制在了 20% 以内。

（五）采后处理与加工

与国外相比，我国苹果加工行业普遍存在技术落后、设备欠缺、管理松散、理论研究与实际生产脱节严重等问题。近年来，国内已有不少科研单位致力于苹果加工及其副产物综合利用等方面的研究，而且已经取得了一定进展。例如，我国已有苹果全粉、苹果干脆片等一些新型加工产品。此外，部分企业建立了苹果果胶生产线，提取的果胶已经开始作为胶凝剂、增稠剂、乳化剂、稳定剂等在食品行业得到应用。由于越来越多的科研工作者发现苹果果胶具备抗癌、降血糖、降血脂及清除重金属的功效，因此苹果果胶的医用价值也开始得到重视。但是，由于国内果胶提取技术不成熟，导致果胶质量差、生产成本高、生产周期长等问题，制约了果胶行业的发展。

开发出一批苹果加工新产品，并投入了中试生产。进一步完善了苹果白兰地、苹果醋生产技术规程，试制生产苹果白兰地 2 150L，苹果醋保健饮料 1 180L；开展了榨前分离技术研究，开发了 NFC 果汁、35Brix 浓缩浊汁、单倍汁、红肉苹果汁等新产品。全程参与了"国家农产品产地初加工补助项目"技术服务工作，指导合作社等建设组装式苹果贮藏设施 338 座，累计新增贮藏能力 3.17 万 t。

我国苹果产业虽然取得一定进展，但与国外发达国家相比差距仍然较大。为了尽快推进我国苹果产业的发展进程，我们应该做到：①不断优化栽培结构；②切实重视果品质量；③提升加工工艺；④减少流通损耗；⑤积极开拓国外市场。

（苹果产业技术体系首席科学家　韩明玉　提供）

2016年度梨产业技术发展报告

（国家梨产业技术体系）

一、国际梨生产及贸易概况

（一）生产概况

近5年全球梨种植面积约为157.0033万hm²，中国为最大产梨国，其他种植面积大国依次为土耳其、欧盟、俄罗斯、阿根廷、南非、韩国、智利。

2016/2017年度全球总产量预计约为2 544.6万t，中国1 930万t。产量前十位的国家主要还有欧盟、美国、阿根廷、南非、土耳其、印度、日本、智利、韩国。

（二）贸易概况

1. 总体情况 梨贸易总量呈增长趋势，1990年代以来年均增长率分别为9%和8%（图1）。鲜梨贸易是国际梨贸易主体（图2）。

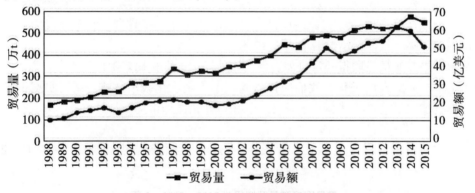

图1　1992—2015世界梨贸易额和贸易量

数据来源：UNCOMTRADE

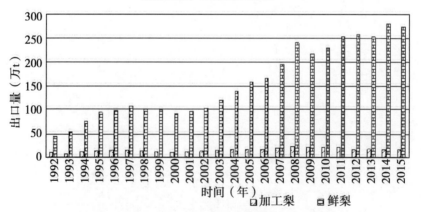

图2　1992—2015年世界鲜梨和加工梨总出口量

数据来源：UNCOMTRADE

2. 出口状况　梨出口长期增长，特别在 2002 年到 2008 年增长了近 140%，但金融危机后至 2013 年有所回升，之后再次经历了持续下滑期，出口额下降 2.5%（图 3）。

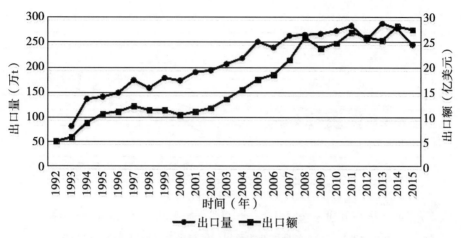

图 3　1992—2015 年世界鲜梨出口额及出口量

数据来源：UNCOMTRADE

2002—2015 年，阿根廷、中国等是梨出口大国（表 1）。2014 年荷兰跃升为第一大出口国，2015 年后中国为第一大出口国。

表 1　出口大国梨出口占世界总出口量比重变化趋势（%）

年份	中国	荷兰	阿根廷	比利时	南非	智利	意大利	法国	西班牙
2000	9.25	9.70	17.65	10.96	6.08	8.55	8.80	2.24	5.83
2001	10.54	9.21	18.25	9.86	5.17	8.45	7.41	3.10	9.33
2002	13.84	8.82	17.67	8.81	6.77	6.79	7.89	2.42	7.57
2003	15.72	11.73	17.37	10.03	6.26	7.78	6.73	2.11	6.22
2004	16.08	11.73	16.21	11.66	7.02	6.27	6.23	2.14	5.95
2005	15.97	13.15	19.11	11.29	6.21	5.52	6.21	1.71	5.91
2006	17.25	11.34	18.19	11.23	5.43	5.46	8.04	1.99	6.22
2007	16.71	13.56	18.75	11.66	7.22	4.94	7.06	1.81	3.74
2008	18.13	12.67	18.87	9.41	6.72	5.41	5.53	1.26	6.32
2009	18.95	12.88	18.59	8.61	7.39	5.32	5.51	1.31	4.33
2010	17.05	13.61	16.34	11.51	7.27	4.55	5.22	1.47	5.05
2011	15.26	13.28	17.90	10.93	6.88	5.10	6.17	1.25	5.04
2012	15.81	12.74	15.24	10.85	7.02	5.17	6.86	0.91	4.83
2013	15.11	11.91	17.53	10.63	8.18	5.68	4.86	1.16	4.73
2014	10.59	15.16	14.58	11.73	7.38	4.16	6.19	0.82	4.60
2015	13.63	11.26	12.13	11.41	7.73	5.23	5.44	0.89	3.84
平均	14.99	12.05	17.15	10.66	6.79	5.90	6.51	1.66	5.60

数据来源：UNCOMTRADE

西欧和美国出口单价一直处于较高水平，而中国出口单价处于最低水平，但是2013年以来呈现出快速上升的趋势（图4）。

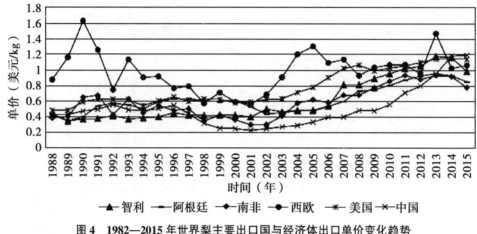

图4　1982—2015年世界梨主要出口国与经济体出口单价变化趋势

数据来源：UNCOMTRADE

3. 进口状况　欧盟、俄罗斯、墨西哥、巴西和美国等是梨主要进口国。但近年来，巴西、俄罗斯和欧盟进口量所占比重有所下降，而东南亚进口量慢慢上升（表2）。

表2　进口大国梨进口占世界总进口量比重变化趋势（%）

年份	墨西哥	巴西	俄罗斯	泰国	马来西亚	欧盟
2000	5.72	6.55	4.95	0.10	2.93	17.08
2001	5.11	6.91	7.76	0.14	3.81	15.65
2002	5.28	5.33	9.35	0.30	3.95	17.35
2003	4.93	3.45	11.57	1.40	3.23	17.52
2004	4.18	3.86	13.07	1.79	2.69	15.88
2005	3.30	4.73	14.35	1.95	2.29	14.92
2006	4.08	5.72	14.87	1.99	2.21	14.11
2007	3.60	5.76	15.82	1.64	2.09	14.31
2008	3.61	5.76	15.75	1.74	1.85	14.30
2009	3.26	6.89	13.26	1.84	1.70	15.79
2010	3.05	7.35	15.51	1.52	1.75	10.77
2011	3.03	7.85	15.65	1.24	1.54	11.34
2012	3.66	8.22	15.53	1.29	1.65	8.49
2013	3.51	7.99	16.14	1.61	1.60	11.99
2014	3.36	8.05	14.25	0.97	1.26	9.35
2015	3.47	7.32	10.52	1.46	1.58	—
平均	3.95	6.36	13.02	1.31	2.26	13.92

数据来源：UNCOMTRADE，"—"代表数据缺失

美国进口单价一直在较高水平；西欧进口单价低于美国，但高于全球平均水平；东南亚国家进口单价开始出现上升，而西欧、俄罗斯、墨西哥、巴西等国的进口单价则出现下跌（图5）。

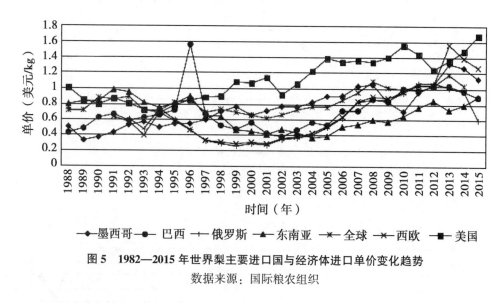

图5　1982—2015年世界梨主要进口国与经济体进口单价变化趋势

数据来源：国际粮农组织

二、国内梨生产与贸易概况

（一）生产概况

1. 产量　梨产量总体呈稳中略升态势，预计达到1900万t，同比增加50万t左右，但个别地区如新疆、北京、贵州、河北、河南、甘肃等因气候影响略有变化。

2. 栽培面积　栽培总面积萎缩至约110万hm²，个别地区面积有所调整，如河南、陕西面积略有上涨，山东、河北等种植面积减少。

3. 平均单产　梨单产总体维持往年平均水平，但部分地区因新品种、新技术的引用及管理水平提高，单产略有提升，部分地区由于气候影响导致单产有不同程度降低。

（二）贸易概况

1. 中国梨在世界市场中的地位　出口量由1995年的9.07万t上升到2009年的46.28万t，上涨了近5倍（图6），但2009年之后，呈现缓慢下降趋势，2015年开始恢复增长，达37.43万t，占总产量的2%。

由于我国梨产量大，出口量在世界市场上的份额呈现逐年增长的趋势。但近年来，随着劳动力、物质与服务以及土地成本的上升，梨出口额以及世界市场份额有下降的趋势，且2014年的下降幅度在扩大（图7）。

2. 中国梨出口市场分布　东盟和香港是我国梨果出口的主要市场（表3）。美国、俄罗斯、加拿大和荷兰是我国梨果出口的前四名国家，但近些年出口额随着各经济体经济状况的不同而有所改变。

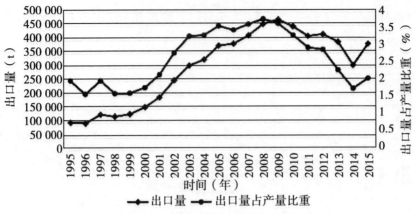

图6 1995—2015年中国梨出口量及出口量占产量的比重

数据来源：UNCOMTRADE

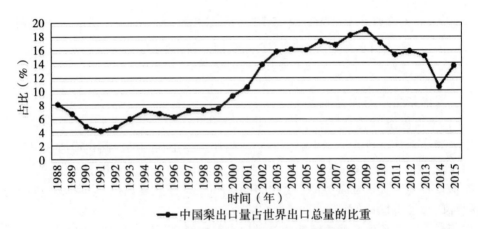

图7 我国梨出口量占世界出口量的份额

资料来源：UNCOMTRADE

表3 中国梨果出口市场分布（%）

年份	东盟	美国	俄罗斯	加拿大	德国	日本	香港	英国	西班牙	希腊	法国	荷兰
1995	53.47	0.12	11.05	1.34	5.25	2.56	24.12	0.32	—	—	0.15	0.26
1996	70.92	0.00	6.00	1.18	1.95	0.41	13.03	0.31	—	—	0.46	0.40
1997	68.49	0.47	7.80	0.86	1.89	0.35	13.47	0.26	—	—	0.14	0.85
1998	64.47	1.08	9.48	2.46	1.03	0.31	14.81	1.54	—	—	0.43	1.67
1999	62.11	5.63	4.83	4.14	0.63	0.67	10.40	1.78	—	—	0.24	1.29
2000	59.20	9.15	4.73	8.40	0.16	0.70	8.75	1.45	—	—	—	1.65
2001	55.95	8.53	6.45	7.41	0.25	0.49	7.39	1.72	—	0.74	—	4.19
2002	49.69	9.63	9.36	8.96	1.44	0.50	4.40	1.31	—	1.89	—	5.06

（续表）

年份	东盟	美国	俄罗斯	加拿大	德国	日本	香港	英国	西班牙	希腊	法国	荷兰
2003	44.85	9.86	12.60	7.88	2.41	0.35	5.94	1.05	—	1.14	—	3.92
2004	54.08	5.30	9.24	3.51	2.84	0.68	6.08	0.86	0.79	0.56	—	3.49
2005	50.78	4.75	10.11	7.70	1.73	1.12	6.37	0.84	0.47	1.08	—	3.31
2006	46.89	11.63	10.59	7.70	1.03	1.15	4.41	0.48	0.49	0.65	—	3.91
2007	42.09	16.84	7.43	6.06	2.51	1.59	4.16	0.64	0.74	1.39	0.40	3.93
2008	48.60	12.57	6.97	4.93	2.49	0.56	3.19	0.80	1.01	1.26	0.55	4.67
2009	48.25	11.50	5.81	4.80	2.86	0.58	2.92	1.01	1.21	0.47	0.62	2.97
2010	56.54	9.95	5.18	4.36	1.79	0.87	2.53	0.87	0.71	0.00	0.76	2.56
2011	62.13	8.16	4.19	4.11	1.74	0.97	2.71	0.85	1.07	1.15	0.31	2.16
2012	63.88	7.84	4.27	3.78	1.06	1.03	4.18	0.68	0.54	0.63	0.29	2.41
2013	61.94	11.40	4.10	3.73	1.76	0.87	4.45	0.59	0.73	0.41	0.48	2.09
2014	50.42	2.82	9.44	3.11	0.24	—	10.49	—	0.05	0.01	0.08	1.69
2015	55.93	2.94	6.77	2.79	—	—	10.61	—	—	—	—	—
年平均	55.74	7.36	7.48	4.82	1.75	0.79	7.69	0.87	0.39	0.57	0.25	2.62

数据来源：农业部 InfoBeacon 数据库

新加坡一直是我国梨在东盟的主要出口国，但 2000 年以后，我国向新加坡出口份额迅速降低，而向印度尼西亚、越南和泰国的出口份额迅速增长。此外，我国对马来西亚梨果出口份额相对稳定，对菲律宾梨果出口呈现缓慢的上升趋势。

3. 中国梨进口分析 图 8 显示了 1995—2015 年我国梨进口量和进口额。2010 年以来，我国梨进口呈现快速增长，2015 年进口量达 7 930t，进口额也达 1 290.5 万美元。其中美国和比利时是中国梨两大进口来源国，但近些年从日本、新西兰进口梨果量逐步上升。

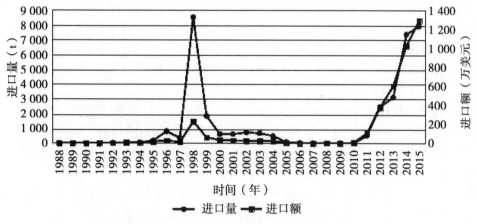

图 8　1995—2015 年我国梨进口量和进口额
数据来源：农业部 InfoBeacon 数据库

三、国际梨产业技术研发进展

（一）栽培技术

1. 栽培模式及栽培技术 ①栽培品种区域化和多元化。各国利用品种资源、气候和技术优势，提升梨生产的规模化、专业化、市场化和产业化水平。同时，还根据消费者需求的个性化和多样化，发展不同风味品质的梨品种。②栽培模式标准化和简单化。提高种植密度，种植时间由秋天改为春天，结合肥水一体化，可以达到早期高产的目标。整个生长季节的遥感数据有助于生产者改进产量和果实品质的估测、生产环节的安排。

2. 花果管理 从节约花粉成本及授粉劳动力成本角度来说，利用砂梨花粉及熊蜂为西洋梨授粉是可行的，但需及时补充花粉分配器中的花粉。

3. 土肥水管理技术 氮肥及农场肥料的配合使用可使日本梨果实品质和产量达到最佳。收获前对梨果实进行硝酸钾喷雾可明显提高梨果实的品质与产量。应用苹果汁副产品可以增加土壤微生物量碳。

4. 果园管理精准化和机械化 发达国家栽培和生产管理已实现了标准化、信息化和全程机械化，正向自动化和智能化方向发展。GIS、GPS、RS 和计算机自动控制系统的有机结合，能够迅速做出综合分析和判断，实现果园的科学管理。

（二）遗传育种技术

1. 欧美国家梨遗传育种技术 法国在 LG2 上发现的主效 QTL 间 SNP 和 SSR 标记可以作为梨抗火疫病分子标记辅助育种的候选标记。分子和流式细胞评价开始用于检测同名异物和同物异名基因型以及三倍体材料。

2. 非洲与大洋洲梨遗传育种技术 红色、抗病依旧是大洋洲及非洲育种目标的热点。新西兰育成黄皮红晕梨新品种'PremP52'，拥有较长货架期，质地脆，耐贮运。

（三）病虫害防控技术

1. 抗病育种 黑点病易感基因（Aki 基因）被精确定位在'Kinchaku'梨连锁群 11 号上，以此，在目标区域研发出了苹果新型的 SSR 分子标记。明确了 BAC-FISH 方法在梨染色体上的物理作图的有效性。

2. 梨病害防控技术 基本确定梨果实侧腐病病原为 *Cadophora luteo-olivacea*。鉴定出 10 个能抑制病原物生长的分离株，均能使果实与花上的病害严重程度降低。

从花序出现的时期开始，施用联苯三唑醇、氟硅唑、嘧菌酯、苯氧菌酯、肟菌酯以及百克酸和啶酰菌胺的混合物 5 次，能有效的控制梨壳针孢叶枯病菌（*Septoria pyricola*）。证实了来自苹果和梨果实腐烂病原菌的致病性。

3. 梨虫害防控技术 欧原花蝽〔*Anthocoris nemorum*（L.）〕和林原花蝽（*A. nemoralis*）具有控制梨木虱和苹果蚜虫种群的潜力，林原花蝽的自然种群比欧原花蝽更能有效地捕食梨喀木虱幼虫和卵。蚂蚁的存在与梨木虱若虫的数量和欧原花蝽成虫的数量呈现负相关。

PEAA 组合（梨酯与醋酸）引诱剂对芽广翅小卷蛾有诱捕作用，并且诱捕到雌虫的数量高于 70%。此外，冬季活跃的蜘蛛很有被用作生物防治天敌的潜力。

诱捕器添加醋酸会减少飞蛾的诱捕量，但置于粘着板上的醋酸缓冲液却可以增加雄蛾的捕获量。昆虫病原线虫 *Steinernema feltiae* 是生物防治苹果蠹蛾的最有效选择。乙基多杀菌素是控制东方水果蛾（OFM）和苹果蠹蛾（CM）的 IPM 策略中的有效工具。

（四）贮藏加工技术

提出了 DCA，1-MCP 等防控梨果虎皮等生理病害的技术参数。

梨加工品仍主要是梨罐头，其次为鲜切梨、梨浓缩汁、梨酱、梨泥、梨酒、梨醋，还有少量的梨保健饮料、梨夹心饼、蜜饯及梨丁等。鲜切水果特别受到欧美、日本等国家消费者的喜爱，适于快餐食用。

微波、超高压预处理技术进行梨汁杀菌技术，开始进入研发阶段。

国外先进国家果品工业的皮渣副产物实现了全利用。

四、国内梨产业技术研发进展

（一）栽培技术

1. 省力高效现代栽培模式　包括建园、地下管理、花果管理、整形修剪和果园机械筛选等配套技术措施，在各梨产区继续得到迅速推广。

2. 总结推广平原无公害梨生产关键技术　河南平原梨区根据长期生产经验，总结出一套较完善的无公害梨生产技术。

3. 研发出复合种养和生态循环的高效梨果栽培模式　苏州市通过多年实践，研发出复合种养、生态循环的高效梨果栽培模式。

4. 沿海地区梨精品化生产关键技术　浙江慈溪通过新品种引进，并研发结构牢固、抗风防灾、操作简便、通风透光的新型架式，总结出梨精品化生产关键技术。

5. 花果管理　'清香'梨可作为'翠冠'优良的授粉品种。在授粉方法上，嫁接授粉枝是一种坐果率高、果实性状好且省工省力的授粉方式。

6. 土肥水管理技术　菌渣覆盖、自然生草能明显改善梨果实风味品质。梨树灌溉适期分别为发芽前后到开花期、新梢生长和幼果膨大期、果实迅速膨大期、采果后及封冻前。免耕、生草和地表覆盖等果园土壤管理方式能够减少水土流失、蓄水保墒、提高水分利用率等。提出了香梨秋季基肥、春施展叶肥和果实膨大肥的配方肥专用配方。通过叶面喷施补充钙、镁、铁、锌、硼等中微量元素，适当减少氮磷肥用量，能够改善梨园土壤肥力条件和梨树生长状况。树干滴注铁可以可以矫治果树缺铁黄化病。

7. 果园机械化　国外经验表明，农机农艺的有机融合才能真正实现果园生产的机械化和现代化。

（二）遗传育种技术

1. 育种目标　品质优异、果形圆整，外观美，抗性强，耐储运，丰产稳产等是共同的育种目标，红皮等特色梨也受到了广泛的青睐。但不同产区的育种目标因区域的不同而略有差异。此外，选育梨加工专用品种、适于保护地栽培和观光果业需求的品种也成为新的育种目标。

2. 生物技术　国内对于梨生物技术的研究主要是：①无性繁殖及组织培养；②功能基因的发掘与表达及分子标记辅助选择育种；③功能基因发掘及克隆；④建立基于单株二维码标签的梨育种数据管理与采集系统，研发了作物育种信息管理与辅助决策系统。

3. 种质资源　研究发现梨抗炭疽病基因主要来自砂梨种质。

4. 育种成绩　国内共育成梨新品种 12 个。其中，按熟期分早熟 1 个，中熟 6 个，晚熟 4 个，中晚熟 1 个。按育种手段分杂交育成 9 个，芽变选育 2 个，辐射诱变选育 1 个。红色梨新品种 5 个。

5. 遗传规律 梨果实果形指数为由多基因控制的数量性状，表现为微效多基因的累加效应；梨杂种早果性由多基因控制，呈数量性状遗传；构建了 80 个梨品种的 SSR 特征指纹数据；构建了东西方梨 F1 代群体连锁群，涉及 186 个 SSR 标记，覆盖基因组长度 1 125.33cM；理顺了砂梨果皮全褐性状的遗传关系。

（三）病虫害防控技术

1. 抗病育种 茉莉酸甲酯（MeJA）处理过的果实通过增加防御相关酶的活性，能显著增强成熟梨果实的抗病性。

2. 病害防控技术 确定'库尔勒香梨'果萼黑斑病病原为细链格孢（*Alternaria alternata*）。梨霉斑病病原菌为苹果假尾孢〔*Pseudocercospora mali*（Ell. et Ev.）Deighton〕，苯醚甲环唑、丙环唑、氟环唑、戊唑醇和代森锰锌等对其有抑制作用。

多菌灵、咪鲜胺锰盐、氟啶胺、苯醚甲环唑和吡唑醚菌酯对梨炭疽病毒力较高。异菌脲、嘧霉胺、戊唑醇和咪鲜胺对梨黑斑病毒力较高。

1-MCP 能较好地抑制果实褐心病发病率，延迟果实成熟过程，抑制果实的软化。

碱基突变（插入或者缺失）、重组和负向选择压力是我国梨上的苹果茎痘病毒（ASPV）群体结构多样性的主要原因。

3. 虫害防控技术 梨小食心虫 csp 蛋白与气味分子的结合更具特异性。

性诱剂辅助可以使糖醋酒液诱捕梨小食心虫效果得以补充。氟虫双酰胺、氯虫苯甲酰胺和灭幼脲对梨小食心虫和桃小食心虫的初孵幼虫具有高杀虫活性，且可以抑制老熟幼虫发育变态及繁殖。

（四）贮藏加工技术

加工品依然主要是梨罐头、梨汁及梨干，梨醋和梨酒显示出发展势头，少量蒸馏酒，梨和冻梨产品受到关注。抗氧化、无硫护色、超滤、树脂等新技术、新工艺开始得到使用。

多菌种固定化载体发酵、高效发酵菌株的筛选逐渐受到重视。电渗析降酸法、新型降酸酵母研制、双效发酵生物降酸法等被用来降解果汁中的柠檬酸、苹果酸等有机酸，提高果酒的柔和度以及品质。

开始重视皮渣等加工副产物的综合利用及产业化开发，努力提高产品的附加值，甚至生产酒精燃料。

（梨产业技术体系首席科学家　张绍铃　提供）

2016 年度葡萄产业技术发展报告

（国家葡萄产业技术体系）

一、国际葡萄生产与贸易概况

（一）生产概况

据世界粮农组织（FAO）数据，2014 年，世界葡萄园收获面积为 7 124 512hm²，总产量为 74 499 859t，单产为 10 456.8kg/hm²。葡萄总产量比 2013 年降低 3.47%，收获面积和单产比 2013 年均有所下降。

从葡萄种植的区域性分布来看，欧洲是面积和产量最大的地区。2014 年，欧洲的葡萄产量占世界的 35.8%，比重比 2013 年下降 1.9%，而葡萄园收获面积占世界的 49.1%，比重比 2013 年略有下降；其次是亚洲，产量约占世界总量的 35.4%，比重与 2013 年增加 3.0%；收获面积占世界的 29.5%，比 2013 年增加了 0.9%；其余为美洲、非洲和大洋洲。2014 年世界葡萄产量最大的前五国依次为中国、美国、意大利、西班牙和法国，而收获面积最大的前 5 国依次为西班牙、中国、法国、意大利和土耳其；葡萄单产最高的国家是印度，达到 21 773.1kg/hm²，其次是巴西、美国、中国和南非。

（二）葡萄及加工品贸易概况

据联合国贸易统计数据库数据，2015 年，全球鲜食葡萄贸易进口量有所增加，出口量及进、出口额均有所下降。2015 年世界贸易进口量为 399.0 万 t，比 2014 年增加了 1.76%；进口额 793 288 万美元，比 2014 年下降了 6.0%。出口量 404.9 万 t，比 2014 年下降了 0.64%；出口额 759 686 万美元，比 2014 年下降了 4.3%。鲜食葡萄主要进口国家有美国、德国、英国、荷兰和中国等，中国的进口额居世界第 5 位，进口量居世界第 6 位（低于俄罗斯联邦）；主要出口国有智利、美国、中国、意大利和秘鲁等。

全球葡萄酒进口量保持增长态势，但是出口量、进出口额均降低。2015 年，葡萄酒进口量为 988 319.6 万 L，比 2014 年增加 6.94%，出口量为 978 010.6 万 L，比 2014 年降低 0.14%；进、出口额分别为 2 652 493.8 万美元和 2 587 487.1 万美元，分别比 2014 年降低 7.18% 和 8.53%。美国、英国、德国、加拿大和中国为较大的葡萄酒进口国，而法国、意大利、西班牙、智利和澳大利亚是较大的出口国。

2015 年的世界葡萄干贸易呈现降低趋势。其中，进、出口总量分别为 80.1 万 t 和 62.5 万 t，分别比 2014 年增加了 3.9% 和降低了 0.34%；进、出口额分别为 16.07 亿美元和 13.21 亿美元，分别比 2013 年降低了 8.27% 和 12.26%。英国、德国、荷兰和日本是主要的葡萄干进口国，土耳其、美国、智利、中国和南非为主要的葡萄干出口国。

2015 年，世界葡萄汁的贸易量出现下降趋势。其中，葡萄汁进、出口量分别为 66.91 万 t 和 68.84 万 t，分别比 2013 年下降了 5.95% 和 8.9%；进、出口额分别为 6.99 亿美元和 6.56 亿美元，比 2014 年降低 23.14% 和 25.78%。主要葡萄汁的进口国为美国、日本、德国、意大利和加拿大，而西班牙、意大利和阿根廷是较大的出口国。

二、国内葡萄生产与贸易概况

（一）生产概况

据中国农业统计资料，截至 2015 年年底，我国葡萄栽培总面积为 79.92 万 hm^2，居世界第二位，产量达 1 366.9 万 t，自 2010 年后已跃居世界葡萄产量的第一位。

我国葡萄的种植发展速度较快，目前已是第 4 大水果，产量仅次于苹果、柑橘、梨，超过了桃。从全国生产布局来看，新疆葡萄种植一直居首位，面积占全国的 18.8%，比重略有所下降，其次是河北、陕西、山东和云南（超过了辽宁），以上 5 个产区的栽培面积约占全国的 46.1%，前 5 位产区的比重均呈现下降趋势；从产量上看，新疆葡萄产量占全国的 20.2%；其次是河北、山东、辽宁和云南，以上 5 个省份的产量约占全国的 53.6%。

（二）葡萄及加工产品贸易概况

据中国海关统计资讯网消息，2016 年 1—10 月，我国鲜食葡萄进口量大于出口量。进出口量分别为 24.14 万 t 和 20.97 万 t，比 2015 年同期分别增加了 18.54% 和 40.29%；进口额为 60 166 万美元，比 2015 年同期分别增长了 8.61%，出口额 56 441 万美元，比 2015 年同期降低了 2.4%。2016 年 1—10 月，出口单价为 2.69 美元/kg，比 2015 年同期降低了 30.43%，进口葡萄单价为 2.49 美元/kg，降低了 8.37%。

我国主要出口市场是泰国、越南、印度尼西亚、马来西亚、俄罗斯联邦；进口市场有智利、秘鲁、美国、南非等。

我国葡萄酒贸易以进口为主，进口量略有增长，仍为世界前 5 的主要葡萄酒进口国；葡萄酒出口量和出口额均有显著增长。2016 年 1—10 月，葡萄酒的进口量为 49 513.4 万 L，进口额为 187 680.6 万美元，比 2015 年同期分别增加了 15.97% 和 18.99%；出口量为 875.5 万 L，出口额为 48 317.3 万美元，比 2015 年同期增加了 48.47% 和 60.52%；2016 年 1—10 月，进口葡萄酒单价和出口单价均有小幅上升。进口葡萄酒主要来自法国、澳大利亚、智利、西班牙、意大利、美国。

中国的葡萄干国际贸易一直保持贸易顺差。2016 年 1—10 月，葡萄干出口量为 2.44 万 t，比 2015 年同期增加了 26.91%；出口金额 5 056.7 万美元，比 2015 年同期增加了 20.73%。而进口量为 2.53 万 t，比 2014 年同期增加了 1.68%，增幅不大；进口金额为 3 969.8 万美元，比 2015 年同期增加了 3.69%。葡萄干进口价格有所增加，出口价格有所下降。美国、乌兹别克斯坦、土耳其为主要进口国，日本、英国、澳大利亚为主要出口国。中国的葡萄汁的贸易量和贸易额都比较少。2016 年 1—10 月，中国葡萄汁的进口量为 1.13 万 t，进口额为 1 653.6 万美元，进口贸易额比 2015 年同期有所下降；出口葡萄汁0.11 万 t，比 2015 年同期上升了 59.78%，出口额 311.8 万美元，比 2015 年同期上升了59.44%；贸易存在明显的贸易逆差。西班牙、以色列、美国、阿根廷是我国葡萄汁的主要进口国。

三、国际葡萄产业技术研发进展

（一）育种技术

1. 葡萄功能基因、葡萄转基因和抗性机理研究　转录组学、代谢组学、蛋白质组学、信号转到的方法被广泛应用，注重抗土壤逆境（干旱与盐碱）、寒冷和对各种真菌病害的抗性基因，以及与葡萄功能成分合成有关的基因挖掘。*VaCPK*29 基因参与白藜芦醇的生物合成，*VvWRKY*33 转录因子参与葡萄抗病原菌反应；*ech*42-*nag*70 双基因的转基因葡萄植株抗灰霉病和白粉病，*VvSERAT*2.1 与葡萄抗寒性相关，*CPA*1 基因 VIT_19s0090g01480 可能调控葡萄根中钠离子的分布，VIT_05s0020g01960 可能会影响钠离子在茎中的转运；转录组分析揭示了依赖 Ren1 的抗白粉病基因位于 18 号染色体上；*Ren*3 是从抗病品种 Regent 中发现的定位在 LG15 染色上约 4M 的抗白粉菌基因，最近 Schneider 等人发现在这 4M 中有 3 个 RGA，而且它们都有抗病功能；*VaERF*057 基因与葡萄抗寒性相关。

2. 葡萄品质研究　注重葡萄香味形成机理、调控研究及遗传研究。圆叶葡萄在 3 个不同的成熟阶段呈现显著不同的香气模式，花后 4~17 个星期 Shiraz 葡萄果实的萜烯类物质的含量变化十分复杂；挥发性化合物的存在和浓度是一个数量性状，受多基因控制。

3. 品种选育　美国西部地区以无核品种为主，长势旺、丰产、货架期长、耐处理、耐运输、大粒、肉质脆、玫瑰香味和狐香味、可挂树晾干、颜色鲜艳等为主要育种方向，并培育了系列葡萄品种，如 Arrat 22、Sunpreme、IFG 21、Arrat 28、Arrat 27、Stargrape 1、Stargrape 2、ARRATWENTYFIVE、ARRATWENTYSEVEN、ARRATHRITYONE、IFG22、IFGTwenty、Valley Pearl 等。乔治亚大学以圆叶葡萄育种为主，培育的 Ga 1-1-48，早熟，黄绿色，自花授粉。南非培育的 Tawny seedless，无核，大粒，高产，抗雨；罗马尼亚布加勒斯特农业科学与兽医大学培育的 Mihaela，早熟，紫黑，果肉硬脆、果粒大；韩国、日本以欧美杂种育种为主。

（二）栽培技术

国外葡萄生产先进国家基本实行"优质健康苗木认证生产体系"，有效控制了各级资源的安全性，保障了苗木生产的经济规范和有效溯源；建立了省工省力、适于机械化作业的整形修剪技术体系，基本实现了整形修剪的全程机械化作业；建立了精细且省工省力的花果管理技术体系和严格的果品质量追溯体系；推行生草制，多根据叶与土壤分析平衡施肥，精准施肥和生态配方施肥开始研究，广泛应用根域局部干燥及调亏灌溉等节水技术，智能灌溉开始应用；葡萄生产机械化程度高，基本实现标准化、信息化和全程机械化，正向自动化和智能化方向发展；世界设施栽培果树以葡萄为主，物联网技术的研究与应用是设施葡萄的亮点，处于起步阶段。

（三）病虫害防空技术

2016 年的近百篇葡萄病害文献中，灰霉病菌对啶酰菌胺抗位点突变、光谱对葡萄灰霉病斑抑制作用及防御反应相关基因的差异性表达；霜霉病菌基因组序列、霜霉病发生时期与防控时间、霜霉病病菌与品种抗性之间的关系、葡萄藤防御反应基因表达芯片技术；白粉病分生孢子数量测定方法、白粉病与寄主的互作基因表达、白粉病病菌致病力与抗性育种；枝干病害病原菌种类调查、致病力、潜育期、侵染途径、分布、流行规律及资源抗性；根癌病菌侵染后代谢物的变化等研究，均有文献报道。葡萄病毒 45 篇相关研究论文中主要是葡萄病毒病原鉴定及遗传变异、传毒介体、病毒-寄主互作、检测技术等方面的研究内容，其中发现 3 种可能的新病毒。

2016 年葡萄虫害的研究文献较少，主要是在叶蝉类害虫的种群空间分布和种群密度、直翅目害虫的防控及传毒昆虫等几个方面。

（四）商品化处理和加工技术

2016年葡萄酒学方面的研究延续了2015年的研究热点，主要集中于世界各产区的酵母多样性及酵母对葡萄酒质量特别是葡萄酒风味的影响研究；非酿酒酵母的开发与利用，特别是非酿酒酵母和酿酒酵母的混合发酵方面的研究显著增加；乳酸菌的筛选鉴定以及乳酸菌对葡萄酒品质贡献的解析；氮源及各种酿酒辅料对葡萄酒质量的影响研究，葡萄酒香气形成的机理研究进一步深入；葡萄酒酿造技术重在浸渍工艺技术的探索与革新。葡萄汁的研究主要集中在葡萄汁生产工艺优化、成分分析、有害物质检测和保健作用。葡萄与葡萄酒新的风味物质的发现，和已有风味物质的准确快速定量仍然是本年度葡萄酒化学研究的核心问题之一。

四、国内葡萄产业技术研发进展

（一）育种技术

在基础研究方面，以抗生物和非生物胁迫、果实大小、形状、胚败育相关基因发掘为主，如 $\beta-1,3-$ 葡聚糖酶、*VaERD*15、*VdWRKY*49、*VdWRKY*53、*R82H*、*VvCOR*27、*MAPKK*、*VvGW*2、*VvSCL*9、*WRKY*18、*VvTrx* 等基因。

从事葡萄基础性研究的主要单位有中国科学院广西植物研究所、沈阳农业大学、中国农业大学、西北农林科技大学、南京农业大学等，从事新品种选育和应用性研究的主要是中国农科院和各省市农林科学院的果树研究所。国内鲜食葡萄育种的主要目标是早熟、优质、无核。从2016年能够获得的信息看，科研机构仍然是育种的主力军，国内发布的鲜食品种有9个：水晶红、郑葡1号、瑞都早红、瑞都红玉、红玫香、朝霞无核、紫金早生、美红、百瑞早、钟山翠、钟山红。广西酿酒葡萄品种选育以抗病为主，如桂葡4号和桂葡5号；北方酿酒品种培育以抗寒为主，如北国蓝和新北醇。

（二）栽培技术

国内在优质、健康苗木生产方面处于起步阶段，距离"优质健康苗木认证生产体系"的建立尚有很大距离，完成了《全国鲜食葡萄种植区划》的编撰；研发出了适合我国不同生态区域的省工省力的高光效省力化树形、叶幕形和配套简化修剪技术；制定了适合不同生态区域的花果管理技术规程，但果品质量追溯体系的建立与推广仅处于起步阶段；制定了根域限制栽培和机械化越冬防寒技术规程，土肥水高效利用技术由国家葡萄产业技术体系组织开始重点研发，取得初步进展，初步研发出土肥水高效利用技术与相关产品；葡萄生产管理的机械化程度低，葡萄园机械化生产技术由国家葡萄产业技术体系组织开始重点研发，初步研发出适于葡萄园机械化生产的栽培模式、配套农艺措施和配套机械设备；制定适于不同生态区域的避雨栽培、促早和延迟栽培技术规程，开始开展物联网技术的研究。

（三）病虫害防控技术

2016年国内在病害研究方面主要涉及重要病害的遗传多样性与寄主互作机制、病原鉴定、抗病基因鉴定、病害识别、发生规律及防控技术等方面，主要包括：山葡萄'双红'与葡萄霜霉病菌互作分子机制、*VATLP* 基因过表达提高葡萄对霜霉病病菌抗性、霜霉病菌侵染后葡萄体内的各类激素水平反应和信号通路相关基因的表达、葡萄抗白粉病相关基因克隆与功能、中国野生葡萄抗白粉病基因克隆及功能分析、灰葡萄孢致病基因

*BcATM*1 致病功能、细胞分裂素响应调节因子 *VvRR*2 互作蛋白筛选与鉴定、转录组的变化影响脱落酸含量的改变、毛葡萄穗轴溃疡病病原鉴定及防治药剂初步筛选、黑痘病病原鉴定、葡萄溃疡病和水罐子病的鉴别特征、不同品种及不同架势等葡萄霜霉病的发病规律调查、避雨栽培和套袋技术对葡萄病虫害发生及产量和品质的影响、使用衍生物对葡萄炭疽病菌侵染影响、链霉菌属提取物对灰霉病的抑制作用等方面的研究。

2016 年国内的虫害防控研究主要集中在害虫的生物学特点、抗虫基因的筛选、种群发生规律、分布情况、生物防治和化学防治方面，主要包括：牛膝的提取物对葡萄根瘤蚜的亚致死效应、中草药对葡萄根瘤蚜防治效果、植物源杀虫剂对葡萄园绿盲蝽的室内毒力及田间防效、植物的水浸提液对葡萄根瘤蚜的驱避作用及生长发育的抑制作用、葡萄园金龟子的种类及发生规律调查、绿化树上斑衣蜡蝉发生情况、白星花金龟和叶蝉的防控技术等方面的研究。

（四）商品化处理和加工技术

重点关注了发酵前处理、辅料、浸渍管理对葡萄酒质量，特别是酚类物质和挥发性香气物质的影响研究，以及本土酿酒酵母和具有应用价值的非酿酒酵母菌株筛选及发酵性能评价，乳酸菌的筛选、鉴定及对葡萄酒挥发性成分的影响等。葡萄汁方面主要集中在葡萄汁的保健作用，重要成分的测定。

（葡萄产业技术体系首席科学家　段长青　提供）

2016 年度桃产业技术发展报告

（国家桃产业技术体系）

一、国际桃生产及贸易概况

（一）生产概况

2016 年，世界桃主产国家和地区中，美国桃产量下降 3.5 万 t，欧盟下降 21.7 万 t，土耳其下降 5 万 t，而中国桃产量增加 30 万 t 左右（USDA），预计世界桃总产量达到 1 999.6 万 t 左右，与 2015 年基本持平（2015 年桃产量 2 000 万 t）。

世界主要产桃国家和地区为中国、欧盟和美国，2016 年，3 个国家（地区）总产量为 1 809.9 万 t，约占世界总产量的 90.51%（表 1）。

表 1　2011—2016 年世界主要产桃国产量（万 t）

国家/地区	2011	2012	2013	2014	2015	2016
中国	1 150	1 043	1 190	1 278.4	1 320	1 350
欧盟	425	383.2	373.1	405.5	395.3	373.6
美国	115	103.9	95.3	94.6	89.8	86.3
土耳其	52	55	55	50.0	56	51
阿根廷	28.5	29	29.2	29	29	29
巴西	22.2	23.3	21.8	22	22	22
南非	15.7	17.6	17.4	17	17	17
墨西哥	16.7	16.3	16.1	16	16	16
智利	15.3	14.9	9.1	13.7	14	13
日本	14	13.5	12.5	13.7	12.2	13
其他	34.7	32.7	31.5	28.9	28.7	28.7
合计	1 889.1	1 832.3	1 850.9	1 968.8	2 000	1 999.6

数据来源：美国农业部（USDA）

中国仍然是世界第一大产桃国，总产量 1 350 万 t，占世界总产量的 67.51%，2016 年增产 30 万 t，抵消了世界其他产桃国产量的下降，根据国家桃产业技术体系的调研，由于天气原因，中国单产量略有下降，总产量增加的原因是新建桃园陆续投产。

欧盟主要桃生产国的桃和油桃产量为 373.6 万 t，比去年减少 21.7 万 t，已连续下降两年，其主要原因是欧盟桃主产国西班牙和意大利天气情况不佳，出口 26.5 万 t，下降了 11%，俄罗斯对欧盟部分国家的进口禁令延长至 2017 年，继续影响欧盟桃出口贸易。

美国 2016 年度桃产量继续下降，是自 2011 年起连续 6 年下降，预计 2016 年产量为

86.3 万 t，比 2015 年下降 3.5 万 t。其原因是因为暖冬并且缺水，而春季又经历早春霜冻。

（二）进出口贸易状况

世界桃出口国家或地区主要有：欧盟、中国、智利、白俄罗斯、美国、土耳其、南非、乌兹别克斯坦、澳大利亚、阿根廷等，2016 年，中国出口量增加 1.4 万 t，连续第 4 年增长，欧盟、智利略有下降，白俄罗斯出口量下降 50%，原因是俄罗斯对白俄罗斯食品的出口制裁。澳大利亚增加 0.5 万 t，主要原因是 2016 年 5 月与中国签订双边贸易协定增加的 0.5 万 t 对中国的出口，其国内需求较低迷（表 2）。

表 2　2011—2016 年世界桃出口国或地区出口量（万 t）

国家/地区	2011	2012	2013	2014	2015	2016
欧盟	30.9	36.6	30.8	35.7	29.7	26.5
中国	3.9	4.7	3.7	6.5	8.6	10
智利	9.6	9.3	4.3	8.4	8.6	8
白俄罗斯	0	0.3	1.9	5.5	15	7.5
美国	10.1	9.7	10	8.6	7.3	7.5
土耳其	3.3	4.4	3.4	3.9	5.1	5.5
南非	1.3	1.4	1.6	1.9	2.0	2.0
澳大利亚	0.6	0.8	0.7	0.9	1.0	1.5
乌兹别克斯坦	2.8	2.1	1.5	2.0	1.2	1.5
阿根廷	0.6	0.7	0.2	0.4	0.1	0.2
其他	0.1	0.2	0.2	0.2	0.2	0.2
合计	63.2	69.9	58.3	73.9	78.8	70.4

世界桃进口国家或地区主要有：俄罗斯、白俄罗斯、哈萨克斯坦、加拿大、美国、瑞士、乌克兰、墨西哥、欧盟、巴西等，其中，俄罗斯和白俄罗斯是最主要进口国（地区），2016 年俄罗斯与白俄罗斯进口量约占世界总进口量的 46.15%（表 3）。

表 3　世界桃进口国进口量（万 t）

国家/地区	2011	2012	2013	2014	2015	2016
俄罗斯	25	26.5	24.8	22.5	20	18
白俄罗斯	1.1	2.2	3.7	8.2	17	12
加拿大	5.1	4.6	4.8	4.0	4.1	4.5
美国	4.7	4	3.7	2.3	3.8	4.2
哈萨克斯坦	2.5	3.1	3.1	4.6	3.7	3.5
墨西哥	3.5	3.2	3.3	2.6	2.6	3

国家/地区	2011	2012	2013	2014	2015	2016
欧盟	3.1	3.2	3.2	2.6	2.8	3
瑞士	3.1	3.3	3.2	3.1	3.4	3
乌克兰	4	6.9	3.6	4.2	1.7	2.5
越南	2.1	2.2	1	1.6	2.2	2.5
其他	12.4	12.3	13.6	10.7	8.9	8.8
合计	66.6	71.3	68.1	66.6	70.1	65

二、国内桃生产及贸易概况

（一）生产状况

1. 面积和产量 2016 年，预计我国桃生产面积 76.35 万 hm^2 左右，产量达到 1 383.31万 t 左右（USDA 预测值为 1 350万 t），国内市场总供给量达到 1 375.98万 t 左右，产业规模继续扩大。从桃历年总供给量看，2003—2016 年，我国桃供给量呈现逐年增长趋势，年均增长率为 6.46%，不同年份之间桃供给量增长具有波动性，除 2007、2014 年外，其余年份呈现增长率逐年下降的趋势。随着增长率的逐年下降，我国桃产业发展步入"L"形增长阶段，我国桃市场供给量逐步趋于饱和。

我国桃产量呈增加态势，但部分产区受到天气影响，产量有所下降，根据 2016 年调查结果，福建、浙江减产严重，福建省由于早春冻害严重，花期连续阴雨，造成坐果率低，9 月末又遭遇秋季强台风，致使产量降低 20%～30%；浙江省桃产区遭遇早春冻害，落花落果现象较重，后期持续阴雨天气，产量亦下降，尤其是晚熟桃产量受影响比较大，部分地区晚熟桃产量下降 50% 左右。我国其他部分产区也有早春冻害及持续阴雨天气，但受灾程度较轻。

2. 成本和效益 ①成本方面：2016 年度，我国桃生产成本 65 207.40元/hm^2，毛收入 126 597.00元/hm^2，净收入 61 389.45元/hm^2。成本方面，土地成本占总成本的 13.56%，劳动力成本占总成本的 56.63%，物质成本占总成本的 29.8%，总成本比 2014 年增加 5.02%，其中，土地租赁成本增加 3.91%，劳动力成本增加 3.61%，物质成本增加 8.37%，物质成本增加幅度较高，主要原因是套袋技术的推广引起套袋材料费的增加。②效益方面：净收入占毛收入的 48.49%，全国平均产量 31 845.30kg/hm^2，与 2014 年基本持平，价格 4.48 元/kg，比 2014 年下降 9.96%，毛收入减少 11.85%，净收入减少 24.69%。从成熟期来看，极早熟桃和中熟桃价格稳定，早熟桃效益下降，晚熟桃效益增加。

（二）贸易状况

1. 国内贸易 2016 年上半年，我国多个桃主产区出现早熟桃价格下降，但未出现"卖桃难"，6 月 15 日至 6 月 30 日价格下降明显，全国平均下降幅度 10%～20%，其中，山西、陕西、甘肃、河南、湖北等省份下降幅度较大，降幅为 20%～30%，例如河南桃产区春美桃初上市 2.4 元/kg，仅 2～3d 内下滑至 1.4～1.6 元/kg，后期甚至跌至 0.6～0.8

元/kg。

2016 年下半年，受上半年持续阴雨天气影响，晚熟及极晚熟桃产量有所降低，多数产区果个大于上年，加之下半年干旱少雨，价格自 7 月中下旬表现出回升态势，晚熟桃、极晚熟桃价格高于往年。

从成熟期结构看，早中熟桃已出现供过于求、价格下降态势，极早熟、中熟桃价格稳定，晚熟、极晚熟品种价格上升，因此晚熟桃极晚熟桃受到种植户极高的关注，种植热情高涨，从苗木供应市场调研结果看，2016 年冬 2017 年春，新建桃园仍然倾向于选择极晚熟桃（与 2014、2015 年情况相同），尤其是国庆节及以后成熟的品种，目前市场上映霜红等极晚熟桃受到热烈欢迎，跟风情况严重。易导致晚熟桃价格大幅度下降，应予以重视，引导种植户冷静发展。

2. 进出口贸易　①鲜桃出口贸易。2016 年，我国鲜桃出口量 7.33 万 t 左右，比 2015 年降低 11.56%，出口对象主要是临近国家，哈萨克斯坦 2.5 万 t，34.16%，俄罗斯 2.46 万 t，33.58%，越南 1.73 万 t，23.54%，中国香港 0.30 万 t，4.09%，吉尔吉斯斯坦 0.13 万 t，1.76%，蒙古、新加坡、泰国等国家。其中俄罗斯和哈萨克斯坦占总出口量的 67.74%。②鲜桃进口贸易自 2008 年开始已基本停止，其中 2010 年及 2011 年有极少量进口（2010 年 0.5t，2011 年 0.06t），2016 年截止 10 月末，进口 3.54t，全部来自西班牙，原因是本年度中国与西班牙、澳大利亚成功签署进口协议，西班牙桃子，蟠桃，油桃和李子将于本季开始可以向中国出口。自此，西班牙成为欧洲首个可以向中国出口李子、桃子、油桃和蟠桃的国家（表 4）。另，11 月开始，澳大利亚开始向中国出口油桃，具体出口数量暂未公布。

表 4　2003—2016 年我国桃进出口贸易

年度	出口数量（kg）	金额（美元）	进口数量（kg）	金额（美元）
2003	18 828 750	4 292 900	102 600	60 000
2004	15 608 730	4 565 600	137 150	281 400
2005	17 049 550	5 043 300	140 580	281 000
2006	20 196 010	5 590 900	0	0
2007	24 385 820	7 110 200	121 680	133 800
2008	26 214 720	11 670 800	0	0
2009	39 990 870	16 347 600	0	0
2010	27 801 660	12 976 600	500	1 800
2011	37 740 810	26 825 300	60	50
2012	46 570 240	46 442 600	0	0
2013	27 413 340	30 454 400	0	0
2014	65 266 170	81 294 819	74	588
2015	82 908 821	124 536 210	0	0
2016	73 326 699	109 674 756	35 448	137 343

三、国际桃产业技术研发进展

（一）遗传育种研究

1. 在种质资源评价方面 2016年，国外桃种质资源基础鉴定评价的报道见刊较少。美国以"Flameprince"及其两个桃变油桃的突变体"HamFlameprince"和"Pearson Flameprince"以及"Flameprince"的实生油桃品系为试材，鉴定出4份材料的不同采收期挥发性物质有明显差异。突尼斯对桃不同成熟阶段果实（果皮和果肉）中的矿物元素、类胡萝卜素和酚类物质进行了鉴定评价，该研究表明，桃果实中主要矿物元素依次为钾、钙、镁、钠；果皮中的微量元素含量显著高于果肉。

2. 在生物技术研究方面 法国具有长期的桃抗病虫特性的研究基础。2016年，法国对桃抗性基因 *TIR-NB-LRR*（*TNL*）进行了全基因组分析，并发现桃抗根结线虫主基因位点 Ma 与 TNL 中的一个成员相吻合。日本科学家进行了转录组分析，差异表达基因涉及植物激素、胁迫反应和转录因子等调节过程。转录组分析被应用于桃果实冷藏变面的过程。桃再生困难，限制了关键基因的功能验证研究。西班牙首次提出分子标记辅助基因渗入（Marker-assisted Introgression，MAI）的策略。

3. 品种选育方面 ①诱变育种新技术的应用：化学诱变剂（如EMS）一般用于种子处理，加拿大使用EMS直接处理桃离体茎段组织，获得突变植株，且基因组上具有较高的突变频率。②品种选育：2016年可以查阅到的国外发表桃及桃的种间杂种品种45个（2015年育成10个，2016年育成35个）。

（二）栽培技术

1. 在整形修剪研究方面 意大利博洛尼亚大学和天主教圣心大学的研究人员利用3种树形（纺锤形，扇形和"Y"形）的桃树，研究了桃树冠层光截获量同冠层净同化率，以及同冠层蒸腾速率间的相关性。中国农科院郑州果树研究所王志强课题组利用前期创制的具有半矮化表型的桃树群体及其野生型，通过分别构建半矮化同野生型的 DNA 池，并结合 SLAF 分析以及 SNP 标记，将控制桃温敏型半矮化的基因 Tssd 限定在 500Kb 的区段内，该区段包含有 69 个 ORF，为今后明确 Tssd 基因奠定了基础。此研究将对桃矮化基因分离及育种产生积极的影响。

2. 有关桃花果管理方面的研究 主要集中在花期冻害和需冷量、产量和物候期、芽的休眠、果实无损评价、品种或种质鉴定评价、外源物质施用、开花和果实发育期铁 硫簇基因表达等方面。2015年，栽植在美国农业部东南部（Byron）试验站的很多桃品种在开花3周后突遭春季霜冻为害，桃奴现象发生严重。Chen 等调查发现所试品种的坐果率、桃奴坐果率无明显差异，但冷害导致的桃奴果实伤害等级与成熟期密切相关。霜冻造成的桃奴果实受伤害程度可能与冷诱导的基因表达关系密切。Gonçalves 等利用与叶绿素相关的指标 I_{AD} 对果实进行了无损评估。

（三）病虫害防治技术

据文献报道，2016年国际桃生产中害虫发生种类仍以梨小食心虫为主，茶翅蝽、桃蚜、康氏粉蚧、桃透翅蛾、果蝇、实蝇类、吉丁虫、小蠹、叶螨和全爪螨等其他害虫不同程度发生。与2015年相比，桃害虫在世界范围内的为害趋势基本一致。梨小食心虫、茶翅蝽和果实蝇等害虫则继续为防治研究的重点，针对桃蚜抗药性上升的情况，继续开展了桃蚜的抗药性监测以及抗药性机制的研究。茶翅蝽作为主要入侵害虫对北美桃园造成为害，已经引起研究者广泛关注，本年度针对茶翅蝽为害特点开展研究工作。利用 banker plant 植物作为生物防治辅助材料也是桃树害虫防治的研究热点。文献报道利用诱集植物（向日葵和玉米）可以有效诱集到桃蛀螟，达到绿色防控目的，同时提高对其防控效果。

（四）产后处理技术

Patrignani 等研究发现，桃果实分别在 4℃、9℃和 14℃下贮藏 72h 后，在 19℃和 24℃下贮藏 48h 后，塑料包装中桃果实的假单胞菌、大肠杆菌污染水平均显著高于硬纸板包装。与塑料包装相比，硬纸板包装的桃果实贮藏效果更好，微生物从包装材料转移至果实的概率更低。Baggio 等认为，桃果实的机械和物理损伤促进了根霉病菌的侵染。丝氨酸水解酶抑制剂异氟磷能抑制根霉病菌在桃果实上的繁殖速率。Scattino 等研究认为，与未经辐射的对照相比，紫外线 B（UV-B）辐射降低了 Suncrest 桃（溶质，MF）、Babygold7 桃（非溶质，NMF）和 Big Top 油桃（半溶质，SM）20℃常温贮藏的硬度下降速率，抑制了 *PpExp* 和 *expansin* 基因的转录水平，提高了贮藏质量。

四、国内桃产业技术研发进展

（一）遗传育种研究

1. 桃种质资源评价　①在表型性状鉴定评价方面，江苏省农科院建立了桃树托叶长度评价方法，并测定了 718 份资源的托叶长度，提出托叶长度分级指标和参照品种。福建省农科院优化了桃花粉萌发的条件，并对 14 个品种的花粉生活力进行了比较。②在分子标记鉴定评价方面，四川省农科院从 100 个 EST-SSR 标记中筛选出 12 个多态性标记，对 40 份成都平原地区的桃品种资源进行了鉴定和遗传多样性评价，并采用 6 个 EST-SSR 构建了指纹图谱。③在生理指标鉴定比较方面，浙江大学建立了桃果实脂质转移酶蛋白（Pru p3）的夹心酶联免疫分析（sandwich ELISA）法。山西省农科院对大久保、美香桃和桃王九九的光合特性进行了比较评价。④在砧木资源的鉴定评价方面，桃砧木资源研究逐渐受到重视，主要集中在无性繁殖体系建立和抗性评价两个方面。北京林果所建立并优化了 GF677 的组培快繁体系和生根体系。湖北省农科院发现筑波 6 号硬枝扦插的生根率最高，黑姑娘最容易形成愈伤组织，GF677 生根率和愈伤组织最低。南京林业大学对桃及近缘种的砧木资源进行了耐盐性和耐涝性评价。⑤在新技术的应用方面，河北省农林科学院采用质地多方面分析测试法（TPA），发现硬度、黏附性、弹性和咀嚼性可用于评价采后桃果实质地的变化，内聚性则反映了果实质地的细微变化。西北农林科技大学利用介电谱（Dielectric Spectra），建立了桃可溶性固形物含量的估测模型。

2. 生物技术研究　基于全基因组的基因信息分析方面，全基因组序列的公布为目标基因研究提供了信息，主要集中在全基因组目标基因的数量、同源性分析、亚家族分类、基因结构等方面。山东农业大学筛选出 6 个参与桃休眠过程的 *WRKY* 基因；江苏省农科院对桃脂氧合酶基因（*LOX*）进行了全基因组分析和时空表达分析。郑州果树所对桃基因组上的 29 个果实膨大相关的基因进行了分析。郑州果树研究所联合中科院遗传与发育生物学研究所等，在大规模重测序分析的基础上，通过关联分析，确定了 12 个重要农艺性状（果实风味和外观）的候选基因（致因突变）位点。

2016 年查阅到桃新品种 35 个，育成品种类型丰富。

（二）栽培技术

通过对调查问卷整理归纳，结合电话询问及对近几年整形修剪团队深入主产区现场观摩调研结果，初步形成了"干旱地区、华北桃园整形修剪与配套技术现状调研报告"。国内有关桃花果管理的研究集中在果实套袋、人工授粉、花粉萌发、外源赤霉素施用和休眠等方面。郭瑞等研究发现，培养基组分、培养温度与时间、贮藏时间对桃花粉的萌发率及花粉管长度均有影响；将花粉采集干燥后，在25℃、10%蔗糖和0.1%硼酸的条件下暗培养3 h，有利于花粉萌发及花粉管生长；花粉在-20℃下保存不宜太久，且相同条件下不同桃品种花粉萌发力差异较大。刘卫东等的研究结果显示，花、中期用赤霉素处理，对'照手桃'花芽、花蕾及花瓣生长均起促进作用，并对花瓣的可溶性糖、可溶性蛋白、C/N值及内源激素（GA、IAA、ZR、ABA）产生有利的刺激效果，增强新陈代谢，有利于开花。在桃园土肥水管理技术方面，彭福田等依托国家桃产业技术体系，建立了以袋控缓释肥应用为核心技术的养根节肥技术体系，并在示范县进行试验示范，取得了良好的效果。

（三）病虫害防治技术

调查结果显示，2016年与上年相比，主要害虫种类变化不大，依然是蚜虫、梨小食心虫、桃蛀螟、潜叶蛾、桑白蚧和红颈天牛等，但发生为害程度在各地与往年相比有所变化。随着梨小食心虫防控技术体系的推广应用，有效控制了其为害。但同时，与之具有相似生态位的桃小食心虫、桃蛀螟等的田间种群数量有上升态势。桃树蚜虫仍然是一种长发为害的种类，其发生早，抗药性强，初期天敌数量少，特别是隐蔽性为害的桃瘤蚜发生日趋严重。红颈天牛成为老龄桃园的重要害虫，绿吉丁虫等蛀干性害虫也有发生。叶蝉和绿盲蝽等小型害虫种群数量较少时也会造成严重为害，值得关注。北方桃产区桔小实蝇的始见日期延后，种群数量较低，但在福建，其对桃果的为害却逐渐严重；今年在昌黎和西安首次监测发现，但未见为害桃果。多个产区蜗牛发生数量大，对桃果为害加重。另外在一些桃产区，美国白蛾、苹掌舟蛾、康氏粉蚧、茶翅蝽、桃小蠹等新发性害虫需加强监测。

（四）产后处理技术

据周慧娟，叶正文，苏明申等报道，"仓方早生""春美""中油4号"和"锦香"桃果实长途（山东蒙阴至新加坡）冷链物流期间，"中油4号"的贮运品质较好，预冷和蓄冷性能均佳，其他3个品种桃果运至目的地后均发生了不同程度冷害。周慧娟，王忠，叶正文等报道，不同成熟度的"沪油018"油桃、"湖景蜜露"水蜜桃和"玉露"蟠桃果实的糖酸组分及其代谢存在一定差异，"湖景蜜露"水蜜桃风味劣变快于其他两个品种。周慧娟，叶正文，王戈等研究发现，随着"沪454"和"锦绣"黄桃常温（25±2）℃贮藏时期的延长，果皮细胞壁部分降解，细胞间隙增大。果皮有色体中嗜饿颗粒数目增多，片层类囊体膜结构瓦解。果皮线粒体内基数目减少，结构解体。"沪454"黄桃果皮有色体和线粒体较"锦绣"黄桃稳定。刘春菊，王海鸥，刘春泉等研究认为，黄桃干制品较适宜的黄桃脆丁预处理条件为：九成熟的黄桃原料，桃丁厚度2cm，烫漂2~3min，糖浸渍浓度6%，冻融1次，预干燥2.5h。

（桃产业技术体系首席科学家　姜全　提供）

2016 年度香蕉产业技术发展报告

（国家香蕉产业技术体系）

一、国际香蕉生产与贸易概况

（一）生产

香蕉被联合国粮农组织（以下简称"FAO"）认定为仅次于水稻、小麦、玉米之后的第 4 大粮食作物，是一些发展中国家农民的主要食粮。全球有约 130 个国家种植香蕉，主要分布在亚洲、拉美和非洲的发展中国家。近 50 年来，世界香蕉产业整体稳步发展，收获面积从 1965 的 238.1 万 hm^2 逐年增长到 2014 年的 539.4 万 hm^2，增长了 303.3 万 hm^2，涨幅为 126.54%。香蕉产量从 1965 年的 2 654.1 万 t 逐年增长到 2014 年的 11 413.0 万 t，增长了 330.01%。2014 年，世界前 10 大香蕉生产国分别为印度（2 972.46 万 t）、中国（1 209.18 万 t）、菲律宾（888.49 万 t）、巴西（695.37 万 t）、印度尼西亚（686.26 万 t）、厄瓜多尔（675.63 万 t）、危地马拉（355.29 万 t）、安哥拉（348.34 万 t）、坦桑尼亚联合共和国（319.20 万 t）、哥斯达黎加（219.49 万 t）。预计 2015 年世界香蕉收获面积比 2014 年有所增加，产量在 11 800万 t 以上（图1，图2）。

2014 年 FAO 在对全球最重要的 20 个食品和农产品的数据分析中，按照产值排序，香蕉在全球农产品中排在第 18 位，次于葡萄和苹果。按照产值排序全球水果生产中最重要的依次是葡萄、苹果和香蕉。按照产量排序，香蕉的产量排在水果第一位，远远超过苹果、葡萄和柑橘，在 4 大水果中牢牢站稳第一的位置。从 1967 年开始，香蕉就已经跻身全球最重要的 20 个食品和农产品之列，至今仍然如此。由此可见香蕉在国际上的重要地位。

（二）贸易

1. 继续保持全球农产品贸易前 4 强的地位 根据联合国贸易统计数据库统计（UN comtrade），2015 年世界香蕉总贸易量达 4 046.89万 t，进出口贸易额达 233.54 亿美元，在农产品贸易中仅次于小麦、玉米和大豆。

根据联合国贸易统计数据库（UN comtrade）统计，世界香蕉出口量从 1996 年的 1 344.33万 t 增长到 2015 年的 1 952.55 万 t。这 20 年间世界香蕉出口量增加了 608.22 万 t，年平均增长率为 2.26%，总体保持上升趋势。世界香蕉出口额从 1996 年 42.79 亿美元增加到 2015 的 95.06 亿美元。20 年间世界香蕉出口额增加了 52.27 亿美元，年均增长率为 6.11%。2015 年，世界香蕉出口前 10 个国家的出口量和出口额总和占世界的 84.23%和 82.29%，厄瓜多尔、危地马拉、哥斯达黎加、哥伦比亚、菲律宾位居全球香蕉出口的前 5 名。2015 年厄瓜多尔香蕉出口量为 628.76 万 t，占世界香蕉总出口量 1 952.55万 t 的 32.2%，较 1996 年的 393.12 万 t 增长了 59.94%。危地马拉、哥斯达黎加、哥伦比亚三国香蕉出口量分别为 233.39 万 t、197.82 万 t、168.41 万 t。菲律宾的香蕉出口量 2015 年下降明显，2014 年以前呈现波动增长的态势，2014 年香蕉出口量为

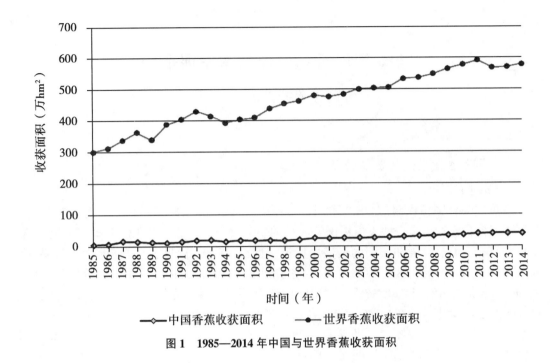

图 1　1985—2014 年中国与世界香蕉收获面积

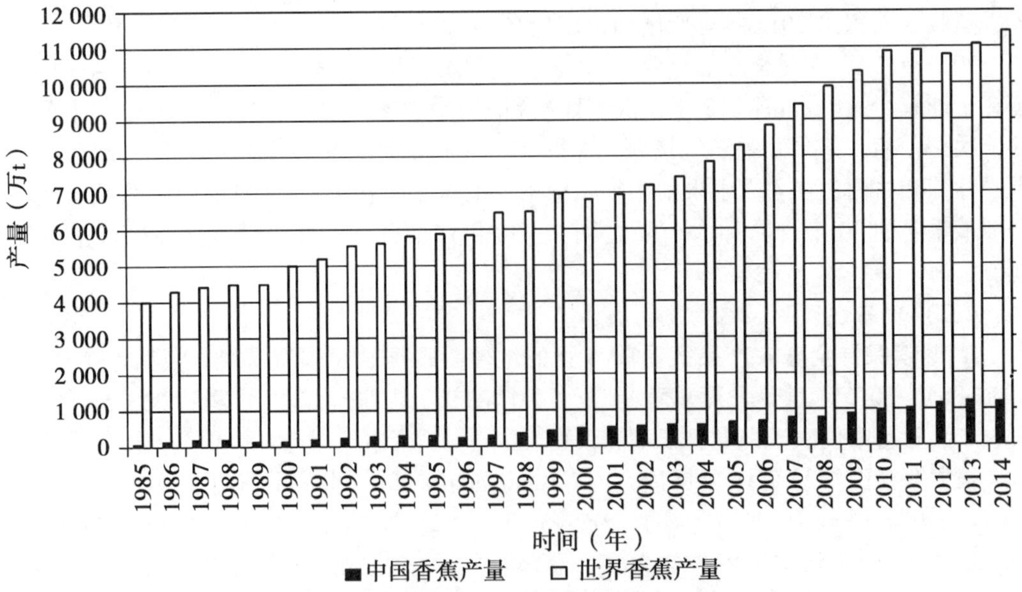

图 2　1985—2014 年中国与世界香蕉产量

792.77 万 t，2015 年为 122.31 万 t，减少了 84.57%。

根据联合国贸易统计数据库（UN comtrade）统计，世界香蕉进口量从 1996 年的 1 259.76万 t 增长到 2015 年的 2094.34 万 t。这 20 年中世界香蕉进口量增加了 834.58 万 t，年平均增长率为 3.31%。世界香蕉进口额从 1996 年的 65.65 亿美元增加到 2015 年的 138.48 亿美元，增加了 72.83 亿美元，年平均增长率为 5.55%。2015 年，世界香蕉进口前 10 个国家的进口量和进口额占世界的 68.31% 和 68.26%。美国、德国、比利时、俄罗斯和英国位居世界香蕉进口的前 5 名，进口量分别为 493.94 万 t、140.06 万 t、127.14 万 t、122.65 万 t、115.32 万 t。

2. 国际香蕉市场垄断局面有所改变　大型跨国香蕉贸易公司垄断香蕉贸易的局面发生巨大改变，大型跨国香蕉贸易公司在全球香蕉贸易中所占份额在过去 30 年来持续下降，在最近 10 年出现大幅下降。有关数据显示，2002 年全球 5 大跨国香蕉贸易公司的市场份额为 70%，而 2015 年不到 45%，超市等大型零售公司在全球香蕉贸易中开始代替大型跨国香蕉贸易公司而扮演重要角色。

二、国内香蕉生产与贸易概况

（一）生产

2016 年我国香蕉种植面积、收获面积和年总产量，由于受到 2015 年行情偏弱、1 月"霸王级"寒潮、台风等影响，较 2015 年整体表现为下降趋势，种植面积、收获面积和产量分别为 38 万 hm^2、32.67 万 hm^2 和 893 万 t，同比下降幅度分别为 3.4%、8.4%、26.3%。香蕉总产量下降幅度较大，主要是因为受 1 月极端寒潮影响，一方面单产下降幅度较大，2016 年较 2015 年单产降幅约为 18.4%，另一方面有部分香蕉到 2017 年 1—3 月才能收获。

由表 1 可知 2016 年香蕉主产区生产情况：①广西香蕉种植面积和收获面积分别为 12 万 hm^2 和 11 万 hm^2，受寒潮影响，留芽苗冻死冻伤严重，产量为 305 万 t，下降幅度分别为 7.9%、11.1%、30%。②云南种植面积和收获面积分别为 13 万 hm^2 和 11.67 万 hm^2，产量 340 万 t，下降幅度分别为 4.9%、10.3%、24.8%。③海南种植面积和收获面积分别为 2.33 万 hm^2 和 1.73 万 hm^2，产量 48 万 t，种植面积和收获面积呈恢复性增长态势。④广东种植面积和收获面积为 8.34 万 hm^2 和 6.67 万 hm^2，产量 160 万 t，下降幅度分别为 3.8%、9.1%、29.8%。⑤福建种植面积和收获面积为 2.33 万 hm^2 和 1.6 万 hm^2，产量 37 万 t，产量同比减少 36.2%。因受寒潮影响，有 0.33 万~0.4 万 hm^2 延迟到 2017 年年初收获。

表 1　2015—2016 年全国香蕉基本生产情况

区域	种植面积（万 hm^2）		收获面积（万 hm^2）		农户数量（万户）		单产（t/667m^2）		年产量（万 t）		年产值（亿元）	
	2015	2016	2015	2016	2015	2016	2015	2016	2015	2016	2015	2016
海南	2.00	2.33	1.33	1.73	0.63	0.74	1.86	1.85	37	48	10	20.2
广东	8.67	8.34	7.33	6.67	3.41	3.28	2.07	1.6	228	160	37	48
广西	12.67	12.00	12.00	11.00	3.99	3.78	2.42	1.95	436	322	78	74
云南	13.67	13.00	13.00	11.67	4.78	4.10	2.32	1.86	452	326	90	95
福建	2.33	2.33	2.00	1.60	0.92	0.92	1.92	1.56	58	37	14	8.5
全国	39.34	38.00	35.66	32.67	22.2	21.98	2.23	1.82	1 211	893	229	246.7

注：（1）全国除海南、广东、广西、云南及福建等为香蕉主产区外，重庆、贵州、四川等地也有零星种植，因规模较小，没有单独列出

（2）台湾地区的数据没有包括在全国的统计里

（3）数据来源于国家香蕉产业技术体系固定观测点及产业经济岗位调研整理所得

（二）贸易

1. 出口贸易　据联合国商品贸易统计数据库（UN comtrade）最新数据（表 2、表 3）显示，中国香蕉出口净重从 2006 年的 2.28 万 t 下降到 2015 年的 0.76 万 t；贸易值从 722.84 万美元上升到 732.92 万美元。

表 2　2006—2015 年中国香蕉出口情况

年度	贸易额（万美元）	贸易量（万 t）
2006	722.84	2.28
2007	677.90	2.09
2008	684.16	1.51
2009	666.55	1.32
2010	624.34	0.86
2011	696.77	1.02
2012	581.90	0.79
2013	798.35	1.10
2014	436.97	0.44
2015	732.92	0.76

表 3　2015 年中国对世界其他国家/地区香蕉出口情况

交易国/地区	贸易额（万美元）	贸易量（t）
世界	732.92	7 566.7
中国香港	448.42	3 273.36
俄罗斯	94.39	1 281.14
蒙古	31.57	1 052.25
朝鲜	62.05	822.20
中国澳门	20.71	800.68
吉尔吉斯斯坦	10.75	153.63
日本	17.58	146.48
美国	38.02	29.81
英国	3.18	2.00
菲律宾	2.43	1.65

2. 进口贸易　据联合国商品贸易统计数据库（UN comtrade）最新数据（表 4、表 5）显示，中国香蕉进口净重从 2006 年的 38.78 万 t 上升到 2015 年 107.38 万 t；进口额从 1.16 亿美元上升到 7.73 亿美元。海关数据显示，2016 年中国进口香蕉 88.7 万 t，同比减少 17.4%，进口金额 5.85 亿美元，同比减少 24.5%。

表 4   2006—2015 年中国香蕉进口情况

年度	贸易额（亿美元）	贸易量（万 t）
2006	1.16	38.78
2007	1.11	33.19
2008	1.39	36.23
2009	1.79	49.13
2010	2.47	66.52
2011	4.02	81.87
2012	3.66	62.60
2013	3.36	51.48
2014	8.13	112.72
2015	7.73	107.38

表 5   2015 年中国从世界其他国家香蕉进口情况

交易国	贸易额（万美元）	贸易量（万 t）
世界	77 294.2927	107.38
菲律宾	49 168.4461	68.69
厄瓜多尔	22 047.9012	28.30
缅甸	1 163.5527	5.57
泰国	3 621.1801	2.61
越南	380.5439	1.01
印度尼西亚	691.5068	0.92
哥斯达黎加	215.7900	0.27
中国	0.9804	0.006
其他亚洲国家	2.0629	0.002
老挝	2.0151	0.001

3. 进出口对象   2015 年我国香蕉主要出口中国香港、俄罗斯、蒙古、朝鲜、中国澳门、吉尔吉斯斯坦、日本等国家；2015 年我国香蕉进口国有菲律宾、厄瓜多尔、缅甸、泰国、越南、印度尼西亚、哥斯达黎加、老挝等。从国家海关总署的数据来分析，其中 64% 来自菲律宾、26.4% 来自拉美的厄瓜多尔；然而，近几年来，随着我国与东盟国家边贸的进一步开放，尤其是近 3 年，随着我国香蕉产业"走出去"到东盟国家种植步伐加快，这部分香蕉主要销往国内，从老挝、缅甸、越南等国进口的数量为 170 万~200 万 t，占海关和边贸进口总和的 60%~65%（表 6），从东盟国家通过边贸进口的部分香蕉量未有统计到国家海关总署数据。

表6　2014—2016 年中国从部分东盟国家通过边贸进口香蕉量

边贸进口来源国	进口量（万 t）		
	2014	2015	2016
老挝	125	150	140
缅甸	25	25	20
越南	10	15	10
泰国	10	10	10
总计	170	200	180
占海关和边贸总进口比率（%）	60.3	65.1	65.4

注：（1）数据来源于国家香蕉产业技术体系固定观测点及产业经济岗位调研整理所得

（2）2016 年的香蕉海关进口量为预估数

三、国际香蕉产业技术研发进展

（一）种质资源评价与品种选育

目前，世界各香蕉研究机构主要采用以下 3 种方法选育香蕉新品种。

1. 常规育种　常用的两种常规杂交育种方法：（1）通过改良的父本与三倍体母本杂交成为四倍体；（2）通过创制新的母本再跟父本杂交获得三倍体杂交后代。尼日利亚的 IITA 和乌干达的 NARO 等利用这两种方法得到很多抗枯萎病的品种和抗性育种材料，如"NARITA 1"和"NARITA 5"等 NARITA 系列均为 AAA 类型。

2. 突变体育种　用 ^{60}Co 辐射育种和化学诱变剂〔甲基磺酸乙酯（EMS）、叠氮钠（NaN$_3$）、硫酸二乙酯（DES）〕诱导抗枯萎病的突变体材料。在澳大利亚，已经用这种方法从香牙蕉品种"Dwarf Parfitt"得到一批抗枯萎病 4 号热带生理小种（Foc TR4）且农艺性状优良的突变体。另外用体细胞变异性育种方法也得到较好的结果，台湾香蕉研究所采用这种策略，成功选育出宝岛蕉等。

3. 分子育种　通过基因克隆、转基因等分子技术获得高抗、优质新品种。在转基因培育香蕉抗病品种上，目前国内外进展较多，如肯尼亚学者报道通过转入玉米根冠特异性蛋白 ZmRCP-1 启动子能够显著提高 plantain 的抗线虫能力；以色列学者通过反义和 RNAi 沉默香蕉的 MaMADS 转录因子，发现该转录因子在果实成熟和提高香蕉耐储藏能力方面起着重要作用。此外澳大利亚学者利用来自 Fe'i 的香蕉番茄红素合酶 2a（MtPsy2a）转入香牙蕉（Cavendish），显著提高香蕉维生素 A 前体（PVA）的积累，该研究结果表明，早期的类胡萝卜素生物合成途径和延长果实成熟时间的速率限制酶的激活是重要的因素，以在香蕉果实实现最优的 PVA 浓度。

（二）种苗生产

我国香蕉种苗繁育与组培苗产业技术一直处于国际领先水平，建立了世界规模最大的香蕉组培苗生产基地，全国每年可生产组培苗约 2 亿株，主要品种为桂蕉 6 号，巴西蕉，金粉 1 号等。这不但满足了国内生产的需求，使传统的吸芽苗在国内已经基本淘汰，每年还有部分组培苗出口东南亚。但在印度等亚太香蕉种植区域，多年留吸芽不换种及进行吸芽转移繁殖的方式仍然处于主导地位。

（三）土壤肥料

国外研究内容集中在硅肥应用与黄单胞菌枯萎病防治效果、接种微生物对香蕉生长及土壤环境的影响、香蕉与咖啡间作对土壤养分的影响、香蕉生产中的有机无机肥料配合施用等方面。总体而言，创建蕉园高效养分管理模式，保持蕉园土壤健康环境，以维持香蕉的可持续发展，仍是目前乃至以后香蕉土壤肥料研究方向的焦点问题。

（四）栽培管理

国外很多研究学者开始重视将有效防治枯萎病的技术与标准化栽培技术有机结合，构建土壤、植株病原菌的微生态平衡体系；欧美的 Dole、Chiquita、Del monte 和 Fyffes 等跨国香蕉企业多数蕉园采用电脑自动控制，根据土壤的养分和水分情况，以及香蕉的生长情况确定灌水方案；澳大利亚香蕉的生产技术模式比较独特，从蕉园规划、种植方式、水肥管理、果实护理到采收包装都体现出较高的机械化水平，特别是特制的采收拖卡和集中包装系统，与我国的香蕉生产实际比较接近，很值得我们认真研究和引进吸收。

（五）枯萎病防控

就枯萎病文献研究来看，主要集中在病害在新传入国家的首次发现报道（巴基斯坦和黎巴嫩）、Foc4 的快速检测、香蕉抗病相关基因的鉴定与功能研究、香蕉束顶病与香蕉枯萎病的发生关系、枯萎病菌致病相关基因的功能分析、不同香蕉基因型对枯萎病菌抗性分化的评估、生防菌诱导香蕉抗性的作用机理、枯萎病菌侵染后的香蕉生理生化变化等。其中大多数研究论文由中国学者发表，主要集中在体系专家和团队中。

需要关注的方面：① Ordonez 等在巴基斯坦和黎巴嫩首次发现了 Foc4。②有多篇文献涉及香蕉抗病相关基因的鉴定与功能研究，主要包括热胁迫转录因子（*Heat stress transcription factors*，Hsfs）、热激蛋白（*MaHSP90s*）、钙依赖性蛋白激酶（*MaCDPKs*）、*PAL*等。③有3篇文献涉及生防菌防控枯萎病的研究，包括木霉（*Trichoderma guizhouense*）诱导枯萎病抗性的作用机理研究（Zhang et al.，2016，Environmental Microbiology，18：580-597；Raman et al.，2016，Turkish Journal of Botany，40（5）：480-487）；施用含有植物根际促生细菌（解淀粉芽孢杆菌 W19 菌株）的生物菌肥，在盘栽和田间条件下可以促进香蕉的生长和果实产量的提高，并抑制香蕉枯萎病发生［Wang 等，2016，Journal of Pineal Research，26（5）：733-744］。④首次有香蕉束顶病（由 BBTV 引起）与香蕉枯萎病间的关系报道，Zhuang 等研究发现，感染 BBTV 的香蕉对枯萎病菌有更强的抗性，并认为 BBTV 与 Foc 为一种拮抗关系，能提高香蕉对枯萎病的抗性。

（六）采后保鲜技术

2016 年有关香蕉采后保鲜的英文论文 95 篇，中文论文 25 篇，并从其中获得了一些有应用价值的技术和研究成果。2016 年度有关香蕉采后保鲜技术与基础研究理论的代表性成果主要体现在：①无损伤检测技术。②保鲜技术。③成熟衰老和逆境响应的分子生物学研究。

本年度 10 项有关香蕉的研究获得国家自然科学基金资助，其中 3 项与果实采后生物学研究有关。

本年度有关香蕉贮运保鲜的公开专利有 4 项：罗门哈斯公司、陶氏环球技术有限公司的催熟香蕉的处理方法；一种便携式香蕉成熟度检测仪；一种香蕉采摘机械；一种用于香蕉保鲜的乙烯吸收剂及其制备方法。

四、国内香蕉产业技术研发进展

（一）品种选育

国内新品种选育与推广工作主要集中在国家香蕉产业技术体系内，2016 年体系已审定的"巴西蕉 1 号"和"桂蕉 6 号"两品种继续保持国内当家品种的地位，栽培面积占国内香蕉栽培品种的 95%以上，同时新的抗（耐）枯萎病品种不断涌现，其中"宝岛蕉""南天黄""中蕉 3 号"等品种陆续通过品种审定，目前已在枯萎病发病区大面积试种、田间性状表现较佳。

（二）种苗生产

瓶改袋技术和暗培养技术的应用，使我国香蕉组培苗生产效率大大提高；病毒病检测体系的建立，确保香蕉组培苗高效脱毒。通过种芽遴选、培养基配方调控、继代代数限制、变异芽和变异苗筛除等技术的研发与应用，攻克了组培苗容易发生变异的技术难题，实现了连续继代培养 10 代，组培苗变异率低于 1%，既保证规模化生产，又确保种苗质量。制定香蕉组培苗质量标准，实现香蕉组培苗标准化生产。2014 年，我国组培苗生产量继续保持 2 亿株左右。香蕉体系种苗生产与良种选育岗位年生产、推广香蕉组培苗 1.2 亿株，约占全国市场的 60%，另有 2 000 万株组培苗出口到缅甸和老挝等东盟多国。

香蕉育苗过程以土壤作为主要栽培基质存在诸多弊端，如潜在传播土传病害、移栽时栽培基质过重导致易伤根、缓苗慢等。针对上述问题，本年度公开发明专利 2 项，分别是，樊小林等的一种快速培育香蕉假植苗的栽培基质及其制备方法和杨殿威等的一种香蕉有机育苗基质及其制备方法，应用新技术可以达到健康、轻简育苗的目标，以基质代替常规土壤育苗将成为香蕉育苗产业发展新趋势。

（三）土壤肥料

从 2016 年发表的文章来看，国内的研究内容主要是，氮素形态对香蕉生长及养分吸收的影响，蕉园土壤理化性质与病害关系，肥料种类、肥料配方及施肥模式对香蕉生长及品质的影响等方面。申请专利内容主要涉及适用于香蕉的肥料的制造、利用香蕉茎叶制造肥料增效剂、抗病促生多功能肥料的制备等方面。

（四）栽培管理

围绕抗枯萎病栽培的综合管理措施已成为主要的研究方向，体系联合攻关取得阶段性成果，表现为枯萎病综合防控技术方案的确定，形成了以种苗检测与无病种苗生产、土壤消毒、配方施肥技术、水肥一体化技术、有机肥施用技术、拮抗菌发酵液施用技术、后期果实养护与栽培管理技术为主要方法的技术体系。2016 年体系重点在广东、广西、云南、海南等省（自治区）的综合试验站进行枯萎病综合防控试验示范，在全产蕉区推广有机肥+生物菌肥为主要技术手段的综合防控栽培模式。

结合"一带一路"宏伟的战略构想，作为农业大省的云南，将开展高原特色农业跨区域合作，通过优势互补来推动"一带一路"战略实施。云南产蕉区主要分布于滇西边境山区，贫困人口较多，种植技术也比较缺乏，但当地的生态环境好，产业基础好，当地百姓可以依托发展高原香蕉产业脱贫致富。另外，可抓住"一带一路"国家战略发展机遇，通过香蕉贸易，构筑以"云南-老挝-越南"为基础，辐射柬埔寨、马来西亚、菲律宾等国的东南亚香蕉产业区域；通过政府的渠道与周边国家合作建立香蕉科技示范园区，在境外开展投资建设；同时，可以输送大量技术人员，对当地的香蕉生产进行培训等。由此充分利用云南地理优势独特、气候优势突出、开放优势巨大等条件，打造在全国乃至世界有优势、有竞争力的产品品牌，增强香蕉产业发展的动力和活力，努力走出一条具有云南高原特色的香蕉产业现代化道路。

（五）枯萎病防控

至 2016 年 12 月 22 日，国内共有香蕉枯萎病相关文献 52 篇，主要涉及香蕉枯萎病拮抗菌的分离鉴定及抑菌活性成分的分析、基因克隆和表达分析、抗病种质对枯萎病的抗性评价、枯萎病菌生理小种的鉴定及分布、不同蕉地的微生物种群变化、不同施肥和轮作等方法等对香蕉抗枯萎病的影响、以及枯萎病防控技术的研究。

对国内文献进行分析，有几个研究结果值得关注。①张锡炎研究员团队在拮抗菌筛选、抑菌活性物质分离等方面取得了良好进展。②黄俊生团队在拮抗菌-芽孢杆菌的发酵条件优化及对枯萎病的防效、和致病相关基因的序列分析等方面取得了较好的进展。③蔡祖聪团队开展了强还原土壤对尖孢镰刀菌的抑制及微生物区系影响的研究，发现强还原土壤灭菌是一种抑制土传病原菌的高效和环保的方法。④陈福如团队开展了抗病品种在香蕉枯萎病绿色防控上应用的研究工作。研究发现，种植不同的香蕉抗病品种对枯萎病的防治效果存在显著差异，其中种植粉杂 1 号和贡蕉的防效最好，而施用微生物菌剂和生物有机肥对香蕉枯萎病也均表现出较好的防治效果。

（六）采后保鲜技术

1. 生产线　针对目前香蕉采后处理设备简陋，效率偏低及装卸对香蕉果实伤害的现状，体系贮运保鲜岗位团队与广东省农业装备研究所及广州健赢机械装备有限公司合作设计出一套适于国内及东盟国家的可移动的香蕉采后处理轻简设备的图纸，计划于 2017 年度生产出一套样机，在生产中试用后逐步改进。

2. 香蕉果实诱导耐冷性的调控及其机理研究　体系贮运保鲜岗位前期分离了多个响应冷胁迫的转录因子，包括 LBD、ERF 和 WRKY 等，但对于这些转录因子的调控网络，尚不明确。产业技术体系进一步研究发现，响应冷胁迫的 MaLBD5、MaERF10 和 MaWRKY26 均可以直接调控 JA 合成相关基因，同时，其互作蛋白 MaJAZ1、MaJAZ3 和 MaVQ5 可以影响其转录调控 JA 合成基因的能力，这些结果加深了我们对香蕉果实诱导耐冷性的调控网络的认识，研究结果分别在 Journal of Agriculture and Food Chemistry，Postharvest Biology and Technology 和 Scientific Reports 等期刊上发表。

（香蕉产业技术体系首席科学家　张锡炎　提供）

2016年度荔枝龙眼产业技术发展报告

（国家荔枝龙眼产业技术体系）

一、国际生产概况

泰国的荔枝品种来源于中国，形成了亚热带型和热带型两个种群。采收季节从3月中旬持续到6月中旬。除了2010和2011年产量异常外，每年的总产量基本都在5万t以上。尽管种植面积缩小，但技术发展和管理水平的提高使单产量有所上升，达到3t/hm²。其荔枝出口量居世界第一位，每年约有70%出口，30%内销。

印度荔枝已有超过200年的栽培历史，1991—2010年的20年间，印度荔枝产量从24.38万t增加到48.3万t，年均增长率为4.2%。成熟期和上市时间比较集中，为3—7月，荔枝出口量占生产总量的比率低于1%。

南非荔枝总种植面积约1 500hm²，正积极扩大特早熟、晚熟及优质高产品种，使荔枝产期提早/延长2~3个星期，抢先占领欧洲市场，获得价格优势。在2007年以前，70%用于出口，少量内销，之后除出口及国内鲜销外，还有少量用于果汁加工。99%荔枝出口到欧盟，少量出口加拿大、香港。

马达加斯加荔枝品种单一，近年出口增幅较大，1988年1 700t，2007年之后每年35 200t；荔枝出口营销外汇收入则从1989年的110亿~120亿马币达到2007年的近2 000亿马币。

美国荔枝分布在夏威夷和佛罗里达州，主要品种是大造、Kaimana、格罗夫、陈紫、甜岩、黑叶、孟加拉，佛罗里达荔枝商业栽培面积240hm²，其中大造占大部分，荔枝上市时间段为5—7月。

中国台湾栽种荔枝至今已有近300年历史，从2000年至今，台湾荔枝的种植面积和产量都比较稳定，分别维持在1.2万hm²和8万t左右，荔枝产期不超过2个月，在5月中下旬到7月中下旬，集中上市期在6月，严重地限制了荔枝产业的发展。台湾还是除中国大陆、泰国外，世界上龙眼之主要产区之一。

二、国内生产与贸易概况

（一）产业概况

据体系估算，2016年全国荔枝面积62.6万hm²，产量170万t，总产量比2015年降低22.37%。产值235亿元，比上年增加94.13%。2016年我国荔枝综合地头价为11.62元/kg，综合收购价为10.5元/kg，综合批发价为14.47元/kg，综合零售价为18.62元/kg。荔枝规模上市期为4月14日至9月2日，共141d。全国龙眼面积38.07万hm²，产量118万t，总产量比2015年减产约33.27%。产值113亿元，比上年增加41.14%。相对于2015年，除综合地头价有3.93%的下降外，2016年综合批发、综合收购价和综合零售价都有大幅度的上升。在产量过万吨的龙眼品种中，四川特色品种蜀冠地头价保持稳定，石硖、储良、大乌园、广眼和福眼等的产地价格都大幅度上升。龙眼规模上市期为 6 月 28 日至 11 月 4 日，共 130d。

（二）贸易概况

根据中国海关信息网的数据，2016 年我国出口鲜荔枝 0.90 万 t，出口荔枝罐头 2.63 万 t，荔枝干 15t，出口量占总产量的比重约为 5%，略高于去年的 3.01%，但出口市场仍需进一步拓宽，出口价值约 592 万美元。进口鲜荔枝 6.81 万 t，比 2015 年增加约 1.66 万 t，环比剧增 33%。2016 年我国出口鲜龙眼约 0.27 万 t，龙眼罐头、龙眼干与龙眼肉共 0.1 万 t。我国进口鲜龙眼约 27.18 万 t，比 2015 年同期上升 26.07%。

（三）产业发展趋势

从荔枝龙眼种植区域和从业人员结构来看，荔枝龙眼生产已经从"遍地开花"向集中区域发展，从兼业化生产转向专业化生产。小规模生产农户在逐步退出市场，通过非农收入弥补家庭开支。这导致逐步形成区域性有特色的荔枝/龙眼产业，符合发达国家早期农业发展阶段中的情形。

三、国际产业技术研发进展

（一）成花与坐果分子生理

泰国 Pham 等详细记录龙眼从开花至假种皮发育的过程，观察结果表明：龙眼的受精发生在授粉后 3d，花粉管达到柱头需 1d 时间，1d 后进入胚囊，第 3 天进入卵细胞，授粉后效果有近 42d 的发育缓慢期，授粉是坐果的必要条件，未授粉的花约 9d 后脱落，大约有 7% 的雌花能发育成果实，花后 14～28d 是第 1 次落果高峰，这可能跟受精与否有关，第 2 次落果高峰时花后 35～42d，这个时间正是种胚和假种皮的快速发育时期，果实的脱落可能与养分的竞争有关。

（二）栽培与养分

Kumar 等总结了包括荔枝在内的多年生木本果树生理紊乱现象的特点及其成因，有助于提高和改善管理策略，显著减少损失。各种极端环境因素如温度、水分、光照、通气及营养不平衡导致植物生理紊乱。在多年生木本果树作物，微量元素比大量元素引起更多的生理紊乱。由于少施或不施有机肥、高密度种植群体的吸收、矮化砧木的使用、病害及盐害、氮磷钾肥不平衡施用及在贫瘠土地推广种植园艺作物，导致生理紊乱现象广泛存在。为获得果实优质和高产，在可见缺乏症状之前必须检测微量元素含量。

Luo 等探索了异甘草甙（isoliquiritin）对荔枝霜疫霉菌（*Peronophythora litchi* Chen）的抑菌效果和潜在的抑菌机制，结果表明，异甘草甙的最小抑菌浓度为 27.33mg/L，越高浓度的异甘草甙处理，荔枝霜疫霉菌的菌丝体畸变程度和细胞质渗透率越高。推断异甘草苷可能通过改变荔枝霜疫霉菌细胞膜的透性，导致细胞质外渗从而致死。

Goncalves 等在 9 月中旬（谢花期）对 12 年树龄 Bengal 荔枝喷施尿素（含 N45%）0、60、120、180、240 g/株，结果显示，喷施 120 g/株有助于促进坐果和增大果实。

（三）采后生物学与功能性成分

Ali 等测试了不同浓度（0.25%、0.5%、0.75% 和 1%）L-cysteine 对低温贮藏（5±1℃，RH 90±5%）的 'Gola' 荔枝果皮褐变的抑制效果，结果表明 0.25% L-cysteine 效果最显著，处理后果实失水率、发病率、发病程度、褐变指数、膜渗透性和丙二醛含量均显著下降，经过 0.25% L-cysteine 处理的荔枝，果皮可维持 pH、更高的总花色苷、DPPH

自由基清除能力、总酚酸含量和更高的 POD 及 PPO 酶活力，可以维持更高的 TSS、TA、维生素 C 含量及 CAT 和 SOD 酶活力。

Shafique 等用 2mM 草酸对'Gola'荔枝进行处理，显著降低果实失水率和延缓果皮褐变，维持更好的品质。Mo 等将 DMF 装入天然高分子载体材料壳聚糖形成的微球体中，并通过与香草醛（Vanillin）交联，可以缓慢释放 DMF。用这种缓释型 DMF 微球乳液处理荔枝果实可以显著提高抑菌效果，降低果实失水率，延长货架期。Tran 等利用递归响应面法测算越南'Thieu'荔枝最适宜的处理方案是，在 5.84mM 草酸中浸果 10min 后晾干。

Chumyam 等研究了氯酸根离子对采后龙眼线粒体和氧化还原水平的影响，发现氯酸根离子可延迟龙眼果实的衰老。Rerk-Am 等研究了龙眼种子和果皮提取物的酚类成分和抗氧化活性，发现主要的酚类物质是没食子酸（gallic acid），corilagin 和鞣酸（ellagic acid），显示出强的抗氧化活性。Kunworarath 等报道了龙眼的不同组织提取物有明显的抑制炎症发生的作用，可通过抑制 NF-kappa B 和 AP-1 信号途径明显抑制巨噬细胞脂多糖刺激下亚硝基的产生。Lee 等报道龙眼种子提取物能有效抑制 CARR 和 LPS 引起的炎症反应，这种作用可能与抑制 MAP 激酶的信号转导和炎症因子有关。Sheu 等研究了龙眼种子提取液在抑制黄嘌呤氧化酶和降低血糖中的作用。

四、国内产业技术研发进展

（一）技术应用

体系试验站覆盖区域高接换种荔枝园面积 2016 年新增 3 100hm²，累计达 46 000hm²，技术应用集中在广西玉林、钦州等主产区，新增高换面积 0.07 万 hm² 以上；体系试验站覆盖区域高接换种龙眼园面积 2016 年新增 0.022 万 hm²，累计 0.95 万 hm²，集中在福建漳州、宁德，四川泸州等晚熟地区。

体系覆盖区域应用间伐技术的荔枝园面积 2016 年新增 0.65 万 hm²，累计达 10.79 万 hm²；龙眼园面积 2016 年新增 0.33 万 hm²，累计 6.67 万 hm²。一半以上的果园采用随机间伐方式。

荔枝回缩修剪技术应用主要集中在广东湛江、茂名、深圳，广西钦州、玉林，海南海口，福建漳州等产区，体系覆盖区域应用技术的荔枝园面积 2016 年新增 2.81 万 hm²，累计达 12.69 万 hm²。龙眼回缩技术应用主要集中在广东湛江，广西北海、钦州，福建宁德、漳州等产区，体系覆盖区域应用技术的龙眼园面积 2016 年新增 0.96 万 hm²，累计 5.13 万 hm²。

试验站覆盖区域荔枝园新增安装灌溉设施 0.113 万 hm²，其中水肥一体化 0.034 万 hm²；龙眼园新安装灌溉设施 0.70 万 hm²，其中水肥一体化 0.022 万 hm²。

体系荔枝示范园，平均单产量为 537.64kg/667m²，比全国荔枝平均单产量 181.26kg/667m² 高出近 2 倍；体系龙眼示范园，平均单产量为 463.35kg/667m²，比全国平均单产量 201.07kg/667m² 高出 1.3 倍。在不良天气影响导致减产的大环境下，示范园抵御逆境保持稳定的能力远高于其他果园。

（二）研发进展

1. 育种与分子生物学 Wu 等开展了龙眼内参基因的筛选工作，对 12 个常用的看家

基因包括 *CYP*, *RPL*, *GAPDH*, *TUA*, *TUB*, *Fe-SOD*, *Mn-SOD*, *Cu/Zn-SOD*, *18SrRNA*, *Actin*, *Histone H3*, *EF-1a*, 在不同发育阶段、不同组织和不同外源生长调节剂处理下的表达稳定性进行分析；Zhang 等对四季蜜龙眼进行了转录组测序，筛选出了一批可能与成花相关的基因。

福建农林大学研究了 miRNA 在龙眼体胚发生过程的作用，*miRNA167* 和它的靶标基因 *ARF6* 和 *ARF8* 参与龙眼的体胚发生；Lin 等研究发现，在龙眼体胚发生过程中 *miRNA390* 介导的 TAS3 的断裂会引起 tasiRNA-ARF3/4 的产生，从而有助于体胚的发生；Feng 等克隆了龙眼体胚发生过程中的 *DIRan* 基因家族，并探讨了其表达模式，发现在体胚发生的早期 *DIRan* 基因大量表达，该基因也参与了 2，4-D 诱导的体胚发生过程。Tian 等研究发现核原位蛋白 RAN3B 基因参与了龙眼愈伤体胚发生过程中的激素信号响应。

2. 成花与坐果技术与分子生理　Shen 等发现干旱可与低温协同促进荔枝成花诱导，对不同处理下叶片进行转录组分析，发现筛选到同时响应低温与干旱的基因，FT 在响应低温与干旱中起着重要作用。

胡香英等研究发现，烯效唑处理能够推迟开花物候期，延长花期，显著提高雄花量，有利于提高初始坐果量，产量明显增加，并诱导果实种子败育，提高焦核率；赤霉素和乙烯利处理明显加速开花，减少开花总量，缩短花期；氯吡苯脲处理显著延缓花穗衰老，延长花期，增加开花量和开花批次，有利于坐果和促进果实发育，且明显增加果皮厚度；萘乙酸处理下雌花率仅 5.04%，初始坐果量 3.50 粒，分别显著低于对照的 23.16% 和 25.17 粒，说明萘乙酸处理不利于雌花发育和提高坐果，显著降低产量。

周开兵等以妃子笑为试材，以叶面喷 Mg 为处理，以喷清水为对照（CK），分别在坐果后 1d 和 8d 进行 Mg 营养叶面喷肥处理，结果表明，喷镁处理克服了果皮"滞绿"现象，认为喷镁刺激 UFGT 活性升高，从而促进果皮花色素苷合成。

Shi 等报道了龙眼果实发育和成熟过程中的理化特性变化，从果实发育过程中果重、果径、TSS/TA 以及 PPO 和 POD 活性等指标的变化，探讨指示龙眼成熟度的合适指标。张红娜等探索了龙眼果皮发育过程中糖分积累以及相关酶活性的变化规律，发现果实发育过程中果皮可溶性糖主要包括果糖、葡萄糖和蔗糖，同期果糖含量远远高于葡萄糖，蔗糖含量较低；龙眼果皮中 NI 和 SS 活性较高，为果糖和葡萄糖生成发挥非常重要的作用；刘丽琴等研究了 GA_3 对"石硖"龙眼假种皮糖积累及糖代谢相关酶的影响，结果表明 GA_3 处理明显增大了果实，但不影响假种皮糖分积累的类型。

3. 栽培与养分管理　白慧卿等分析了影响我国荔枝分布的关键气候要素，指出影响荔枝分布的关键气候因子首先是低温指标，其次是高温指标和降水量。

戴宏芬等研究了间伐回缩修剪对荔枝叶片光合和蒸腾作用的影响，结果发现，间伐回缩修剪有效地提高了荔枝叶片光合和蒸腾作用以及叶片质量，株行距 4m×6m，是"糯米滋"荔枝品种比较合理的种植密度。

Li 等研究利用光谱仪数据建立与广东荔枝园 5 个生长季荔枝叶片氮含量之间的关系模式，预测叶片氮含量。整体而言，秋梢老熟期、花穗期及果实成熟期优化的光谱指数可预测叶片氮含量，但在花芽分化期则效果较差。

张永福和刘成明研究表明，弱生长势荔枝品种叶片钾、锰和铜的含量低于强生长势品种。

苏阳等以妃子笑果皮为材料，探讨果皮着色与 K、Ca 和 Mg 含量的关系，认为全 Ca 含量较高是促进果皮转红的关键因素，花色素苷和叶绿素含量均与水溶性 Mg 和全 Ca 含量的一元指数函数回归方程显著相关，与 Mg 呈正相关、与 Ca 呈负相关。

4. 采后生物学与与功能性成分　Yun 等在转录组和代谢组方面的研究表明，采后荔枝果实衰老可能由 ABA 起始的氧化胁迫引发的脂质、多酚和花色苷氧化所导致。PCS 后放入常温的果实表现为能量亏损，有氧和无氧呼吸均加剧，这一过程可能受到钙信号和 G-蛋白耦连受体信号的上调表达及 GTPase 酶介导的信号传递的特异调控。

Lin 等用 H_2O_2 处理"福眼"龙眼果实，发现 H_2O_2 显著提高果实呼吸速率、细胞色素 C 氧化酶（CCO）和抗坏血酸氧化酶活力，降低 NAD 激酶活力，使果实中维持较低的 NADP 和 NADPH 及较高的 NAD 和 NADH 含量，加速了能量负荷的降低，加速龙眼果皮褐变。

Wu 等研究了采前采后不同时期和不同处理（采前激素、逆境处理，采后 4℃ 和 22℃）下，各种龙眼组织（采前根、茎、叶、花、小果穗、种子和采后果皮果肉）中的 12 个候选内参基因（*CYP*、*RPL*、*GAPDH*、*TUA*、*TUB*、*Fe-SOD*、*Mn-SOD*、*Cu/Zn-SOD*、18*SrRNA*、*Actin*、*HistoneH*3 和 *EF-1a*）的表达量。结果表明，采后 18*SrRNA*+*EF-1a* 和 18*SrRNA*+*Actin* 分别为 4℃ 和 22℃ 贮藏温度下的最佳内参基因组合，而 *Fe-SOD*+*GAPDH*+*Cu/Zn-SOD* 和 *GAPDH*+*Mn-SOD*+*EF-1a* 分别为龙眼果皮和果肉的最佳内参基因组合。

蒋依辉等检测了荔枝新品种"御金球"荔枝果肉挥发性成分的顶空固相微萃取 GC-MS 分析，检测到 10 大类 52 个成分，其中相对含量最大（20.16%）且具有抗菌作用的右旋大根香叶烯、抗菌抗氧化的柠檬醛、黄酮类的 3′，4′，7-3-O-甲基槲皮素等物质的检出，显示出"御金球"荔枝具有潜在的药理及保健作用。

景永帅等分析了荔枝低分子量多糖的分离纯化及抗氧化吸湿保湿性能；黄菲等探索了果肉多糖抗氧化和抑制 α-糖苷酶的活性；赵丹丹等探索荔枝壳多糖的超声波提取及其抗氧化活性。在酚类物质方面，温叶杰等比较了荔枝果肉多酚不同极性分部的构成谱及其抗氧化活性；曾媛等研究了荔枝核提取物对 2 型糖尿病大鼠认知障碍的改善；黄玉影等研究了荔枝核对非酒精性脂肪肝的治疗作用及机制；林妮等研究了荔枝核皂苷对乳腺增生大鼠雌激素受体 erα、erβ 及 erk、vegf 表达的影响；李关宁等探讨荔枝核皂苷在乳腺癌术后内分泌治疗中的临床应用；康毅等报道了荔枝核总黄酮对肝纤维化大鼠模型 pparγ/c-ski 表达的影响；马丽娜等报道了荔枝核总黄酮对小鼠急性肺损伤的影响；李彩等报道了荔枝核总黄酮抑制人肝星状细胞增殖作用机制。

5. 果园机具　邹湘军等研究了荔枝采摘机器人视觉定位误差，采用双目视觉系统和模拟扰动的震动平台对荔枝结果母枝采摘点的三维坐标进行定位试验，并且提出一种动态定位误差分析方法。

（荔枝龙眼产业技术体系首席科学家　陈厚彬　提供）

2016 年度天然橡胶产业技术发展报告

（国家天然橡胶产业技术体系）

一、世界天然橡胶生产及贸易概况

（一）生产情况

1. 种植面积增长放慢，割胶面积小幅增加 2016 年全球橡胶种植面积为 1 440.8 万 hm²，同比增长仅 0.40%，其中天然橡胶生产联合会（ANRPC）成员国种植面积为 1 205.8 万 hm²，增长 0.35%。菲律宾和柬埔寨的植胶面积增长速度明显快于其他国家，分别为 5.3%、2.9%。

2016 年全球割胶面积约为 1 061 万 hm²，比上年增加 21 万 hm²。其中 ANRPC 成员国割胶面积共 896.1 万 hm²，比去年增加 24 万 hm²，开割率为 74.3%。泰国、印度尼西亚和中国的割胶面积分别为 313 万、302.1 万和 72 万 hm²，占 ANRPC 的 76.7%。割胶面积增长速度最快的 3 个国家分别为菲律宾、柬埔寨和印度，增长率分别为 22.1%、19.2% 和 15.1%。

2. 产量增长平缓，单位面积产量略有下降 2016 年全球天然橡胶产量为 1 237.9 万 t，增长 1.19%，其中 ANRPC 成员国的天然橡胶产量为 1 116.9 万 t，总产量比上年增产 1.23%。泰国、印度尼西亚、马来西亚和越南的天然橡胶产量分别为 457 万 t、315.5 万 t、65.0 万 t 和 104.9 万 t，共占全球的 76.1%。

受价格低迷的影响，出现放弃割胶和断续割胶现象，单产略有下降。2016 年，全球天然橡胶单位面积产量 1 166kg/hm²，ANRPC 成员国平均单产 1 246kg/hm²，比去年下降 1.5%。越南、马来西亚、印度和泰国，单位面积产量分别为 1 680、1 500、1 454 和 1 393kg/hm²，保持了较高的单产水平。

（二）贸易情况

1. 世界主要产胶国出口情况 2016 年全球天然橡胶出口量为 987 万 t，与上年基本持平。ANRPC 成员国出口天然橡胶 898.9 万 t，比上年减少 2.1 万 t。泰国、印度尼西亚、越南、马来西亚的出口量分别为 387.3 万、252.8 万、118.6 万、107.7 万 t，占 ANRPC 出口总量的 96.4%。

2. 世界主要消费国进口情况 2016 年全球天然橡胶进口量为 1 043 万 t，比上年增加 0.38%。ANRPC 成员国进口天然橡胶 602.1 万 t，比上年增加 3.2 万 t。中国、美国、日本、马来西亚进口 416 万 t、96.4 万 t、67.8 万 t 和 86.6 万 t。

3. 天然橡胶价格在第三季度末回升 经过连续 3 年全球天然橡胶供应减缓，全球天然橡胶供应逐渐出现偏紧。从 8 月底开始，在全球天然橡胶消费需求增速明显大于供应增速、原油价格复苏和人民币贬值等多方面因素影响下，天然橡胶价格逐步回升。2016 年国际市场 SMR20 年平均价格为 1 374美元/t，比 2015 年增长 0.8%；RSS3 年平均价格为 1 647美元/t，比 2015 年增长 3.6%。

二、我国天然橡胶生产及贸易概况

（一）生产情况

2016 年底，我国橡胶种植面积为 115.8 万 hm^2，与 2015 年基本持平。受胶价持续低迷影响，割胶意愿较低，潜在产能没有挖掘，全国天然橡胶产量 77.4 万 t，比上年减产约 4.2 万 t，但仍位列世界第 4 大产胶国。

（二）贸易情况

1. 进口量小幅增长 我国进口各种天然橡胶共 416 万 t（折算为干胶，含复合橡胶和混合橡胶），较上年增加 1.9%，其中天然橡胶进口量稳定。受复合橡胶新标准影响，进口目标转向混合橡胶（海关编码 400280），全年复合橡胶的进口量仅有 16 万 t，比上年减少 84 万 t，混合橡胶进口量达 188 万 t，比上年增加 134 万 t。

2. 消费量略有增加 2016 年，虽受美国"双反"影响，但欧盟市场需求回缓，印度、中东和非洲等新兴市场出口增加，国内重卡及其轮胎需求增加，我国天然橡胶消费量相应增加，2016 年消费量为 486 万 t，比上年增加 3.8%。

3. 价格逐步回升 跟随全球天然橡胶价格，2016 年国内全乳胶（含 SCR5）全年平均价格为 1.26 万元/t，比上年增长 4%。上海期货市场主力合约价格也呈现低开高收格局。

三、世界天然橡胶技术发展动态

（一）育种领域

各主产国，马来西亚、印度尼西亚、印度、越南等国近期均向本国生产者发布了品种推荐。在基因组学方面，Yamashita1 利用麦胚翻译系统重构了橡胶粒子体外合成天然橡胶体系，首次证明 HRT1 与 HRBP、ERF、SRPP 以复合体形式存在于橡胶粒子膜上。Koop 证明抗氧化系统与橡胶树抵御南美疫霉病有关。Tran 利用 SSR 标记构建了 PB260×RRIM600 杂交子代的遗传图谱，鉴定了 6 个棒孢菌抗性 QTL 位点。

（二）栽培、土肥领域

国外在栽培、土肥技术领域的进展不多。菲律宾 Roca 等探索了实生苗扦插快繁。Mohd Yusoff Noor 总结了马来西亚施肥技术体系，分为小苗、幼树和成龄树 3 套。

（三）割胶领域

IRRDB 公布了 2016—2020 年采胶战略计划，主要内容是通过采用高产品系，结合各种割胶方法提高人均产量。印度橡胶所 KU Thomas 对 d7 割制进行了 5 年观测，发现产量与 d2 差异不明显，且减少割胶刀数 65%，耗皮量和死皮率大大下降。科特迪瓦也证实了低频割制的优越性。马来西亚、印度很早启动了机械化、自动化割胶工具研发，但因成本及技术难点未突破等原因，仍处于改进试验阶段。

（四）病虫害防控领域

国外在抗病育种方面取得一定进展，斯里兰卡采用芽接大树换冠的办法将感病的品系更换成抗性品系，解决了棒孢霉落叶病的防治问题。巴西 Suarez 选育出高产且对南美叶疫病免疫或高抗的新品系。

（五）初加工领域

天然橡胶初加工技术方面公开报道的不多，而主要在轮胎和其他制品技术方面。蒲公英橡胶研究在美国俄亥俄州立大学取得突破性进展，培育出含胶量高达 24% 的蒲公英，同时开发了配套的播种与采收装备，预计五年后可进行商业化开发。俄罗斯圣彼得堡瓦维洛夫植物研究所保存 128 份资源，超过了世界其他国家种质资源量的总和。

（六）生态环境领域

针对大规模植胶对生态环境的影响，马来西亚 Ratnasingam 研究认为，橡胶林具有较高的生长速率，采伐剩余物和残落物多于天然林。Yang 研究认为，橡胶林的固碳潜力高于农作物地、草地等非林地，但远低于天然林。Sergey 研究认为，在非传统和高海拔地区植胶，一定程度降低了橡胶林的固碳潜力。

（七）产业经济领域

天然橡胶价格研究仍然是关注的重点。Aye Khinet、Han Hwa Goh 等研究了汇率波动对天然橡胶价格的影响。Akanksha Gupta 等研究认为，期货交易活动是现货波动的主要原因。Melba 研究认为，价格是解释产出增长的重要因素。

四、国内天然橡胶技术发展动态

（一）育种领域

我国结合橡胶树品种特性与植胶生态类型区，提出主产区橡胶树品种区域配置建议。在产量早期预测技术方面，发现通过观测试割后树皮中分化的次生乳管数量发现，可在定植 3 年预测产量水平，而且不漏选排胶表型类似 PR107 的种质。

在橡胶树分子生物学方面，田维敏研究组揭示了茉莉酸信号传导途径、钙信号等可能是次生乳管分化调控网络的重要组分。我国结合 2 代、3 代测序技术以及最新的 Hi-C 基因组组装技术，得到 7 000 多个 scaffolds，建立了高质量橡胶树基因组图谱，该草图优于马来西亚 Lau 等最新发布的版本。此外，唐朝荣研究组还首次发现了 REF/SRPP 在基因组上成簇排列，这对于解析橡胶树产胶机制有重要的意义。

（二）栽培、土肥领域

在栽培技术方面，王军研究组采用无性系做砧木，发现接穗的发育阶段对砧穗形成角度影响显著，育苗时要高度重视芽片的质量。开展了林下灵芝、萝芙木、魔芋、豆薯、豆科绿肥植物等的试种。

在土肥技术方面，基于高光谱和数字图像分析开展橡胶树营养诊断，在氮素基础上扩展到磷素，与实测相关系数达到 0.96。孙海东等人研究发现，交换性铝是酸性土壤酸度的主要贡献者，Na^+ 和 Mg^+ 盐基离子淋失是加速胶园土壤酸化的一个重要影响因素。茶正早研究组正在研发保水缓控释橡胶专用肥料，云南热作所杨丽萍等正在研发云南山地胶园专用肥料。

（三）割胶领域

2016 年加大了 d7 低频割胶和气刺割胶技术示范应用，两项技术在增加人均承割株数，提高割胶效率，增加胶工收入等方面表现出了明显的优势。曹建华、陈少华等都先后设计出了不同样式的机械化自动化割胶工具，正在开展试割试验。

王真辉研究组调查发现，死皮率随割龄增长呈现出快速上升趋势，研发出一种死皮康复药剂，对四、五级死皮树具有一定疗效。张义研究认为，监测硫醇含量变化是死皮胶乳诊断的关键因素。李德军研究组发现，死皮树中的 IPP 合成途径及下游基因被显著抑制，这对于理解橡胶生物合成的反馈调控机制有重要意义。

（四）病虫害防控领域

我国完成了橡胶树炭疽病菌和白粉病菌的基因组测序，通过基因缺失法或点突变开展主要致病相关基因的克隆和功能鉴定。确定了白粉病菌侵染的 5 个关键时期，为合理制定防治历期提供依据。黄贵修在国内首次发现腐皮镰孢引起的流胶病。

（五）初加工领域

国内首条万吨级天然橡胶/白炭黑湿法混炼连续化生产线项目在云南西双版纳建成。海南信荣橡胶机械有限公司成功研制出天然橡胶自动化包装生产线。中国天然橡胶协会、中国合成橡胶工业协会联合发布了《混合橡胶通用技术自律规范》，规定混合橡胶为质量分数不低于 50% 的合成橡胶与质量分数不高于 50% 的天然橡胶混合而成。《轮胎分级标准》、《轮胎标签管理规定》正式实施。青岛森麒麟轮胎股份有限公司成功制造了低磨耗、高抗湿滑、低滚阻性能均衡的高性能导静电石墨烯轮胎。

蒲公英橡胶方面，在新疆伊犁昭苏地区找到了高含胶量种群。北京化工大学研发了天然橡胶聚合反应前体物质的精准定量技术和水基提胶技术。

（六）生态环境领域

我国学者研究发现，橡胶林土壤细菌多样性要高于次生林。刘少军构建了我国橡胶分布与气候因子的关系模型，并给出了 80% 气候保证率下中国橡胶树稳产高产的种植北界。朱美玲等研究认为，橡胶树人工林生态系统总碳储量为 $160.01tC/hm^2$。

（七）产业经济领域

在价格研究方面，侯冰凌等构建了 ARIMA 模型预测未来短期价格。魏宏杰等认为橡胶的金融产品属性加剧了价格的波动。樊孝凤等构建了全乳胶价格与美元指数之间的关系模型。刘锐金研究了利率冲击对橡胶价格的影响。在产业布局方面，傅国华研究组提出了中国-东盟天然橡胶空间产业链的构建思路与对策。

五、国内天然橡胶产业发展的主要问题及技术建议

（一）启动天然橡胶产业竞争力提升科技行动，提高产业可持续发展水平

从全产业链的角度，开展新品种、新材料、采胶技术、栽培施肥管理、胶乳保存运输、胶乳加工、木材加工等环节的轻简高效技术研发，完善相应生产技术规程，加快胶园调整和更新步伐，打造核心胶园和加工示范生产线，提高劳动生产效率，提高单位面积土地收益和产业综合效益。贯彻创新、协调、绿色、开放、共享的发展理念，实施两减技术，维护胶园土壤地力，加强胶园林下经济和循环经济模式研发与利用，实现资源合理利用及有效的环境控制，胶乳生产和生态建设同步，实现生态良性循环，协调产业和社会共同发展。

（二）加快天然橡胶产业机械化、智能化、信息化建设，提高产业现代化水平

针对天然橡胶山地植胶特点和大量体力劳动作业需求，结合农机和农艺，研制适合山地胶园的小型多用农机具，提升机械化程度。对占生产成本最高且最具特色的采胶劳动，必须加快采胶轻简技术研究，研发替代人工割胶的机械化、智能化采胶装备与技术，摆脱技术性倚赖，转变生产发展模式，降低劳动强度，适应社会发展对技术发展的要求。加强信息化管理，全面收集和分析产业相关信息，前瞻性开展技术研发和跨国产业结构布局，提升产业管理决策支撑能力。

（三） 加强天然橡胶高端工程用胶的研发与利用，提高国家战略安全保障能力

加快初加工技术创新和生产质量管控研究，加强与下游轮胎行业和胶乳制品企业的对接，开发生产高端和专用产品用胶，提升生产线标准化、自动化、智能化程度，提升产品一致性、多样性和产品质量，满足市场需求，提高市场竞争力，达到中国制造 2025 年目标的要求。研发特种高端工程胶，满足军工及其他特殊领域对天然橡胶产品的质量要求，摆脱高端工程胶长期依赖进口的局面，保障国家战略安全。

（天然橡胶产业技术体系首席科学家　黄华孙　提供）

2016 年度牧草产业技术发展报告

（国家牧草产业技术体系）

一、国际牧草生产与贸易概况

（一）生产

据 FAO 数据，近年世界牧草收割面积小幅回升；美国牧草收割面积 2015 年有所下降，但牧草产量不断增加。美国、加拿大、澳大利亚、新西兰等国是牧草生产的主要国家，1986 年，世界牧草收割面积达到峰值，为 1.03 亿 hm^2，之后不断波动下降，到 2011 年下降至 9 257 万 hm^2，。此后年份，收割面积有所回升，2013 年达到 9 436 万 hm^2。2014 年，美国牧草收割面积为 2 310 万 hm^2，牧草产量为 1.4 亿 t。至 2015 年，牧草收割面积降为 2 288 万 hm^2，下降了 1%；牧草产量上升为 1.42 亿 t，增长了 1.86%。2016 年，美国牧草种植面积为 2 435.4 万 hm^2，产量 1.52 亿 t；加拿大牧草种植面积为 737.9 万 hm^2，产量 3 043.2 万 t；澳大利亚各类干草产量超过 650 万 t。在国际上牧草平均产量高达 7 500~10 000kg/hm^2，并形成专业化的草种生产产业带，草种产量达 1 100~1 400kg/hm^2。发达国家牧草品质较高，牧草收获田间损失在 5% 以下，贮藏损失 3%~5%。以美国紫花苜蓿干草为例，平均粗蛋白含量为 16%~20%，苜蓿品质可分为 5 个等级，但一级品苜蓿干草占到全部苜蓿干草产品的 70% 以上，粗蛋白含量 18% 以上。

据美国农业部数据，近年美国牧草价格有所下降。2014 年，美国牧草平均价格 172 美元/t，2015 年 1—10 月，牧草月度平均价格为 156 美元/t，其总体呈现出下滑的趋势。比较 2014 和 2015 年美国牧草的月度价格，年度峰值均停留在当年的 5 月。2014 年 5 月和 2015 年 5 月，美国牧草平均价格分别为 196 美元/t 和 175 美元/t。2014 年 10 月，美国牧草平均价格为 171 美元/t，其中苜蓿价格为 193 美元/t；2015 年同期牧草平均价格下降为 146 美元/t，其中苜蓿价格降为 156 美元/t。

（二）贸易

国际草产品市场需求回升，贸易价格持续走低。2015 年国际牧草贸易量为 907 万 t，比上年增加了 10.86%；贸易价格由 301 美元/t 跌至 287 美元/t，下降了 10.86%。其中，苜蓿粗粉及颗粒的贸易量由 122 万 t 增加至 135 万 t，贸易价格由 272 美元/t 跌至 239 美元/t；其他干草的贸易量由 697 万 t 增加至 772 万 t，贸易价格由 306 美元/t 跌至 295 美元/t。

国际牧草市场集中度非常高，美国是头号出口国，日本是头号进口国。美、澳、西、意、加是主要出口国，Comtrade 数据库数据显示，2015 年，5 国的出口量约占世界总出口量的 84.68%，其中，美国出口量占世界总贸易量的 47.55%。日、中、韩是主要进口国，2015 年 3 国的进口量占世界总进口量的 70.03% 左右，其中，日本进口量占世界总进口量的 32.69%，中国进口量占世界总进口量的 21.77%。

二、国内牧草生产与贸易概况

（一）生产

目前我国已形成了华北、东北和西北草产品加工优势产业带，青藏高原和南方草产品加工优势带。2014 年，全国保留种草面积 2 200.67 万 hm²，同比增长 5.46%。其中，人工种草保留 1 282.2 万 hm²、改良种草保留 859.67 万 hm²，分别同比增长 2.87%、11.34%；飞播种草保留 58.8 万 hm²，同比下降 13.70%。紫花苜蓿主要种植省区为新疆、甘肃、陕西、内蒙古、宁夏和山西，年末保留面积分别为 108.6 万 hm²、80 万 hm²、73.07 万 hm²、69.13 万 hm²、40.07 万 hm² 和 22 万 hm²，分别占全国的 22.89%、16.86%、15.40%、14.57%、8.44% 和 4.64%。目前，全国草产品加工企业超过 300 家，其中年加工 5 万 t 以上的有 33 家。总设计生产能力超过 500 万 t，总实际生产加工量只有约 180 万 t，占设计生产能力的 36%。年产牧草 6 000 万 t，但商品草仅 280 万 t，草产品结构单一，在国际市场上所占的份额较小，近年来呈净进口趋势。目前，我国草产品品种主要为紫花苜蓿和羊草，其中紫花苜蓿占 90% 以上。产品结构中，77% 为草捆，8% 为草颗粒，7% 为草粉，2% 为草块，6% 为其他草产品，80% 以上的苜蓿草产品粗蛋白含量 14%～16%。

牧草在农业种植结构中地位逐步提升，粮经饲统筹进一步推进。在粮改饲试点、苜蓿发展行动、草原生态奖补、南方现代草地畜牧业、产业扶贫等项目带动下，以及随着耕地轮作休耕制度试点方案的出台，我国牧草种植规模继续保持增长。牧草生产规模化、机械化、专业化程度逐步提升。一系列涉草政策促进了牧草规模化、机械化、标准化程度的提升，尤其是青贮机械的推广利用明显增加。与此同时，苜蓿、羊草、燕麦等牧草及饲用油菜等"粮改饲"饲草正同步加快发展，2016 预计实施"粮改饲"试点 40 万 hm²。牧草种植企业继续增加，并注重牧草技术和机械利用。推行了草业大宗电子交易平台、手机 APP 客户端等"互联网+"模式，以及牧草银行等。

草畜结合、节水、生态循环的牧草产业模式逐步受到重视，发展模式多样化。农业供给侧改革背景下草牧业的推进，促进了我国草畜结合发展，尤其是饲草的就地转化有一定提升。与此同时，受资源约束的影响，节水、生态循环模式备受关注。土地流转种养结合、订单农业种养结合、托管经营种养结合等模式逐步开始探索。

（二）贸易

牧草出口量大幅减少，出口价格小幅下降。2016 年 1—10 月，我国出口牧草产品 0.29 万 t，比上年同期减少 92.5%，主要出口到韩国（100.0%）；目前仅有苜蓿草粉及颗粒的出口，出口量为 0.29 万 t，出口价格为 241.01 美元/t，比上年同期减少 4.1%。

牧草进口量保持增长，进口价格有所下降。2016 年 1—10 月，我国进口牧草产品 144.05 万 t，比上年同期增加 23.9%，进口主要来自美国（74.7%）；苜蓿干草、燕麦草的进口量分别为 123.08 万 t、18.34 万 t，进口价格分别为 308.85 美元/t（同比减少 21.5%）、331.10 美元/t（同比减少 5.5%），燕麦草进口价格略高于苜蓿干草。

三、国际牧草产业技术研发进展

（一）种质资源、育种、种子生产

2016 年美国共审定登记 54 个苜蓿新品种，其中，Alforex Seeds 公司育成 16 个、

Cornell University 育成 1 个、Forage Genetics 公司育成 20 个、Legacy Seeds，Inc 公司育成 2 个、S & W Seeds 公司育成 15 个，此外，Brerr Young Seed 公司、DLF Pickseed 公司和 Hood River Seed 公司各育成 1 个红三叶新品种。

1. 在育种方法上　综合利用表型选择和基因型选择的方法得到了快速应用；高通量第 3 代测序技术的快速发展，极大地促进了四倍体苜蓿的高密度遗传图谱构建与重要农艺性状基因的精确定位研究。

2. 在育种材料的选择方面　抗草甘膦除草剂的转基因亲本材料得到广泛应用，约占全部审定品种的 26%。

3. 在育种目标上　除了产量、抗虫性、抗病性等传统指标外，低木质素育种已成为苜蓿品种选育的重要指标。

4. 种子生产方面　美国等发达国家致力于提高草种产量和氮肥使用效率的研究，同时指出生长调节剂在提高多年生黑麦草等禾草种子产量、增加红三叶等豆科牧草授粉效率方面潜力巨大，是未来研究的重点。新西兰科学家也指出，种子大小和减少落粒是未来提升多年生黑麦草种子产量的重要途径。

（二）栽培及田间管理与草地稳产

欧洲、澳洲的草地畜牧业以发展集约化经营为主，大面积发展人工草地，进行放牧；美国将苜蓿种植列入 5 大作物，提供了充足的饲草资源；由于资源相对丰富，欧洲、澳洲和美国的草地畜牧业尚处有序开展阶段。

在全球气候变化的背景下，国际上耕作制度研究以"农作制度优化，丰粮节本减排"为前提，围绕以下几个方面开展研究。①应对复杂多变环境下的农作制度设计与优化。②基于节能减排的保护性农业、循环农业的理论与模式设计。③集约型可持续草地农业系统研究。④卫星地理定位、生物工程技术、系统模拟等先进手段及高效现代化机械在优化农作制度研究与实践中的应用。其中多年生牧草和 1 年生作物进行穿插种植，通过冷季型 C3 植物与暖季型 C4 植物之间的相互关系，冷季型 C3 与暖季型 C4 植物具有不同糖代谢方式，使粮食和牧草实现多年循环生产；利用影响牧草生长的两大因素"水"和"肥"之间的有机联系，即协同效应、顺序加效应和拮抗效应、水肥对牧草的耦合效应进行水肥及牧草综合管理，以提高牧草生产力和水肥利用效率。

（三）病虫害防控技术

关注全球变化对病虫害发生、流行和为害的影响，关注病虫害与牧草的互作，同时关注昆虫病原菌的研究，开展利用病原菌防治有害昆虫的研究；在病虫害防治方面，持续开展转基因技术在抗病虫品种中的应用、功能基因组与蛋白质组学研究及监测预警技术研究。

（四）牧草机械研发

国外发达国家在 20 世纪 60 年代达到了牧草机械发展的高峰期，同时也促进了牧草机械的普及，使牧草机械的保有量达到了相当高的水平。目前，发达国家的牧草机械已形成了一整套技术体系，不仅有国家研发机构，还有大量的企业参与到牧草机械的研发制造中，同时更多的新兴技术被利用到牧草机械中，实现了牧草机械化的全面覆盖。与此同时，国外还重视交叉领域综合机械的发展，强调经济效益、生态效益和社会效益的协调发展，其发展趋势主要体现在以下几个方面：①机械技术与生物技术相结合，达到节约资源、循环利用的目的。②开发新型资源，扩大牧草产业种类与应用范围。③产品的成套性和系列化发展，进一步满足国际市场需求。④大功率、高效、复合式作业机型的研制，以减少对草地碾压次数，提高作业效率和拖拉机利用率。⑤缩短收获周期，提高牧草质量，使机具在田间能够达到更高的作业生产率。⑥扩大和提高机具的通用性和适应性，充分提高机具的利用率。⑦大量采用电子、液压精确控制、GPS 定位等现代技术，提高产品的科技含量，达到畜牧业装备的智能化和信息化。

（五）牧草加工利用技术

减少加工过程中牧草营养物质的损失，提高牧草利用效率或者饲草报酬率是国际研究的重点，比较优质饲草和其他粗饲料的利用效果是其发展趋势，如体现在以下几个方面：①研究利用玉米秸秆替代苜蓿干草作为日粮时，奶牛尿中的生物标记物和代谢通路分析。②探究泌乳奶牛从以苜蓿为基础的日粮改为谷物秸秆日粮的时候，其体内的复方氨基酸的利用情况。③探究添加大麦秸秆与苜蓿青贮饲料或棉籽粕的混合料对公牛饲料消化率和生长率的影响。④通过与苜蓿干草日粮进行对比分析，从而确定饲喂百脉根干草对奶牛中性洗涤纤维消化、氮消化率及泌乳性状的影响。⑤研究猫尾草干草基础日粮对北海道马的氮消化和尿循环代谢的影响。⑥奶牛泌乳期在苜蓿干草中加入蛋白质保护剂物，从而探究保护剂对养分利用率、饲料转化效率及泌乳性能的影响。

四、国内牧草产业技术研发进展

（一）种质资源、育种、种子生产

2016 年度，国家草种质资源库新增草种质材料 2 700 余份，累计保存 3.3 万份，完成抗性评价鉴定 529 份，研究了紫花苜蓿、多年生黑麦草等 18 个物种的 20 个基因。

1. 育种方面 我国草品种审定委员会共审定通过 12 个草品种，其中豆科牧草 6 个，包括 4 个育成品种（鄂牧 2 号白三叶、凉苜 1 号苜蓿、热研 25 号圭亚那柱花草、中豌 10 号豌豆）、1 个引进品种（希瑞斯红三叶）和 1 个野生栽培品种（盘江白刺花）。

2. 育种方法 主要还是以常规育种为主，分子育种还处在理论研究与探索阶段，借助转录组测序和蛋白质组学技术，在苜蓿抗逆机理研究方面取得了一些进展。

3. 种子生产技术 主要集中在苜蓿种子田灌溉、种植密度、微肥调控技术，老芒麦、披碱草施肥技术等方面，开展了苜蓿种子授粉调控增产技术和苜蓿切叶蜂人工繁育试验研究，此外，《禾本科草种子生产技术规程老芒麦和披碱草》（NY/T 2891—2016）、《禾本科草种子生产技术规程多花黑麦草》（NY/T 2892—2016）两项行业标准正式颁布实施。

（二）栽培及田间管理与草地稳产

目前我国北方地区已形成以紫花苜蓿为主的轮作体系，南方地区以多花黑麦草为主的轮作与复种体系已基本成熟，在农牧过渡带人工草地建设中，混作应用越来越普遍，华东地区开始重视作物与牧草的轮作，间作研究与应用较少。北方注重轮作，南方土地资源紧缺，林草间作与轮作复种比较普遍。草田耕作的研究内容主要还是集中在耕作制度对牧草产量和质量的影响、对土壤水分保持的影响、对土壤养分的影响等。近年开始重视应用耕作制度有效控制和防除杂草等农业系统管理方面的研究，以及对碳和氮减排方面的前沿的研究。

针对草地改良与利用，以植被重建和土壤改良为主，包括补播苜蓿和高产禾草、切根、松土、施肥等方式，在羊草草地中补播苜蓿和无芒雀麦、在青藏高原草甸草原补播披

碱草等已经成为通行做法，对补播草地的控制刈牧利用正在研究中，已经突破牧草精准利用的关键技术，达到草地稳产与可持续利用目的，降低家畜饲养成本。

（三）病虫害防控技术

跟踪国际前沿，逐步开展全球变化对病虫害的影响，初步开展了植物–病害–害虫互作的研究；持续开展病虫害快速检测技术研发，牧草抗病虫品种评价和筛选。从生理、生化、分子、蛋白组水平，结合现代新技术和传统技术，重点开展生物多样性防控病虫的机理研究。

（四）牧草机械研发

2016年，面对我国牧草机械快速发展的现状，针对牧草机械提出了新要求，以发展优质草产品生产机械装备和草地改良机械、改善草场生态环境与提高农牧民经济收入齐头并举为首要目标，根据中国牧草产区的特点，遵循"粮改饲"方针的指导，借助政府出台的一系列扶持政策，建立了适应我国苜蓿生产的苜蓿播种—苜蓿改良—牧草收割—山地青贮—牧草打捆的苜蓿生产关键环节机械化技术体系，体系涵盖了苜蓿种植全过程，形成了一套完整的技术研发流程。在技术研发方面，我国牧草机械开始向多元化、智能化发展，通过与液压、电子、机械等多个领域相互渗透结合，注重牧草机械工艺要求，重点突破改良草地牧草播种、改良促生、刈割压扁、打捆、加工和青贮等关键环节机械化技术，提高牧草机械的技术含量，增加牧草机械作业效率，完善改良草地和人工草地牧草生产关键环节机械化技术体系。

（五）牧草加工利用技术

我国的牧草加工水平近年来得到了飞速发展，在草产品加工技术方面，通过引进消化及自行研制取得了一定进展，但仍然存在产量低、能耗高、质量标准低等问题。我国目前关于适时刈割、收获的相关研究方面主要集中在苜蓿方面，关于天然牧草及其他栽培牧草适时收获期研究较为零散，还没有形成规模化应用。物理干燥与化学干燥虽可在一定程度上缩短苜蓿干燥时间，但会对牧草形成机械损伤，从而耗费人力、物力和财力，有较大局限性，牧草低损耗调制、延时贮藏工艺还需开发；草产品质量和安全检测标准主要集中在草产品的感观性状、物理性状、营养成分等方面，与国际接轨的全方位的检测标准和技术体系还需要完善。

（牧草产业技术体系首席科学家　张英俊　提供）

2016 年度生猪产业技术发展报告

（国家生猪产业技术体系）

一、国际生猪生产与贸易概况

（一）生产概况

2016 年全球猪肉总产量达 1.082 亿 t，同比下降 1.9%，其原因是由于中国猪肉产量减少所致。据美国农业部估计，中国 2016 年猪肉产量为 5 185 万 t，同比下降 5.5%，占世界猪肉总产量的 47.9%。预计 2017 年全球猪肉产量比 2016 年增长 2.6%，达到 1.11 亿 t。

美国：2016 年猪肉产量为 1 130.7 万 t，同比增长 1.7%。预计 2017 年产肉量将增长 3.8%达 1 173.9 万 t。

加拿大：2016 年猪肉产量为 198 万 t，母猪存栏和仔猪产量都略有提高。预计 2017年产肉量将与 2016 年持平。

巴西：2016 年猪肉产量达到 371 万 t，同比增长 5.4%。预计 2017 年产肉量将持续增加 3.1%，达 382.5 万 t。

欧盟：2016 年猪肉产量达到 2 335万 t，预计 2017 猪肉产量与 2016 年产量基本持平。

俄罗斯：2016 年猪肉产量达到 277 万 t，同比增长 5.9%。预计 2017 猪肉产量达 290万 t，同比增加 4.7%。

（二）贸易概况

2016 年全球猪肉进口总量为 831.4 万 t，同比提高了 24%，主要是由于中国猪肉进口量从 2015 年的 103 万 t 剧增到 2016 年的 240 万 t，增幅高达 133%。中国已替代日本，成为全球最大的猪肉进口国。2016 年，日本猪肉进口总量为 132 万 t，墨西哥猪肉进口总量为 102.5 万 t。预计 2017 年全球猪肉进口量与 2016 年基本持平。

2016 年全球猪肉出口总量达 853.8 万 t，同比提高 18.2%。出口量最大地区是欧盟 27国，为 333 万 t，同比增加 38%，中国约 70%的进口猪肉来源于欧盟 27 国。其次为美国和加拿大的 235.6 万 t 和 135 万 t。2017 年全球猪肉出口总量将继续维持在高位，达 862.9万 t，其主要出口国仍将是欧盟 27 国、美国、加拿大和巴西。

2016 年全球进口活猪为 585.6 万头，美国仍是全球进口活猪最多的国家，进口活猪580 万头，其次为墨西哥 2 万头。中国活猪进口主要是种猪（进口活猪 5 000 头）。预计2017 年全球进口活猪量将维持在 595.2 万头。

2016 年全球出口活猪为 780.6 万头，同比下降了 1.9%。加拿大仍作为世界上活猪出口最多的国家，当年出口活猪 585 万头，其次为中国的 150 万头和欧盟的 40 万头。预计2017 年全球出口活猪数量将维持在 785 万头。

二、国内生猪生产与贸易概况

（一）生产概况

2016 年生猪出栏量为 68 502万头，同比下降 3.28%，猪肉产量为 5 299万 t，同比下降 3.43%，年末生猪存栏量为 43 504 万头，同比下降 3.57%。规模以上定点屠宰企业屠宰生猪 20 871 万头，同比下降 2.47%。根据农业部 4 000 个监测点数据，年末能繁母猪存栏量继续下降 3.60%。

（二）贸易概况

根据国家海关数据，2016 年鲜冷冻猪肉进口量达到 162.03 万 t，同比上升 108.4%，鲜冷冻猪肉进口平均价格为 1.97 美元/kg，同比上升 5.7%，鲜冷冻猪肉进口来源于欧盟的份额达到 67.80，美国的份额为 13.30%，加拿大份额为 11.05%，巴西、智利和墨西哥的合计份额为 7.85%。2016 年，冻猪杂碎（包括冻猪肝和其他冻猪杂碎）进口量达到 133.38 万 t，同比上升 71.93%，冻猪杂碎进口平均价格为 1.84 美元/kg，同比上升 14.13%，冻猪杂碎进口来源于欧盟的份额达到 57.05%，美国的份额为 31.79%，加拿大的份额为 9.10%，智利和墨西哥的合计份额为 2.06%。

三、国际生猪产业技术研发进展

（一）育种与繁殖技术

研发重点集中在综合利用猪基因型检测、系统表型测定记录、基因组选择遗传评定方法及繁殖技术提高猪遗传评估准确性，加速群体遗传进展。随着测序技术的进步，基因组选择的应用成本显著下降，基因组选择由纯种群体向杂交群体或混合群体转变，对杂交群体或混合群体实施基因组预测将会成为未来猪基因组选择的新方向。基因组选择的评估性状由常规性状向非常规性状转变，如胴体组成、行为等性状；基因组选择的方法则主要体现在对大量组学先验信息的有效利用，同时有大量研究集中于基于芯片及测序群体的基因型填充技术研究领域等。

（二）疫病综合防控技术

国际上猪病总体平稳，没有发生严重影响生猪产业的疫情。袭击美国养猪生产的猪流行性腹泻基本平息，临床疫情极少见。近年来，一种引起新生仔猪死亡和类似口蹄疫临床症状的 A 型 Senecavirus 引起关注，目前称为流行性暂时新生仔猪损失（Epidemic Transient Neonatal Lossess，ETNL）综合征。ETNL 影响 0~7 日龄的仔猪，3 日龄仔猪的死亡率较高（40%~80%），4~7 日龄仔猪死亡率为 0~30%，有时在母猪的鼻部和蹄冠状带可出现水疱。非洲猪瘟疫情主要出现在东欧国家。猪繁殖与呼吸综合征仍在不少国家呈地方流行性，猪繁殖与呼吸综合征病毒不断变异，基因缺失毒株、变异毒株层出不穷。猪圆环病毒相关疾病等其他疫病比较平稳。

新型疫苗研发及疫苗生产新工艺仍是国外研究机构和动保企业重视的研究领域。猪圆环病毒与肺炎支原体联苗已投入市场并广泛应用。分子检测技术和以单克隆抗体为基础的血清学检测技术广泛应用于猪病诊断与监测。

（三）营养与饲料技术

国外生猪饲养环境较好、饲养规模大、猪场布局合理、优质饲料资源稳定、日粮类型较简单，饲养过程中猪应激较少，健康水平较高，繁殖性能较高，生产中基本停用饲用抗生素。多数发达国家要求 2017 年开始全面禁止在牲畜饲料中使用预防性抗生素。无抗饲料方面，通过益生菌、有机酸、植物提取物等饲用抗生素替代品的开发应用并配套饲养管理、环境控制等技术，实现生猪无抗饲养；环保饲料配制技术，通过生物过滤、生物发酵或添加功能性添加剂以实现猪场零排放等。采用多段饲喂技术，配制两种营养浓度不同的基础料，根据猪的不同生长阶段以及不同品种等，改变两种料的掺配比例，配制出营养水平不同的饲料。利用合理的氨基酸平衡技术，通过精细化蛋白饲喂策略，添加缬氨酸、亮氨酸、异亮氨酸和组氨酸降低仔猪日粮蛋白含量。

仔猪营养方面，以营养手段实现调控肠道微生物菌群的技术，提高猪肠道健康和器官发育，改善机体抗氧化能力和养分消化吸收。母猪营养方面，研究了不同营养素对母猪繁殖性能、免疫功能和/或后代生长的影响，为研究集成提高母猪生产效率营养技术方案提供了理论基础。饲料原料、饲喂模式及加工工艺方面，开展了酶制剂、抗生素替代品如抗菌肽等研发。

（四）生产与环境控制技术

国际上，通过同期发情实现批次化管理，加强主动淘汰以缩短产仔间隔，不断提高母猪年生产力。2015 年，在丹麦养猪场，丹系猪 PSY 达到的最高水平为 36.8 头，母猪的平均窝产活仔数约 15.4 头，平均窝断奶活仔数约 13.1 头。国外养猪生产与动物福利领域的研究主要针对猪只福利、猪舍环境、智能化养猪技术开展。

猪场废弃物无害化处理与资源化利用相关研究涉及废弃物处理利用的污染物控制和资源化利用新技术和关键设备。粪便处理重点关注粪便发酵过程空气污染物的排放和控制，特别是臭气、挥发性有机物的排放特征和控制技术等。探讨了粪便热化学转化新技术，将粪便生物质转化液体生物原油、生物炭或富氢气体等增值利用。

（五）加工技术

在肌肉干细胞技术领域，目前的热点主要有种子干细胞的筛选，全能性干细胞的高效肌肉方向分化，为培养肉仿生制造也提供了很好的借鉴。研究了宰后肌肉中蛋白质的变化规律，重点关注与宰后能量代谢、宰前应激有关的变化，揭示糖原酵解对 PSE 猪肉的影响，为 PSE 肉形成机理的探讨提供理论依据。

在肉制品工艺技术和安全控制方面，主要关注：①脂肪和食盐替代技术。②火腿腌渍过程中超声波以及在线监测的应用。③有害生成物的检测和控制技术。④微生物多重PCR 检测技术和风险评估等。⑤猪皮等副产物的综合利用技术。

（六）产业经济技术

集约化、规模化已成为世界生猪养殖的主流趋势，但对规模化集约化养殖产生的环境成本和社会经济绩效并不清晰。Wei 等对北京城市周边养猪场研究结果表明：①较大的猪场表现优于较小的猪场，氮和磷的剩余与猪场规模以及农场收入呈负相关。②将粪肥用于作物生产回收是降低畜牧生产系统中营养物过剩和环境成本的适当方法。猪场环境、经济和社会绩效与猪场规模呈正相关。

生猪生产效率是国内外学者关注的重要经济问题。Darku，Malla 等测量和评估了加拿大各省在 1940—2009 年期间作物和畜牧生产中全要素生产率（TFP）增长的变化。农作物的生产率变化主要由作物的技术变化（TC）驱动，而畜牧业的生产率变化主要由规模效应（SE）和技术进步推动。虽然技术效率的变化主要是积极的，其对生产率增长贡献对于各省而言并不大。

四、国内生猪产业技术研发进展

（一）育种与繁殖技术

主要包括全基因组选择理论与应用、分子育种技术、现代繁殖技术等研究领域。在基因组选择的应用方面主要在基因组选择参考群体构建、基因型检测、常规及非常规性状性能测定、基因组选择遗传评估方案及平台建设等方面开展工作。构建初具规模的基因组选择参考群体，获得多项基因组选择计算软件著作权等。在基因组选择的理论方法研究方面，主要包括基因型检测平台的筛选、基因型填充方法对比、生物学信息有效利用、多群体联合评估等。在猪的分子育种领域，主要进行了基因组序列的从头组装，通过对比鉴定出大量品种特异性 SNP 和 SV 位点等。

（二）疫病防控技术

我国猪病发生和流行总体态势平稳，但对养猪生产仍然为害很大。猪繁殖与呼吸综合征 PRRS 在很多猪场仍然不稳定，特别是有高致病性猪繁殖与呼吸综合征病毒减毒活疫苗的猪场，PRRS 临床疾病十分普遍，突出表现在免疫母猪群出现散发性流产、死胎与弱仔比例增高、发情障碍、保育仔猪和生长育肥猪的呼吸道疾病，死亡与淘汰率 20% 左右。前两年出现的猪繁殖与呼吸综合征病毒 NADC30-like 毒株继续流行与传播，造成不少猪场受到感染。伪狂犬病病毒变异毒株继续传播，仍有一些猪场受到感染和引起临床发病。猪流行性腹泻出现反弹趋势，有不少猪场发生疫情，哺乳仔猪损失较大。副猪嗜血杆菌病和猪传染性胸膜肺炎仍然是猪场为害较大的细菌性疾病。

我国猪用疫苗的研发仍呈上升势头，呈现一种疫病多个毒株疫苗、一种疫苗多家企业生产的现象。大型养猪企业和规模化猪场对猪病诊断与监测工作的重视程度提升，种猪企业加大了种猪群猪瘟、伪狂犬病的净化力度，一批种猪企业得到国家动物疫病预防与控制中心"种猪场疫病净化创建和示范场"认证。

（三）营养与饲料技术

1. 提高母猪生产效率方面 主要围绕营养调控和饲养管理两个方面展开。①母猪营养调控技术重点研究日粮主要营养成分和功能性营养物质对母猪繁殖性能、乳成分的调控作用，开展功能性营养物质改善母猪繁殖性能的研究，包括妊娠和泌乳母猪饲粮中补充功能性氨基酸、益生菌等对母猪繁殖性能和后代健康的影响。②关于母猪饲养管理技术，围绕提高母猪繁殖利用率、人工授精与深部输精技术的应用、降低新生-哺乳仔猪死亡率和改善母猪福利条件等展开研究。

2. 仔猪肠道健康方面 主要集中于仔猪肠道健康的营养调控研究，尤其是断奶仔猪抗生素替代系列产品和微生态平衡营养调控技术研发。该领域研究主要聚焦于发酵饲料、益生菌、植物提取物、酶制剂、抗菌肽、功能性氨基酸和多糖等营养调控手段及饲粮蛋白水平对断奶仔猪肠道健康、肠黏膜发育、肠道菌群调节、黏膜屏障功能保护的影响，旨在探索饲用抗生素的有效替代技术。

3. 饲料营养与安全保障方面 主要开展了饲用抗生素替代物、肉品质营养调控技术研究，饲料和饲料添加剂有效性评价和非常规饲料原料开发等。饲用抗生素替代物方面的研究方向同仔猪方面相似。饲料和饲料添加剂有效性评价方面主要研究了纽甜、柠檬酸铜、糖萜素、碱式硫酸锌等在仔猪和生长肥育猪上的有效性和耐受性剂量，开展了饲料有毒有害物质的检测和消减技术研究。

在饲养标准方面围绕饲料营养价值评定方法和猪营养需要量两个方面开展研究。方法学研究主要集中在有效能、氨基酸消化率和内源损失、钙磷评价方法上；饲料原料营养价值评定与饲料加工涉及常规和新饲料原料化学成分、有效能、氨基酸消化率的评价，也包含饲料原料对生长性能、生理生化、肉品质等指标的影响。

（四）生产与环境控制技术

1. 猪场设计与管理　新建猪场以全封闭的自动化喂料、温控、通风、清粪的现代化猪场为主，具有生产效率高、人工成本低、生物安全等级高的优点。在猪场管理上，开始使用批次化管理技术，提高了生产效率，全进全出减少了猪场疾病传播的风险。物联网是新一代信息技术的重要组成部分，也是"信息化"时代的重要发展阶段。近年来物联网技术越来越多地应用于养猪生产中，猪场监测设备，环境控制设备得到了广泛的应用。无线射频识别（RFID）可以有效收集养殖、生产、免疫、运输、屠宰、无害化处理等环节的数据，是实现物联网技术的关键环节。

2. 生猪福利研究　主要集中于猪舍环境与猪只福利、猪舍福利化设施设备和智能化养猪技术研究。猪舍内有害气体、尘埃和微生物等环境状况对猪的影响研究。新型地面结构的猪舍设计。

新建猪场主要采用干清粪（机械或人工）和水泡粪工艺，一些仍采用水冲粪，少量采用自动清粪猪厕所、高床养猪以及舍外发酵床。堆肥与沼气化利用仍然是猪场粪污资源化的主要方向。堆肥技术研究包括猪粪与病死猪、锯末联合堆肥、仓式贮粪发酵池、堆肥菌剂，堆肥过程臭气产生与除臭，堆肥过程重金属、抗生素及抗性基因变化与影响等。关于死畜禽处理利用，对焚烧、化制和高温生物降解、酸解、堆肥等等方式进行了大量研究。粪污饲养黑水虻、亮斑水虻在一些猪场进行了尝试，希望探索出粪污资源化另一条途径。

（五）加工技术

1. 在新技术应用研究方面　分离鉴定猪的肌肉干细胞，克隆猪的 *Pax*7 全长（*Pax*7 是肌肉干细胞的重要转录因子），发现肌肉干细胞的数目因动物年龄和肌肉部位而异；采用免疫荧光染色筛选出肌肉干细胞分选方法，*CD*56 和 *CD*29 识别猪的 *Pax*7 阳性的肌肉干细胞，可作为阳性分选标志物，*CD*31 和 *CD*45 作为阴性分选标志物。

应用低场核磁共振成像等新技术，系统研究了宰后胴体冷却过程中水分迁移变化规律及其与冷却损耗的关系，为雾化喷淋冷却等减损降耗技术的应用提供理论支撑。应用蛋白质组学等方法研究了宰后蛋白质磷酸化变化规律及其对猪肉保水性等品质的影响。分离鉴定了鲜肉腐败或致病微生物的毒力菌株，研究了不同鲜肉中腐败微生物或致病微生物之间的互作关系及潜在分子机制，建立了风险评估模型。

2. 在鲜肉质量安全方面　主要关注宰前管理对猪肉品质尤其是 PSE 肉发生率的影响，包括季节、运输距离、待宰时间、致昏方式等因素的影响，优化了工艺参数，研发了雾化喷淋技术和装备，显著降低了冷却干耗；应用近红外光谱技术鉴别 PSE 猪肉和正常猪肉，应用高光谱技术鉴别肉的新鲜度，应用图像处理技术鉴别猪胴体的等级，猪肉追溯系统研究。

3. 在肉制品质量安全方面　主要关注传统肉制品加工工艺技术，如快速腌制技术、控温控湿成熟技术、低盐腌制过程品质变化，优化工艺参数，为低盐肉制品的开发提供技术支撑；研究调理肉制品加工过程中品质变化，优化加热温度、时间等参数，为调理肉制品的开发提供了理论依据；研究香肠类肉制品中实验、脂肪替代技术及膳食纤维等功能性成分的添加技术等。

（六）产业经济技术

研究主要围绕价格波动、养殖规模和环境保护三大主题展开。

1. 对价格波动研究 今年的关注点主要集中在生猪价格波动的形成及其应对措施两方面。①在价格波动的形成研究方面。谭莹和陈标金考察了国际猪肉价格对主要猪肉市场零售价格的波动影响及溢出效应，发现国际猪肉市场对各主要区域的零售价格存在着短期的非对称溢出效应。全世文、曾寅初和毛学峰分析了国家储备政策导致的非线性价格传导，结果显示，储备肉政策使猪粮价格传导产生了显著的阈值效应，当收储与放储政策不一致时，会出现上下阈值以外的非对称价格传导。何剑和孙鲁云的研究结果表明，我国仔猪价格与生猪价格之间存在长期的均衡关系，且存在门限效应，生猪养殖场对仔猪价格上升的反应相对敏感和快速，而种猪场对生猪价格的正向偏离与负向偏离响应速度相同。②在应对价格波动的措施上，今年大家不约而同地把观光集中到生猪价格保险这一工具上。卓志和王禹分析了生猪价格保险的社会福利效应，进而分析生猪价格风险的可保性，提出发展生猪价格保险产品，以此来稳定生猪价格及市场供应。

2. 针对养殖规模的研究 主要是从价格影响、政策影响和最优规模 3 方面入手。①价格影响研究方面，田文勇、姚琦馥和吴秀敏探讨了我国生猪规模养殖变化与生猪价格波动之间的动态关系，结果表明，生猪规模养殖和生猪价格波动周期差异明显，两者存在长期均衡和单向格兰杰因果关系，生猪价格的调整能力相对较强，生猪规模养殖冲击对生猪价格波动有正向影响，生猪价格冲击对生猪规模养殖有持续负影响。②政策影响研究方面，赵国庆和文韬对生猪标准化规模养殖扶持政策的效果研究结果表明：扶持政策对生猪养殖规模的影响并不显著，生猪养殖规模的变动主要受上年度母猪存栏量、生猪出栏价、饲料成本、养殖人员数量及场地等因素的影响。③最优规模研究方面，田文勇、余华和吴秀敏从生产效率角度探讨了四川农户生猪饲养模式，并从全要素生产率角度测度四川农户生猪适度养殖规模。结果表明，四川农户生猪养殖适度养殖规模为 118 头/年。

3. 在环境保护方面的研究 粪污和病死猪的处理仍是大家关注的重点，如何兼顾环保与效率也是一大命题。①粪污处理方面，潘丹分析了农户对牲畜粪便处理技术支持、牲畜粪便排污费、牲畜粪便排污技术标准、沼气补贴和粪肥交易市场 5 种牲畜粪便污染治理政策的偏好。王克俭和张岳恒（2016）分析了规模化生猪养殖场对其污染防治的支付意愿。结果表明，不管是愿意支付的生猪养殖场还是不愿意支付的生猪养殖场，均认为生猪养殖污染防治带来的社会效益>生态环境效益>经济效益。②病死猪处理方面，王建华等探究生猪养殖户在现有无害化处理政策认知状况下的病死猪不当处理行为风险。生猪养殖户对病死猪无害化处理政策认知水平直接影响其病死猪处理行为选择。③如何兼顾环保与效率方面，左永彦等对 2004—2013 年环境约束下中国规模生猪养殖的全要素生产率进行实证研究。研究表明，环境约束下中国规模生猪养殖的全要素生产率以年均 6.32% 的速度增长，技术进步是拉动全要素生产率增长的主要因素，环境因素对于规模生猪养殖全要素生产率的负向抑制作用显著。

（生猪产业技术体系首席科学家　陈瑶生　提供）

2016 年度奶牛产业技术发展报告

（国家奶牛产业技术体系）

一、国际奶业生产与贸易概况

根据联合国粮农组织（FAO）预测数据，2016 年全球原料奶产量将达到 8.17 亿 t，较 2015 年增长 1.1%，其主要增产区来自亚洲和北美，尤其是印度、巴基斯坦、美国。从全球乳品价格指数运行来看，2016 年 1—11 月为 150.2，较 2015 年同期的 161.3 下跌了 6.9%，但是从月度运行来看，呈现出止跌回升的势态。

根据 FAO 预测，全球乳品贸易量按照原料奶计算，2016 年为 7 230 万 t，较 2015 年增长了 0.4%，主要得益于中国与俄罗斯奶粉进口量的反弹，加之黄油与奶酪贸易的回暖。具体到不同乳品：① 2016 年全球全脂奶粉出口量为 252 万 t，较 2015 年的 256 万 t 下降了 1.6%；其中新西兰的出口量为 135 万 t，较 2015 年 138 万 t 下降 2.2%；值得注意的是，乌拉圭的出口量从 10 万 t 增长到 12 万 t，增长了 20%。② 2016 年，全球脱脂奶粉出口量为 218 万 t，较 2015 年 222 万 t 下降了 1.8%；其中欧盟出口量为 64.5 万 t，较 2015 年 68.4 万 t 下降了 5.7%；美国出口量为 54.4 万 t，较 2015 年的 56 万 t 下降了 2.9%；新西兰出口量为 44 万 t，较 2015 年增长了 7%。③ 2016 年，全球黄油出口量为 101 万 t，较 2015 年增长了 5.8%；其中新西兰的出口量为 51.5 万 t，较 2015 年 50 万 t 增长了 3%；欧盟出口量为 23 万 t，较 2015 年 18.5 万 t 增长了 24.3%；白俄罗斯也有一定幅度的增长。④ 2016 年全球奶酪出口量为 247.7 万 t，较 2015 年 237.9 万 t 增长了 4.1%；其中欧盟出口量为 79.5 万 t，较 2015 年 71.9 万 t 大幅增长了 10.6%；新西兰的出口量为 35 万 t，较 2015 年 32.7 万 t 增长了 7.0%；美国出口量出现了一定程度的下降，而白俄罗斯则呈现出较为强劲的增长。

二、国内奶业生产与贸易概况

据国家统计局 2017 年 1 月 20 日公布数据，2016 年全年牛奶产量 3 602 万 t，下降 4.1%。据农业部统计，1—11 月我国乳制品累计产量为 2 729.3 万 t，同比增长 7.48%；其中液体乳产量 2 498.9 万 t，同比增长 8.14%。

据农业部监测，原料奶收购价 2016 年 1—11 月份平均为 3.47 元/kg，环比上涨 0.7%，同比下跌 0.9%；从月度运行来看，经历了 1 季度价格上涨之后，随着温度升高价格逐步回落，至 11 月大致与去年同期持平。就国内鲜奶零售价格而言，据中国价格信息网监测，2016 年 11 月鲜奶零售价格为 10.54 元/kg，与 2015 年同期保持一致，全年保持相对稳定。

2016 年 1—11 月我国共计进口各类乳制品（不含婴幼儿配方奶粉）180.1 万 t，同比增加 24%，进口额 30.88 亿美元，同比增长 5.6%；其中，干乳制品 119.93 万 t，同比增加 14.6%，进口额 24.6 亿美元，同比下降 0.5%；液态奶 60.17 万 t，同比增加 48%，进口额 6.28 亿美元，同比增长 38.9%。从干乳制品来源来看：①奶粉总进口量为 55.88 万 t，同比增长 9.1%；其中新西兰占 83.8%，欧盟占 8.4%。②乳清粉总进口量为 45.77 万 t，同比增长 16.4%；其中美国占 55.7%，欧盟占 34.3%。③奶酪总进口量为 8.93 万 t，同比增长 30.90%。④奶油总进口量为 7.54 万 t，同比增长 20.96%。⑤炼乳总进口量为 1.81 万 t，同比增加 79.40%。1—11 月，液态奶中的鲜奶进口 58.23 万 t，同比增加 46.5%，主要来自欧盟 66.5%、新西兰 19.7%、澳大利亚 11.1%。总体而言，我国干乳制品仍主要来源于新西兰、美国以及欧盟，液态奶主要来源于欧盟和新西兰，进口集中度依然比较高，这与全球乳品贸易结构相吻合。

三、国际奶业产业技术研发进展

（一）繁殖与育种技术

1. 基因组选择技术扩展到更多新性状的应用 利用基因组选择技术针对难以大群测定的重要性状进行基因组预测是近年奶牛育种技术研究重点。近几年美国的总性能指数（TPI）公式进行了一些调整：（1）新的 TPI 指数增加了饲料效率（FE）性状；（2）新的 TPI 指数修改了繁殖性状指标，除考虑公牛女儿的配种受胎率外，还增加了公牛本身的配种受胎率指标（包括与青年母牛和经产母牛的配种效果）。目前，基因组选择技术应用于更多新的选择性状，如繁殖性状、长寿性、抗热应激、乳房炎、肢蹄病、牛奶品质、饲料效率、甲烷排放量等。

2. 基因组选择技术使青年公牛冻精的使用比率不断增加 利用基因组选择技术，2016 年在美国的 4 个主要乳用品种中，青年公牛的冻精使用比率均超过了 60% 以上，极大地缩短了世代间隔。目前，基因组选择技术从主要针对种公牛进行评价，发展到用于选择种子母牛（公牛母亲牛）、选择供体母牛（用于生产胚胎）、更多遗传缺陷检测（单倍型检测）。近年来多技术交叉整合技术不断发展，Thomasen 将繁殖技术与全基因组选择结合应用于奶牛育种，提高了年度遗传增益。

3. 胚胎工程技术 幼龄家畜体外胚胎生产技术（Multiple Ovulation Embryo Transfer，MOET）原理是将幼畜超数排卵与卵母细胞的体外成熟、卵母细胞的体外受精、胚胎的体外培养和胚胎移植等技术集合而成的生物高技术繁殖体系。Jaton 使青年牛和成年牛超排并使用体内或者体外受精技术产生胚胎数并评估其遗传参数，结果发现，通过超排供体产生的胚胎数量不受技术（无论在体内或体外受精）或状态（青年牛或成母牛）影响。

（二）饲料与营养技术

1. 碳水化合物营养 Shabat 等、Forsythe 等研究证实，动物消化道微生物与动物的营养物质消化、机体代谢、免疫和行为等密切相关，为奶牛碳水化合物营养研究提供了新思路。Shabat 等发现奶牛瘤胃对碳水化合物的消化能力受瘤胃微生物群落的影响，并且消化率与微生物的丰富度呈负相关。Naderi 等发现在热应激条件下用甜菜粕替代奶牛日粮中 12% 玉米青贮饲料对生产是有益的。Ambo 等的研究表明，稻草和蔬菜废弃物等农副产品可以作为基础原料以青贮的形式替代奶牛日粮中的粗饲料。

2. 蛋白质与氨基酸营养 Nichols 等研究发现，泌乳奶牛日粮中添加必需氨基酸，显著提高奶产量、乳蛋白和乳脂产量，在此基础上添加葡萄糖可加速体内外循环支链氨基酸的代谢。Osorio 等发现，在围产期奶牛日粮中添加过瘤胃甲硫氨酸，脂代谢和免疫功能均提高。Hultquist 等研究结果表明，给奶牛饲喂过瘤胃可降解缬氨酸可提高奶产量。

3. 脂肪营养 Prado 等发现围产期奶牛饲喂亚麻酸和亚油酸可以提高奶牛的干物质采食量。Schiavon 等报道，在低蛋白日粮中添加包被共轭亚油酸（CLA）可明显降低多种脂肪酸的产量，尤其影响短链脂肪酸的合成；Hanschke 等发现在饲喂硬脂酸饲粮的基础上，添加液体包被 CLA 对产后泌乳奶牛的脂质过氧化具有很好的抗氧化效果。

4. 奶牛营养与环境 Aguerre 等在饲料中添加单宁提取物、Mutsvangwa 等研究发现降低日粮蛋白和代谢蛋白水平，均可减少奶牛氮排放。Olijhoek 等、Martin 等、Guyader 等、Lopes 等、Huyen 等研究发现，日粮中添加硝酸盐、亚麻籽、3-NOP 以及提高粗饲料品质均可降低奶牛甲烷的排放。

（三）奶牛常见病防控

1. 奶牛口蹄疫诊断及防控 Bachanek-Bankowska 等研发出了口蹄疫病毒（FMDV）血清型特异性实时荧光定量 PCR 方法，能够很好地检测不同类型口蹄疫流行株。Biswal 等建立了 3A 间接 ELISA 方法来检测 FMDV 感染特异性抗体，符合率达到 93.62%。Ambagala 等建立了针对 *FMDV 3D* 基因的可应用于牧场检测的绝缘等温 RT-PCR 方法，可检测 9 个拷贝的 *FMDV cDNA*，可靠性为 95%。Schutta 研究得到的 AdtA24 非佐剂疫苗能够安全有效地为奶牛提供免疫保护。

2. 奶牛病毒性腹泻诊断及防控 Mahmoodi 等建立了牛病毒性腹泻病毒（*BVDV*）间接 ELISA 诊断方法，该方法的灵敏性和特异性分别为 94% 和 98.8%。Behera 等建立了 *BVDV* 中和抗体的 ELISA 检测表达方法，与血清中和实验相比，具有较高的符合率。Padilla 等研究表明，从白蚁丘中分离的链霉菌属的放线菌分泌的化合物 CDPA27 具有抗 BVDV 活性。Pecora 等研制了 *BVDV* 1a-1b-2a-多价 E2 疫苗，具有较好的免疫效果。

3. 奶牛乳房炎诊断及防控 奶牛养殖业中由金黄色葡萄球菌引起的奶牛乳房炎是牛场常见多发病之一。Belmamoun 等研究发现，在阿尔及利亚西部消费的生奶中存在多重耐药的葡萄球菌，凝固酶阴性葡萄球菌的患病率相比金黄色葡萄球菌的患病率更高。

Stangaferro 等研发了结合反刍时间和身体活动的警报系统（健康指数评分，HIS）的自动化健康监测系统（AHMS）来识别具有乳腺炎的奶牛，能有效鉴别由大肠杆菌引起的临床乳腺炎病例和另一种健康失调的乳腺炎病例。Leal 等研究表明，与仅用阿莫西林和克拉维酸治疗组相比，糜蛋白酶结合 BLA 能够改善急性乳腺炎的治疗效果，控制乳腺感染。

（四）牛奶质量监控和乳制品加工技术

1. 牛奶质量安全监测 液态奶产品微生物检测及控制技术一直备受关注。Abouelnaga 等开发了一种实时 PCR 方法用于特异性检测超高温奶中的耐热芽孢杆菌（Bacillus sporothermodurans），其最低检测限度为 10 cfu/mL，与使用传统平板计数的结果具有非常高的相关性。Seok 等利用一种超灵敏的比色法进行 AFB1 的检测，该技术结合核酸适配体特异性的靶标通过脱氧核酶产生肉眼可见颜色信号，操作简单，检出限达到 0.1μg/L。

2. 乳制品加工研究 2016 年 7 月份欧盟（EU）发布 2016/1189 委员会实施决议，批准紫外线处理牛奶作为新资源食品。牛奶经巴氏灭菌后通过紫外线处理，可以将 7-脱氢胆固醇转化为维生素 D3，经过加工后全脂巴氏杀菌乳和半脱脂巴氏杀菌乳适用于除婴儿之外的所有人群。

Gómez-Gallego 等研究发现，人奶和婴幼儿奶粉消化后的多胺和多肽的差异可能是造成母乳喂养和采用奶粉喂养的婴儿的健康特征差异的一个原因，在未来设计婴幼儿奶粉的过程中应该充分考虑这两种活性物质的需求。

四、国内奶牛产业技术研发进展

（一）繁殖与育种技术

1. 全基因组关联分析研究不断深入　秦春华等首次把全基因组关联分析（GWAS）的策略应用到中国荷斯坦牛种公牛精液性状的遗传基础研究中，确定 ETNK1、PDE3A、PDGFRB、CSF1R、WT1、RUNX2、SOD1 和 DSCAML1 等 8 个新发现的基因可作为影响公牛精液性状的候选基因。李聪等共发现 84 个全基因组显著水平单核苷酸多态性（SNPs）和 314 个潜在显著 SNPs 同 18 个脂肪酸性状关联，提出了 20 个新的候选基因，为培育低脂高蛋白奶牛新品系提供了基因来源。

2. 全基因组选择技术　根据农业部的要求，2016 年利用中国农业大学自主建立的我国荷斯坦牛基因组选择技术平台，对国内 28 个公牛站的 2 336 头青年公牛进行了基因组检测和遗传评估，选择出 248 头 GCPI 值在 1 500 以上的优秀的青年公牛参加全国良种补贴项目。2016 年，由张勤教授主持申报的"中国荷斯坦牛基因组选择技术平台的建立与应用"获得国家科技进步二等奖。

3. 结合表观遗传学解释低遗传力性状遗传与环境互作的研究成为热点　Song 等从表观遗传的 DNA 甲基化、组蛋白甲基化和 miRNA 方面，系统深入地研究了金葡菌隐性乳房炎牛的表观遗传标记及靶基因。其中 NAT9、IL10、JAK2 等基因与金葡菌隐性乳房炎抗性密切相关，为奶牛抗金葡菌隐性乳房炎提供了重要的表观遗传标记。

4. 胚胎工程技术　幼龄家畜体外胚胎生产技术（JIVET）近年发展较快，是将幼畜超数排卵与卵母细胞的体外成熟、卵母细胞的体外受精、胚胎的体外培养和胚胎移植等技术集合而成的生物高技术繁殖体系，可以极大地缩短世代间隔。安晓荣等利用 JIVET 技术建立了有效的对性成熟前犊牛进行促性腺激素处理的方法，平均每只犊牛可获得卵母细胞 31 枚；体外受精过程中卵母细胞受精率达到 63.2%，与成年牛（59.7%）差异不显著；胚胎体外培养后犊牛胚胎囊胚率达到 31.6%，仍显著低于成年牛（48.0%）；对 3 头同期发情受体母牛进行胚胎移植，受孕率达到 66.7%。

（二）饲料与营养技术

1. 碳水化合物营养　马健等研究发现，禾王草无论干草还是青贮，其瘤胃消化性能均与青贮玉米相当而高于羊草，适宜作为奶牛粗饲料。郭勇庆等研究表明，奶牛日粮中可用适当比率的粉碎小麦替代玉米，替代比率不宜超过日粮 DM 的 19.2%。史海涛等研究发现，用 CaO 处理秸秆可提高奶牛对秸秆的消化率，最有效和最经济的处理方式为 5% CaO+60%含水量。李妍等研究表明，围产后期奶牛日粮中添加瘤胃保护葡萄糖有利于奶牛产后体况的维持，降低产后能量负平衡的发生。冀凤杰等研究表明，木薯渣具有高碳水化合物、高矿物质、低蛋白质的特点，作为粗饲料具有较高的营养价值。

2. 蛋白质与氨基酸（AA）营养　Zhou 等研究发现，肝功能较好的奶牛产奶量更高，且能维持体内较高的总氨基酸浓度，尤其是苏氨酸和异亮氨酸的浓度。周刚等（研究发现，颈静脉灌注精氨酸提高了乳蛋白中 α-酪蛋白和 κ-酪蛋白含量，以及 CSN1S1、CSN1S2 在奶牛乳腺组织的表达量。王珊珊等研究表明，组氨酸可以促进乳腺上皮细胞的增殖以及 β-酪蛋白表达；在最适浓度 0.15~9.6mmol/L 内，组氨酸通过促进 β-酪蛋白表达，最终调控乳蛋白合成。

3. 脂肪营养 姚喜喜等在全混合日粮（TMR）中添加牛至精油，发现能降低 TMR 温度、改善适口性、提高新鲜度，还可增加奶牛干物质采食量及产奶量。李大彪等报道，亚油酸对奶牛乳腺上皮细胞乳脂肪和乳蛋白合成有较好的促进效果。袁雪等报道，3 种过瘤胃脂肪（脂肪酸钙、氢化脂肪和分馏脂肪）的添加，改善了泌乳前期奶牛体况，提高了产奶量。

4. 奶牛营养与环境 Luo 等发现，提高瘤胃可降解淀粉等措施均可减少奶牛氮排放。夏天婵等报道，益生菌添加剂可改善泌乳中后期的奶牛瘤胃发酵环境，减少氮素排放。吴丹丹等发现，饲粮中添加稀土、小肽可以减少奶牛氮排泄。肖怡等认为，微生态制剂能够减少瘤胃内甲烷的排放量。

（三）奶牛常见病防控

1. 奶牛口蹄疫诊断及防控 张蕾等建立了牛口蹄疫 O 型合成肽 VP1 结构蛋白 ELISA 抗体检测方法，敏感性为 96.7%，特异性为 99.1%，与 2 种商品化试剂盒比较，符合率分别为 93.5% 和 85.9%。袁红等成功研制出针对我国边境地区（尤其是西南边境）流行的 A 型口蹄疫（FMD）的标记疫苗储备病毒株，为研制疫苗奠定了基础。

2. 奶牛病毒性腹泻诊断及防控 造成犊牛腹泻的主要病原有牛病毒性腹泻病毒（BVDV）、轮状病毒、隐孢子虫、大肠杆菌等，关于 BVDV 的研究比较深入。侯佩莉等建立了 BVDV、中冠状病毒（BCoV）和中肠道病毒（BEV）的多重 RT-PCR 检测方法，该方法最低能检出 6.4pg 的 BVDV、1.28pg 的 BCoV 和 6.4pg 的 BEV 的等量混合质粒模板；对 24 份临床腹泻病料进行检测，与单项 RT-PCR 检测的符合率为 100.0%，可用于临床混合感染的同时检测。

3. 奶牛乳房炎诊断及防控 奶牛乳房炎的综合防控技术是目前研究热点。李洋洋等研究以刃天青钠取代链球菌选择培养基 EN 的溴甲酚紫指示剂，建立了奶牛乳房炎链球菌快速诊断与药敏试验用微量板。阿得力江·吾斯曼等研究发现，阿里红活性部位提取物能够抑制奶牛乳房炎致病菌。叶文初等研究发现，丹参酮乳房注入剂可用于奶牛乳房炎临床治疗，且效果明显优于双丁注射液。李振等研究发现，头孢噻呋（又名赛得福）对革兰氏阳性菌及革兰氏阴性菌均具有超广谱强效抗菌作用。

中草药含有多种生物有效成分，毒副作用甚微，几乎无残留、无抗药性，在防治奶牛乳房炎方面具有独特的优势。单冬丽等研究发现，8 味中草药及复方制剂对奶牛乳房炎的 6 种致病菌有明显的抑菌作用，其中瓜蒌、金银花抑菌作用最强，其次为连翘、白附子和天花粉。

（四）牛奶质量监控和乳制品加工技术

1. 牛奶质量检测 李琴等使用超高效液相-串联质谱法同时测定生鲜乳中泰乐菌素和环丙沙星等 45 种兽药残留，该法操作简单、成本低、测定周期短和灵敏度高。王亦琳等建立了一种可同时检测牛奶中 4 种阿维菌素类药物（阿维菌素、伊维菌素、多拉菌素和埃谱利诺菌素）残留的液相色谱-串联质谱方法，具有简便快速、灵敏度高、定性准确、重复性好等特点。

2. 乳制品加工 基础理论研究方面，叶清等研究发现，人初乳乳清蛋白和脂肪球膜蛋白的组成和代谢情况与牛初乳蛋白存在巨大差异，为基于牛初乳的婴幼儿初乳配方食品设计提供了理论基础。

配方设计方面，特殊配方产品开发成为热点，针对早产和低出生体重儿食用的特殊配方奶粉、含益生元和益生菌的婴幼儿配方奶粉、促进新生儿肠道黏膜免疫功能发育的配方奶粉、防止乳糖不耐症和蛋白质过敏的婴幼儿奶粉等多种特殊配方奶粉被设计。

乳粉安全性评价方面，张和平教授采用最新的 PacBio SMRT 第 3 代测序技术，较为全面、系统地评估婴儿配方奶粉中微生物的污染情况。研究发现，婴儿配方奶粉不同程度上存在过嗜热菌和嗜冷菌，如蜡样芽孢杆菌和 Anoxybacillus flavithermus 在部分样品中有显著增高的趋势，预示着产品的货架期可能会受到影响。

（奶牛产业技术体系首席科学家　李胜利　提供）

2016年度肉牛牦牛产业技术发展报告

（国家肉牛牦牛产业技术体系）

一、国际牛肉生产与贸易概况

（一）产量

2016 年全球牛肉折算胴体基础的总产量为 6 048.6 万 t，增产 205.3 万 t。产量超百万吨的国家/地区是：美国 1 138.9 万 t、巴西 928.4 万 t、欧盟 27 国 785.0 万 t、中国 690.0 万 t、印度 425.0 万 t、阿根廷 260.0）万 t、澳大利亚 207.5 万 t、墨西哥 188.0 万 t、巴基斯坦 175.0 万 t、土耳其 158.7 万 t、俄罗斯 134.0 万 t。

（二）消费量

2016 年全球牛肉消费量 5 872.8 万 t，较 2015 年增长 226.2 万 t。牛肉消费量超百万吨的国家/地区是：美国 1 166.4 万 t、欧盟 27 国 789.0 万 t、巴西 749.9 万 t、中国 767.3 万 t、阿根廷 239.0 万 t、印度 240.0 万 t、俄罗斯 191.5 万 t、墨西哥 180.5 万 t、巴基斯坦 166.6 万 t、土耳其 162.0 万 t、日本 120.0 万 t。

（三）贸易量

2016 年全球牛肉总贸易量 1 710.5 万 t，其中出口 943.9 万 t，进口 766.6 万 t。与 2015 年相比，牛肉总贸易量减少 5.5 万 t，出口量减少 16.2 万 t，进口量增加 10.7 万 t。2016 年牛肉出口量超过 20 万吨的国家/地区是：巴西 185.0 万 t、印度 185.0 万 t、澳大利亚 138.5 万 t、美国 112.0 万 t、新西兰 58.0 万 t、加拿大 43.0 万 t、巴拉圭 39.0 万 t、乌拉圭 38.5 万 t、欧盟 27 国 33.0 万 t、墨西哥 25.5 万 t、阿根廷 21.0 万 t。2016 年牛肉进口量超过 20 万吨的国家/地区是：美国 137.0 万 t、俄罗斯 85.5 万 t、中国 82.5 万 t、日本 71.5 万 t、韩国 51.0 万 t、香港 37.5 万 t、欧盟 27 国 37.0 万 t、埃及 34.0 万 t、加拿大 26.0 万 t、智利 24.0 万 t、马来西亚 24.0 万 t。

二、国内牛肉生产与贸易概况

（一）肉牛生产与牛肉产量

2016 年屠宰肉牛头数略少于 2015 年 2100 万头的水平，胴体总产量约为 567 万 t，净肉产量约 470 万 t。杂交牛胴体重平均约为 328kg/头，中大体型本地黄牛胴体重平均 250.0kg/头，南方本地小黄牛胴体重平均 184kg，全国平均胴体重 254kg/头。肉牛产值约为 3 780 亿元。2016 年屠宰牦牛约 302 万头，胴体重平均 125.0kg/头，胴体产量约为 41 万 t，净肉产量 31 万 t，牦牛产值估计约 230.2 亿元。

（二）牛肉贸易

牛肉进出口贸易量（不含牛下水等产品）合计约 48.2 万 t，比 2015 年增加 2.9 万 t，牛肉进出口贸易额合计 21.09 亿美元，贸易赤字 20.34 亿美元。牛肉净进口量 47.4 万 t 是 2015 年 40.6 万 t 的 1.17 倍，增加了 6.8 万 t。

2016 年进口牛肉 47.8 万 t，进口额 20.72 亿美元，进口均价 4 336.42 美元/t。其中，冷鲜带骨牛肉 671.3t、481.62 万美元，冷鲜去骨牛肉 266.8t、61.90 万美元，冷冻带骨牛肉 82 146.9t、22 056.14 万美元，冷冻去骨牛肉 387 470.8t、179 174.67 万美元，冷冻胴体及半胴体 7 156.7t、5 381.95 万美元。

2016 年出口牛肉 3 795.8t，出口额 3 716.06 万美元，出口均价 10 282.67 美元/t。其中，冷鲜带骨、冷鲜去骨及冷冻带骨牛肉无出口，冷冻去骨牛出口 3 795.8t，出口额 3 716.06 万美元，冻整头及半头牛肉无出口。

2016 年进口牛肉的省（自治区、直辖市）共 21 个，年进口量合计超过 1 000t 的有 12 个，分别是天津 176 485.3t、上海 106 689.9t、辽宁 36 161.3t、北京 25 643.5t、江苏 33 652.9t、山东 27 072.2t、广东 33 497.4t、福建 16 929.1t、浙江 4 509.6t、黑龙江 3 027.6t、安徽 6 128.9t、湖南 3 252.4t。2016 年出口牛肉的省份共 4 个，出口合计超过 100t 的有 3 个，分别是湖南 2 894.9t、吉林 131.9 t、辽宁 757.0 t。

三、国际肉牛产业技术研发进展

（一）遗传育种与繁殖

得益于多年的肉牛育种体系建设和技术研发，肉牛业发达国家一直保持着肉牛育种的领先位置，欧、美、加拿大、澳大利亚、新西兰等国家和地区占有国际肉牛市场的统治地位。在过去几年研发的基础上，应用肉牛全基因组技术选择种牛的范围有所扩大，美国安格斯、海福特、利木赞协会、法国夏洛莱协会先后将该技术应用于品种选育。随着种质交流范围的不断扩大，国家/地区乃至同品种各协会间的联合育种得到进一步发展。胚胎生物技术仍是优秀种子公母牛扩繁的主要手段，体外胚胎生产技术的应用面进一步扩大，性别控制技术也已用于生产实际，高遗传水平的胚胎和冷冻精液等遗传物质在全球交换量有明显增加趋势。

（二）饲料营养

不断完善饲料原料营养价值数据库和大数据建设，加强对全株青贮玉米、草地牧草等营养价值的评定。重视提高玉米青贮等粗饲料利用效率和非粮饲料的发掘和加工，降低肉牛养殖成本。肉牛营养需要研究更加深入，如加强了肉牛氨基酸需要量和模式研究。更加重视肉牛各阶段精细化营养供给与饲养技术研究，如提高初生犊牛成活率与日增重，母牛产前与产后、犊牛断奶补饲与胃肠道健康的营养调控技术。加强品种选育与营养调控相结合，开展了肉牛生长的肌纤维发育、肌内脂肪沉积、延长牛肉货架期的营养调控技术研究，以及放牧结合精料补饲与牛肉的抗氧化特性、添加植物精油等提高奶公犊牛肉品质等营养调控技术。另外瘤胃健康、减排、养殖福利和机械化智能化饲喂仍是该领域研究重点，注重肉牛瘤胃微生物基础数据的发掘和瘤胃微生物功能学研究。从饲料投入、经济效益和环境综合考虑，通过不同饲料来源和饲料组合调控瘤胃微生物菌群及甲烷排放，活体动物甲烷产量的测定技术不断发展。研究了营养调控、季节变化以及饲养模式改善动物粪便气味的影响。集成了基于对本国饲料资源禀赋和市场需求的养殖模式，在欧洲和日本等国形成了以家庭农场为主的适度规模养殖模式，在澳大利亚、新西兰和巴西等国形成了草地畜牧业模式，在美国、加拿大等形成了适度规模母牛养殖和大规模集约化育肥模式，促进肉牛生产和自然保护和谐发展。

（三）疾病控制

本年度蓝舌病在巴西、法国、葡萄牙等 17 个国家暴发；法国和罗马尼亚分别报告了海绵状脑病疫情。比利时和贝利兹分别报告了牛结核病疫情；安哥拉、中国、韩国、越南、朝鲜、利比亚、俄罗斯、南非、土耳其等 22 个国家和地区报告了口蹄疫疫情。各国科学家更关注人类行为对病原传播的风险，人们认为，评价野生动物与牛的接触情况有助于评价牛结核传播规律。通过生物信息学分析，牛疱疹病毒受到的选择性压力导致其同源基因易位。研制的牛疱疹病毒与牛流行热病毒二价苗有望同时防控牛疱疹病毒和牛流行热病毒感染。

开展新型牛病毒性腹泻病毒、牛支原体等牛常见病原的亚单位疫苗及疫苗载体、病毒弱毒疫苗稳定液态新剂型、呼吸道相关病原无毒株载体的研究。2016 年，美国农业部新授权牛用疫苗 4 个：牛鼻内接种预防其肠道感染的冠状病毒修饰活疫苗的许可、牛鼻气管炎改良活病毒疫苗、牛鼻气管炎-副流感 3-呼吸道合胞病毒改良活病毒疫苗和牛支原体灭活苗。2016 年授权牛疫苗佐剂相关专利 13 项：牛溶血性曼氏杆菌弱毒疫苗研制、重组低毒力牛 1 型疱疹病毒疫苗载体、表达牛呼吸道合胞体病毒、牛副流感病毒 3 型嵌合蛋白的重组人/牛副流感病毒及其应用、基于牛 1 型乳头瘤病毒蛋白质纳米颗粒疫苗及牛腹泻性病毒组合佐剂制剂等。

（四）加工与品质控制

美国、新西兰、巴西等国利用脉冲场技术、干法成熟、超长成熟时间（60d 以上）及多种气调包装方式提高牛肉品质，澳大利亚、美国等注重智能分级与机械人分割等低耗高效精准分级分割技术的开发。中国、日本、韩国等进口牛肉市场需求产品质量特征与等级结构已得到美国、澳大利亚等牛肉出口国家高度关注，进口国牛肉产品特异化分级分割技术在牛肉出口国肉牛屠宰加工业引用范围扩大，牛肉出口市场拓展与竞争力提升将促进牛肉进出口国家间牛肉分级标准与分割技术融合，呈现国际化发展。阿根廷、德国、意大利等国家利用荧光光谱、拉曼光谱、近红外光谱等进行牛肉品质预测和掺假肉鉴定。韩国、法国、比利时等国注重牛肉中脂肪酸、牛肉消化后营养成分比例等营养品质的评测。屠宰厂中沙门氏菌、大肠杆菌 O157、沙门氏菌的持续监控和溯源分析依然是众多国家关注的重点。牛肉制品方面，多注重腌制液中天然抑菌物质的添加对牛肉调理制品品质、货架期和有害物含量的影响研究。对牛肉牛副产物的利用主要集中在牛可食副产物食品的开发、可食副产物中兽药监控、活性成分的制备以及饲料方面的应用。此外，消费者意愿及感官评测贯穿于整个牛肉品质控制、分级分割、制品加工及副产物利用领域。

（五）设施与环境控制

在牛舍环境控制方面，墨西哥学者主要通过生命周期研究环境因子对肉牛生产的影响，认为犊牛饲喂期间提高其繁殖性能对于肉牛生产过程中的节能减排具有重要意义。关于牛舍通风，国外学者对畜舍自然通风与机械通风的理论机制进行进一步探究，围绕节流方程、压力系数、动力平衡模型、通风率等对自然通风畜舍进行设计，旨在突破自然通风的局限性。同时，借助计算流体力学方法对舍内气流场进行 CFD 数值模拟，从而对畜舍横向通风、上置置换通风及小型运输车的机械通风系统进行优化，并提出改进意见，为肉牛舍内环境质量改善提供参考。在废弃物处理与利用方面，在畜牧业发达国家，畜牧生产仍主要实行"全面养分管理计划（CNMP）"，好氧堆肥和厌氧发酵依旧是处理与利用牛粪的主要技术手段。在好氧堆肥方面，条垛堆肥较堆存更利于降低耐药菌的产生，提高施肥安全性；在厌氧发酵方面，加拿大有学者对 PDAD（好寒性干式厌氧发酵）过程中微生物与有机物的动态变化做了相关研究，巴西学者对微生物群落和甲烷产生量的季节性变化进行了探究。

（六）产业经济

2016 年国际肉牛产业经济研究主要集中于牛肉生产、消费及动物福利方面的研究。在生产方面，重点关注不同地区肉牛生产管理特点、提高不同品种肉牛生产力的途径；在牛肉消费方面，研究了消费者对牛肉产品的消费偏好、支付意愿、对于进口牛肉产地的支付意愿、肉牛屠宰体重对市场价格变动的反应、视觉关注对牛肉支付意愿的影响、疯牛病恐慌阴影下消费者对食品安全召回的反应；在动物福利方面，重点研究了肉牛运输过程中如何采取有效的措施，既保护动物福利，又能减少经济损失。

四、国内肉牛产业技术研发进展

（一）遗传育种与繁殖

母牛饲养量下滑趋势变缓，分散饲养规模减少，适度和大规模母牛场有增加趋势，但牛源短缺仍是我国肉牛业的突出问题。"十二五"产业技术体系的重点任务"我国肉牛业主导品种及主要杂交群体的分布及存栏量调查"的研究成果在部分地区有所应用。《全国肉牛遗传改良计划（2011—2025 年）实施方案》得到进一步推进，筛选出了 21 家肉牛核心育种场。国家肉牛遗传评估中心的建设基本完成，并正式使用，肉牛育种数据的传输网络得到进一步完善。"肉牛全基因组分子育种技术体系的建立与应用"通过了中国农学会的组织的成果评价，初步应用于我国肉牛西门塔尔牛的选择，其参考群体的规模进一步扩大。国内持续从澳大利亚、新西兰等国大批进口母牛及胚胎，从美国、加拿大的进口量有所增加，国内相关种牛生产企业有在北美建场向中国销售的趋势，同时国外种牛生产企业在中国的代理商数量增加。国内联合育种趋势明显，几家大型的进口母牛场正在筹划联合选择方案；由全国 15 家公牛站组成的肉牛后裔测定联盟 2016 年度的肉牛后裔测定工作进展顺利，并制定了 2017 年的工作计划和方案。

（二）饲料营养

随着种草养牛的政策实施和产业发展需求，不断加强了对全株玉米青贮、秸秆黄贮、非粮饲料资源的营养价值评定和风险为害因子的测定，建立了基于近红外分析模型的快速测定技术，重视饲料营养价值大数据在指导生产中的作用，进一步推动对肉牛、牦牛的营养需要量的研究。注重对区域性低成本饲料资源的加工贮藏处理技术，包括制粒、汽爆、混合贮藏、酒糟混菌发酵和低温干燥技术等，筛选和优化青贮添加剂。基于低成本饲料资源化利用技术的发展，促进了肉牛的低成本饲养技术的发展和 TMR 饲喂的进一步推广。重视外血杂交牛、淘汰乳用牛育肥的营养需要差异特点，集中技术力量充分发掘地方黄牛的遗传生长潜力和生产优质牛肉潜力，形成了地方黄牛的优质肉生产的阶段饲养营养调控理论和差异化育肥的产业化技术。研究集成了肉牛运输应激、环境湿热应激、架子牛补偿生长、犊牛培育的营养调控和饲养管理的技术。加强了牦牛冷季放牧有效补饲、犏牛舍饲以及舍饲牦牛错峰出栏技术对肉品质影响的技术研究。通过肉牛、牦牛瘤胃微生物测序，并研究集成营养调控技术，提高了饲料的瘤胃降解率，促进氮和甲烷减排。从激素水平变化、微生物菌群、营养供给模式、采食行为学研究牦牛僵牛的后期补偿生长和调控措施。

并由此支撑了注重效益和市场需求的适度规模、山繁川育、牧繁农育等多模式并存的肉牛牦牛差异化养殖生产模式和促进全产业链发展。

（三）疾病控制

贵州发生牛 O 型口蹄疫 1 起；北京（1）、辽宁（2）、黑龙江（4）发生牛炭疽 7 起；浙江、贵州、山东、新疆、河南、陕西、内蒙古、湖南、江西、青海等省发生多起牛羊布氏杆菌病，疫病形势非常严峻。牦牛口蹄疫仍然是为害牦牛的最重要传染病，牦牛的呼吸道疾病如传染性鼻气管炎发病率也较高，牦牛包虫病发病率高，对牦牛生产造成巨大损失，牦牛产区普遍缺乏精简化疾病防控技术。

2016 年获注册的牛用新兽药包括：牛病毒性腹泻/黏膜病灭活疫苗（1 型，NM01 株）（二类新兽药证书）、牛传染性鼻气管炎-牛病毒性腹泻二联灭活疫苗（NMG 株+LY 株）（二类新兽药证书）、牛口蹄疫 O 型、亚洲 1 型二价合成肽疫苗（多肽 0501+0601）（三类新兽药证书）、"板黄口服液"（三类新兽药证书）、布鲁氏菌竞争 ELISA 抗体检测试剂盒（三类新兽药证书）等。牛结核病诊断-体外检测 γ-干扰素法等 11 项牛病诊断技术获专利授权。2016 年包虫病强制免疫在我国开始实施。牛传染性鼻气管炎病毒弱毒疫苗获得农业部批准在湖北省的生产性试验，"五氯柳胺"等获得临床试验批件。

牛支原体弱毒活疫苗申报临床试验，发现牛支原体具有分泌蛋白，鉴定多个黏附相关蛋白和具有诊断意义的免疫原性蛋白。开展了基于组学技术的牛巴氏杆菌保护性和特异性抗原筛选，牛巴氏杆菌二价（A、B 型）灭活疫苗、牛巴氏杆菌菌影疫苗、犊牛大肠杆菌 K99-F41 二价菌毛疫苗及牛支原体（新疆株）灭活疫苗研究，进行了牛传染性鼻气管炎病毒（JZ06-3）基础毒株的安全性和免疫原性研究、副结核分枝杆菌 MAP3061c 蛋白表面展示疫苗载体的构建及其免疫效力研究。建立了口蹄疫病毒、牛副流感病毒 3 型、副结核分枝杆菌、牛布鲁氏菌、牛支原体、牛源多杀性巴氏杆菌等病原体的抗体或抗原 ELISA 检测技术及牛布鲁氏菌病荧光标记免疫层析试纸条检测技术，并申报多项专利。

（四）加工与品质控制

国内对黄牛和牦牛的品质控制，在纵向上注重从全产业链的角度对品质进行控制：宰前应激控制、屠宰过程温度-pH 值监控、分割后包装方式和贮藏温度的优选；横向上注重牛肉的差异化处理，不同品种（鲁西黄牛、延边牛、云岭牛、甘南牦牛等）、不同育肥时长、不同部位肉结合餐饮市场和当地文化特色实现牛排、涮制肉、菜肴肉的差异化处理。同时本地黄牛在横向及纵向方面的营养品质基础数据库进一步扩充。在牛肉制品开发方面，以不同部位肉、不同大小肉块开发差异化重组调理牛排，同时开发水牛肉、牦牛肉重组肉丸。开发的牛副产物食品也呈多样性发展，包括保健冻干牛杂、牛骨汤、和味牛杂、方便全牛杂碎、牛脯即食食品等，副产物中活性成分的抗氧化性、牛胃平滑肌食用品质及多种副产物的低成本预处理技术、牛副产物作为饲料添加剂的应用也得到进一步研究和发展。此外，以消费端为基础的消费调查也进一步扩大，利于牛肉品质的提升和牛肉及相关新产品的开发。牛肉安全方面，继续开展单增李斯特菌等致病菌在屠宰企业的流行病学调查，并检测分离菌株耐药特性的变化；掺假牛肉的鉴别也一度成为研究热点，但是尚未发现简单易行的检测技术。此外随着多国进口牛肉的涌入，急需找到自产牛肉的优势特征，目前，加工研究室已开展澳洲进口冰鲜牛肉的货架期及品质检测工作。

（五）设施与环境控制

在牛舍环境控制方面，主要针对南方夏季与北方冬季牛舍环境进行控制。南方夏季牛舍降温研究集中在高温高湿条件，探究了喷雾与纵向负压通风相结合的降温模式、冷风机-纤维风管降温模式、舍内喷雾与屋面喷淋通风相结合的降温模式在不同形式肉牛舍进行降温的效果与运行规律；北方冬季牛舍研究主要集中在通过牛舍不同形式的设计改善舍内环境，从而提出控制措施。同时，为解决规模化牛场环境参数较难实时监测的问题，相关学者设计一种嵌入式 ARM 技术和 WIFI 无线传输技术监控系统，对舍内环境参数准确监控。在环境保护方面，国内研究主要集中在规模化肉牛场粪污收集与处理问题，总结归纳规模化牛场粪污收集量的计算公式，牛粪的能源化、肥料化利用以及堆肥发酵技术对牛粪中抗生素抗性基因的消减研究等仍为研究热点，通过优化肉牛粪污肥料化处理与还田技术的应用，促进畜牧业绿色健康发展。

（六）产业经济领域

2016 年国内肉牛产业经济研究领域主要集中在牛肉生产与产业发展、牛肉价格变动及市场整合、扶持政策等方面的研究。在牛肉生产与产业发展方面，主要针对全国、不同省（自治区、直辖市）的资源禀赋情况，研究分析了肉牛产业发展现状、发展模式、适宜的养殖规模与养殖技术，并对母牛养殖的稳定发展进行了经济学分析，调研并核算了母牛养殖的机会成本及收益情况；在牛肉价格变动及市场整合方面，研究了国内外牛肉市场价格的变动情况，对国内和国际两个空间市场价格长、短期整合情况和因果关系等进行实证分析，并对牛肉销售商与屠宰加工企业合作意愿及其影响因素进行了分析；在扶持政策方面，从全国和地区的角度分析相关政策实施效果和存在问题。

（肉牛牦牛产业技术体系首席科学家　曹兵海　提供）

2016 年度肉羊产业技术发展报告

（国家肉羊产业技术体系）

一、国际肉羊生产与贸易概况

2015 年我国的羊肉进口有所下降，进口数量仍位居世界第一，但进口额排在美国之后，位居世界第二。2015 年出口较 2014 年也有所下降，贸易逆差缩小。根据联合国商品贸易统计数据库（UN Comtrade）数据，2015 年，全世界羊肉进口总量为 113.72 万 t，进口总金额达到 63.40 亿美元，其中中国进口总量居世界第一，羊肉进口量达到 22.29 万 t，进口金额为 7.30 亿美元；同年中国羊肉出口 3 759t，出口金额为 3 371.90 万美元。羊肉贸易逆差缩小，进口数量逆差为 21.92 万 t，比 2014 年减少 5.93 万 t，进口金额逆差为 6.96 亿美元，比 2014 年减少 3.94 亿美元。我国羊肉进口量和进口金额分别是出口量和出口金额的 59.30 倍和 21.64 倍。与 2014 年相比，进口数量减少了 21.20%，进口金额减小了 35.60%；而同期的出口数量减少 14.33%，出口金额减少 21.97%。根据海关总署统计数据，2016 年 1—6 月全国羊肉进口量为 13.96 万 t，比去年同期增加 39.2%，前三季度进口羊肉达到 18.27 万 t，不同于 2015 年羊肉进口量的下降，2016 年全国羊肉进口量呈现出回升的趋势。

我国羊肉进口市场集中化程度非常明显。2015 年我国羊肉进口全部来自新西兰、澳大利亚、乌拉圭和智利。这 4 个国家的进口数量分别为 13.86 万 t、8.17 万 t、0.20 万 t 和 562t，分别占到当年我国进口总量的 62.19%、36.64%、0.91% 和 0.25%，进口金额分别达到 5.08 亿美元、2.13 亿美元、6.25 百万美元与 2.11 百万美元。2015 年羊肉进口减少来自新西兰、澳大利亚与乌拉圭，相比上年分别减少 2.04 万 t、3.27 万 t 和 0.75 万 t，智利是 2015 年新增的羊肉进口来源国。我国羊肉的出口不仅数量少，而且比较分散，主要出口到中国香港、中国澳门以及约旦、科威特、阿联酋等中东地区和吉尔吉斯斯坦、塔吉克斯坦等中亚国家。

二、国内肉羊生产与贸易概况

（一）肉羊存栏量与羊肉产量保持平稳增长

2015 年底肉羊存栏总量为 3.11 亿只，比 2014 年的 3.03 亿只增长了 784.80 万只，同比增长 2.59%。其中，2015 年绵羊存栏为 1.62 亿只，比 2014 年的 1.58 亿只增长了 357.20 万只，同比增长 2.25%；2015 年山羊的存栏量为 1.49 亿只，比 2014 年的 1.45 亿只增长了 427.50 万只，同比增长 2.96%；2015 年全国羊肉产量 440.80 万 t，比 2014 年的 428.2 万 t 上升了 12.60 万 t，同比增长 2.94%。

（二）全国羊肉价格高位下降，区域间羊肉价格变动差异显著

2016 年羊肉价格在 2015 年基础之上持续下滑。根据农业部定点监测数据，2015 年全国带骨羊肉月平均价格除了 1—2 月有 0.25% 的小幅上升外，羊肉价格从 2 月的 64.99

元/kg持续下滑至12月的58.50元/kg，下降幅度为9.99%。进入2016年，羊肉价格从2月年度峰值58.35元/kg持续下滑至6月的55.89元/kg，低于2015年同期60.54元/kg的价格水平的7.68%，该价格亦低于2013和2014年同期水平，且持续下滑势头并未得到有效遏制。2016年我国羊肉价格各月均低于2015年同期水平，但是其同比下滑速度有所减慢。整体来看，羊肉价格高位下降，羊肉生产利润空间缩小。

羊肉价格下降在区域之间差异显著，主产区下降幅度普遍大于南方主销区。根据中国畜牧业信息网统计，西北地区的宁夏、甘肃、新疆等主要牧区省份羊肉价格下滑情况最为突出，宁夏、甘肃和新疆2016年6月价格仅为37.20元/kg、42.87元/kg和45.96元/kg，相比2015年1月价格分别下降10.80元、7.57元与8.22元；其他主产省份山东、河北、内蒙古和河南价格下跌幅度也很显著，2016年6月其价格分别为56.78、50.26、46.97、52.47元/kg，相比于2015年1月价格分别下降10.41、7.07、6.37和7.12元；南方地区的上海、浙江、江西、广东等省份下跌幅度相对较小，其中上海和浙江2016年6月羊肉价格分别为64.00元/kg和67.27元/kg，相对于2015年1月，下降4.06元和6.00元；海南省则出现了上涨情况，2016年6月羊肉价格为96.64元/kg，比2015年1月的93.4元/kg，上升了3.24元。

三、国际肉羊产业技术研发进展

（一）育种技术

在国外肉羊养殖业发达国家，肉羊育种技术除了传统的技术研发外，分子育种技术得到了快速发展，特别是肉羊繁殖性状的研究依然是热点与难点。

1. 在传统育种技术研发方面 2016年国外肉羊育种目标主要包括高繁殖力、高产肉量、高肉品质和高转化率4个方面，根据育种目标性状进行群体遗传评价，计算目标性状育种值进而开展选种选配，因此高效遗传评定技术的研发仍然是肉羊育种技术的难点。

2. 在分子育种技术方面 全基因组关联分析（GWAS）及SNP基因芯片技术在肉羊育种实践中已得到广泛的应用，特别是在肉羊繁殖性状和肉品质性状的育种过程中，随着这两项技术的应用，加快了育种进程，缩短了世代间隔，提高了选种的准确性。另外，体外授精技术和胚胎移植技术已广泛应用，促进了胚胎的工厂化生产进程，促使优质种羊利用率最大化。

（二）营养与饲料技术

2016年国际肉羊营养与饲料技术研发主要表现在以下几个方面。

1. 为节约饲料资源、提高饲料利用效率而基于精准饲喂技术的试验研究 包括高、低剩余采食量的比较研究、适度限饲的补偿效果、饲喂可代谢谷物对羊采食和行为的影响，另外有一项6年研究比较了放牧和补饲条件下羊的采食、生长等情况，为因地制宜，合理设定饲喂制度提供了依据。

2. 深入研究羊的营养代谢及相关机理 如丁酸注射对肝脏营养物质流通的代谢研究、糖异生物质底物缓解怀孕母羊的热应激效果研究、L-精氨酸注射对胎儿发育及后期生长的影响，以及N-氨甲酰谷氨酸和L-精氨酸协同使用对胎儿发育的影响，此外还有针对新产品的研究，如沸石对钙代谢的影响、直接可饲喂微生物抗甲烷菌及微生物区系的影响等。

3. 营养需要量研究 目前发达国家包括英国、美国都开始了新版肉羊营养需要量及饲养标准的修订完善工作，我国在近 5 年也开展了大量相关方面的研究，为国内外同行开展相关研究提供了借鉴。

4. 饲料资源的开发使用或添加剂研究 包括为促进肉羊生长发育、提高生产性能，研究了日粮中添加麻风树原油、椰子饼、花生饼等对肉羊增重、消化率、屠宰性能的影响等。

（三）疾病防治技术

近年来，国际上针对规模羊场重要疫病的防控理念已悄然发生了质的转变，人们不仅关心场内畜群的安全，也开始关注养殖场周边附近甚至更远区域的生态环境安全，打造家畜健康养殖大环境才是根本之道已成为业内共识。欧美、南半球地区草畜业较发达国家在羊病防控策略研究方面主要以烈性疫病（如口蹄疫、小反刍兽疫、蓝舌病等）、人畜共患病（如布鲁氏菌病、结核、狂犬病等）为抓手，大力开展疫病控制与净化的长效机制、可行性途径、政策以及具体措施和技术手段的研究，借鉴并采用美国、澳大利亚、南美等国家的经验和做法，疫病的区域化管理和无疫区建设是当前的主要策略。在探索净化措施方面，诸如区域化全进全出制、空栏期法、种群封闭法、监测淘汰法、药物辅疗法、营养平衡法、疫苗免疫法、后代隔离法等相继被总结出来。此外，在羊的重要外来疫病流行风险分析及评估技术体系的研究方面也取得了重要进展，而动物卫生经济学在口蹄疫、小反刍兽疫、布鲁氏菌病等重大疫病的防控应用研究发现，免疫水平是影响疫病防控效果的首要因素，以推广标准化饲养小区为重要形式的养羊业生产方式转变，在有效控制羊病传播方面也发挥了重要的作用。

在羊病防控的具体手段方面，提高针对动物传染病的早期诊断、预警和应急处置技术水平是当前主要的研究任务，涉及以下几个方面：①高通量快速检测技术，如基于微阵列芯片技术的血清抗体检测方法，基于全自动核酸提取技术的病原分子检测方法。②新型检测技术，如羊痘、小反刍兽疫病毒的 VHH 单域抗体的研制和应用研究，基于单抗的 Dot-ELISA 的研究。③早期感染和鉴别诊断技术，如基于免疫磁珠技术的 PPR ELISA 抗原检测技术，布鲁氏菌病野毒感染与疫苗免疫抗体鉴别诊断技术。

在羊场常见普通病防治药物研发方面，已不再过分依赖抗生素、抗菌药了，而是重视研制和筛选植物药、替代抗生素药物及微生物制剂等新药以及给药新技术，研发替代性抗寄生虫药物及微生物制剂以及耐药性检测新技术（如 RAPD、mRNA 差异显示等）已建立，有的已应用于防治实践。

（四）屠宰与羊肉加工技术

2016 年国际肉羊屠宰与羊肉加工技术研发主要表现在以下几个方面：①对肉品质及风味的形成机制以及原料品质对加工品质的影响进一步加强，从而成为热点领域。②生鲜肉品质的检测快速检测方法不断完善。③开展了肉羊智能化屠宰与分割技术研究，发明了加工机器人控制的自动化屠宰、计算机视觉分割、高光谱成像分级技术，实现了肉羊自动化屠宰和精准化、智能化分级分割。④开展了基于 PLC 智能化控制和自动化风干技术研究，实现了风干羊肉的自动化、机械化、标准化加工。⑤开展了机械化调理技术研究，实现了调理羊肉定量加料、自动混合、均匀调质。⑥开展了羊骨、血综合利用技术研究，开发羊骨肽、血红素、血肽等高附加值功能性产品。

四、国内肉羊产业技术研发进展

（一）肉羊育种技术

本年度国内肉羊育种技术研究与国外类似，主要围绕提高我国肉用羊繁殖率来展开：①针对肉羊繁殖率低的问题，开展了肉羊繁殖性状分子遗传调控技术、高繁 SNP 基因芯片技术以及全基因组关联分析等的研发，解析了部分调控肉羊繁殖性能的基因及调控通路，开发了绵羊高繁 SNP 遗传标记。②是针对肉羊产间距长的问题，通过人工调控干涉，开展了肉羊两年三产或三年五产技术模式研究，有效地提高了基础母羊利用效率。③针对妊娠率低的问题，开展了肉羊配种技术、高新繁育技术的研发，重点开展了催情补饲+小群体配种技术、胚胎移植综合技术的研发。④国内肉羊育种还在肉羊产羔数的遗传评估、肉羊繁殖免疫新技术、肉羊育种生产管理系统软件的研发、羊肉品质基因调控技术等方面开展了研究，并获得了技术突破。

（二）营养与饲料技术

国内肉羊产业发展在 2016 年遭遇了一定的困难，但在营养与饲料领域研究方面仍有明显进展，相关研究成果也得到了国际上的关注，主要表现在以下几个方面：①肉羊营养需要量及饲养标准的建立与验证，经过了"十二五"期间的共同努力，我国 6 个具有代表性的肉用绵羊品种在不同生理阶段、不同体重阶段的能量、蛋白质等主要元素需要量已基本完成。另外还陆续开展了大群体的验证试验研究，证明基于国家肉羊产业技术体系研究得出的营养需要量更符合我国肉羊育肥期的营养需要。②肉羊温室气体的减排和调控技术研究，我国肉羊数量居世界首位，因此，由肉羊排放的甲烷占总畜牧业甲烷排放比重较大，因为相关学者从饲粮配制（不同精粗比）、饲粮组成（秸秆+精饲料）以及饲料添加剂（植物提取物）等角度研究了肉羊甲烷排放的相关规律及具体减排效果。③肉羊营养调控类饲料添加剂研究。所研究的饲料添加剂主要包括壳聚糖、甜菜碱、阿魏酸等，主要效果包括能够有效调控肉羊体脂肪的合成，改善脂肪代谢及优化肉中脂肪酸组成，同时提高肉羊的生产性能及饲料效率。④开展了肝脏及肠道代谢组和微生物组学相关研究，揭示了肉羊营养物质消化与代谢通道之间的内在联系。

（三）疾病防治技术

随着国内肉羊养殖业舍饲化、集约化的蓬勃发展，肉羊疫病的发生和流行也凸显加剧和复杂。参考国外养殖业发达国家的做法，人们也逐渐意识到对羊病的控制应从"被动、局限的防控模式"向"主动全面的生物安全模式"转变。目前 99% 以上的规模化羊场都在实施"疫苗免疫与药物保健"相结合的防病策略，而现在"标准化生产操作+生理机能适度调节"的防病技术理念已开始在部分现代化规模羊场应用。此举将大幅减少疫苗、疾病诊疗的费用，生产效益将大大提高。

近两年，国内在肉羊疾病防治技术方面的研究成果丰硕，有以下几个方面：①肉羊疫病分子流行病学和病原生态学的研究，系统开展肉羊重要传染病（如小反刍兽疫、蓝舌病、口蹄疫、绵羊肺腺瘤等）、寄生虫病（如消化道寄生虫、血液无浆体、梨形虫等）和普通病（如母羊流产、羔羊死亡等）病原（因）及流行病学调查研究，获得了一些重要的流行病学资讯，初步建立了监测技术；在西北边境地区开展了野羊疫病监测防控体系的建设，实现了从无到有的突破。利用双边机制加强亚太地区野生动物疫病防控网络成员国、组织间特别是周边毗邻国家间的疫情信息、防控经验等方面的交流与合作，为防范今后类似 2007 年小反刍兽等疫情入侵做好保障。②检测技术和标准制订方面，重要传染病（如小反刍兽疫、羊痘、绵羊肺腺瘤、布氏杆菌病等）病原早期诊断及血清抗体检测技术与标准制订；常见普通病（如支原体肺炎、流产、关节炎、脑炎等）病原的鉴别诊断技术研究；重要寄生虫病（如弓形虫、泰勒虫、无浆体等）病原检测技术研究；常见营养代谢病（如尿结石）、中毒病（如瘤胃酸中毒）的早期快速诊断技术研究。③在疫苗研制方面，开展了口蹄疫表位肽疫苗、口蹄疫病毒样颗粒疫苗、小反刍兽疫羊痘病毒活载体、羊口疮-羊痘多联重组亚单位疫苗，其中亚洲 1 型口蹄疫病毒样颗粒疫苗研制已通过国家新兽药注册评审；在原有传统疫苗的基础上，两种或多种疫病的联苗研制是热点之一。④在保健和治疗药物研发方面，重点开展了针对羊球虫病、硬蜱病的广谱抗寄生虫药物的研制；针对性地开展了炎性疾病的绿色高效治疗和保健药物的研制以及给药新技术研究。⑤依托规模场开展了肉羊疾病防控关键技术的示范和推广应用，开展种畜场疫病（小反刍兽疫、口蹄疫、布氏杆菌、支原体肺炎等）净化技术集成与示范应用；舍饲、半舍饲养殖模式下的肉羊寄生虫病综合防治技术集成与示范应用；孕羊、羔羊常见疾病（如流产、羔羊死亡）综合防治技术示范。

（四）肉羊屠宰与羊肉加工技术

1. 研发进展　表现在以下几个方面：①深入开展了蛋白磷酸化调控肌原纤维蛋白质降解和钙蛋白酶活性对羊肉嫩度的影响，初步探索了蛋白质磷酸化调控羊肉肌红蛋白氧化稳定性进而调控色泽的机制。②系统开展了羊肉溯源技术研究，研发了结合 EPC 物联网技术和无线传感器网络的羊肉溯源系统，提高了供应链中羊肉跟踪和溯源效率。③开展了烤羊肉绿色加工技术研究，建立了烤羊腿感官评价标准，系统揭示了羊肉烤制过程中杂环胺形成规律。④开展了羊油脂液化技术研究，确定了羊油脂中脂肪酸的组成与含量，建立了羊油脂中脂肪酸高效分离技术。

2. 代表性成果　①针对我国生鲜羊肉货架期短、品质劣变重等问题，开展了冰温贮藏调控羊肉品质研究，突破了冰温保鲜技术与装备，研制了高品质冰鲜羊肉产品。②针对我国羊肉解冻技术落后、解冻肉品质劣变重、质量安全问题突出的现状，开展了新型解冻技术研究，突破了低温高湿变频解冻技术与装备。③开展了羊肉新鲜度快速检测技术研究，初步建立原料肉新鲜度快速检测方法，目前数据正在整理分析。④跟踪国际热点领域，系统开展不同出生类型、日粮调控对肉品质及风味的形成机制等研究，结果揭示不同出生类型及日粮对肉羊生产性能和肉品质及风味存在显著差异的原因在于肝脏脂质代谢和肌肉自身能量代谢能力存在显著差异，其中 Adiponectin 可能是诱导线粒体生物合成能力加强的关键调节基因。⑤开展了肌肉色泽的系统研究，建立了营养调控肉色的技术，探明调控的基本机理，发现皂苷能够显著改善肌肉的色泽，降低肌红蛋白的含量比例；而高铁肌红蛋白还原酶活性及其他还原相关酶活（LDH，SDH）的显著提高也是造成肉色差异的重要原因。

（肉羊产业技术体系首席科学家　旭日干　金海（代）　提供）

2016 年度国家绒毛用羊产业技术发展报告

（国家绒毛用羊产业技术体系）

一、国际绒毛用羊生产与贸易概况

（一）羊毛生产、贸易情况

1. 羊毛产量与 2015 年相比略有下降　根据 2016 年第 85 届国际毛纺织组织（IWTO）年会公布的数据资料，2016 年全球羊毛产量（净毛，下同）预计为 114.8 万 t，与 2015 年相比减少 1.5%；在世界主要的羊毛生产国中，除了中国、印度、蒙古国和美国羊毛产量预计增加外，其他国家的羊毛产量预计均为减少。各国羊毛产量变化原因有所不同。中国、印度、蒙古国和美国各项毛用羊产业政策的实施使得绵羊养殖规模有所扩大，羊毛产量同比出现不同程度的小幅增加；而据澳大利亚羊毛产量预测委员会（AWPFC）资料，澳大利亚受毛羊屠宰数量上升，以及维多利亚西部、南澳东南地区、昆士兰大部分地区和新南威尔士北部等多地区气候环境不佳导致平均套毛重量普遍比 2014/2015 年度略低等因素的影响，2016 年羊毛产量同比小幅减少；新西兰羊毛生产受干旱气候环境及肉羊冲击的影响较大，干旱的环境降低了羊毛的洗净率，再加上羊肉和羔羊价格居高不下，生产者更注重肉羊生产，导致羊毛产量受到抑制；乌拉圭养羊业与养牛业和大豆、大麦等粮食作物种植业等竞争激烈，利润空间相对较小，羊毛产量下滑；南非受干旱气候的影响，羊毛产量预期减少 1.0%。

2. 羊毛贸易量较 2015 年预计会有所下降　根据美国绵羊产业协会（ASI）统计数据显示，在世界主要羊毛出口国中，2016 年 1—10 月，除阿根廷的羊毛出口量同比增长 21%外，其他国家如澳大利亚、新西兰、乌拉圭、南非和美国的羊毛出口量同比分别下降 3%、32%、35%、22%和 6%。在世界主要的羊毛进口国中，中国 2016 年从各个国家进口的羊毛数量与 2015 年同期相比均为下降；印度从澳大利亚、新西兰和美国的羊毛进口量均出现不同程度的下降；意大利和德国从新西兰的羊毛进口量同比均有所减少；土耳其从乌拉圭的羊毛进口量与去年同期相比为下降。

（二）羊绒生产、贸易情况

1. 羊绒产量预计同比小幅增加　其主要原因，一方面是世界最大的羊绒生产国中国的羊绒产量同比将有所增加。根据国家绒毛用羊产业技术体系调研数据显示，绒山羊调研县（鄂托克旗、鄂托克前旗、涞源县、易县）羊绒总产量为 1 047t，较 2015 年增长了 1.36%。另一方面，2016 年蒙古国羊绒产量预计为 8 500t，较去年同期相比增加了 11.84%。

2. 羊绒贸易量预计将小幅上升　由于中国集中了全世界 75%以上的羊绒原料，羊绒加工量占全球 90%以上，所以根据中国羊绒贸易量的增减可预测世界羊绒贸易量的变化。2016 年 1—10 月中国羊绒累计进口量 6 310.78t，同比增加 2.86%，出口量虽有减少但基数较小，故预计 2016 年世界羊绒贸易量同比将会上升。

（三）毛、绒价格走势

1. 羊毛价格总体表现为同比下降 2016 年 1—11 月世界最大的羊毛生产国中国的羊毛月平均价格为 65.13 元/kg（净毛价格），与 2015 年同期的 66.67 元/kg 相比，下降了 2.30%；新西兰和英国市场的羊毛年均价格同比分别下降 9% 和 21%；而澳大利亚和南非市场的羊毛年均价格同比分别上涨了 8% 和 6%。

2. 羊绒价格同比下降 2016 年 1—10 月世界最大的羊绒生产国中国羊绒（细度：15.5μm，长度：30~32mm 白色无毛绒）平均价格为 591.58 元/kg，较 2015 年同期下降了 5.73%。鉴于世界经济复苏乏力、经济增速较缓，美日欧等发达国家经济萎靡，经济新常态下的 2016 年中国全年经济预期增速（6.7%），也低于 2015 年的（6.9%），预计 2016 年全年中国羊绒平均价格同比下降，进而推断 2016 年世界羊绒价格也同比下降。

二、国内绒毛用羊生产与贸易概况

（一）生产情况

1. 细毛羊和绒山羊存栏量增加 根据国家绒毛用羊产业技术体系对甘肃、新疆、内蒙古、青海和河北 5 省（区）10 个县（旗）及种羊场的绒毛用羊生产形势调研数据，2016 年我国上述产区细毛羊存栏量为 213.14 万只，同比增加 3.64%，绒山羊存栏量为 153.50 万只，同比增加 1.20%。

2. 细羊毛和羊绒产量均上升 上述调研数据显示，2016 年细毛羊调研旗县及种羊场（肃南县、天祝县、巩留县、新源县、乌审旗、三角城种羊场）细羊毛总产量为 9 102.58t，较 2015 年增长了 4.09%；绒山羊调研旗县（鄂托克旗、鄂托克前旗、涞源县、易县）羊绒总产量为 1 047t，较 2015 年增长了 1.36%。

（二）毛、绒市场交易情况

1. 细羊毛和羊绒价格均下降 2016 年 1—11 月，张家港羊毛市场国产羊毛月平均价格为 65.13 元/kg（净毛价格），较 2015 年同期下降了 2.30%。年内国产羊毛月平均价格先由年初的 66.13 元/kg 下降到 5 月的 62.50 元/kg，再回升至 9 月份的 66.72 元/kg，此后两个月羊毛月平均价格又有所下降，11 月份收至 65.17 元/kg，与 2015 年同期的 66.67 元/kg 相比，下降了 2.25%。根据中国畜产品流通协会提供的数据，2016 年 1—10 月我国羊绒（细度：15.5μm，长度：30~32mm 白色无毛绒）平均价格为 591.58 元/kg，较 2015 年同期下降了 5.73%。年内羊绒月平均价格先由年初的 594 元/kg 波动上涨到 4 月份的 599 元/kg，再下降至 7 月份的 584.5 元/kg，此后羊绒价格略有回升，10 月份收至 588 元/kg，与 2015 年同期的 599.5 元/kg 相比，下降了 1.92%。

2. 2016 年我国羊毛进口量同比减少、羊绒进口量同比增加，羊毛、羊绒出口量同比均减少 据中国海关统计，2016 年 1—10 月，我国羊毛累计进口量为 26.43 万 t，比去年同期减少 14.11%；累计进口额为 18.96 亿美元，比去年同期减少 11.78%。2016 年 1—10 月，我国羊毛累计出口量为 1.23 万 t，比去年同期减少 3.62%；累计出口额为 0.56 亿美元，比去年同期增加 1.06%。2016 年 1—10 月，羊毛贸易逆差为 18.40 亿美元，比去年同期减少 12.12%。2016 年 1—10 月，我国羊绒累计进口量为 6 310.78t，比去年同期增加 2.86%；累计进口额为 11 163.49 万美元，比去年同期减少 7.00%。羊绒累计出口量和出口额均为零，而去年同期羊绒累计出口量为 23.76t，累计出口额为 177.21 万美元。2016 年 1—10 月，羊绒贸易逆差累计为 11 163.49 亿美元，比去年同期减少 5.60%。

三、国际绒毛用羊产业技术研发进展

（一）遗传育种与繁殖

澳大利亚、新西兰、英国、美国都建立了绵羊遗传评估体系，全澳大利亚多于一半的羊群参加遗传评估，尤其是公羊，在评估后出售。澳大利亚绵羊遗传评估体系每年向公众发布基于有效记录数的各性状育种值准确度，计算被 SGA 登记和录入的每只个体的近交系数，每年发布每个牧场每个品种或特定群体的平均估计育种值的遗传进展报告，为绵羊业各部门提供标准多性状全国性指数的制定和公布，发布各性状排名前 10 的绵羊的报告。另外，羔羊的成活率作为母羊重要的生产性状，近年新西兰、爱尔兰、英国和澳大利亚等国对羔羊成活率进行了遗传评估，认为放牧条件下羔羊成活率属于遗传力性状，除与基因和母性相关性较强外，很大程度上受人工辅助生产技术和后期管理影响较大。

目前，绵羊参考基因组更新到 4.0 版本，绵羊 QTL 数据库截至到 2016 年 12 月 9 日共收录 212 个不同性状的 1 336 个 QTL，其中 2016 年共收录 QTL 189 个，347 个性状的 35 个主效基因应用于商业化检测。2016 年基于芯片或重测序技术的全基因组关联分析为解析控制绵羊主要经济性状、抗逆性状的分子机制奠定了基础。

（二）营养与饲料

功能性氨基酸营养调控理论拓宽了原有的理想氨基酸平衡模式，突破了限制性氨基酸理论的局限性，近年来，已逐渐发展成为不可忽视的独立的氨基酸调控理论体系。目前，国外的研究者正在对精氨酸代谢新路径，肠道微生态与孕体发育特性及繁殖性能调控，在机体的稳衡控制与协调分配机制下氨基酸、葡萄糖、脂肪酸与激素在动物胃肠道营养感应发挥的协同作用等方面开展大量的研究工作。

以羊的数字化养殖、3S 草原及精确化饲养管理为时代特征的现代畜牧业快速发展，其可以提高动物健康，增加效率，降低成本，改善产品质量，降低环境的负影响，并对羊的生理行为及生产指标进行实时动态监测。

（三）疫病防控

发达国家在羊重要疫病的诊断、控制及净化技术与方法等方面的研究处于领先地位，高度重视重大羊病的控制和消灭。通过采取有效的控制、净化措施，烈性传染病特别是人兽共患病发生几率较低，因而在疫病防控方面较为主动，防控主要以疫病动态监测和危险性评估预测为主。诊断技术研究向提高敏感性、方便性和经济性方向发展，较多关注影响公共卫生安全的人兽共患病和降低生产性能的疫病。发展中国家研究基础相对落后，疫病防控水平较低，在疫病病原学等研究方面投入较多。

2016 年疫病研究中进展较快的是适合大批量、低成本检测的血清学和分子生物学诊断等方法，而传统的病原学和病理学诊断方法相对发展缓慢。疫苗研究趋向于安全性、高效性为主的新型的基因工程疫苗、标记疫苗及多价疫苗为主。弱毒疫苗和灭活疫苗研究主要以提高安全性和免疫效果为主。

（四）环境控制

目前，国外关于环境因子对绵羊影响的研究主要集中在温热环境方面。较多的研究集中在高温和低温环境对绵羊呼吸率、直肠温度、睾丸温度及头部皮温等生理指标和相关血液生化指标的影响方面，同时也有关于冷热应激对生产性能、繁殖性能、内分泌指标及健康状况影响的报道。关于绵羊光照方面的研究集中在自然光照条件下的光周期变化对绵羊

繁殖以及相关内分泌激素的影响。

全球绒毛用羊饲养模式主要有两种，一种是以澳大利亚、新西兰为代表的常年放牧饲养模式，没有圈舍需求，只是在剪毛时期使用围栏及剪毛圈舍。另一种是以欧盟国家为代表的全舍饲精细化饲养模式，实行规模化饲养，机械化管理，圈舍均为标准化规模圈舍，实行全群同进同出，批量管理。这一饲养模式下圈舍及其配套设施的规划设计都需要精准，以适应机械化、自动化操作，要求相应设施设备与圈舍进行一体化设计。

（五）产业经济

在羊毛贸易上羊毛的分类销售更加细化。在常规的产品之外，各种短毛，弱节毛，超长毛，高草杂的羊毛都分得更加清楚，有利于企业更好地购买自己需要的羊毛。个性化供应羊毛也在个别羊毛供应商与使用企业之间开展起来，这也是近几年慢慢形成的。

更加注重毛纺产品绿色环保。在欧、美市场，世界绿色环保组织发起对绒毛生产原产地绿色证书，即在整个绒毛生产过程中必须满足全部自然生态环保之要求，如牧场的草场和饲养过程中不能使用化肥，化学制剂药物等，必须保证最终是绿色环保产品。在绒毛加工过程中，不使用对人体有害的化学品，如洗涤、染色、后整理等工序必须符合欧盟产品的安全环保标准。

四、国内绒毛用羊产业技术研发进展

（一）遗传育种与繁殖

目前，国内绒毛羊育种方向主要集中在绒毛羊肉用性能提高及多胎品种选育上。随着我国农牧交错带地区"增牛稳羊"定位的提出，保持现有羊的存栏量已成为共识，在这样的情况下，如何在群体不增加的情况下增加收入，结合国家"粮改饲"政策的引导，提高肉用性能和增加产羔率成为增收的主要措施。

另外，分子生物学技术在绒毛用羊方面的研究，主要集中在胚胎干细胞、基因编辑、信号传导通路等方面。在全基因组选择方面，建立绒毛用羊的全基因组选择群体，并在商业羊生产中应用。研究 SNP 等芯片技术，可适合全基因组选择、拷贝数变异分析，并建立多元化的估计来评价品种的全基因组价值。从分子水平解释了绒毛用羊相关经济性状的分子机理，丰富了分子标记种类，为绒毛用羊分子育种和产业化生产奠定了理论和实践基础。

（二）营养与饲料

国内对于绒毛用羊的营养调控重要集中在 2 个方面，常规营养成分的研究主要集中在适宜添加量等方面，关于微量元素、维生素和激素对绒毛生长影响的研究也在不断增多。

2016 年，国内开展了不同营养水平对绒山羊产绒性能影响的研究，发现随着营养水平的提高，绒山羊的体重、产绒量明显增加，绒细度及绒长度和强度可能会有增加的趋势；绒山羊年龄越小，营养水平对其产绒性能的影响越显著。此外，树叶、果渣、酒糟等非常规原料在羊日粮中替代作用的研究已经取得了部分进展。

（三）疫病防控

1. 研究开发了一批简便、快速和灵敏的诊断检测技术和方法 如金标试纸条、实时定量 PCR、基于 RAP 技术的快速检测、固相竞争 ELISA 等疫病检测方法，涉及病种在羊痘、小反刍兽疫、口蹄疫、羊口疮等疫病的基础上进一步扩大。

2. 分子生物学的发展使得病原基因组研究进一步深入，采用分子生物学方法进行的

新型疫苗研究有很大进展　通过基因重组方法得到的多价疫苗、标记疫苗、口蹄疫空衣壳疫苗研制方面也取得一定的进展。

3. 动物疫病控制和消灭计划稳步实施　按照国家中长期动物疫病防治规划，重大动物疫病控制和消灭计划开始全面实施，兽医工作从疫病防控向疫病防控和动物产品安全监管并重全面转变。

4. 羊病检测技术和疫苗研究得到重视　近年来随着养羊业的发展，羊病防控技术研究得到重视，在国家"十三五"科技计划项目中涉及羊病研究方面的课题明显增多，这将极大地推动我国羊病防控技术的发展。

（四）环境控制

目前，国内温热环境方面研究主要针对不同季节对羊行为、生长性能、生理指标、消化功能和肉品质等方面的影响。少数研究报道了高温时风速因素对绵羊的影响及温湿度与母羊繁殖力的关系。也有学者探究了冷应激对绵羊热休克蛋白及脂肪代谢相关酶基因表达的影响。在光照方面，国内学者主要研究了通过改变光照条件调节绵羊繁殖性能的效果。

（五）产业经济

1. 加强肉用羊的绒毛利用　在我国河北清河、南宫一带，随着绒毛分梳技术的进步，土种羊的羊毛经过分梳后所产生的称之为"绵羊绒"产品，已经成为毛纺原料的重要组成，被得到广泛应用。而分梳下来的毛渣也被用于地毯、毛毡、保温材料等，其中一部分出口到印度、英国、德国等国家。重视肉用羊的绒毛利用价值，可以促进绒毛分梳向良性方向发展，增加牧民收入，为毛纺企业提供更好的纺织原料。

2. 加强绒毛后整理，采用科学管理方式，"净毛计价，优毛优价"销售方式　加强基础管理工作，严格按国产细羊毛分级员手册，进行细羊毛分级整理，有利于按"优毛优价"原则进行销售，这不仅保障广大牧户的利益，而且绒毛产品质量得以提升，更有利于企业更好地使用国产毛。体系试验站及示范县每年按照上述原则生产的羊毛，普遍受到牧民及企业的欢迎，农企双方都从中受益。目前，在国家绒毛用羊产业技术体系的倡导和带动下，体系绒毛用羊相关综合试验站及示范县和辐射场户积极实施绒毛后整理、净毛计价等生产措施，杜绝掺杂使假的行为，国产绒毛市场环境大为改观，农牧民和下游企业初步实现双赢。但一些偏僻或小的农牧生产者由于受传统生产销售模式影响，以及长途运输费用的考虑，仍沿用污毛计价，被动出售给当地绒毛小商贩，不但绒毛产品质量得不到体现和保障；而且农牧民经济利益也受到损害，所以，这些地区还有待于加强体系引导和规范化生产。

（绒毛用羊产业技术体系首席科学家　田可川　提供）

2016 年度蛋鸡产业技术发展报告

（国家蛋鸡产业技术体系）

一、国际蛋鸡生产与贸易概况

（一）生产情况

2016 年美国蛋鸡存栏量增加。7 月蛋鸡存栏量 3.02 亿羽，比上年同期增加了 530 万羽。自 1 月以来，美国蛋鸡饲料成本基本保持稳定，1—5 月，鸡蛋平均生产成本为 61.38 美分，减少了 2.7%。1—5 月，白鸡蛋零售价格为 59.3 美分/打，比上年同期降幅高达 57.2%。而 L 号白鸡蛋零售价格为 203.1 美分/打，仅比去年同期下降 4.1%。

欧盟鸡蛋产量略增，蛋价波动。预计 2016 年欧盟蛋鸡产量约为 770.2 万 t，比 2015 年增加 1.8%；2016 年 1—11 月，欧盟鸡蛋价格始终低于同期水平。前 43 个星期欧盟各国平均鸡蛋价格比上年下降 18.5%。

日本蛋鸡存栏量增加，鸡蛋批发价格降低，家庭鸡蛋消费扩大。2016 年 2 月，日本蛋鸡存栏量 1.346 亿羽，比上年同期增加了 0.8%；2016 年 4—10 月，日本鸡蛋平均批发价格为 194 日元/kg，比上年同期降低了 12.2%。同期家庭鸡蛋消费量增加了 4.8%。

（二）贸易情况

美国蛋品出口量下降，鸡蛋消费略有增加。1—5 月，美国蛋品出口量比上年同期减少了 34%，其中，加工蛋品出口量比上年同期减少 51%，蛋品出口量仅占蛋品产量的 1.09%。2016 年 1—6 月，人均鸡蛋消费量有所增加，从 252.9 个增长到了 262.8 个，增加 3.9%。

欧盟蛋品出口、进口均减少，鸡蛋消费有所增加。2016 年 1—8 月，欧盟各国鸡蛋总出口 16 万 t，比上年略微减少，欧盟三大蛋品出口对象国是日本、瑞士和美国。2016 年 1—8 月，欧盟蛋品进口 11 058t，比上年同期减少了 11.6%。欧盟主要蛋品进口来源国是乌克兰、阿根廷、美国、阿尔巴尼亚和印度。预计 2016 年欧盟食用鸡蛋消费量约 682 万 t，比上年增加 2.5%。

2016 年 1—10 月，日本蛋品进口增加。其中，鸡蛋和蛋黄进口量比上年同期增长 8.5%，液体蛋进口量增长了 2.2%。美国仍是日本第一大蛋品进口来源国。另一方面，日本蛋品出口继续保持增长。1—10 月，出口额比上年同期增加 27.1%，出口量比上年同期增加 43.5%，达到 2 821t。日本蛋品第一大出口对象地是中国香港，占日本蛋品出口总额的 84%。日本对菲律宾蛋品出口增长较快，已经超越对美国的出口额。菲律宾、美国是日本第二和第三大蛋品出口对象国，出口额分别占出口总额的 5.7% 和 5.5%。

二、国内蛋鸡生产与贸易概况

（一）蛋鸡生产情况

生产方面，我国蛋种鸡自主育种实力增强，种源供应有保障。自 2014 年 12 月美国、法国等暴发禽流感以来，我国停止从这些相关国家进口海兰、罗曼等祖代蛋种鸡，一方面转而从西班牙引进海兰或罗曼系列祖代蛋种鸡，另一方面京红、京粉、大午系列等国产品种比重有所增加。据中国畜牧业协会测算，当祖代蛋种鸡平均存栏量在36万套左右时，即可满足国内市场需求，目前蛋种鸡产能仍然维持过剩状态，在产父母代种鸡平均存栏同比增幅较大，商品代蛋鸡存栏稳中略增，鸡蛋产量亦有所增加。

市场方面，2016年我国鸡蛋价格保持低位，淘汰鸡价格稳中有降。据农业部定点监测，鸡蛋价格于2015年中秋、国庆之后开始回落，随着春节临近有所上涨，特别是2016年1月到达较高价位；随后持续回落，于6月达到谷底，虽然中秋、国庆节前8月、9月鸡蛋价格有所上涨，但却处于近几年历史最低价位；10月、11月鸡蛋价格又有回落。淘汰鸡价格全年呈阶梯型回落，从2016年1月的较高价位，跌至2—5月的第2阶梯价位，再跌至6—10月的第3阶梯价位，11月价格有所上涨。1—11月鸡蛋平均价格和淘汰鸡平均价格同比均小幅下降。

成本与收益方面，2016年饲料价格持续回落，蛋鸡养殖成本平缓下降。据农业部定点监测数据，2016年1—11月，平均饲料成本和养殖成本同比均小幅下降；同时，单产提高、死淘降低等养殖效率提高也促使养殖成本降低。全年只鸡盈利维持历史较低水平，但同比小幅增加。2016年蛋价虽然维持低位运行，但由于饲料价格和饲养成本亦处于较低水平，从而保障了全年的盈利水平。只鸡盈利情况除了6月、7月有亏损，其他月份均保持盈利状态，1—11月累计只鸡盈利已高于去年同期水平。

（二）蛋品贸易情况

我国蛋品贸易延续了上年贸易总额减少的局面，蛋品出口额小幅度减少，蛋品进口额大幅度减少。2016年1—10月，蛋品贸易总额1.56亿美元，比上年同期减少3.24%，其中，蛋品出口额1.56亿美元，占蛋品贸易总额的99.99%，比上年同期减少了3.2%；蛋品进口额为856美元，比上年同期减少了98.2%。蛋品净出口额为1.61亿美元，比上年同期减少了3.2%。

1. 蛋品进口品种只有其他去壳禽蛋，鲜鸡蛋是主要出口蛋品品种　2016年1—10月，其他去壳禽蛋进口额占蛋品进口总额的100%，是本年度中国蛋品进口的唯一品种；2016年度完全没有进口鲜鸡蛋；2015年度进口的主要品种孵化用受精鸡蛋也完全没有进口。2016年1—10月，中国出口的主要蛋品品种是鲜鸡蛋，出口额为9 927万美元，占中国蛋品出口总额的63%。

2. 蛋品进口来源地完全改变　2015年1—10月，中国禽蛋进口主要来自法国、美国和台湾，法国和台湾的蛋品进口额、中国当期蛋品进口总额的比率分别为63.6%、33.6%和2.8%。而2016年同期中国仅从日本进口其他去壳禽蛋856美元。

3. 中国香港依然是大陆最大的蛋品出口市场　2016年1—10月，大陆对中国香港的蛋品出口额11 476万美元，占蛋品出口总额的73.7%，比上年同期减少370.9万美元；第2大出口市场是中国澳门，对澳门出口额为1 247.9万美元，占蛋品出口总额8%，比上年同期减少70.96万美元；第3大出口市场是日本，对日本出口额为761.9万美元，占蛋品出口总额4.9%，比去年同期减少209.5万美元。

4. 蛋品出口五强格局发生一些变化　2015年1—10月，5个禽蛋出口省分别为广东、湖北、辽宁、山东和福建，占全国蛋品出口额比率分别为28%、26%、24%、9.9%和

7.6%。而 2016 年蛋品出口五强省份为湖北、广东、辽宁、山东和福建，5 省蛋品出口额占我国蛋品出口总额比率分别为 28.7%、28.6%、20.5%、9.7%和 7.6%。主要的变化是湖北蛋品出口份额增长迅速，超出广东省。5 强省份占我国蛋品出口总额的总比率从 2015 年同期的 95.8%轻微下降到 2016 年的 95.07%。

5. 鲜鸡蛋出口表现为量增价降，受精鸡蛋出口量价齐增 2016 年 1—10 月，鲜鸡蛋出口量比上年同期提高了 7.9%，出口额减少了 0.01%，鲜鸡蛋出口平均价格为 1.52 美元/kg，比上年同期下降了 8.5%。鲜鸡蛋出口额占蛋品出口额比例达到 63.10%，份额比上年同期提高 1.50%。另一方面，孵化用受精鸡蛋出口额比上年同期增长 9.43%，达到 55.26 万美元；受精鸡蛋平均出口价格达到 13.97 美元，价格比去年同期增长 13.76%。

三、国际蛋鸡产业技术研发进展

（一）蛋鸡育种

2016 年度，蛋鸡体系成功召开了第 25 届国际家禽大会，体系专家参与了第 35 届国际动物遗传学大会、Poultry Summit Europe 2016、2016 年"美国 IPPE 博览会""2016 乔治亚大学家禽科学短期培训班"，与国内外同行专家进行了广泛的学术交流，了解到国际研发前沿情况。主要包括蛋鸡生产和鸡资源保存利用、动物福利和肠道微生物基因组对家禽生产的影响、鸡卵泡发育和卵泡选择、蛋鸡蛋品质的影响因素、家禽生产如何减少甚至避免抗生素的使用、蛋鸡肝脏脂质代谢调控、优质鸡育种、鸡低密度芯片开发与测试利用、蛋鸡福利养殖模式。体系遗传改良研究室将持续关注本领域国际研发进展情况，并根据国际研发前沿，结合我国实际情况，及时调整体系任务，使用国际研发成果指导体系工作。

（二）疾病控制

2016 年冬季以来，全球多国发生 H5N8 型禽流感疫情，仅 11 月以来，就有法国、奥地利、克罗地亚、丹麦、德国、波兰、瑞士、荷兰和匈牙利等国报告了 H5N8 型禽流感病毒造成野生鸟类和家禽死亡的事件。在亚州，中国、韩国、日本等国家则发生了 H5N6 亚型的高致病性禽流感，表明世界高致病性禽流感的流行已日趋复杂。

在病原学与致病机理方面，数据分析日趋智能化，病原的遗传进化数据库分析、生物分子相互作用数据库分析、信号通路的集成等分析技术的智能化与科学化水平的提升，为疫病的免疫机理与防治技术研究提供了重要的理论依据。

（三）蛋鸡营养

国际上，本研究领域的进展主要表现在 3 个方面：①饲料营养价值评价技术进一步完善，通过大数据分析，获得快速测定饲料营养价值的方法，并通过仿生技术进一步优化。②有效减少或停止使用抗生素，从而避免耐药性的增加。③如何保证蛋鸡健康和改善鸡蛋品质。

1. 在快速测定饲料营养价值的方法方面 通过大数据分析，研究建立近红外检测技术备受关注。由于通过这一检测方法所得营养价值数据的客观性和可靠性不断加强，结合饲料配方技术可以明显节约饲料成本。因此国内外饲料公司和养殖场都在关注此项技术的发展，并正在开始配备此项技术。在此基础上还增加了仿生优化措施。

2. 在防控耐药性的技术方面 2015 年，国内外有关专家不断发现耐药基因的广泛传播。饲用抗生素对耐药性的贡献率不断攀升。世界各国都普遍认识到研究有效的替代产品或技术才是根本出路。目前着力研究开发的替代技术包括植物提取物、微生物饲料添加剂和酶制剂等。

3. 在蛋鸡保健和改善鸡蛋品质方面　国际上对蛋鸡不良应激（热、冷、拥挤、氧化等）持续关注，并不断加强了对营养代谢病的研究。

（四）蛋鸡生产与环境控制技术

蛋鸡生产和环境控制领域目前国际上关注的重点是蛋鸡的福利养殖空气质量、不同替代养殖模式的行为与生产性能关系、福利养殖相关技术标准等问题。美国爱荷华州立大学、加州戴维斯大学、俄亥俄州立大学等多所高校和科研单位在实际生产蛋鸡场进行全年自动监测，在收集连续 3 年的生产性数据基础上，比较了不同饲养模式下蛋鸡行为、空气环境质量、蛋鸡健康状况、生产性能等福利相关指标，于近期在 Poultry Science 上发表了相关成果。另外，如何在蛋鸡养殖过程中减少抗生素的使用已成为欧美国家近年来研究的热点，如何通过改变养殖方式、改善养殖环境等措施，提高蛋鸡自身健康水平和抵抗力，减少抗生素的使用，提高鸡蛋品质等，已成为研究热点问题。

（五）鸡蛋检测与加工

以 2005—2016 年期间"Web of Science"收录的 SCI 论文及其相关引文数据为对象，进行国家/地区、研究机构、研究学者、引用情况、关键词词频等方面的统计分析。结果显示，美国是刊发蛋品科学 SCI 论文数量最多的国家。蛋品科学 SCI 论文相对集中于农林科学、兽医学、食品科学与技术、分子生物学等 4 个学科。禽蛋蛋白质结构及功能、家禽育种与蛋品品质、禽蛋营养与过敏原、蛋壳成分及其矿化机制等是目前蛋品科学研究领域的热点。

（六）产业经济

当前，国际上蛋鸡产业经济研究重点主要集中在蛋鸡健康饲养的经济评价研究、蛋鸡新福利法的影响研究、蛋品加工效率研究、蛋鸡饲料产能与经济效益研究、蛋鸡疫病的经济损失估算等方面。欧美在福利主义的影响下蛋鸡养殖追求发展散养、健康养殖，提高蛋鸡福利，从而相关产业经济研究偏向关注健康养殖的产业成本收益变化、世界蛋鸡养殖格局的变化、预测蛋鸡健康养殖的未来。在劳动力成本上升、福利主义推动养殖成本的进一步上涨的背景下，当前国际蛋鸡养殖格局发生显著变化，亚洲份额显著上涨，从占据一半，上涨到占据 2/3 以上。2016 年欧洲多个国家出现 H5N8 型禽流感、波兰引致欧洲暴发严重的沙门氏菌疫情，这进一步加大了世界蛋鸡产业经济界对蛋鸡疫情的产业经济影响（侧重产业损失）的分析。

四、国内蛋鸡产业技术研发进展

（一）蛋鸡育种

2016 年主要集中在鸡全基因组研究技术和成果、影响蛋鸡生产性状的分子标记的研究进展、有关蛋鸡新品种的培育、鸡抗病育种的最新研究进展、蛋鸡肝脏脂质代谢调控等方面。通过分子遗传背景分析检测技术的应用，使育种企业的育种效率有所提高。此外蛋鸡标准化养殖、蛋鸡产蛋数及蛋品质性状的选择等技术关键为蛋鸡育种企业提供了新思路。技术的创新推动了我国蛋鸡育种的进程，一方面加快了现有蛋鸡品种的选育进程，另一方面促进了更多符合市场需求的蛋鸡新品种（配套系）培育成功，其中成功培育出

"农大 5 号"小型蛋鸡配套系。今年继续将现代育种技术应用到蛋鸡育种实际工作中。

（二）疾病控制

由于种鸡场禽白血病净化效果明显，目前临床常见的肿瘤性疾病主要以 MD 为主，而且有上升的趋势，这提示我们可能出现了 MD 的变异毒株或疫苗使用中出现了一些新的问题，需要进一步关注。

"十三五"以来，我国蛋鸡的主要疫病得到一定程度的控制，其中 H9 亚型禽流感、新城疫等发病率与前几年相比有了一定程度下降。

2016 年以来，全国多个规模化鸡场暴发了禽腺病毒感染，给养殖业带来了严重的经济损失，该病的一些非法疫苗的使用，也是造成该病扩散的一个重要原因。目前病原学研究还不够深入、致病机理尚不清楚，另外市场上尚无针对此病的有效疫苗，因此有必要针对禽腺病毒进行系统动物致病性研究和疫苗的开发。

（三）蛋鸡营养

我国的研究进展基本与国际接轨，但发展技术水平还存在差距。比如近红外技术，我国的技术水平与国外先进水平之间还有明显差距，国内已经使用此项技术的企业还有赖于国外公司的技术支持。我们应针对此项技术加强研究，建立我国自主的大数据库，从而能更准确、更快速地评价饲料营养价值；在防控细菌耐药性方面，我国已经正式发布禁止一些抗生素在畜牧生产中使用的法令，对禁止饲用抗生素的管理措施也已基本明确。抗生素的替代技术还有待进一步研究完善。在鸡蛋品质方面，国内研究主要关注营养成分、货架寿命、蛋黄颜色、蛋壳质量等。其中最为重要的是蛋壳质量，因为蛋壳质量直接关系着自动集蛋时破蛋率的高低。

（四）蛋鸡生产与环境控制技术

我国在蛋鸡生产和环境控制领域的研究集中在标准化规模生产模式及其支撑技术研究；在蛋鸡舍通风与环境控制技术方面，主要研究了养殖环境对蛋鸡健康和生产性能的影响、蛋鸡 LED 光环境调控技术、鸡场环境安全净化技术等。进一步优化了网上栖架立体散殖模式，开发与集成了专业场和家庭农场规模福利化养殖工艺配套的标准化养殖设施设备。栋舍万只规模舍饲栖架养殖、3 万~5 万只规模 4 层叠层笼养和 10 万只规模 8 层叠层笼养的标准化鸡舍建设方案已在相关试验站和示范场集成应用。改进和完善了网上立体栖架本交笼养殖配套装备技术，提出了育雏育成鸡健康高效生产空间环境改进技术。初步开展了蛋鸡养殖 LED 光环境调控技术研究和鸡粪资源化利用的种养结合模式研究。

（五）鸡蛋检测与加工

新型蛋品检测加工技术发展迅速，通过技术的引进、消化、吸收和再创新，许多关键技术已在国内企业进行应用。我国传统蛋制品加工产业在加工新理论、新技术、新工艺、新装备、新方法、新产品以及标准等方面取得了长足的进展。新型蛋制品虽然是我国近10 年来发展的多种产品形式，但发展速度十分迅速，通过技术的引进、消化、吸收和再创新，许多关键技术正在国产化。综合运用通过蛋白质糖基化修饰和酶法改性，形成高凝胶性蛋白粉制备技术。研究了高密度二氧化碳对全蛋液中沙门氏菌的杀菌工艺，为后续高密度二氧化碳杀菌技术应用于蛋液杀菌增添依据。洁蛋加工技术方面，完善了鸡蛋涂膜保鲜技术研发与应用，解决鸡蛋保鲜、包装、贮运中的有关技术问题。

（六）产业经济

随着我国蛋鸡产业进入加速转型升级时期，以及"十三五"规划实施阶段，国内对蛋鸡产业经济的研究主要集中在供需平衡、技术应用评估与效率提升、产业发展战略与政策措施等 3 个方面。

1. 在供需平衡方面 本领域内主要通过定量化经济模型，对未来的鸡蛋消费需求进行预测，在结合生产方式转变、养殖规模变化、进出口潜力、不确定性因素影响以及经济进入新常态发展模式的基础上，估算我国中长期的鸡蛋供需平衡，并以需求反向测算和制定我国蛋鸡产业的产能适度调整，需求端、供给端两端发力，加强蛋鸡供给侧结构调整的发展战略，对蛋鸡产业预测预警提供依据。

2. 在技术应用评估与效率提升方面 开展了育种、疾病、营养、生产、加工和环境控制等多领域的技术创新研究，并依托体系综合试验站进行新技术的推广应用，并进行及时的技术经济评价，即跟踪研究各项技术的经济效益、社会效益和生态效益，为提升蛋鸡养殖效率的技术改进提供依据。

3. 在产业发展战略和政策选择方面 重点围绕经济"新常态"以来的鸡蛋消费趋势、城镇化进程以及环境治理方面的问题，从产业链角度，系统探讨我国蛋鸡产业发展的专业化分段养殖、区域布局、家庭农场等新型经营主体培育、市场体系建设和技术重大工程问题。研究结果普遍认为，我国蛋鸡产业应从追求经济效益为主过渡到以追求经济效益和生态效益并重的发展模式上，未来蛋鸡产业的约束性政策将不断增强、扶持性政策更加系统化，蛋鸡产业将进入加速调整期。

（蛋鸡产业技术体系首席科学家　杨宁　提供）

2016 年度肉鸡产业技术发展报告

（国家肉鸡产业技术体系）

一、国际肉鸡生产与贸易概况

2016 年全球肉鸡生产虽维持增长态势，但增长明显放缓，远低于近 5 年平均增长水平。2016 年全球肉鸡生产量可能达到 8 954.8 万 t，增长率为 0.96%，明显低于 2015 年的增长幅度（2.47%）。预计 2017 年全球肉鸡生产基本维持缓慢增长的态势，生产量有可能达到 9 044.8 万 t，增长率为 1.0% 左右。

2016 年全球肉鸡生产仍以美国、巴西、中国和欧盟产量最高，分别为 1 828.3 万 t、1 360.5 万 t、1 270.0 万 t 和 1 107.0 万 t。新兴经济体国家印度、俄罗斯、泰国和墨西哥肉鸡生产增长最为强劲，分别达到了 420 万 t、3 75 万 t、178 万 t 和 327 万 t。2016 年中国肉鸡生产下降至 1 270.0 万 t，比上年下降 5.22%，下滑趋势显著。

2016 年，新兴经济体国家印度、泰国、俄罗斯和墨西哥仍保持生产增长态势，产量增长率明显高于其他国家。分别达到了 7.69%、4.71%、4.17% 和 2.99%。主要肉鸡生产国美国和巴西增长率也分别达到了 1.74% 和 3.49%。欧盟肉鸡生产增长了 2.41%。中国肉鸡生产量呈现负增长，又开始了一个徘徊周期。

主要肉鸡生产国/地区所占份额美国 20.42%、巴西 15.19%、中国 14.19% 和欧盟 12.36%，共占全球肉鸡生产总量的 62.15%。

2016 年肉鸡进出口贸易呈现了同步增长。全球肉鸡出口量将达到 1 079.3 万 t，比去年同期增长 5.26%，扭转了全球肉鸡出口下降的趋势。肉鸡进口量会达到 890.6 万 t，比去年同期增长了 3.25%。

2016 年以俄罗斯、乌克兰、泰国和巴西为代表的新兴经济体国家出口增长最快，增长率分别达到 83.1%、35.22%、7.22% 和 7.0%。

从出口量分析，巴西、美国和欧盟仍然是肉鸡出口的主力军，三者合计出口占全球肉鸡出口贸易的 77.25%。巴西维持较高的出口增长，欧盟增长 6.2%，美国增速达到 3.87%。

2016 年肉鸡进口增长最快的国家和地区为中国、菲律宾、南非和阿拉伯联合酋长国，增长率分别为 52.99%、26.83%、19.27% 和 10.11%。进口肉鸡最多的国家为日本、沙特阿拉伯和墨西哥，分别为 95.5 万 t、85.0 万 t 和 82.0 万 t。亚洲成为肉鸡进口最多的地区。

二、国内肉鸡生产与贸易概况

2016 年中国肉鸡生产大幅下降，仅达到 1 270.0 万 t，比去年同期下降了 5.22%。肉鸡消费也呈下降趋势，全年消费量达到了 1 271.5 万 t。预计 2017 年中国肉鸡生产还会持续减少，产量可能会下降到 1 150 万 t。

2016 年中国肉鸡消费也呈下降趋势，全年消费量达到了 1 271.5 万 t，比去年同期减少 4.16%。预计 2017 年中国肉鸡消费基本与今年持平，可能会达到 1 170.5 万 t。

2016 年中国肉鸡出口 39.5 万 t，下降了 1.5%。进口 41.0 万 t，比去年同期下降了 53.0%。预计 2017 年肉鸡出口将达到 34.5 万 t，下降 12.66%。肉鸡进口预计会有大幅度增长，可能会达到 55.0 万 t，增长 34.15%。

三、国际肉鸡产业技术研发进展

（一）遗传资源与育种

公开发表的关于肉鸡遗传育种领域的研究论文共 135 篇，经济性状遗传基础的研究 128 篇，资源多样性研究报道 7 篇。申请与肉鸡遗传育种相关的国家发明专利共 74 项，其中 6 项是关于肉鸡新品种、新品系的培育方法；48 项是关于肉鸡饲养方式方法；20 项与肉鸡饲养设备相关。

1. 遗传资源方面 Wang 等利用小体型元宝鸡发现 BMP10 基因上有影响鸡体型大小的重要信号；Strillacci 等通过 SNP 分析可有效区分 Siciliana 鸡种，通过羽色可以将 Livornese 鸡种分为两个群体。日本学者 Nakamura 为打破家禽活体保种的局限性，对家禽的生殖细胞操控技术进行了研究，通过原始生殖细胞移植结合先进的热解色谱操作技术使非原位保护家禽遗传资源成为可能。

2. 育种方面 肉鸡育种已经不仅关注加性效应，非加性效应在育种中的应用研究已引起关注。Li 等检测了包含非加性遗传效应的全基因组关联分析以及包含 45176 个 SNP 标记的 5 658 种商品肉鸡基因型的总遗传值的基因预测的结果。他们采用混合模型方程以及约束最大似然法分析了 7 个与采食相关的性状（TRT1～TRT7），结果显示所有 7 个性状中显性方差占总遗传变异的比例都呈现显著，范围从 TRT1 29.5% 至 TRT7 58.4%。Faux 等新开发了一种模拟动物育种项目的软件 AlphaSim，该软件通过一系列步骤进行育种项目模拟。对于历史群体结构和多样性、近期系谱结构、性状结构和选育策略，本程序具有灵活性。结合了双倍体、基因编辑等生物技术，用户可模拟多重性状和多重环境，特定的重组热点和冷点，特定基因群和基因沙漠，进行遗传预测并应用最有贡献选择。

（二）营养与饲料

1. 非营养性添加剂方面 植物提取物、多糖、寡糖、益生菌、酶制剂等的研发，仍是国际热点。Cetin 等，Popovic 等研究发现，植物提取物如牛至精油、迷迭香精油以及等量混合物均可提高肉鸡体重和肠道内乳酸菌数量，降低大肠杆菌数量，提高肉仔鸡 IgA 和 IgG 水平。Kumosani 和 Barbour 发现紫锥菊提取物可降低球虫和产气荚膜梭菌混合感染肉仔鸡的球虫卵囊数和肠道损伤。Morovat 等，Hosseini - Vashan 等，Akhavan - Salamat 和 Ghasemi 发现，水飞蓟提取物、番茄渣、姜黄根粉和甜菜碱可改善热应激肉鸡的免疫功能。Ghasemian 和 Jahanian，Jahanian 等，Hosseini 等，Ghasemian 和 Jahanian 认为肉鸡日粮中加甘露寡糖（MOS）能减少回肠病原菌数量，改善热应激肉仔鸡肠道形态，提高传染性支气管炎病毒的抗体滴度。Alshelmani et al 认为发酵乳杆菌均可促进小肠绒毛的生长发育。Ferreira 等，Munyaka 等，Woyengo 等，Catalan 等，Ghosh 等认为，酶制剂涉及到 β-甘露聚糖酶、木聚糖酶和 β-葡聚糖酶、复合酶制剂和植酸酶等对肉仔鸡生长性能、养分代谢、免疫功能、肠道形态和肠道菌群等的影响。

2. 营养性添加剂方面 Joshua 等，Goel 等认为，胚蛋注射纳米锌、硒、铜、碘对胚胎发育和孵化率、饲料转化率、胴体品质和细胞免疫相关基因表达的影响；Winiarska-Mieczan A 等认为甘氨酸锌可提高肉鸡抗氧化能力；Jarosz 等发现甘氨酸螯合铁可提高 CD8+T 细胞和 IL-2 水平；Kakhki 等发现锌和维生素 E 均可提高体液和细胞免疫等。

3. 在饲料原料研究方面　Liu 等，Truong 等发现，高粱的使用愈来愈受到关注。蛋白饲料方面，Daleand Valenzuela，Bovera 等也发现，肉鸡屠宰副产物、豌豆粕等、昆虫幼虫粉等也被关注和利用。

（三）生产与环境

国际热点主要围绕环境因子对肉鸡健康的影响及其机制展开，同时加强废弃物处理技术及环境控制技术研究。

1. 环境因子方面　热应激升高肉色 L＊值，影响肉品质；板栗壳多酚有抗氧化和促进生长的作用，其中 0.3% 添加量效果最佳，补充硒和维生素 E、添加 1 g/kg N-乙酰半胱氨酸、丙酸铬（1.6mg Cr/kg 日粮）能够缓解热应激。氨气应激显著降低肉鸡生长性能，添加 α-硫辛酸可以通过维持抗氧化系统缓解氨毒性。Alberdi 等监测笼养鸡舍发现，氨气排放量受季节的影响，每只鸡夏季平均每日排放 144.9mg，冬季 90.3mg。Williams 等试验表明，鸡舍使用喷淋冷却系统，能够有效减少鸡舍内粉尘和氨气浓度。

2. 废弃物处理和节能减排技术方面　主要通过饲用植物提取物、益生素、硅铝酸盐等饲料添加剂，提高养分利用率或增加鸡粪氮、硫的固载量，来减少有害气体的排放。肉鸡饲粮中添加小球藻可降低氨气和硫化氢的排放量；添加 1.5g/kg 果寡糖显著降低排泄物中挥发性盐基态氮、吲哚和粪臭素等含量。家禽粪便通过加入 2% 膨润土和 1% 沸石，可有效地减少氨气排放；使用微生物和丝兰属提取物能够降低臭气 58%~73%。

（四）疾病防控

1. 病毒性疾病方面　H5 和 H7 亚型高致病性禽流感在各大洲呈流行趋势，主要是 H5N2 亚型、H5N6 亚型、H5N8 亚型等。我国科学家在 H5N6 禽流感病毒起源和进化机制研究方面取得突破，哈尔滨兽医研究所研制的 H5 亚型 DNA 疫苗通过了新兽药评价和复核实验，将成为世界首个禽用 DNA 疫苗产品，DNA 疫苗和灭活疫苗联合使用能有效提高禽流感免疫保护效果。美国科学家利用名 COBRA 的技术，开发出新型疫苗，能针对多种 H1N1 流感病毒毒株提供免疫保护。Quintilio 等检测多种维生素作为佐剂对禽流感病毒的免疫增强效果。研究人员将 miRNA 技术和腺病毒载体结合，研发了新型禽流感防控技术。靶向禽流感病毒 HA 基因的 microRNA 可发展为防治禽流感的新手段。

2. 家禽细菌病原的耐药性研究　仍致力于研发新型抗生素替代物。在鸡肉等动物性食品中开展了大肠杆菌 O157：H7、产志贺氏毒素大肠杆菌以及弯曲菌等食源性细菌病病原的流行病学调查与风险评估。一些大肠杆菌、沙门氏菌等临床分离菌株中耐药基因很多，通过比对多年前的分离株与当前分离株，发现耐药基因数量显著增加。对大肠杆菌和沙门氏菌疫苗的研究主要着眼于一些疫苗候选毒素和表面蛋白，乳酸杆菌等益生菌正逐渐被开发为疫苗载体用于表达外源抗原。

（五）鸡肉加工

Jacobs 等综述了宰前管理环节中的抓鸡、运输、静养和屠宰工序对肉鸡福利与肉品质的影响；运输过程中高温或低温（<-2℃）都会造成死亡率的增加。研究了超声波时间对鸡肉肌原纤维蛋白保水性升高机制；在肌原纤维蛋白体系中添加 L-组氨酸和精氨酸对蛋

白的凝胶特性有显著改性作用。对屠宰场生产线、宰后鸡胴体上大肠杆菌等进行了流行病学调查、耐药性及耐药机制研究；研究了冷离子体处理结合气调包装对预包装鸡胸肉品质和货架期的影响；探究了添加胶原蛋白以及使用代盐（50% KCl，25% $MgCl_2$ 和 25% $CaCl_2$）部分替换 NaCl 制作低脂低钠鸡肉肠的可行性。

通过扩大鸡笼空间、改善运输车车内环境和待宰区域微环境的喷淋通风装备、落实宰杀后加工环节"热剔骨-四分割-风冷"措施能够显著提高肉鸡福利和降低类 PSE 肉的发生；通过预加热四季豆蛋白的添加，能够改善转谷氨酰胺酶（TG 酶）诱导肌原纤维蛋白凝胶特性与乳化能力；应用消毒剂如过氧化氢、丙酸、百里酚结合乳酸或乳酸钠，加工线上增加洗刷步骤降低肉鸡加工链中肠杆菌、弯曲杆菌和沙门氏菌等致病菌污染。

四、国内肉鸡产业技术研发进展

（一）遗传资源与育种

本年度 4 个肉鸡新品种获得新品种证书。

外观、生长、抗病、抗逆、脂肪沉积和肉质等性状的分子研究水平上均取得了新进展。Guo 等确定了胡须性状与 27 号染色体上复杂的结构变异导致 HOXB8 基因的异位表达相关。Wang 等以广西黄鸡和青脚麻鸡为素材，发现在青脚麻鸡 BCO_2 基因第一内含子存在 CNV，可能是白皮肤形成的重要因素。冯敏等用 ALV-J 侵染鸡原代巨噬细胞，转录组分析发现差异表达基因显著富集的通路大多为免疫相关通路，上调表达的免疫相关基因明显多于下调表达的免疫相关基因。Wu 等（采用 MALDI-TOF MS 法分析影响鸡腹部脂肪性状的 21 个基因 32 个 SNP，发现 MD 基因和 UCP 基因可能是脂肪沉积的重要分子标志物。

（二）营养与饲料

Yang 等研究发现，植物提取物如日粮中葡萄籽原花青素可改善肠道形态。Su 等发现添加丝兰提取物可提高肉仔鸡液液 IgG 和 IgM 水平，有助于免疫器官的分化。Li 等认为，酵母细胞壁细磨粉更能改善肉仔鸡的免疫功能和肠道免氧化应激状态。Chen 等研究发现，添加 MOS 和 β-葡聚糖均能改善感染烟曲霉菌肉仔鸡的免疫器官发育，提高新城疫病毒的抗体滴度。Zhang 等发现，乳酸杆菌可增强肠道屏障功能，修复肠屏障损伤和维持上皮细胞完整性。Peng 等在饲粮添加植物乳杆菌等优化了肠道菌群组成，增加肠道短链挥发性脂肪酸，增强机体免疫功能，提高肉鸡生产性能。

Wang 等研究发现，过量硒会导致免疫功能下降，氧化性损伤增加。胡志萍等在日粮添加微囊化维生素 E、张丽明等添加蛋氨酸和赖氨酸、常银莲等添加支链氨基酸，均发现能促进肉鸡体内蛋白质的合成和肠道发育，提高肉鸡的抗氧化能力，改善肉鸡的生长性能。

（三）生产与环境

热应激降低肉鸡生产性能、屠宰性能、肉品质和氮利用率等，日粮添加 γ-氨基丁酸（GABA）、Arg、硒等添加剂可以缓解热应激。冷应激对采食和趴卧行为有显著的影响，三乳酸甘油酯可提高冷应激肉鸡的心脏、肝脏及肺脏抗氧化能力等。均衡型 LED 光源 A 和荧光灯有利于白羽肉鸡生产性能的发挥，提高抗氧化能力，缓解肉鸡的应激反应。孟丽辉等发现随着氨气浓度的升高，肉鸡出现羽毛污损、足踮关节及脚垫感染、跛行、行走不稳等状况的几率和程度加大。

通过饲用酶制剂降解饲料抗营养因子、功能益生菌和植物提取物调节肠道微生态优化氮代谢、有机微量元素替代无机盐、饲料精准营养平衡技术，综合提高饲料氨基酸、矿物元素等物质、能量代谢利用率而实现肉鸡体内的减污功效；通过氨氮降解菌的筛选与应用，配备除臭设备，降低鸡舍有害气体浓度，优化环境控制；通过发酵菌剂筛选、辅料和调理剂优选，改进堆肥工艺和物质转化，提高有机肥质量，并减排臭气和钝化重金属；通过生物发酵沼气工程实现能源化。

卢营杰等报道，中密度大空间组（10 只/m²）免疫应激最小；中小规模黄羽肉鸡养殖场适宜采用网上平养育雏；蔡洁琼等报道，强制运动可增加肉鸡白天活动量，持续 6 周后显现改善肉色，促进肉鸡腿肌肌纤维发育。

（四）疾病防控

2016 年，我国公开报道 8 起 H5 亚型高致病性禽流感疫情，7 起 H5N6 亚型禽流感，发生于鸡和珍禽，1 起由 H5N1 亚型引起，发生于鸡、鸭。H5 亚型高致病性禽流感呈散发态势。我国多地区发生由禽腺病毒引起的鸡心包积液综合征，主要是 I 群禽腺病毒中血清 4 型病毒（90%以上）和血清 8 型（10%以下）所引起，主要传播途径还是垂直传播为主。目前市场上没有商品化的疫苗，存在散毒或传播外源性病原的风险。传染性支气管炎疫情在高密度养殖区域呈上升趋势，多数为 QX 型。禽白血病疫情平稳，多数为散发性病例。

国内肉鸡细菌病流行呈散发状态，以禽大肠杆菌、禽沙门氏菌、禽巴氏杆菌等为主要病原，疫病的诊断仍然以传统的病原分离与生化鉴定为主，配合 PCR 鉴定、16s rDNA 测序鉴定等分子生物学方法。分离细菌耐药性严重，替代抗生素研究逐渐兴起。我国开始重视蛋传细菌疫病的净化和食源性细菌病的防控。

（五）鸡肉加工

研究了夏季高温导致糖酵解加剧，乳酸大量积累，类 PSE 肉发生率升高；研究了生肉及肉制品和屠宰场中常见致病菌如大肠杆菌、弯曲杆菌和沙门氏菌等，结果显示，致病菌广泛分布于肉鸡加工链的各个环节，耐药问题也普遍存在；以烤鸡翅根为对象，研究了亚硝酸盐在真空滚揉和低温静腌过程中的渗透规律以及在热风烘制和高温烤制过程中对其热稳定性的影响；添加风味蛋白酶能够有效加速腌腊鸡腿中蛋白质降解，促进非蛋白氮积累和肌原纤维蛋白中新蛋白片段的生成，改善产品感官品质。

运输后采用雾化喷淋可提高宰后鸡肉品质和蛋白质凝胶特性，降低类 PSE 肉发生率；120V 电压电击晕处理导致宰后鸡胸肉肌纤维微观结构遭到破坏；卡拉胶结合超高压处理能够提高鸡肉糜制品的出品率，改善肉糜制品的凝胶效果；海藻酸钠能够有效减缓反复冻融过程中的蛋白变性，进而改善肉类产品的凝胶品质；TG 酶添加量为 0.67%时低盐鸡肉糜的保水性和质构最好。

（肉鸡产业技术体系首席科学家　文杰　提供）

2016年度水禽产业技术发展报告

(国家水禽产业技术体系)

一、国际水禽生产与贸易概况

(一) 生产

依据世界粮农组织(FAO)提供的数据推算,2015年世界肉鸭出栏量约45亿只,亚洲约占84.1%,欧洲约占11.2%,美洲与非洲约占4.7%。2015年中国肉鸭出栏量为28.6亿只,约占世界总出栏量的68.4%。全世界肉鸭出栏量按出栏只数排名前10位的国家是中国、越南、缅甸、法国、泰国、马来西亚、孟加拉国、印度尼西亚、韩国、埃及,按出栏重量排名前10位的国家是中国、法国、马来西亚、缅甸、越南、泰国、埃及、韩国、匈牙利、美国。2015年世界肉鹅出栏量维持在5.1亿只左右,与2014年相比相对稳定。其中,亚洲占96.1%,欧洲占2.1%,美洲与非洲占1.8%。中国依然是世界上肉鹅出栏最多的国家,占世界出栏只数的90%以上,其次是埃及、匈牙利、马达加斯加、波兰、缅甸、以色列、伊朗、法国、德国、土耳其。

(二) 贸易

1. 进口　根据FAO的数据估算,2015年全世界鸭肉及鸭肝进口总量为27.7万t,鹅肉及相关产品进口总量5.4万t,进口活鸭4 000万只左右。中国是世界鸭肉进口量最大的国家,进口量为4万t左右,其次是德国、萨特阿拉伯、法国、英国、捷克、丹麦、俄罗斯、西班牙、比利时和日本。鹅肉进口量最大的10个国家为德国、中国、法国、俄罗斯、捷克、奥地利、贝林、丹麦、斯洛伐克、意大利。活鸭进口量最大的10个国家依次为波兰、新加坡、荷兰、美国、德国、西班牙、埃及、埃塞俄比亚、白俄罗斯、保加利亚。

2. 出口　根据FAO的数据估算,2015年全世界鸭肉及鸭肝出口总量为44.6万t,鹅肉及相关产品出口总量5.5万t,出口活鸭2 400万只左右。中国是世界鸭肉出口量最大的国家,出口量为10万t左右,其次是匈牙利、法国、荷兰、德国、波兰、保加利亚、韩国、美国和英国。鹅肉出口量最大的10个国家为波兰、匈牙利、中国、德国、荷兰、阿尔及利亚、法国、马来西亚、奥地利、南非。活鸭出口量最大的10个国家依次为捷克、马来西亚、法国、匈牙利、加拿大、荷兰、德国、毛里求斯、美国、比利时。

在水禽产品国际贸易中,种鸭出口继续获得高额垄断利润。例如,我国山东永惠公司进口的美国枫叶公司1日龄祖代雏鸭,价格高达135美元/只;英国樱桃谷公司的祖代鸭雏价格高达500元/只,并要求占进口国大部分祖代鸭场50%股份。

疫病对2016年的世界水禽产业造成较大影响。2015年11月,法国西南部多尔多涅省的养殖场出现H5N1禽流感病例。这是2007年以来法国出现的首个病例,为此法国政府宣布,截至2016年6月,禁止鹅肝盛产地的西南部家禽养殖场饲养鸭、鹅,这对世界鹅肝产业来说无异于一场"大地震",影响了全球鹅肥肝、鸭肥肝产业。

二、国内水禽生产与贸易概况

（一）生产

2013 年的人患 H7N9 禽流感事件导致水禽产业遭受了前所未有的打击，进入动荡期，小规模的生产企业不堪冲击，退出行业。中国水禽产业在 2016 年得到迅速恢复，水禽产业结构得到完善，集约化程度越来越高，全产业链条不断完善，全产业链生产经营模式基本形成；科技进步和加工能力增强为水禽产业抗御风险起到巨大支撑作用。同时，全产业链经营在生产与市场之间形成了强大的缓冲机制，有效地抵御了市场价格波动，促进了产业恢复。市场占有率逐步提升。从消费方面来看，水禽产品风味独特、营养丰富、安全性高，符合中国人民的传统消费习惯。随着消费者对健康食品需求的增长，水禽产品以营养均衡和安全保健的优势，其市场占有率将进一步提升。

据对全国 21 个水禽主产省（自治区、直辖市）2016 年水禽生产情况的调查统计，全年商品肉鸭出栏 30.41 亿只，较 2015 年增长 6.3%；肉鸭总产值 744.8 亿元，较 2015 年下降 11.7%。蛋鸭存栏 2.32 亿只，较 2015 年增长 3.57%；鸭蛋产量为 390.31 万 t，较 2015 年增长 4.76%；蛋鸭总产值 407.71 亿元，较 2015 年下降 16.3%。商品鹅出栏 5.18 亿只，比 2015 年增长 4.2%，肉鹅产值 364.12 亿元，比 2015 年增长 8.0%。水禽产业总产值 1516.60 亿元，较 2015 年下降 9.0%。2016 年我国水禽产业在肉鸭、蛋鸭及肉鹅三大产业方面产量都呈增加态势，但由于受经济下行的宏观环境影响，2016 年毛鸭价格、鸭蛋价格明显低于上年，肉鸭和蛋鸭产值反而下降。肉鹅产业呈现出产量、产值双增局面。

（二）贸易

中国历年来都是世界水禽产品第一出口大国。2014 年，国内出口整只冻鸭、鲜或冷的鸭块及杂碎、鲜或冷的整只鸭及冻的鸭块及杂碎 4.39 万 t，出口额 9 242.14 万美元；我国出口整只冻鹅、鲜或冷的鹅块及杂碎及冻的鹅块及杂碎 1.05 万 t，出口额 3 711.49 万美元。我国水禽出口量的 70%~90% 面向亚洲市场，对欧美市场出口的比例较小，其中，日本、中国香港和澳门、韩国又稳居前列。鸭绒、鹅绒的出口量近年增长很快，2014 年我国鸭绒、鹅绒及其制品的贸易额约 21.45 亿美元，出口占总产量的 89.6%。2015 年 1—9 月，我国共出口填充用羽毛和羽绒 2.9 万 t，折合人民币 26.1 亿元。

中国大陆的鸭肉主要输出到中国香港，占香港市场的 65% 左右。其余大部分输出到吉尔吉斯斯坦、中国澳门、格鲁吉亚、泰国、巴林、哈萨克斯坦。中国大陆的鹅肉主要输出对象是中国香港和澳门。只有山东乐港、河南华英集团、山东省青岛九联、山东尽美食品、德州庆云瑞丰食品公司共 5 家公司有出口水禽肉制品的资格。欧盟对鸭肉制品进口要求非常严格，实现对欧盟出口，标志着中国鸭肉产品的食品安全水平和管理水平达到了一个新的高度，不仅能取得可观的经济效益，而且能大幅度提高我国鸭产品在国际市场上的核心竞争力和知名度。

中国不仅是世界水禽第一生产大国，同时也是水禽产品的第一消费大国。水禽产品的进出口总额稳居世界第一。在国内市场上，水禽肉、蛋占有十分重要的地位，水禽产品以低脂肪、高蛋白、低成本的优势，逐渐成为消费者的主要选择之一。

2014 年 12 月，美国发生 H5N8 高致病性禽流感，我国随即全面禁止从美国直接或间接输入禽类及相关产品。2015 年 11 月，法国发生 H5N1 高致病性禽流感，我国随即暂停从法国进口部分家禽。

三、国际水禽产业技术研发进展

（一）遗传育种技术

众多研究围绕全基因组与相关性状的关联分析展开。随着基因组学数据的积累，全基因组选择为解决复杂性状改良提供了新的思路和切实可行的技术路径。表观遗传学技术是另一个研究热点，作为研究基因功能的重要手段之一，通过表观遗传机理的研究，发现影响经济性状的重要基因和非编码 RNA。

随着生物技术的发展，宏基因组、基因编辑技术等开始应用于家禽业。由于家禽具有独特的发育模式和生殖系统，被视为一种动物模型。全基因组或转录测序分析和新开发的基因组编辑技术给了科学家探索深层次生物现象的机会。特别是高效和精确的基因组编辑工具，如用 TALEN 和 CRISPR/Cas9 技术敲除鸡的基因表明，基因组编辑能为疾病控制等提供技术方法。

（二）营养与饲料

饲料资源开发利用、肠道微生物营养调控、抗生素替代技术等是当前家禽营养研究的热点。应用新技术、开发新型饲料资源、提高纤维性饲料利用率、精准营养等将是家禽饲料营养未来 5~10 年的研究重点。来自荷兰的最新研究成果证实，早期营养对于确保家禽健康、生长后期家禽生产性能的发挥以及产品质量非常重要。1 日龄雏鸡会出现各种表观遗传效应，可以通过营养干预进行调节。精准的饲料营养手段，可以实现饲料的经济价值最大化，减少废弃物的排放。

（三）疫病防控

针对传染性支气管炎病毒疫苗免疫防控措施，英国研究人员提出了采用多种血清型组合的活疫苗和多种抗原组合的灭活疫苗的免疫策略。针对禽白血病、禽网状组织增生病、马立克氏病的控制，美国的研究人员认为病毒变异、无可用疫苗、基因插入频繁、宿主范围扩大等是导致此类疫病时有发生的主要原因。针对沙门氏菌等食源性细菌研究，比利时研究人员发现，禽用抗生素的滥用会对 AMR 变异和毒力基因变异进行选择，后者则会增强沙门氏菌的毒力及其定殖能力。

欧洲科技人员研究了抗生素耐药性与动物生产的关系、禁用促生长抗生素对饲料使用的影响、可替代抗生素的功能型物质等，发现改善动物管理或福利条件、调整饲喂方案和饲料组成、实施精准饲喂、使用促生长抗生素的替代产品等，能够抑制饲料和饮水中有害微生物生长繁殖，并保证动物肠道健康。

（四）家禽福利

传统笼养在欧盟被禁止后，欧洲更关注断喙、处死雏鸡等动物福利问题。由于提高动物福利会增加 13%~15% 的生产成本，零售商将福利作为高溢价标签已成为一种趋势。家禽福利已不限在欧洲的讨论，近年来美国、新西兰、加拿大等相继出台了相关规定。公众对蛋鸡福利的关注加快了全球鸡蛋生产和销售方式的转变，在北美地区，食品加工商、超市和餐饮系统都被迫要求鸡蛋供养商采用消费者认可的符合动物福利的养殖模式进行生产。2015 年年底至 2016 年年初，美国和加拿大的餐馆、杂货店、分销商纷纷声明会在未来 10 年只采用从非笼养模式生产的鸡蛋，要求超过 1.5 亿只蛋鸡采用新模式进行饲养。

四、国内水禽产业技术研发进展

2016 年国内水禽产业技术研发成果丰硕，为产业发展提供了持续的驱动力。

（一）遗传育种

取得的成果包括：①北京鸭新品种培育领域获得重大突破。"十二五"期间，"北京鸭新品种培育与养殖技术研究应用"成果荣获国家科技进步二等奖，Z 型北京鸭瘦肉型配套系成功转让到两家农业产业化国家重点龙头企业，并持续开展联合育种工作，标志着体系肉鸭育种成果的产业化正在成为现实，进一步坚定了体系专家和水禽产业同仁打破外企垄断我国肉鸭主要品种市场的决心和信心。②天府肉鹅配套系、国绍Ⅰ号蛋鸭配套系培育成功并通过国家遗传资源委员会审定，江南白鹅和青农灰鹅配套系已通过农业部家禽品质监督检测中心性能测定。③水禽体系先后选育出大型白羽半番鸭亲本专门化品系、绍兴鸭高产系、绍兴鸭青壳系、缙云麻鸭早熟系、荆江蛋鸭白壳系和高饲料转化系、肉鹅高繁殖率品系等专门化品系 44 个。④"十二五"期间先后建立了水禽主要经济性状的准确测定和遗传评估方法、超声波活体快速测定肉鸭胸肉厚度的技术、生化遗传标记和分子遗传标记辅助选育技术，优化了鹅人工授精工艺，筛选了水禽肌肉发育、脂类代谢、抗逆和繁殖等重要经济性状的主效基因和遗传标记，首次将"剩余饲料采食量（RFI）"用于肉鸭育种。

（二）饲养技术

实现的突破性成果包括：①建立并完善了水禽饲料代谢能和氨基酸利用率评定的生物学方法，制订了水禽营养研究饲养试验技术规范，研究确定了北京鸭商品肉鸭与种鸭、番鸭、肉蛋兼用型肉鸭与种鸭各生长阶段的营养需要量参数 306 项，提出了我国肉鸭 46 种常用饲料原料养分含量及利用率数据，制定了中华人民共和国农业行业标准《肉鸭饲养标准》，这一成果标志着肉鸭养殖业缺乏饲养标准的局面已成为历史。②研究提出小型蛋鸭产蛋期营养需要量参数 1 套，制定了《蛋鸭饲养标准》（草案），完成了肉蛋兼用型麻鸭临武鸭各生长阶段营养需量评定，确定主要营养素需要量参数 28 个，制定了《临武鸭饲养标准》。③提出了大、中、小型肉仔鹅主要营养需要量参数，确定了鹅 10 种维生素和 5 种微量元素需要量。岗-站分工协作，评定了 60 余种饲料原料对蛋鸭的饲用价值及70 多种饲料原料和牧草对肉鹅的饲用价值。④测定了 7 种非常规饲料中抗营养因子和有毒有害物质含量并研制出其在鸭、鹅饲粮中应用的配套技术；研发了利用生物活性物质、酶制剂和益生菌等改善肉、蛋品质及抗热应激的饲料优化配制技术，实现了营养的精准供给和高效利用，取得了养殖降本减排的显著成效。

（三）疫病防控

取得成就包括：鸭甲肝病毒基因 3 型弱毒疫苗、坦布苏病毒弱毒疫苗和小鹅瘟灭活疫苗研发取得了显著进展。这些成果为水禽疫病的防控提供了技术支撑，对于控制药物残留、保障食品安全具有重要意义。在我国水禽主产区开展了广泛的流行病学研究，阐明了2011—2015 年间坦布苏病毒病、鸭病毒性肝炎、呼肠孤病毒病、鸭传染性浆膜炎、鹅副黏病毒病、小鹅瘟等主要水禽疫病的病原变异情况，获得了大量基础数据。

（四）加工技术

取得的突破包括：水禽体系优化了盐水鸭、板鸭、酱鸭、风鸭、风鹅等鸭鹅肉食品的低温杀菌技术，风鹅、风鸭的低盐腌制及控温风干技术，鸭鹅肉分割冷链产品减菌保鲜技术等新技术，显著提高了产品质量。开发了香糟风鹅与风鸭、老鸭香精、鸭肉和鹅肉调味酱、功能性鸭肉与鹅肉发酵香肠、肉脯、肉干、肉丸、方腿、多味鹅肝糕、鹅骨和鹅皮胶原蛋白及其多肽等系列产品，丰富了产品类型，改善了产品结构，提高了产品附加值，繁荣了水禽肉类产品市场，对带动我国鸭鹅产业发展发挥了巨大作用。

（水禽产业技术体系首席科学家　侯水生　提供）

2016 年度兔产业技术发展报告

（国家兔产业技术体系）

一、国际兔生产与贸易概况

（一）生产概况

全球兔业主要分布在亚洲和欧洲地区。根据 FAO 最新统计，2014 年全球兔存栏 7.69 亿只，比上年增长 2.12%，预计 2015 年存栏量为 7.84 亿只左右，增速约为 2%；2014 年全球兔屠宰量（出栏量）为 10.68 亿只，同比增长 3.15%，预计 2015 年兔出栏约为 11 亿只，增速约为 3.%；2014 年世界兔肉产量为 155.99 万 t，较 2013 年增长 3.08%，预计 2015 年兔肉产量约为 160 万 t，增速为 3%左右。

1. 兔存栏量 2014 年全球兔存栏量中，亚洲占 82.81%，欧洲占 13.96%，非洲占 2.48%。从国家来看，存栏量最多的依次为中国、乌兹别克斯坦、哈萨克斯坦、意大利和塔吉克斯坦，分别占世界兔存栏量的 30.56%、25.40%、10.14%、9.52%。

2. 兔出栏量 2014 年全球兔出栏量中，亚洲占 57.93%，欧洲占 32.53%，非洲占 7.73%。出栏位于世界前五位国家为中国、意大利、朝鲜、埃及和西班牙，其出栏量合计占全球兔出栏量的 84.66%，其中中国占 46.73%。

3. 兔肉产量 2014 年，兔肉产量的格局与兔出栏的格局类似，亚洲占 58.95%，欧洲和非洲分别占 33.51%和 6.07%。可以看到，亚洲占据半壁江山，欧盟占有三分天下。从国别来看，中国、意大利、朝鲜、埃及和西班牙是世界 5 大兔肉生产国，合计占全世界兔肉产量的 84.11%。

从各大洲的变动趋势来看，欧洲兔业近年来增速放缓，亚洲和非洲兔业则增长较快。2011—2014 年欧洲地区 4 年存栏量的平均增速为 0.66%，低于非洲地区 2.93%的增速和亚洲地区 4.61%的增速，同期世界平均水平为 3.95%。

4. 兔毛和獭兔皮 生产主要集中在中国。中国兔毛产量占全球的 90%以上，但自 2013 年 10 月"手拔毛"事件以来，中国毛兔养殖大幅下降，2015 年预计产量约 1.5 万 t，同比下降约 25%。除中国外，法国、匈牙利、智利、阿根廷等国也生产一定量兔毛，但其产毛量合计在 1 000 多 t。兔皮生产方面，獭兔皮的生产国主要有：中国、法国、德国、美国等。据估计，2015 年中国獭兔出栏量达到 1.00 亿张，因而獭兔皮产量达到 1 亿张左右，占世界总产量的 95%以上。

（二）贸易概况

1. 兔肉 2015 年世界有 47 个国家和地区出口兔肉，有 69 个国家和地区进口兔肉。世界总出口量 4.00 万 t，出口贸易额 1.67 亿美元，无论出口数量还是出口贸易额，都相对于 2014 年大幅下降，其中，出口数量降幅为 14.7%，贸易额更是大幅滑落 27.2%。

兔肉主要出口国包括中国、西班牙、比利时、法国和匈牙利，分别占世界兔肉出口额的 17.5%、14.09%、16.47%、16.00%和 15.11%。比利时、德国、法国、意大利和葡萄牙为进口的前五位，占进口总量的 62.29% 和贸易额的 59.08%。对比来看，比利时和法国不仅进口，同时也出口兔肉。

从前 5 位出口国的平均出口单价看，匈牙利最高，为 5.22 美元/kg，而西班牙最低，为 3.04 美元/kg，47 个国家的平均值为 4.17 美元/kg。相比 2014 年，兔肉价格世界平均水平较大幅度下降，下降幅度为 40.09%。2015 年国际兔肉进出口前 10 名国家和地区及进出口单价见表 1。

表 1　2015 年兔肉进出口前 10 名的国家进出口价格表

出　口			进　口		
国家	数量（t）	单价（美元/kg）	国家	数量（t）	单价（美元/kg）
中国	8 135.32	3.59	比利时	6 532.83	4.48
西班牙	7 723.38	3.04	德国	5 646.25	5.48
法国	6 151.20	4.46	法国	4 095.48	3.23
比利时	6 046.74	4.41	意大利	3 205.29	4.05
匈牙利	4 820.97	5.22	葡萄牙	3 082.24	3.13
阿根廷	1 571.68	4.56	荷兰	1 711.54	6.20
荷兰	1 332.77	6.43	俄罗斯	1657.59	3.37
意大利	986.41	5.13	捷克	1 327.21	3.98
美国	386.34	4.61	瑞士	1 268.65	6.97
德国	380.80	6.58	美国	1 044.88	3.65

数据来源：世界银行 WITS 数据库（http：//www.wits.worldbank.org/WITS）

2. 兔毛　虽然全球兔毛的统计比较缺乏，但兔毛的主要生产和出口国为中国，其产量和出口量均占全球的 90% 以上，中国兔毛原料及兔毛针织品出口量也占世界的 90% 以上。兔毛产品的主要进口国和地区包括日本、韩国、中国香港以及欧盟国家。

3. 兔皮　国际兔皮的贸易主要是肉兔皮，从欧洲兔主产国向中国等发展中国家出口，经过鞣制后，再加工成皮毛制品出口。

二、国内兔业生产与贸易概况

（一）生产概况

据《中国畜牧兽医年鉴 2015》数据，2014 年我国家兔年末存栏为 2.23 亿只，较上年减少 0.3%；出栏 5.17 亿只，较上年增长 2.6%。2014 年兔肉产量 82.9 万 t，比上年增长 5.6%。据产业经济岗位估计，2015 年兔的存栏和出栏将分别达到 2.227 亿只和 5.271 亿只，分别增长 0.39% 和 1.99%。

1. 品种结构　近年来由于肉兔行情一直向好，獭兔行情长期低迷，毛兔下滑严重，养殖户纷纷放弃獭兔和毛兔养殖，转向肉兔。初步估计，目前在出栏量中肉兔占到约 80%，獭兔出栏约 15%，毛兔和其他兔占约 5%。从区域结构来看，我国肉兔养殖依然主要集中在川渝等西南地区以及山东和河南等地，獭兔主要在山东、河北、河南等华北地区，毛兔主要在鲁浙苏皖等地。近年来陕西等省得到较快发展。2014 年我国家兔出栏排前 5 位的是四川（39.72%）、山东（12.48%）、重庆（9.12%）、江苏（7.73%）和河南

（7.46%），前 5 位出栏量合计占全国家兔出栏量的 76.52%，说明我国兔产业集中度较高。

2. 兔肉流通的基本格局　四川和重庆等西南地区既是我国主要的家兔主产地，也是主要的兔肉集中消费地；山东为我国第二大家兔主产省，除肉兔外，山东省毛兔和獭兔的养殖也较多，其兔肉（主要为獭兔肉）主要销往广东和川渝等地，也有部分销往北方其他地区或出口；河南和江苏等地的兔肉，除当地有少量消费外，主要也销往广东、四川和重庆等地。

（二）贸易概况

1. 兔肉　我国兔肉仍然保持净出口，但出口量继续下降。2015 全年我国兔肉出口总量达到 8 135.32t，比上年下降 36.78%。出口额 2 920.71 万美元，比上年下降 46.58%。2016 年 1—10 月出口 4916.07t，同比下降 26.62%，预计 2016 年全年出口 6 351.50t，比上年下降 21.93%。出口兔肉主要来自山东、吉林、山西，分别占总出口量的 79.76%、18.88% 和 1.36%；分别占总出口额的 79.60%、18.94% 和 1.40%。

我国兔肉的主要出口目的地为比利时、德国、俄罗斯、捷克和美国，出口量分别占比 43.05%、18.63%、13.83%、9.71% 和 9.58%，合计 97.60%；出口额分别占 39.46%、22.31%、19.09%、8.55% 和 8.13%，合计 97.53%。

据国家质量监督检验检疫总局网站 2016 年 8 月发布，目前全国共有出口兔肉备案企业 13 家，备案养兔场 116 个；其中备案企业山东 8 家，四川、河北、山西、吉林、重庆各 1 家。

2. 兔毛和兔皮　2013 年以来，受"手拔毛"事件的影响，目前已有 70 多个国际服装品牌和公司停止使用中国的安哥拉兔毛，导致近年来我国兔毛出口大幅度下降。2015 年共出口 549.68t，比上年下降 33.85%，2016 年 1—10 月共出口 370.29t，同比下降 10.28%，预计全年出口 507.25t，同比下降 7.72%。兔毛制品（HS 编码 61101920，包括兔毛制针织钩编套头衫、开襟衫、外穿背心等）出口 2016 年也有较大下滑，2015 年共出口 94.67 万件，比上年增长 20.68%，而 2016 年 1—10 月共出口 57.34 万件，同比下降 31.69%，预计全年出口 68.06 万件，同比下降 28.10%。

兔皮贸易则主要是以进口整张兔皮（海关 HS 编码 43018010）为主，同时出口少量未缝制整张兔皮（海关 HS 编码 43021920）。2015 年我国进口整张兔皮 2.65 万 t，但 2016 年 1—10 月进口 1.929 万 t，同比下降 21.39%，预计全年进口 2.13 万 t，下降 19.80%。从出口来看，2015 年我国出口未缝制整张兔皮 34.14t，比上年增长 53.29%，但 2016 年明显下滑，1—10 月共出口 25.4t，同比下降 13.34%，预计全年出口 30.24t，同比下降 11.45%。

总体看，本年度我国兔产品出口全面下滑，这一方面是由于国际经济仍然未很好恢复，需求拉动依然不足。另一方面，也是由于国内市场需求不断得到开拓，弥补了国外需求的疲软。出口的下降被国内需求所替代，从而最终支撑了国内兔业生产的增长。

三、国际兔产业技术研发进展

（一）遗传育种与繁殖

1. 遗传育种　①传统育种技术：Bram Brahmantiyo 研究表明，Hyla、Hycole、Hycolex-NZW、新西兰兔体型较大，獭兔、Satin 兔体型较小，Hycole 和 Satin 兔的遗传距离最大

（4.36），獭兔、Satin 兔的遗传距离与其余 4 个兔品种不同。Areli 等研究指出，在西班牙野生动物自然保护区内，对 zacatuche 兔的管理和保护需要进一步优化。Collins 等研究表明，南非兔群体非常小，根据 IUCN 红色名录标准，应该将南非兔列为"极度濒危物种"。②分子育种技术：L. Liu 研究了獭兔毛囊发育的调控机制。Amoutzias 等在 7 665 个蛋白编码基因的 CDS 区域内检测到 66 185 个多态位点，其中 2 050 个多态位点可能将欧洲野兔与欧洲其他兔品种区分开。Fontanesi 等人对同一组商品兔的 GHR 基因进行测序，总共发现 10 个单核苷酸多态位点（SNPs），其中位于第 3 外显子的 g. 63453192C>G 是一个非同义突变（p. L36V），但该位点在其他哺乳动物上表现出极高的保守性。

2. 繁殖技术　Kulíková B 等对比研究了缓慢冷冻和玻璃化冷冻对家兔原核受精卵肌动蛋白细胞骨架和发育的影响。Marco-Jiménez F 等对比研究了两种胚胎冷冻装置（Crytop 和 CPIL）对玻璃化家兔胚胎体外发育、着床率等的影响。Casares-Crespo L 等研究蛋白酶活性抑制对家兔精液质量参数和人工授精后繁殖表现的影响。Gogol P 研究表明，精液直接添加 GnRH 类似物 10μg 足以起到促排效果。Hozbor F 等研究表明，超高温脱脂牛奶可作为改善家兔子宫内授精良好稀释剂。

（二）营养与饲料

1. 饲料资源开发与利用　Guermah 等研究了啤酒糟和玉米青贮对育肥兔生产中的营养价值分析。Matics 等研究表明，添加 3%亚麻籽油（硒含量高达 0.46g/kg），可改善兔肉功能。Khan 等研究证实，在巴基斯坦当地，家兔饲喂添加 50%苜蓿的饲料就能够达到很好的育肥效果。Alagón 等对小麦、大麦、玉米 3 种来源的可溶性酒糟在生长兔上的营养价值进行了评定。

2. 饲料添加剂开发与应用　Gado 等对饲料中添加复合酶制剂（5kg/t）进行研究。Thanh LP 等研究饲料中单独添加嗜酸乳杆菌或混合添加嗜酸乳杆菌和枯草芽孢杆菌（0.5×10^6 cfu/g）的影响。Celia 等研究发现，在断奶前和断奶后饲喂 300mg/kg 中草药添加剂，对生长肉兔胴体性状和肉品质并没有显著功效。

3. 饲养管理方面　Goliomytis 对妊娠母兔进行限饲研究。ETůmová Z 等对 42~49d 生长兔实行限制饲喂研究。Peric 等研究证实家兔转移养殖场可引起肾上腺轴的活动。

（三）疾病防控

1. 兔病毒性出血症　Fitzner 等对波兰南部和东南部省份的本地家兔开展兔出血症病毒调查。Bárcena 等对传统 RHDV 和 RHDV2 的 VLPs 结构和抗原性进行了分析。Desheng Kong 等研究报道了 RHDV2 单克隆抗体的制备以及表位的鉴定。

2. 兔巴氏杆菌病　Ferreir 等人对分离自狗、猫和兔的巴氏杆菌进行了基因多样性分析，同时进行了抗生素敏感试验，结果显示，对磺胺类、复方新诺明耐药率最高。

3. 兔波氏杆菌病　Xiao 等人研究了 ECMS（800 μg）+oil 佐剂的免疫效果；Register 等人采用地理差异和基因差异的菌株分析，对 122 株波氏杆菌菌株进行分析。

4. 兔寄生虫病　Robinson 等比较了塞拉菌素和伊维菌素对于宠物兔姬螯螨病的治疗效果。Aboelhadid 等研究揭示了柠檬油在体外或体内中灭螨的显著效果。Panigrah 第一次报道 Odisha 地区在兔身上发现了背肛螨。Jing 等对斯氏艾美耳球虫的致病性、超微结构以及其对兔肝脏的功能影响进行了研究。Hassan 等研究提示，PCR 鉴定可作为斯氏艾美耳球虫的早期诊断手段。

（四）兔舍建筑与环境控制技术

Mohammed 等研究了在饲养笼中分别添加苹果树枝和柳树枝供家兔啃咬等福利措施对新西兰肉兔的生产性能、胴体重及行为表现的影响。Stewart 等研究了兔笼高度分别为 38cm 及 46cm 的饲养条件对兔子健康、生长和行为的影响。Cornale 等研究了兔笼尺寸对繁殖巴克兔粪便皮质酮浓度的影响。Dalmau 等研究比较了在四种二氧化碳（CO_2）浓度下兔子的行为、脑电图及生理指标的差异。

（五）加工技术

1. 兔肉加工　Blanco-Lizarazo 等研究了加热温度（76℃和82℃）和乳酸钠的添加量（2%和4%）对兔肉火腿微生物特性的影响。A Dal Bosco 等研究了苜蓿和亚麻芽对兔肉抗氧化性、脂肪氧化和脂肪酸组成的影响。A Dalle Zotte 等研究了基因型、饲养方式和干草添加量对兔肉品质和胴体特性的影响。

2. 兔皮加工　Krishna Priya 等通过基因工程重组绿色荧光蛋白（a green fluorescent protein）开发了新一代皮革绿色染色技术。Embialle Mengistie 等进一步深入研究了超声波在皮革鞣制过程中的应用。

（六）产业经济

Buitrago-Vera 等在消费者问卷调查的基础上，根据消费者的食品消费习惯对西班牙食品市场进行了市场细分。Szendro 分析了消费者对兔肉的产品感知、关注问题以及购买行为。Mahunguane 等研究了不同断奶时间对肯尼亚兔场利润的影响。

四、国内兔产业技术研发进展

（一）遗传育种与繁殖

1. 遗传育种　①传统育种技术：李冰晶等提出一定压力下毛被厚度表征毛被密度的方法。刘晗等利用毛被厚度法和组织学切片法评价了不同日龄獭兔皮毛被的生长变化规律。潘越博等研究了黄色獭兔、德系和法系獭兔 3 品种纯系繁育和杂交组合。杨丽萍等研究了 60d、73d 和 91d 养毛期长毛兔年产毛性能差异。黄冬维等研究了成年皖系长毛兔兔毛生长规律。②分子育种技术：牛晓艳等对不同毛色獭兔（白色和海狸色）的 mRNA 进行高通量测序。毛初阳等研究证实，*Hoxa*4 基因第 2 外显子突变可作为评定苍溪长毛兔产毛量的遗传标记。杨国忠等对 3 个品系共计 167 只塞北兔在 8 个微卫星座位的遗传变异参数进行了分析。赵博昊对獭兔 Tyr 基因外显子 3 中的碱基突变，进行了生物信息学预测比较分析。杨翠君等人研究了 6 品系彩色獭兔 *Mc*1r 和 *agouti* 基因 mRNA 表达量与毛色相关性。

2. 繁殖技术　任永军研究了不同初配月龄对新西兰兔繁殖性能的影响。闫俊英研究了输精深度对獭兔人工授精效果的影响。崔双保试验对比了不同光源对家兔繁殖的影响。李士栋对两个兔场（Galgamacsa 兔场和 Kartal 兔场）分别采用不同加光方式（暖白氙气灯和冷白色的 LED 灯）的哺乳期母兔生产性能做了对比试验。刘勇研究了獭兔体外成熟卵母细胞支持胚胎发育的能力。

（二）营养与饲料

1. 饲料资源开发与利用　焦锋等研究表明，桑叶粉可以完全替代苜蓿而作为生长期肉兔的饲料来源。田刚等发现，玉米芯和菜籽粕混合物替代饲粮中的苜蓿草粉，其用量以不超过 16% 为宜。杨丽萍等发现，添加青蒿粉可明显提高长毛兔产毛量和产毛率。巩耀进等研究证实，张家口杂交谷子可作为家兔的能量饲料。宋中齐等和高淑霞等先后评定了多花黑麦草、大蒜秸在生长肉兔上的营养价值。

2. 饲料添加剂开发与应用　王帅等研究指出，小花棘豆黄酮可降低血脂和自由基含量，提高血清抗氧化酶活性。杨继琼等发现，植物乳杆菌可以提高肉兔的生产性能，提高血清总蛋白、碱性磷酸酶和胆固醇的含量。杨明月在饲料中添加 20mg/kg 的硫酸黏杆菌素在一定程度上促进断奶幼兔脾脏发育并提高机体免疫力。任战军等研究发现，饲粮中性洗涤纤维水平提高对断奶獭兔的肠道健康有利。程光民等研究表明，中性洗涤纤维水平适宜水平为 24%~27%。

3. 营养物质消化代谢及应用　程光民等研究了饲粮中性洗涤纤维对泌乳母兔生产性能、血清生化和生殖激素指标的影响。高玉琪等研究了日粮添加不同水平谷氨酰胺对幼龄獭兔免疫性能及回肠黏蛋白基因表达的影响。李敏研究了饲粮中添加肌醇对生长獭兔毛囊密度的影响。秦枫等研究了日粮添加高碘对獭兔生产性能、器官发育及血清激素的影响。

4. 饲养管理　孙荣海等得出：适合獭兔生长的最佳温度为 15~25℃，兔舍要建在避风朝阳，地势高而且干燥，最好远离人群无污染的地方。刘伯研究了不同饲喂方式对母兔繁殖及后代生长发育的影响。刘伯等研究了不同饲养方式对断奶幼兔健康及生长发育的影响。

（三）疾病防控

1. 兔病毒性出血症　宋艳华等对兔出血症病毒经典毒株和变异毒株的进行了 RT-PCR进行了鉴定。杨泽晓等开展了兔出血症病毒与兔出血症病毒 2 型复合 RT-PCR 检测方法的初步研究。胡波等分离获得一株无血凝性，基因同源性为 G2 毒株的新毒株。王芳等首次报道了 VP60 蛋白的抗原表位与 HBGAs 结合域之间的相关性。

2. 巴氏杆菌病　华瑞其等人综述了多杀性巴氏杆菌 16 个血清型的核心寡糖的化学结构、基因组成及其结构与毒力的关系。

3. 兔寄生虫病　潘丽俊等研究了日粮中添加包膜丁酸钠对家兔球虫病的影响。郭兵等对比了不同抗兔球虫药物与消毒剂对兔球虫卵囊孢子化过程的抑杀效果。李瑞珍等收集了 2010—2014 年间新疆阿拉尔垦区家兔球虫病疑似病例 358 例，通过胆汁虫卵检查法确诊 155 例（155/358）。胡文彦等研究了芬苯达唑粉剂对兔人工感染豆状囊尾蚴的驱虫效果。

（四）兔舍建筑与环境控制技术

周勤飞等研究了不同尺寸兔笼对肉兔屠宰和屠宰后肌肉成熟过程肉质指标的影响。张小丽等评价夏季高温不同热应激状况对肉兔体表温度、直肠温度和呼吸频率等生理指标的影响。卡力比夏提·艾木拉江等探究了温度对家兔离体肠（十二指肠、空肠、回肠）平滑肌运动的影响。鲁国锦对寒冷地区利用日光温室养殖獭兔技术进行了初步研究。

（五）加工与综合技术

1. 兔肉加工　王兆明等研究了真空滚揉腌制对伊拉兔肉品质特性的影响。徐明悦等研究表明，玉米淀粉-壳聚糖可食性膜可有效减缓生鲜兔肉在冷藏过程中的品质劣变。薛山等研究了在冷藏期间不同的加工方式对伊拉兔肉中机内总脂肪含量变化影响。陈嘉琪研究了煎、炸、微波和烤 4 种方式对兔排的油脂氧化和风味的影响。

2. 兔毛加工　张睿开展了毛角蛋白的制备及其在紫外防护保健品中的应用研究。胡必清等针对兔毛针织物在服用过程中的掉毛、起毛起球和缩水 3 个问题进行了研究。张毅等进行菱剑绸面料设计与开发，检测其各项性能指标。

3. 兔皮加工　桐乡市新时代皮草有限公司自主研发的细毛皮节水节能染色技术，工艺节水达 74%，通过循环利用和中水回用，最终实现节水 94%；张宗才等研发了基于少铬-铝结合鞣制兔皮的无甲醛鞣制技术。

（六）产业经济

武拉平等认为，我国兔产业发展的主要问题是小农户与大市场的矛盾。薛山分析了产业的各个环节存在的问题。刘畅指出了目前兔产业中存在的诸多技术问题。谷子林对近年来獭兔及其皮张市场的低迷情况进行了分析。姜文学等分析了毛兔产业存在的问题。李新殿等分析了东北地区兔产业低迷的原因。程延彬等分析了内蒙古呼伦贝尔地区兔产业的发展现状和存在的问题。屈雪等在 11 个产兔大省 453 户养殖户的样本基础上进行了分析。

（兔产业技术体系首席科学家　秦应和　提供）

2016 年度蜂产业技术发展报告

（国家蜂产业技术体系）

一、国际蜂产业生产与贸易概况

（一）生产

全世界蜂蜜生产一直呈现小幅波动上升趋势，估计全球用于蜂业生产的蜂群数量达7000 万群。预计 2015 年蜂蜜产量为 180 万 t，其中亚洲产量占全球产量的 40% 以上，欧洲和美洲各占 20%，非洲占 10%。目前，中国蜂蜜产量占全球产量的 28%，土耳其占5.7%、阿根廷占 4.8%，乌克兰产量占 4.4%。北美洲地区美国和澳大利亚、欧洲地区英国、德国、比利时、意大利、法国、挪威、爱尔兰、以色列、西班牙、瑞士，亚洲地区日本、韩国、土耳其、沙特阿拉伯是蜂蜜的主要消费地区。

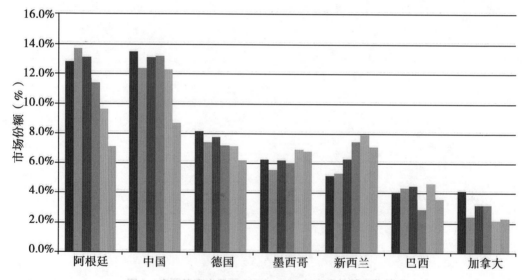

图 1　主要蜂蜜出口国 2010—2015 年市场份额变化情况

资料来源：联合国商品贸易统计数据库（Comtrade）

（二）贸易

世界主要蜂蜜出口国是中国、新西兰和墨西哥；主要蜂蜜进口国是德国、美国、日本和意大利；俄罗斯和土耳其生产的蜂蜜仅能满足本国需求，出口量极少。从全球范围看，新西兰、墨西哥、巴西近 3 年出口额上升速度较快，相比之下，阿根廷和加拿大蜂蜜出口额占比略有减少，中国和德国出口额占世界出口份额比重保持平稳（图 1）。与我国出口市场格局相比，阿根廷、巴西和墨西哥出口市场集中度较高，阿根廷主要出口美国、德国、日本，2013—2015 年，占出口量的 82%~84%；巴西主要出口美国、德国、加拿大、英国，2013—2015 年，占出口量的 87%~90%；墨西哥主要出口德国、美国、英国、比利时，2013—2015 年，占出口量的，73%~83%。

二、国内蜂产业生产与贸易概况

自 2008 年至今，中国蜂蜜生产产量一直保持增产态势。2015 年蜂产品整体生产情况与往年持平。油菜蜜由于近年油菜种植面积减少，加之 4 月南方地区出现倒春寒，导致油菜蜜产量下降；柑橘蜜、荔枝蜜、龙眼蜜生产情况与往年持平；东北地区椴树蜜 2014 年和 2015 年生产情况较好，年总产量约 7 000t，收购价格比 2014 年略涨；洋槐蜜也迎来了丰年，河南、山西、甘肃一线普遍增产；其他蜜种如荆条蜜、山花蜜、枣花蜜等基本保持正常年份平均产量的水平。

中国蜂蜜出口单价长期低于世界出口平均单价，有些年份甚至仅是世界均价的一半。从 2008 年起，这种情况不仅没有好转，反而愈演愈烈。巴西、阿根廷、墨西哥的蜂蜜出口均价均高于我国，新西兰、德国、加拿大蜂蜜出口均价已是我国出口均价的几倍，中国蜂蜜已经被贴上了"全球最廉价"的标签（图 2）。从市场集中度来看，北美市场几乎不再进口中国蜂蜜，相比 10 年前，中国蜂蜜出口集中度大幅下降。在如此低价之下，我国蜂蜜出口额仍占全世界出口额的 13.2%，可见出口量占比之大。目前，我国蜂蜜主要出口日本、比利时、英国，2013、2014、2015 年出口到这 3 国的市场占比分别为 59%、54%、52%，其中日本 20%~25%，比利时 16%~17%，英国 16%~18%。主要进口国为新西兰、澳大利亚、德国。

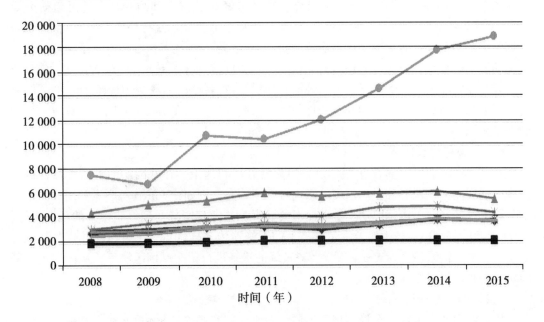

图 2　世界主要蜂蜜出口国单价比较

三、国际蜂产业技术研发进展

国际蜂业研究按照研究领域可以分为蜜蜂生物学、蜜蜂健康、授粉及蜜蜂种群、养蜂技术和产品质量、蜂疗、蜂业经济研究等。

（一）蜜蜂生物学

蜜蜂生物学研究属于基础研究，2016 年，该领域共有文献报道 38 篇，主要研究集中在蜜蜂级型分化、生理生化、饲养管理、学习行为和种群生态。2016 年以来，高通量测序技术被广泛应用，有关文献 10 篇，包括基因组、转录组、蛋白质组、甲基化组以及微生物组，特别是 iTRAQ 技术推动蜜蜂蛋白质组学的相关研究，如中国学者通过蛋白组测序，揭示了意大利蜜蜂咽下腺发育与脂代谢的分子机制；巴西学者通过对发生伸吻反应的工蜂脑部的蛋白质组测序，发现环的、杂环和芳香族化合物代谢被激活，同时氮化化合物也被激活。

蜜蜂遗传学的相关研究报道较少，只有 6 篇，主要瓶颈在于蜜蜂遗传操作技术体系的缺乏和蜜蜂遗传背景的复杂性。德国学者采用 SNP 微阵列技术对具有和不具有清理行为的蜂群进行全基因组水平的扫描，开发出 6 个与清理行为高度相关的 SNP 位点；巴西学者通过对受精卵和未受精卵中成熟卵母细胞和胚胎的 miRNA 和 mRNA 测序，揭示了在胚胎发生的早期阶段会出现单倍体和多倍体的特殊调控因子且母系与受精卵的基因表达谱有重叠；日本学者通过 CRISPR/Cas9 技术对蜜蜂受精卵进行微注射，成功实现了基因编辑，为蜜蜂候选基因的功能研究奠定了基础，具有重要意义和应用前景。

（二）蜜蜂病虫害

相关文献报道较多，主要集中于蜂螨、微孢子虫、囊状幼虫病毒和球囊菌，其中有关蜂螨的报道有 61 篇，涉及病毒传播媒介、蜜蜂对蜂螨的抗性和耐受性、转录组研究及 RNAi 治疗等；有关微孢子虫的报道有 36 篇，涉及遗传变异、流行病学、病原-宿主互作及烟曲霉素防治等；有关囊状幼虫病毒的报道有 13 篇，涉及毒株鉴定、分子检测、基因组及动力学研究等；有关球囊菌的研究较少，相关报道只有 2 篇，韩国学者比较了肉豆蔻木酚素和咪康唑的抗球囊菌功效，发现前者的抗真菌谱较窄，但没有细胞毒性，二者结合使用可更有效地克服细胞毒性和抗药性的产生，进一步证明了 *HOG*1 基因是肉豆蔻木酚素的分子靶标。

（三）蜜蜂种群研究

2016 年仍然使用了许多生物学研究的前沿方法和理论，在基因层面上对蜜蜂种群的健康、抗病能力、群势和生产强度的影响进行了研究，例如，Wilfert 等学者利用分子生物学手段发现蜂螨侵染蜜蜂以后产生的变形翼病毒，并考察蜜蜂受到蜂螨侵染的程度指标；Techer 等利用 mtRNA 技术对塞舌尔群岛上的蜜蜂遗传多样性进行了分析，并且对其进行了遗传表型和谱系研究。Wragg 等学者对蜜蜂的雄蜂进行了全基因组测序，从而发现了基因对蜂王浆分泌机制的控制。

（四）蜂产品研究

研究内容非常丰富，在蜂蜜相关问题上的研究就有超过 1 800 篇文章，其中，蜂产品的溯源分析依然是研究的热点。利用色谱、同位素等单一方法或者相互结合的方法，可以更有效地对不同蜜源植物的蜂蜜进行区分，这也是研究的热点。在蜂产品的活性研究方面也更加深入，采用实验数据和理论计算相结合的方法，可以从根本上解释蜂产品中不同的活性成分，如不同的黄酮类、酚酸等抗氧化活性的差异。还有，蜂产品在治疗疾病方面，对糖尿病、高血压、炎症等慢性病治疗机理的研究也在不断深入中。有学者用蜂胶对小鼠的炎症反应进行研究，发现蜂胶提取物对小鼠的炎症反应具有抑制作用。另外，还有一部分的研究集中在蜂产品中的药物残留分析，包括对新的农药残留、新的分离方法，或者多种方法相结合用于多种药物混合残留的提取和分析，这也是最近几年蜂产品领域的研究热点。

四、国内蜂产业技术研发进展

（一）蜜蜂生物学

2016 年，蜜蜂生物学基础性研究方面的研究内容丰富，文章质量高。各类文章有 50 篇，其关注重点、研究方法与国际研究类似。代表性的有：王浆主蛋白 *MRJP7* 基因在意大利蜜蜂体内的表达；多样性熊蜂物种中再现两种特定肠道微生物生态型；利用 CODEHOP 克隆意蜂 *Hsp*90 基因及生物信息分析中华蜜蜂嗅觉受体 *AcerOrco* 的表达及定位分析，中华蜜蜂种群微卫星 DNA 遗传分析等。还有，中国计量学院生命科学学院的研究人员通过筛选，预测中蜂的一个气味结合蛋白 *AcerOBP*10 很可能是一个新的信息素结合蛋白；江西农业大学的研究人员发现，β–罗勒烯是蜜蜂幼虫饥饿信息素。

（二）蜜蜂遗传育种

2016 年发表的各类文章 36 篇，文章总体的质量不高，主要是一线生产者的工作经验或总结，这是因为蜜蜂遗传和育种主要瓶颈至今没有完全解决。2016 年最大的亮点是，中国农业科学院蜜蜂研究所研究团队培育的"中蜜一号"蜜蜂配套系通过了国家畜禽遗传资源委员会审定。

（三）蜜蜂饲养管理

2016 年共发表各类文章 209 篇，和以往一样，主要是养蜂生产一线从业人员的工作经验总结。学者的研究主要是对温度、环境、饲料营养和配方等方面对蜜蜂的影响进行进一步探究。甘肃省养蜂研究所选用标准蜂箱、原始蜂箱和生态蜂箱 3 种类型蜂箱在当地主要流蜜期进行中蜂蜂蜜生产试验，得出标准蜂箱年产蜜量最高等结论。黑龙江省蚕蜂技术指导总站的研究人员指出：这些年，部分地区大气污染日趋严重，已经危及到蜜蜂生命，蜂群开始出现爬蜂现象，导致蜂群群势弱小。

（四）蜜蜂保护

共发表各类文章 67 篇，涉及蜜蜂所有主要的病虫敌害。很多学者继续利用 PCR 等技术对蜜蜂和熊蜂各类感染性疾病进行诊断技术的研究。《中国蜂业》杂志报道，美国北卡罗来纳州立大学研究人员指出：野生蜜蜂一些免疫基因的表达水平几乎是饲养蜜蜂的 2 倍，这一发现表明，对野生蜜蜂蜂群的进一步研究已成为必要，也可能为研究人员提供改善蜜蜂饲养管理方式的研究思路。还有来自检验检疫系统的研究人员指出，随着蜂产品进口量的大幅增长，蜜蜂类疫病传入国内的风险也逐步增大。另外，环介导等温扩增（LAMP）技术检测蜜蜂主要真菌病的研究取得进展，可以应用于蜜蜂主要真菌病的临床快速检测。

（五）蜂产品

共发表各类文章 90 篇，其中研究蜂胶 8 篇、蜂王浆 8 篇，蜂花粉 4 篇，新的研究方法和内容不多，主要是浙江大学的研究人员对 2015 年国际上对蜂胶和蜂王浆的研究新进展进行全面阐述。有关蜂蜜的文献较多，且主要在蜂蜜品种种类的辨别、蜂蜜的真实性检验、农兽药残留、重金属残留、样品前处理的新方法等研究上。从中国农业科学院蜜蜂研究所和上海应用技术学院的学者所阐述的国外的研究进展看，国内研究的热点、方法、仪器与国外几乎同步。另外，中国食品土畜进出口商会还介绍了欧盟开始从蜂蜜中糖标记物的植物来源和地理来源来严格控制蜂蜜掺假等欺诈行为。

（六）蜜源植物和蜜蜂授粉

共发表各类文章90篇，主要集中在各种蜜蜂对果树、蔬菜等的授粉效果研究，还有学者对当地蜜粉源植物调查情况的报告。

蜂业经济领域的研究与蜂业自然科学研究结合的更加紧密，给研究者根据蜂业特征开展经济研究提出了更高的要求。例如农药对蜜蜂生态安全的评估，蜜蜂引种、供种机制和市场建设，种植与养蜂综合经营的案例研究和探讨，蜜源植物适应蜂业发展的布局等，都是前些年鲜有涉及的领域，蜂业经济研究为蜂业产业的高效、健康发展提供了更加广阔的思路。

截至2016年12月8日，通过国家知识产权局综合服务平台的数据检索，按各项专利的公开日统计结果，与蜜蜂、蜂蜜相关的各项专利超过600件。

（蜂产业技术体系首席科学家　吴杰　提供）

2016 年度大宗淡水鱼产业技术发展报告

（国家大宗淡水鱼产业技术体系）

一、国际大宗淡水鱼类生产与贸易概况

（一）生产

据联合国粮农组织最新统计，2014 年世界淡水养殖产量为 4 627.75 万 t，产值 889.01 亿美元。其中，淡水鱼养殖产量 4 150.05 万 t，产值为 659.94 亿美元；鲤科鱼类养殖产量为 2 817.39 万 t，产值 407.29 亿美元，分别占世界淡水养殖水平的 67.89% 和 61.72%。其中，大宗淡水鱼（青、草、鲢、鳙、鲤、鲫、鳊鱼）的养殖产量为 2 202.85 万 t，产值 293.83 亿美元，分别占世界淡水鱼养殖水平的 53.08% 和 44.52%，占世界鲤科鱼养殖水平的 78.19% 和 72.14%。在大宗淡水鱼类中，草鱼的养殖产量最高，为 553.78 万 t，鲢鱼的养殖产量其次，达到 496.77 万 t，再次是鲤鱼和鳙鱼，分别为 415.91 万 t 和 325.31 万 t，鲫鱼产量为 277.02 万 t，鳊鱼和青鱼产量分别为 78.30 万 t 和 55.75 万 t。2014 年，我国大宗淡水鱼的养殖产量为 2 008.64 万 t，占世界大宗淡水鱼养殖产量的 91.18%。

（二）贸易

在世界水产品贸易中，大宗淡水鱼等鲤科鱼类的进出口相对较少，而中国是贸易量较大的国家之一。据联合国商品贸易统计数据库统计，2015 年世界鲤科鱼类进出口总量为 13.52 万 t，出口量为 6.09 万 t，进口量为 7.43 万 t，贸易额为 37 604.88 万美元，出口额为 18 264.63 万美元，进口额为 19 340.25 万美元。根据出口额排名，前 5 位的出口国分别是中国、捷克、匈牙利、克罗地亚、埃及，出口额分别为 14 466.76 万美元、2 177.09 万美元、555.97 万美元、344.45 万美元和 194.71 万美元。根据进口额排名，前 5 位的进口国和地区分别是中国香港、中国澳门、韩国、德国和波兰，进口额分别为 15 618.57 万美元、811.85 万美元、609.33 万美元、520.27 万美元和 258.77 万美元。

二、国内大宗淡水鱼生产与贸易概况

（一）生产

据 2016 年《中国渔业统计年鉴》，2015 年我国大宗淡水鱼养殖产量达 2 105.35 万 t，比 2014 年增长 4.81%，增速低于上年约 2 个百分点，大宗淡水鱼类养殖产量占淡水养殖总产量的 68.75%。我国淡水养殖以鱼类为主，2015 年淡水鱼类养殖产量 2 715.01 万 t，占淡水养殖产量的 88.66%。淡水养殖鱼类中，大宗淡水鱼类仍然是养殖的主要品种，占淡水鱼类养殖产量的 77.54%，与上年基本持平。淡水养殖鱼类中，草、鲢、鲤、鳙、鲫鱼的产量均在 290 万 t 以上。其中，草鱼的产量最大，为 567.62 万 t，鲢鱼其次，为 435.46 万 t，鳙鱼与鲤鱼产量分别为 335.94 万 t 和 335.80 万 t，鲫鱼产量为 291.23 万 t，鳊鱼和青鱼产量分别为 79.68 万 t 和 59.61 万 t。

（二）贸易

1. 价格　据对中国农业信息网监测品种数据统计，2016 年 1—11 月我国大宗淡水鱼品种价格平均价为 11.81 元/kg，同比涨 1.63%，成交总量 102.85 万 t，同比减 13.75%。从月度变化来看，大宗淡水鱼价格 1、2 月价格剧烈波动，3—7 月价格连续上涨，8 月份后开始持续季节性下跌。大宗淡水鱼价格总体高于 2014 和 2015 年水平。

2. 鲤科鱼类出口方面　据海关统计，2016 年 1—10 月我国鲤科鱼类出口量 39 597.09t，出口额 13 706.59 万美元，同比分别降低 9.9% 和 10.3%。①从出口类别看，其他活鲤科鱼鱼苗除外，其他活鲤科鱼，鲜、冷鲤科鱼，冻鲤科鱼，鲜、冷鲤科鱼片和鲤科鱼苗的出口量分别为 29 069.77t、9 505.38t、15.16t、64.26t、939.57t 和 2.94t，出口额分别为 9 973.40 万美元、3 333.36 万美元、0.80 万美元、36.63 万美元、362.06 万美元和 0.35 万美元。②从国内鲤科鱼类的出口流向来看，中国香港是最大的出口市场，2016 年 1—10 月，输港产品占鲤科鱼类出口总量的 86.0%，其次是韩国和中国澳门。2016 年 1—10 月，对香港、韩国和中国澳门的出口量分别为 34 046.18t、2 875.2t 和 2 407.07t，出口额分别为 11 937.17 万美元、820.30 万美元和 848.62 万美元。其中，对中国香港的出口量和出口额同比下降 10.3% 和 10.15%；对韩国的出口量和出口额同比下降 9.3% 和 14.7%；对中国澳门的出口量和出口额同比下降 9.0% 和 12.0%。③主要出口来源省份为广东、湖南、辽宁、江苏、山东、天津、广西等省（市、区），1—10 月出口量依次是 31 927.55t、1 129.62t、971.80t、688.50t、490t、425.65t 和 202.96t，出口额依次是 11 212.62 万美元、423.35 万美元、295.90 万美元、214.27 万美元、102.84 万美元、127.75 万美元和 63.88 万美元。

三、国际大宗淡水鱼类产业技术研发进展

（一）育种与繁育技术

美国 Erickson 等 2016 年采用环境 DNA 分析了鳙在天然水体的迁移和产卵行为。伊朗 Bernath 等采用程序降温仪对鲤精子超低温冷冻保存技术进行了改良研究。在抗病辅助育种方面，2016 年主要集中在免疫相关基因克隆和多态性挖掘方面，挪威 Moen 等在之前已经发现的大西洋鲑抗传染性胰坏死病毒（IPNV）显著性 QTL 位点的基础上，进一步结合大西洋鲑全基因组序列，确定了此 QTL 位点在上皮钙黏蛋白基因上，免疫共沉淀法也显示，上皮钙黏蛋白能结合在 IPNV 病毒粒子上。在鲤体色方面，进行了白色和红色两种肤色基因差异表达的研究。在抗寒方面，进行了转录组水平抗寒相关基因的鉴定。

（二）养殖与工程设施技术

发达国家更加重视养殖业的可持续发展，重视环境友好型的养殖方式和养殖设备的研发与应用。由于淡水资源匮乏，以色列建造了许多卫星水池，卫星水池是指在较大的水库周围建造的由若干个圆形或多边形小型水池构成的开放式养殖系统，通过泵水方式形成水库和水池间的给、排水循环。这一养殖方式的主要特点是养殖过程耗水量较低，水资源利用较充分，而且由于每个卫星水池的大小适宜，方便管理。在循环水养殖方面，美国推出循环水养殖固体废物去除系统。该系统是经高度优化的双排水废物收集系统 Eco-Trap，可高效去除循环水养殖系统（RAS）中的可沉降固体废物（如未食用饲料和粪便）。

（三）病害防控技术

国际上关于大宗淡水鱼病害防控的研究主要集中在中国。在病毒病方面，围绕草鱼出

血病、鲤疱疹病毒病、鲫造血器官坏死症（CyHV-2）以及鲤春病毒血症，开展了免疫应答机理、流行病学、诊断与防治等方面的研究，如草鱼出血病的疫苗免疫和抗病毒药物筛选，鲤春病毒的鱼体相关免疫应答的信号通路，锦鲤疱疹病毒的诊断，CyHV-2 的病原分离鉴定、预防及病理变化。在细菌病方面，抗生素环境污染、抗生素残留、病菌耐药性和食品安全等问题日益受到关注，高效、环保、安全的细菌病防控新技术成为研究方向。寄生虫的传播规律及其流行病学、寄生虫对杀虫剂的抗药性在较长时间内都是研究重点。微生态制剂、中草药免疫促进剂和环境改良剂的产量及推广力度持续加强，反映了健康养殖是有效防控病害的大趋势。

（四）饲料营养与投喂技术

国外对大宗淡水鱼的研究较少。

1. 在鲤的饲料方面　有用蚯蚓粉作为鲤饲料的替代蛋白源，投喂陆生油脂后用鱼油饲料强化效果，不同脂肪源对锦鲤生长、鱼体成分、脂肪酸组成的影响，鲤对不同浓度饲料亚麻籽油的反应及芝麻素对幼鲤白肌脂肪组成的影响等。

2. 在毒理方面　研究了饲料玉米烯酮、T-2 毒素对鲤的影响及长期食物铜、铅暴露与鱼体积累。

3. 在免疫反应方面　研究菊粉、香薄荷、洋葱头对幼鲤肠道微生物、免疫反应和血液生化指标的影响、饲料糙独活（*Heracleum persicum*）对鲤的皮肤黏液和血清的影响、饲料阿魏（*Ferula assafoetida*）对鲤的黏液免疫、抗氧化、生长相关基因和非特异性免疫的转录组研究。国外有对饲料叶酸对团头鲂幼鱼生长、消化酶活性、免疫反应、抗氧化酶活性影响的研究。

（五）加工技术

1. 贮藏保鲜　研究了活性包装、真空包装以及应用苦味陈皮和 BHT 对冷藏鱼肉保鲜效果的影响；应用 FT-IR 和 FT-Raman 技术研究了白鲢肌肉在贮藏过程中蛋白质二级结构及脂质氧化等品质变化规律。

2. 加工技术　应用海水鱼糜和淡水鱼糜复合或超声波辅助添加植物提取物来调控鱼糜凝胶强度；研究了原料鱼新鲜程度对油炸后鱼肉脂肪酸含量和成分构成的影响。

3. 副产物综合利用技术　研究了鱼皮酶解产物和白鲢不同部位蛋白质酶水解产物的 ACE 活性和抗氧化活性，并从中分离到一种具有较强 ACE 抑制活性的小肽；研究了鱼类明胶的塑化特性和抗氧化特性；从白鲢肌浆蛋白中分离纯化出一种蛋白酶抑制剂并研究了其氨基酸序列和特性；优化了 pH-shift 法回收加工副产物中蛋白质的工艺。

四、国内大宗淡水鱼类产业技术研发进展

（一）育种与繁育技术

开展了鲢、鳙比较转录组研究，采用微卫星标记构建了鳙遗传连锁图谱，并对生长性状相关基因进行了 QTL 定位，确定出 3 个与鳙生长性状相关候选基因。对青鱼、草鱼免疫相关基因进行了克隆和表达研究。鉴定了 7 个与草鱼生长性状显著相关的 SNPs、1 个与草鱼肌肉成分显著相关的 SNPs。根据瘦素和瘦素受体基因家族的序列设计引物，筛选得到 3 个与鲢生长性状相关的分子标记。筛选到 4 个与鲤抗病性状相关标记。开展了团头鲂低氧相关 SNP 标记的筛选和开发，筛选到 5 个多态性 SNP 位点。在新品种选育方面，2016 年培育出新品种 2 个，即长丰鲫和团头鲂"华海 1 号"，镜鲤抗病育种研究取得明显进展，经抗病感染试验，经 3 代选育的镜鲤成活率比对照组提高了 35.1%，创建异育银鲫"中科 3 号"四倍体新品系 1 个。

（二）养殖与工程设施技术

全国渔业科技工作按照"自主创新、加速转化、突破瓶颈、提升产业、率先跨越"的发展方针，加快关键技术突破、技术系统集成和科技成果转化，促进渔业发展方式转变。

1. 可持续发展方面　平湖市渔业技术推广与海洋资源服务中心积极探索，敢于创新，低碳高效池塘循环流水养殖技术的引入就是平湖市乃至全嘉兴市的首次尝试，该技术将传统池塘的开放分散式养殖转变为循环水圈养式养殖，通过改造的跑道，集养殖、集污、排污等多种功效，将水产养殖产生的含氮废物集中并排出池塘，实现了优异的水质管理和零排放的水产养殖模式。

2. 在信息技术方面　江苏省吴江申航生态池塘智能化生态养殖基地的水产养殖物联网系统正式投运，该系统利用"互联网+池塘循环水养殖技术"新方式，把传统水产养殖转变成数据养殖，实现了自动投饵、增氧、吸污等功能，大大减轻了劳动力成本，提高了生产效率，实现了水产养殖效益的最大化。

（三）病害防控技术

开展了鲫鱼疱疹病毒病、草鱼出血病、锦鲤疱疹病毒病、细菌性败血症等的流行病学调查、分子诊断技术、药物防治和疫苗研发。发现 2 种佐剂能显著提高气单胞菌灭活疫苗的免疫效果，筛选出 4 种中草药对鲤疱疹病毒 II 有较好防治效果，筛选鉴定一批锦鲤疱疹病毒免疫原性蛋白，利用微载体技术研究了病毒灭活疫苗的规模化生产工艺。采用蛋白质组学方法分析大黄素对嗜水气单胞菌抑菌和杀菌的分子机制。在寄生虫诊断方面开展了分子诊断和形态学诊断研究，在防控方面除了流行病学调查，开展了无抗防治研究，如消毒剂和中草药。在渔药研究方面，开展了抗生素的抗药性研究和常用杀虫剂的代谢和检测研究。

（四）饲料营养与投喂技术

草鱼研究较多，其次是鲤鲫鱼等，营养需求不仅有幼鱼的数据，在鱼种方面有所增加。饲料配方方面包括不同蛋白源的比较、新型饲料蛋白源、蛋白/能量比、蛋白/糖比；添加剂的范围较广，如多糖、水飞蓟素、姜黄素、中草药制剂、牡丹花粉、胆汁酸、植酸酶、茶多酚、蛋白酶、牛磺酸、壳聚糖、芽孢杆菌及营养素添加剂如赖氨酸、蛋氨酸、维生素 B_2、锌、胆碱等；抗病方面，更多侧重营养素对增强免疫力和抗病性的影响，包括豆粕诱导肠炎、消化道结构和功能、抗氧化能力、抗应激能力等；投喂技术方面包括投喂频率、投喂率、生长模型等及对鱼类形态特征的影响及营养物利用。从微观方面探讨其营养代谢及调控机制，包括基因调控、代谢通路、转录组、代谢组等。

（五）加工技术

1. 贮藏保鲜　研究了草鱼冰藏中肌原纤维蛋白解聚过程及肌间线蛋白的降解规律，进一步揭示了冷鲜鱼肉品质变化机制；明确了不同宰杀方式对冷藏鲢鱼主要风味物质和鱼肉品质的影响，确定了鳙、鲫鱼贮藏过程中品质劣变的优势微生物以及不同热处理鲢鱼肉贮藏过程品质劣变的优势微生物；研究了低温、涂膜等保鲜技术对淡水鱼贮藏过程中品质和保藏性的影响，开发了一种基于壳聚糖复合涂膜的抗氧抑菌保鲜技术。

2. 加工技术与产品开发　确定了不同品种淡水鱼类生物发酵工艺及品质差异，进一步研究了微生物发酵在鱼肉蛋白、脂质变化中的作用及对鱼肉风味、营养品质的影响；开展了脱水、加热处理、鱼糜凝胶质构调控以及生物酶解等技术对产品品质和保藏性的影响研究，开发了鱼肉脯、休闲鱼糜制品、鱼肉蛋白肽等系列产品。

3. 副产物综合利用 开展了鱼油提取及微胶囊包埋技术研究，开发了鱼油乳片营养食品；研究了纳米化鱼骨的物化特性；以草鱼皮为对象，开发了胶原基功能性生物医用水凝胶。

（大宗淡水鱼产业技术体系首席科学家　戈贤平　提供）

2016 年度虾产业技术发展报告

（国家虾产业技术体系）

一、国际对虾生产与贸易

（一）生产

据全球水产养殖联盟预测，2016 年养殖对虾产量约 400 万 t，较 2015 年增长约 4%。其中主要养殖国家中，中国（大陆）对虾养殖产量约 136 万 t，同比增长约 6%，对虾养殖产值达到 630 亿元，同比增长约 5%；泰国养殖产量约 30 万 t，较 2015 年增产 10%；厄瓜多尔 33 万 t，与 2015 年相比增长 3%。

（二）贸易

1. 出口 对虾主要出口国是越南、厄瓜多尔、印度、印度尼西亚、泰国等。据越南水产加工与出口协会预计，2016 年越南虾类出口将达 31 亿美元，同比增长 3.3%，出口中国增幅达 30.3%，出口欧盟及韩国增幅分别为 6.9%、12.3%。据泰国虾协会预计，2016 年泰国对虾出口额较往年提高 10% 以上，超过 25 亿美元。据中国水产流通与加工协会预计，2016 年中国出口对虾加工产品 16 万 t，出口额约为 19 亿美元，预计全年出口量和出口额较 2015 年有较大幅度增长。

2. 进口 国际上主要的对虾进口国是中国、美国等国家和地区。2016 年，中国、美国等仍是全球对虾主要消费和贸易市场。2016 年我国消费对虾约 160 万 t，进口对虾约 40 万 t；2016 年前 10 个月，美国进口对虾约 48.7 万 t，同比增长 4%。

二、国内虾生产与贸易概况

（一）生产

对虾是我国海水养殖产业中重要的养殖种类，2016 年全国对虾养殖产量约 136 万 t，同比增长约 6%，对虾养殖产值达到 630 亿元，同比增长约 5%；我国主要养殖凡纳滨对虾、中国明对虾、斑节对虾、日本囊对虾、凡纳滨对虾仍是目前最主要的养殖品种，养殖产量占我国对虾养殖产量 91%。

（二）贸易

据中国水产流通与加工协会预测，2016 年我国出口虾产品预计约 16 万 t，出口额约为 19 亿美元，受国际价格影响，预计全年出口量和出口额较 2015 年有较大幅度增长，出口量连续 4 年下滑后首次增长。国内主要对虾贸易省为广东、福建、浙江等地。

三、国际虾产业技术研发进展

（一）遗传育种研究

在 NCBI PUBMED 中心收录的与对虾育种及功能基因研究有关的论文有 150 篇，总量较上年有大幅提高。Claudia Ventura-López 等对南美白对虾卵巢和眼柄进行了转录组学分析和表达图谱研究，并由此推断了与繁殖过程有关的基因。Arun Buaklin 等研究了斑节对虾卵巢发育中邻苯二酚甲基转移酶的表达及其 SNP 与繁殖相关参数的联系，结果表明，PmCOMT 在成体野生型斑节对虾卵巢发育过程中无差别表达。眼柄切除引起 *PmCOMT* 在 2 期和 4 期乃至 1 期表达上调，发现了两个 SNP 基因型，在卵巢重量和性腺指数上表型差异显著。Sui 等估计了选育 5 代的中国对虾收获体重的遗传力为 0.18，5 代选育之后的累积实现反应是 18.6%。

（二）病害控制研究

泰国研究人员 Rattanarojpong 等利用杆状病毒重组表达系统构建了针对白斑综合征病毒（WSSV）rr2 基因的双链 RNA 表达系统，注射对虾后明显降低了 WSSV 引起的死亡率（64% 降至 33%）；墨西哥研究人员 Sánchez-Ortiz 等用添加 3 种芽孢杆菌的益生菌饵料投喂对虾，明显激活免疫相关基因表达，降低了 WSSV 和 IHHNV 的感染情况，并具有提高生长率的功能；泰国研究人员 Jaroenlak 等开发了一种基于巢式 PCR 的肠胞虫检测方法，该方法针对肠胞虫 *SWP* 基因设计巢式 PCR 引物，具有显著的特异性和灵敏性；墨西哥研究人员 Trejo-Flores 等发现投喂添加费拉芦荟叶粉的饲料可明显提高 WSSV 和副溶血弧菌感染对虾的存活率。

（三）健康养殖与饲料研究

对虾养殖研究方面，2016 年 Web of Science 中收录论文有 279 篇，其中关于凡纳滨对虾的 145 篇，斑节对虾 82 篇，主要涉及有疾病防控、环境调控、营养免疫以及技术模式等。营养与饲料方面，收录对虾营养相关论文 113 篇，其中包括饲料原料开发及利用研究、益生菌、有机酸等饲料营养免疫与健康等研究内容。设施化养殖研究收录论文 45 篇，焦点集中在基于生物絮团技术的工厂化系统，包括 BFT 在对虾育苗中的应用效果和生物絮团过滤器等。

Brito 等研究发现，葡萄球菌、沙门氏菌、弧菌等在生物絮团养虾系统水体中较少，并可有效控制。Krummenauer 等研究提出，在生物絮团养殖系统水深从 1.2m 降低到 0.4m 对水质无显著影响，单位水体的产量为 8.45kg/m³（水深 0.4m）、4.83kg/m³（水深 0.8m）、2.88kg/m³（水深 1.2 m），可见降低水深可增加产量且减少了用水量。Mehrdad 等研究了固定化纳米银填料在虾苗生产系统中的杀菌效果，0.5 L/min 流速条件下，滤器 12h 灭活了全部致病菌，改善了虾苗的成活率和生长。

Sánchez 等建立了混养真江蓠的凡纳滨对虾循环水养殖系统的氮收支动态模拟系统，可用于估算养殖过程中氨氮、亚硝氮和硝酸盐氮的浓度。Ahmad 等监测了红树林区斑节对虾养殖池塘的生产和环境变化情况，认为红树林有助于移除池塘中高达 70% 的硝态氮和铵态氮，并能提供生物活性物质。

（四）对虾加工研究

根据 ISI Web of Knowledge 数据库检索，2016 年共检索到虾加工学术论文 372 篇，会议论文 12 篇；虾保鲜学术论文 42 篇。内容主要有：①不同处理方式在虾加工中的应用，主要有真空烹调、欧姆加热、超高压处理，其中超高压处理是研究的热点。②虾产品的保鲜和新鲜度评价，其中电子鼻在虾新鲜度评价中的应用是亮点。③虾的副产物的利用，主要是利用不同的蛋白酶辅助提取甲壳素。④对虾加工的基础研究，研究蛋白酶、多酚氧化酶的失活和蛋白质的热变性规律。

四、国内虾产业技术研发进展

（一）遗传育种

刘均辉等估计零换水工厂化养殖模式下凡纳滨对虾生长和存活性状遗传参数，结果显示，收获体质量和体长的遗传力分别为 0.49±0.08 和 0.43±0.07，存活的遗传力为 0.11±0.03，收获体质量与收获体长的遗传相关系数为 0.98±0.01，收获体质量和体长与存活的遗传相关系数分别为 0.31±0.15 和 0.34±0.15。对于体质量和存活性状，零换水和大换水量养殖模式间的遗传相关系数分别为 0.62±0.11 和 0.65±0.11，认为凡纳滨对虾在零换水养殖模式下存在较高的遗传变异。

进行了中国对虾耐高 pH 性状的群体选育工作，育种核心群耐高 pH 能力提高 10% 以上。采用人工受精技术建立家系 108 个，进行配套系的筛选工作，初步筛选出性状优良组合 5 个；通过对中国对虾 pH 胁迫下转录组及蛋白组学的关联分析，筛选出 107 条与转录组关联性强的差异蛋白，其中上调表达的 66 条，下调表达的 41 条。

研究了切除单侧眼柄对斑节对虾卵巢发育和产卵量的影响，发现切除单侧眼柄能够诱导斑节对虾卵巢发育成熟，其成功率与雌虾体重显著相关，建议用体重 80g 以上的斑节对虾雌虾作为亲虾。

继续进行了日本囊对虾"闽海 1 号"群体继续选育，与未经选育的保种群体相比，体重提高 9.84%。同时也开展了华南群体的群体选育，经过 3 代选育，目前生长速度（体重）与未经选育的群体相比，提高了 13.04% 以上，为开展杂交制种提供了重要的育种材料。

（二）病害控制

Zhang 等研究了副溶血弧菌和 WSSV 混合感染对虾，发现低剂量弧菌感染后菌数随时间降低，而共感染 WSSV 的对虾体内弧菌的数量随感染时间显著增加；Liu 等发现两株对虾类具有明显致病性的发光杆菌属细菌；Chai 等调研了上海周边养殖南美白对虾传染性皮下及造血组织坏死病毒（IHHNV）的流行病情况，发现 83.5% 的检测样品呈阳性，且 IHHNV 感染与水温、盐度和 pH 等因素成中度相关性；Zhang 等发现一种含有 immunoglobulin-like domain 的 C 型凝集素，该凝集素可通过提高血细胞的吞噬活性对病原菌进行清除；Chen 等通过细胞因子抗体芯片筛选出 3 种对虾体内响应 WSSV 感染的细胞因子 *Fas*、*PF4* 和 *IL-22*，其中 *PF4* 可通过提高血细胞吞噬活性和抑制血细胞凋亡发挥抗病毒作用；何建国等养殖结果跟踪表明，凡纳滨对虾肝胰腺细菌总数低于 10^6 cfu/g，弧菌数量低于 10^4 cfu/g，水体细菌数量高于 10^6 cfu/mL，弧菌数量低于 10^3 cfu/mL 可获得较理想的养殖效果。氨氮是凡纳滨对虾池塘封闭养殖模式中期和晚期的限制性因子，且在养殖中期受气候等因子影响波动大，表现出剧烈的震荡特征，成为养殖环境容纳量主要限制因子；亚硝氮是养殖中晚期尤其是晚期的限制性因子。

（三）健康养殖与饲料

2016 年 CNKI 收录相关论文 61 篇，主要涉及有环境调控、疾病防控、营养饲料以及技术模式等研究。国家知识产权局中公布相关专利 88 条，其中发明授权有 9 条，涉及养殖方法、微生物净水、饵料生物培养等，实用新型 34 条，涉及养殖系统设施装置等。

开展了以"养殖池塘有害蓝藻和甲藻的防控技术"为核心的凡纳滨对虾无公害健康养殖应用研究，实施了养殖水环境综合调控和限量水交换，运用池塘有害蓝藻和甲藻防控技术。结果显示，试验池水质清爽，藻相优良，呈绿色或黄绿色，对照池水体呈暗绿色，试验池单产比对照池提高 18%以上。

生物絮团对虾高密度零换水养殖技术方面，以"对虾集约化养殖水体功能菌群定向培育与水质原位调控技术"为基础，通过平衡水体营养、定向调控菌群功能、控制气水动力和水质动态管理，达到全程不换水。结果显示，养殖对虾活力良好，平均体重 13.92g/尾，单产 6.57kg/m^3。

以稳定同位素结合高通量测序技术研究了多种对虾多营养层次生态养殖池塘样品，发现虾池中普遍存在变形菌门，且混养贝类能够明显降低异养微生物数量，TOC 利用率提高约 5%。

研究了对虾常用饲料原料的消化吸收率，结果发现，生长方面虾粉组增重率显著高于其他组（$P<0.05$），面粉组最低；各组之间成活率没有显著性差异（$P>0.05$），啤酒酵母和发酵豆粕的饵料系数显著高于其他组。去皮豆粕和花生麸相对于其他植物蛋白源更易被凡纳滨对虾有效利用，粗蛋白表观消化率接近于虾粉组和秘鲁直火鱼粉组。

（四）对虾加工

根据中国期刊网（CNKI）数据库检索，以虾/加工为主题词，2016 年检索到学术论文 58 篇，学位论文 10 篇，申请专利 100 件；以虾/保鲜为主题词，2016 年检索到学术论文 9 篇，学位论文 2 篇，申请专利 20 件，主要有以下 5 个方面：①基础研究方面，研究虾蛋白的热变性，虾内源酶等作用机理。②虾保鲜方面，主要是开发新型虾保鲜剂。③加工方面，研究烘干工艺，高密度 CO_2 加工、超高压加工以及虾产品的开发。④加工机械方面，设计提高对虾加工过程自动化的设备。⑤下脚料综合利用方面，生产虾酱调味料，提取蛋白质、活性多肽、甲壳素等。

（五）产业经济

对虾决策与预测系统及产业政策分析：①累计建立 362 个监测点，其中对虾生产要素变化评估方面，累计建立 282 个监测点。定期收集重要生产要素如虾苗，饲料等的动态数据，评估生产要素对产业的影响，指导产业发展政策制定等。②对虾消费市场的研究，通过水产批发商和水产品消费者两个维度综合考察对虾销售与消费的变化关系，线上收集到全国 24 个地区消费市场信息。③建立对虾产业经济分析系统（包括价格和产量预测、预警系统）和中国虾产业经济信息网；建立对虾产业经济分析系统采用多种预测方法和模型，并考虑供需、心理预期、自然环境及灾害等各种因素的预测模型，研究价格指数与产量指数的关系，对我国对虾产业给出指导性预报；对虾产业经济信息网进行应用升级和推广，建立客户端系统方便监测数据收集及信息推广。

（虾产业技术体系首席科学家　何建国　提供）

2016 年度贝类产业技术发展报告

（国家贝类产业技术体系）

一、国际贝类生产与贸易概况

（一）生产

粮农组织最新统计数字显示，2014 年全球贝类总产量达到 1 849.54 万 t，海水养殖产量占 86.21%。2005—2014 年，虽然海水贝类养殖产量在 2008 年有所下降（-3.81 万 t），其他年份的产量和所有年份的产值都呈稳定增长的态势，10 年间分别从期初的 1 198.61 万 t 和 101.19 亿美元，增加到期末的 1 594.58 万 t 和 188.68 亿美元，增幅分别为 33.04% 和 86.46%（表 1）。表 1 同时显示，蛤类、牡蛎、贻贝、扇贝和鲍螺为 5 大主要物种组，且各物种组产量和产值基本上表现出类似于海水贝类养殖产量和产值的变动趋势。

表 1　2005—2014 年世界海水贝类养殖产量、产值变动趋势（万 t、亿美元）

种类	类别	2005	2006	2007	2008	2009	2010	2011	2012	2013	2014
蛤类	产量	367.78	379.84	420.34	436.50	443.78	488.52	492.90	499.92	515.83	536.03
	产值	34.10	36.69	39.77	42.58	43.36	47.45	48.78	49.52	51.16	53.53
牡蛎	产量	415.63	426.05	440.33	414.76	430.34	448.85	451.90	474.19	495.29	515.53
	产值	28.70	29.39	30.15	32.75	33.43	35.85	36.96	38.99	40.67	41.74
贻贝	产量	171.80	177.15	159.76	158.77	176.46	181.24	180.16	188.82	175.57	190.20
	产值	10.42	12.17	16.19	16.27	15.10	15.73	22.31	20.53	33.24	40.71
扇贝	产量	114.69	126.17	146.42	141.09	158.36	172.71	151.96	165.14	186.82	192.23
	产值	17.75	19.62	22.46	23.75	25.28	29.78	27.17	28.49	32.79	33.15
鲍螺	产量	29.20	32.04	37.47	35.94	35.43	38.38	39.50	42.64	44.48	47.15
	产值	3.74	4.44	5.46	6.19	6.72	7.79	8.84	10.10	11.19	12.30
其他	产量	99.50	112.49	84.98	98.29	92.71	69.75	105.55	134.76	116.16	113.45
	产值	5.85	6.63	5.26	6.04	4.78	6.96	9.39	7.60	7.26
合计	产量	1 198.61	1 253.70	1 289.18	1 285.37	1 335.63	1 399.16	1 427.92	1 499.53	1 534.15	1 594.58
	产值	101.10	108.80	118.53	127.82	129.84	142.12	154.51	156.99	177.04	188.68

数据来源：FishStatJ，2016

贝类养殖活动主要集中在亚洲、欧洲和美洲，其在 2014 年全球贝类养殖总产量中所占份额分别为 91.91%、3.96% 和 3.37%，其他各大洲仅占 0.76%。其中，在鲍螺、蛤类、扇贝、牡蛎和贻贝养殖总产量中，亚洲占比分别高达 99.23%、98.62%、96.78%、94.86% 和 53.45%。就各物种组产量而言：蛤类主产国为中国（95.28%）和泰国（1.22%），牡蛎主产国为中国（84.42%）、韩国（5.49%）和日本（3.57%），贻贝主产国为中国（42.35%）、智利（12.66%）、西班牙（11.59%）和新西兰（5.12%），扇贝主产国为中国（86.72%）和日本（10.00%），鲍螺主产国为中国（97.27%）和韩国（1.90%）。

2005—2014 年，世界海水贝类养殖主产国产量呈如下特点：①中国鲍螺、扇贝、蛤类、贻贝和牡蛎产量总体呈上升态势，在各类别世界总产量排名中都稳居首位，年均增长率分别为 5.32%、6.90%、4.66%、6.90% 及 2.96%。②韩国鲍螺和牡蛎产量总体上也呈上升趋势，在同类别世界总产量排名中稳居第 2 位，年均增长率分别为 17.76% 和 1.32%。③泰国蛤类产量虽然基本上保持稳定，但在世界蛤类总产量排名中始终稳居第 2 位，年均增长率 1.56%。④日本扇贝和牡蛎产量在同类别世界总产量排名中虽然分别稳居第 2 和第 3 位，但总体上呈下降趋势，年均增长率分别为 -0.62% 和 -1.91%。⑤智利贻贝产量稳步增长，新西兰和西班牙的产量则相对稳定，不同年份间 3 国在世界产量排名中的位次虽然并不稳定，但始终占据第 2 到第 4 的位置，年均增长率分别为 11.68%、0.28% 和 3.76%。

（二）贸易

2008—2015 年，世界牡蛎、扇贝及贻贝进出口量、进出口额和进出口均价总体上呈长期增长、个别年份起伏不定的基本态势。进口总量和总额分别从期初的 33.70 万 t、17.78 亿美元增加到期末的 42.23 万 t、24.82 亿美元，出口总量和总额分别从期初的 34.55 万 t、16.39 亿美元增加到期末的 37.99 万 t、22.28 亿美元，进、出口均价分别从期初的 5.28 美元/kg、4.74 美元/kg，上升至期末的 5.88 美元/kg、5.86 美元/kg（表 2）。

表 2　2008—2015 年世界主要贝类品种进出口情况

年份	种类	进口			出口		
		进口量（万 t）	进口额（亿美元）	均价（美元/kg）	出口量（万 t）	出口额（亿美元）	均价（美元/kg）
2008	牡蛎	3.65	1.95	5.34	3.90	2.03	5.22
	扇贝	11.15	10.84	9.73	10.77	9.31	8.64
	贻贝	18.90	4.99	2.64	19.88	5.05	2.54
2009	牡蛎	4.13	2.07	5.01	4.15	2.03	4.88
	扇贝	38.42	11.00	2.86	10.61	9.40	8.87
	贻贝	18.94	4.69	2.47	20.78	4.65	2.24
2010	牡蛎	4.60	2.74	5.95	5.03	2.51	4.99
	扇贝	12.35	12.93	10.47	12.65	11.62	9.19
	贻贝	19.81	4.34	2.19	21.33	4.65	2.18
2011	牡蛎	4.75	3.14	6.61	4.68	3.03	6.48
	扇贝	12.52	15.30	12.22	12.74	14.36	11.28
	贻贝	22.00	5.77	2.62	22.62	5.93	2.62
2012	牡蛎	4.28	2.81	6.57	4.08	2.75	6.75
	扇贝	11.52	13.58	11.79	9.53	11.11	11.66
	贻贝	23.09	5.47	2.37	21.32	5.08	2.38

（续表）

年份	种类	进口			出口		
		进口量（万 t）	进口额（亿美元）	均价（美元/kg）	出口量（万 t）	出口额（亿美元）	均价（美元/kg）
2013	牡蛎	4.31	3.24	7.51	4.61	3.34	7.24
	扇贝	16.91	18.90	11.18	9.96	12.95	13.00
	贻贝	43.91	11.73	2.67	23.91	5.92	2.48
2014	牡蛎	4.70	3.51	7.48	4.35	3.06	7.05
	扇贝	14.50	16.38	11.30	10.65	14.73	13.83
	贻贝	21.64	5.85	2.70	22.11	6.65	3.01
2015	牡蛎	5.35	3.56	6.66	4.76	3.11	6.53
	扇贝	16.34	16.41	10.04	9.47	13.81	14.57
	贻贝	21.54	4.85	2.25	23.76	5.36	2.26

数据来源：UN Comtrade，2015

由表 1 和表 2 可见，与其巨大的养殖产量相比，进入国际市场的贝类几近可忽略不计。以 2014 年为例，当年世界牡蛎、扇贝和贻贝产量分别为 515.53 万 t、192.23 万 t 和 190.20 万 t，而出口量却分别只有 4.35 万 t、10.65 万 t 和 22.11 万 t，出口量与养殖产量之比分别为 0.84%、5.54% 和 11.62%。这说明，贝类的国际市场空间非常有限，试图通过扩大出口来增加国产贝类销售显然并不具备现实可行性。

二、国内贝类生产与贸易概况

（一）生产

2014 年，中国贝类养殖产量在世界贝类养殖总产量中占比高达 85.19%，蛤类、牡蛎、贻贝、扇贝和鲍螺养殖产量在同类别世界养殖产量中占比分别为 89.95%、88.71%、44.43%、92.87% 和 78.69%。2015 年，中国海水贝类养殖产量达到 1 358.38 万 t，比 2014 年增长了 41.83 万 t，增幅 3.18%（表 1、表 3）。

2006—2015 年，国内海水贝类养殖产量保持着总体增长的基本态势。就各物种组而言：扇贝产量除 2008 年有所下降外，其他年份呈递增趋势，10 年间增幅 75.00%；蛤类产量始终保持递增趋势，10 年间增幅 37.37%；牡蛎产量除 2008 年明显下降外，其他年份呈递增趋势，10 年间增幅 34.38%；鲍螺和贻贝产量呈长期增长但各年份起伏不定的基本态势，10 年间增幅分别为 17.89% 和 29.52%（表 3）。

表 3 2006—2015 年中国海水贝类养殖产量变动趋势（万 t）

种类	2006	2007	2008	2009	2010	2011	2012	2013	2014	2015
蛤类	350.99	390.39	409.03	415.30	456.37	465.13	474.91	492.85	477.14	482.14
牡蛎	340.34	350.89	335.44	350.38	364.28	375.63	394.88	421.86	435.21	457.34
贻贝	65.24	44.87	47.99	63.74	70.22	70.74	76.44	74.71	80.56	84.50
扇贝	102.02	117.74	114.82	129.21	143.84	133.63	142.00	160.82	164.94	178.53
鲍螺	31.47	36.82	35.16	34.52	37.48	38.53	30.50	32.32	34.82	37.10

（续表）

种类	2006	2007	2008	2009	2010	2011	2012	2013	2014	2015
其他	91.51	61.54	75.01	69.80	47.08	81.23	89.71	90.24	123.89	118.77
合计	981.57	1002.25	1017.45	1062.95	1119.27	1164.89	1208.44	1272.80	1316.55	1358.38

数据来源：FishStat J，2016；中国渔业统计年鉴，2016

（二）进出口贸易

2015 年，中国牡蛎、扇贝和贻贝进口量之和为 60 643.26t，出口量之和为 29 829.45t，进口额之和为 19 520.94 万美元，出口额之和 44 405.10 万美元，进口均价为 3.22 美元/kg，出口均价为 14.89 美元/kg（表4）。

表 4　2015 年中国贝类进出口量、进出口额及均价

种类	进口			出口		
	进口量（t）	进口额（万美元）	均价（美元/kg）	出口量（t）	出口额（万美元）	均价（美元/kg）
牡蛎	2 162.14	2 371.82	10.97	1 285.34	423.22	3.29
扇贝	55 790.68	15 652.33	2.81	27 250.50	43 681.66	16.03
贻贝	2 690.44	1 496.79	5.56	1 293.61	300.22	2.32
总计	60 643.26	19 520.94		29 829.45	44 405.10	

数据来源：UN Comtrade，2016

2008—2015 年，中国进口贝类的主要来源国是美国、日本、朝鲜、韩国、法国和新西兰。2015 年，进口牡蛎、扇贝和贻贝主要源自法国、日本和新西兰（表5）。

表 5　2008—2015 年中国贝类主要进口来源国及进口量（t）

种类	来源国家	2008	2009	2010	2011	2012	2013	2014	2015
牡蛎	美国	60.68	58.31	117.14	157.18	94.25	77.84	51.09	165.08
	韩国	11.64	61.84	206.93	186.84	364.91	314.24	301.28	218.16
	法国	13.07	16.55	198.19	438.72	411.19	589.42	808.68	1 347.45
	日本	719.70	885.24	5 530.55	2 909.34	11 425.70	23 294.00	26 530.53	53 436.83
扇贝	美国	109.03	31.64	96.67	53.98	94.40	17.72	0.02	3.01
	朝鲜	116.03	14.12	353.07	2 070.02	1 990.75	274.28	594.76	1 029.64
贻贝	朝鲜	2 217.14	2 277.30	700.24	18.00	16.46	0.12	357.39	202.79
	加拿大	427.98	165.21	100.63	62.78	289.29	11.07	1.52	20.83
	新西兰	174.80	164.80	101.29	406.32	855.58	1 275.00	72.09	2 414.27

数据来源：UN Comtrade，2016

2008—2015 年，中国贝类出口国（地区）主要为美国、韩国、中国香港、中国澳门和澳大利亚。2015 年，牡蛎、扇贝和贻贝的主要出口国（地区）分别为中国香港、美国

和韩国（表6）。

表6　2008—2013年中国贝类主要出口国（地区）及出口量（t）

种类	国家/地区	2008	2009	2010	2011	2012	2013	2014	2015
牡蛎	中国香港	1 503.10	1 740.70	1 763.91	1 347.90	953.36	776.08	675.89	592.39
	中国澳门	753.94	746.30	677.73	—	2.83	123.00	127.13	110.19
	新加坡	41.18	19.09	56.19	64.32	44.57	101.16	72.20	13.28
扇贝	美国	7 307.22	6 582.28	11 265.91	8 895.77	4 456.99	8 225.00	9 350.10	9 920.89
	韩国	4 988.76	5 355.02	7 090.98	11 398.01	6 064.66	3 230.54	4 512.24	2 891.59
	澳大利亚	1 036.11	851.49	1 572.27	1 625.34	2 033.44	1 669.00	1 906.38	1 584.91
贻贝	韩国	2 187.05	2 612.05	694.63	545.25	830.32	332.92	395.88	618.37
	中国香港	356.61	1 761.11	1 092.13	205.47	—	—	—	—
	中国澳门	870.94	698.46	494.33	449.37	1.05	—	—	—

数据来源：UN Comtrade, 2016

中国海关数据显示，2016年1—10月，我国贝类出口量和出口额分别达到23.93万t和13.83亿美元，同比分别增加10.68%和1.86%。其中，10月份的出口量和出口额分别为2.15万t和1.27亿美元，同比分别下降2.41%和3.45%。

（三）国内市场

国内主要水产品批发市场贝类批发价格监测结果显示，2016年贝类均价呈现出程度不同的上升趋势。其中，扇贝均价由上年同期的21.12元/kg上涨至26.04元/kg，同比上升23.28%；蛤类均价由去年同期的7.43元/kg增至9.09元/kg，同比上升22.38%；牡蛎均价由去年同期的6.52元/kg升至7.40元/kg，同比上升13.48%；鲍均价由去年同期的123.92元/kg上涨至138.92元/kg，同比上升12.10%；蛏类均价由去年同期的27.11元/kg微升至27.77元/kg，同比上升2.45%。

三、国际贝类产业技术研发进展

（一）遗传和育种技术

随着高通量测序技术的快速发展，各国贝类研究者在贝类基因组学、转录组学及蛋白质组学等方面开展了大量的研究工作，加快了贝类的功能基因开发、性状遗传解析等方面研究进程。日本科学家开展了合浦珠母贝（*Pinctada fucata*）全基因组测序。

1. 转录组方面　英国科学家利用3种双壳贝类（欧洲扇贝、紫贻贝和太平洋牡蛎）的外套膜转录组数据，获得了三种双壳贝类贝壳形成过程中的特异性蛋白表达谱，深度解析了贝类在生物矿化过程中物种特异性的分子适应机制；葡萄牙学者利用紫贻贝肝胰腺的转录组数据，研究了贝类非甾体抗炎药在该物种中的免疫效应及NF-κB转录因子表达模式。

2. 蛋白质组学方面　法国和泰国学者开展了雌雄同体欧洲扇贝精子成熟和获能过程中的重要蛋白及其在各组织中差异表达情况的研究；新西兰学者利用蛋白质组研究了海洋酸化和全球变暖条件下贝类的蛋白功能分化情况。

3. 功能基因方面 主要针对贝类免疫和生长发育相关的功能基因进行了深入研究；智利科学家开展了两种与海湾扇贝早期发育、免疫应答和生长速度调节相偶联铁蛋白的分子鉴定工作；日本学者在虾夷扇贝中克隆了促性腺激素释放激素受体 GnRHR，并进行了全面的时空表达分析。

4. 贝类育种技术方面 基于大规模数据计算的动物模型 BLUP 方法具有遗传评估准确度高的优点，仍是当前国际上最重要的育种技术。

5. 其他 ①国外学者就养殖环境因素对贝类耐受性的影响开展了部分研究，如爱尔兰学者建立了潮间带双壳贝类应对温度胁迫的日变化曲线，并对不同水文和地理分布条件下贝类的生长情况进行了讨论。②国外学者在贝类作为环境污染物指示物种方面开展了部分研究，如俄罗斯学者通过研究氧化压力和免疫参数等认为贝类可以作为一种环境毒素的指示物种。

（二）病害控制技术

2016 年度，病害频发依然是国际贝类产业普遍存在的突出问题，暴发的疾病集中于牡蛎、鲍、贻贝和蛤等贝类中，除了以往经常报道的病毒性疾病和寄生虫性疾病，越来越多的细菌性病原被证实可严重影响贝类幼虫的发育与生长。为深入了解病害发生机理，控制病害发生水平，各国研究人员在病原致病机理和贝类免疫机制等方面做出大量工作，并开始关注病原代谢反应和母源免疫等免疫学前沿问题。在此过程中，组学技术尤其是转录组学技术已越来越广泛地应用于贝类病害控制的相关研究。如韩国科学家 Nam 等利用转录组技术研究了鲍鱼 Haliotis discus hannai 感染弧菌 Vibrio parahemolyticus 后免疫基因的组成和变化情况，为进一步分析鲍鱼抗弧菌感染的分子机制奠定基础；英国科学家 allam 等基于转录组研究成果分析了硬壳蛤 Mercenaria mercenaria 对寄生虫 Quahog Parasite Unknown（QPX）敏感和抗性群体中相关免疫基因的差异，发现抗性群体血细胞的补体系统在抵御病原感染过程可能发挥重要作用；同时南非科学家 Picone 等利用转录组学技术在鲍鱼 Haliotis midae 中也发现了大量可能在抗感染过程中起重要作用的 miRNA，为揭示病原与宿主相互调控作用关系奠定了基础。组学技术的成熟应用十分有助于我们对贝类免疫防御本质的认识，势必将大大推动贝类病害防控体系的快速发展。

（三）养殖模式与养殖环境

国际上对于多营养层次综合养殖模式优越性的研究及示范推广继续深入，学者们尝试利用贝类作为主导种或者工具种构建各种形式的综合养殖模式。正在实施的挪威 EXPLOIT 项目、欧盟第 7 框架计划 IDREEM 项目等国际项目都在持续关注滤食性贝类在养殖生态系统中的生态功能。2016 年中美海洋牧场研讨会将多营养层次综合养殖模式列为专题进行讨论。APEC 海洋可持续发展中心专门组织了一期 APEC 海洋生态养殖培训研讨班，进行多营养层次综合养殖模式的培训，扩大影响力。

环境污染对滩涂贝类养殖产业的影响受到国内外学者的广泛关注。意大利学者通过建立威尼斯湖的动、植物保护区对养殖生态进行恢复，效果明显。法国学者通过菲律宾蛤仔移养，进行换区养殖，可以有效控制蛤仔病害发生。

欧美等发达国家非常重视贝类养殖生产前的全面环境监测、评价以及产区划型，其中美国的"国家贝类卫生计划"（NSSP），欧盟的"9/923/EEC 关于贝类水域质量（91/692/EEC 和 1882/2003/EC 修订）"，韩国的"贝类卫生纲要"（KSSP）等贝类产品质量安全管理法律法规，对贝类生产的整个过程做了详细的规定。贝类产地环境进行产前环境监测，评价的指标包括大肠菌群类如海水中埃希氏菌属、排泄物中的链球菌，还包括一些持久性化合物如 Cd、Hg 等重金属、贝类（藻类）毒素、多环芳烃类有机化合物、多氯联苯等，必要时还进行其他有害物的检测，对养殖水域类别的划分主要以水质中的微生物指标作为划分依据，主要监测总大肠菌群或粪大肠菌群，同时兼顾其他污染物水平。

（四）流通与加工技术

除了成熟的冷链及可追溯体系的继续完善外，欧美发达国家在贝类流通过程中的食品安全法规的修正及执行方面仍保持高度关注。例如 2016 年 10 月初在美国马萨诸塞州发生多起诺如病毒感染病例，其成熟的食品可追溯体系快速追溯到位于科德角镇的韦尔弗利特贝类养殖场，10 月 13 日美国食品防护部门便要求企业将 9 月 26 日后采集的贝类进行召回，养殖场将关闭至少 21d，经复检确定没有安全风险后才能开放水域贝类捕捞，以上措施均根据国家贝类卫生计划（NSSP）实施，该计划由包括食品药品管理局（FDA）在内的"州际贝类卫生委员会"（ISSC）参与制定和完善。

在贝类加工利用方面，国外亦存在以冷冻加工为主的问题，精深加工的产品相对较少。贝类精深加工的产品主要是罐头、贝类调味品等。此外，在贝类功能保健产品的开发方面，日本、美国等国家走在世界前列，开发的产品有抗疲劳、壮阳补肾、护肝、补锌等系列产品，取得了很好的经济效益和社会效益。在贝类加工技术方面，2016 年国外的研究主要集中于新鲜贝肉（主要是牡蛎）的品质保持技术开发，贝类蛋白功能特性的研究，贝类活性物质如活性肽、活性多糖等的研究，多元指纹图谱技术在贝类产品原料鉴定中的应用等。在高新技术应用方面，一些国家使用微胶囊化、超细微粉碎等高新技术开发了新型贝类加工产品。

四、国内贝类产业技术研发进展

（一）遗传和育种技术

1. 贝类遗传理论研究 国内取得了较大进展，在贝类基因组、转录组、功能基因、遗传分析方法等方面开展大量研究。完成了扇贝（虾夷扇贝、栉孔扇贝）全基因组测序，开发的高通量、低成本全基因组分型技术 Miso-RAD 发表于国际著名方法学杂志 Nature Protocols，为低成本、大规模开展非模式生物特别是海洋生物基因组学及分子育种学研究提供了关键技术手段。转录组学研究方面，利用转录组分析技术对贝类性别决定和维持相关候选基因进行了调查研究。功能基因方面仍主要针对贝类免疫与生长发育相关的功能基因进行大量挖掘，揭示了海湾扇贝免疫应答过程中丝氨酸蛋白酶抑制剂（SPIs）基因多态性、栉孔扇贝凝集素蛋白（lectin）特征结构域 CRDs 功能分化、贝类 toll 基因在免疫应答过程中不同表达模式。基于虾夷扇贝基因组和转录组数据库，对贝类免疫相关的功能基因开展了系统的研究，包括对 TNFR，Hsp70，TRAF3IP1 等免疫相关基因家族进行了组学和时空表达分析，获得了虾夷扇贝重要免疫基因家族成员的结构并对其进行了进化研究。

2. 育种技术 选择育种技术在良种培育中继续发挥了重要作用，采用该技术培育了 2 个国审新品种。分子育种技术方面，在 2b-RAD 技术的基础上，建立了可将 5 个 iso-RAD 标签进行串联测序的 MisoRAD 技术。该技术使得简化基因组分析单标签测序成本仅为技术改进前的 1/10，首次实现了全基因组 SNP 分型和 DNA 甲基化的同步联合分析。MisoRAD 技术为贝类全基因组选择育种工作提供了技术支持，具有广阔的应用前景。在全基因组选择育种技术算法模型开发上，在前期开发 LASSO-Gblup 算法的基础上，应用逐步回归结合混合模型技术将全基因组关联分析（GWAS）和全基因组育种（GS）有机结合，显著提高了定位准确性和估计精度。应用全基因组育种技术培育出国审新品种"海益丰 12"，已经在产业上进行大规模推广应用。

建立了基于二代测序的高杂合度物种基因分型流程与技术。当测序深度大于 7×时，SNP 精度可以大于 99%。开发了基因组限制性内切酶计算机模拟酶切软件。构建了牡蛎 200K 高密度单核苷酸多态（SNP）芯片，该芯片中的 SNP 在牡蛎基因组中分布相对均匀，且覆盖多数预测基因，包含了牡蛎全基因组关联分析中与糖原、氨基酸、脂肪酸、重金属等重要经济性状显著相关的位点，与重测序个体基因型比较后，分型一致率>96.5%，是迄今为止贝类中密度最高的 SNP 芯片。该芯片的设计，能弥补高复杂度精简基因组技术分型准确率欠佳的问题，显著降低分子育种技术的应用门槛。

（二）病害控制技术

2016 年度，国内贝类产业病害控制研究重点贝类为扇贝、牡蛎和贻贝等。研究的内容涉及贝类免疫防御、病原检测和贝类病害防治方面等多个方面。

1. 贝类免疫防御机制方面　主要研究了免疫相关因子如 Toll 样受体、Myd88 蛋白、凝集素、粘附分子（CgJAM-A-L）、细胞因子系统相关分子 IFNLP 和 TNF 等，并针对各类重要免疫蛋白等进行了功能和结构方面的深入研究。

2. 在病原检测与发现方面　微生物试纸片检测技术、PCR 检测技术、变形梯度凝胶电泳、环介导等温扩增、实时定量 PCR、限制性片段长度多态性、核酸探针和基因芯片等技术已广泛应用于贝类多种病原的检测与鉴定，检测的灵敏度和准确度已显著提升。

3. 贝类疾病的防治方面　在贝类疾病控制方面仍贯彻预防为主、治疗为辅的方针，一方面严格生产管理，推广健康养殖的理念；另一方面创新海水养殖模式、推进深化海水养殖与休闲旅游融合发展。

（三）养殖模式与养殖环境

1. 养殖模式　海水池塘鱼-虾-贝、贝-参、贝-虾-海蜇综合养殖模式的经济和生态效益明显，已在全国各地广泛推广。陆基多营养层次综合养殖系统的运行趋于稳定，研究视角开始关注不同类型生物功能群间营养物质的利用效率。滩涂牡蛎平挂养殖技术及牡蛎-紫菜综合养殖模式取得了一定进展，丰富了滩涂贝类的养殖种类及养殖模式。浅海筏式标准化生态养殖成效显著，示范带动效果明显，示范面积正在进一步扩大。

在养殖模式创新方面，开始试点大型深远海可沉浮式抗流防风浪海珍品悬浮生态养殖网箱，提高了海水养殖产业应对风暴潮、极限水温、赤潮等恶劣条件的能力。

2. 贝类采捕设施　讨论形成集生态无害化采捕、实时传送、清洗、分选一体式的自动化采捕设备研制方案，为构建环保、节能、可视化、自动化的扇贝采捕新模式打下了基础。

3. 养殖管理　水产养殖管理决策支持系统 AkvaVis 及水产养殖空间管理系统 APDSS 继续稳步推进，并在獐子岛、桑沟湾开始试运行。

（四）流通与加工技术

1. 流通中的安全管理与控制　国内贝类流通技术取得积极进展，辽宁大连獐子岛集团对底播虾夷扇贝保活流通链条中的食品安全管理与控制方面进行了改进，并且其在监控措施以及在残留物监测方面所做出的改进得到了欧盟欧盟食品和兽医办公室专家认可，2016 年欧盟正式解除对中国部分扇贝产品输欧禁令，自 1997 年 7 月被拒 19 年之久的中国双壳贝类产品正式获准重返欧盟市场。

2. 加工利用技术　2016 年国内研究主要集中于贝类蛋白活性肽、蛋白多糖等活性成分的开发利用研究，如牡蛎肽的免疫、抗疲劳和抗氧化活性，杂色蛤中 ACE 抑制肽的分离鉴定，菲律宾蛤仔凝集素的制备及其在鱼类保鲜中的应用，蛤仔提取物对南美白对虾褐变抑制作用的研究；高新技术在贝类加工中的应用也获得重要进展，如利用超高压处理提高冷藏牡蛎保鲜效果及品质，利用超高压技术进行贝类脱壳加工，利用分子包埋技术制备脱腥牡蛎粉工艺的优化，利用电子束辐射贝类进行杀菌保鲜等。

3. 产业化　贝类体系自资助海洋贝类醒酒护肝营养食品在深圳市企业进行了产业化前期工作。另外贝类保活运输技术与装置得到进一步改进，降低了装备成本和能耗。这些研究和进展为贝类产业和技术的发展提供了新的动力。

（贝类产业技术体系首席科学家　张国范　提供）

2016 年度罗非鱼产业技术发展报告

（国家罗非鱼产业技术体系）

一、国际罗非鱼生产与贸易概况

（一）生产

据 FAO 网站数据，全球罗非鱼产量呈逐年上升趋势，从 2004 年 247 万 t 增长到 2014 年 628 万 t，年平均增长率为 9.78%。2016 年全球罗非鱼总产量大约为 669 万 t，其中养殖产量为 600 万 t，捕捞产量为 69 万 t。

（二）贸易

2015 年全球罗非鱼产品进出口总量为 91.43 万 t，比上年增长了 8.13%，进出口额为 29.72 亿美元，与去年同期相比减少 10.03%。其中，出口量为 39.45 万 t，出口额 12.84 亿美元，进口量为 51.98 万 t，进口额 16.88 亿美元。出口量排列前 5 位的国家有中国、越南、泰国、荷兰和美国，分别占总出口量的 74.26%、3.62%、2.62%、1.59% 和 1.56%。中国是出口量最大的国家，中国罗非鱼占全球罗非鱼比率基本是呈上升趋势。进口量排列前 5 位的国家有美国、墨西哥、沙特阿拉伯、安哥拉和科特迪瓦，分别占总进口量的 41.91%、9.87%、9.51%、7.06% 和 4.15%。2015 年美国进口量为 21.79 万 t，进口额 10.38 亿美元，美国仍然是罗非鱼产品的最大进口国，进口量同比减少 0.43%。

（三）市场

2016 年罗非鱼主要进口国美国 1 至 9 月总进口量为 15.02 万 t，与上年同比减少 9.44%，进口额为 5.83 亿美元，减少 20.56%。美国市场进口量最多的为冻罗非鱼片，其次为冻罗非鱼、鲜或冷的罗非鱼片和鲜或冷罗非鱼，分别占总进口量的 65.39%、20.92%、13.02% 和 0.64%，同期增长分别为 -14.90%、4.17%、0.25% 和 25.96%。进口平均价分别为 4.04、1.80、6.49 和 3.78 美元/kg，同期增长分别为 -10.59%、-14.26%、-13.18% 和 -15.69%（表1）。

表1　2016 年 1—9 月美国罗非鱼产品进口价格（美元/kg）

产品类别	1	2	3	4	5	6	7	8	9	均价
冻罗非鱼片	4.28	4.06	4.29	4.32	4.12	3.99	3.96	3.71	3.63	4.04
冻罗非鱼	1.84	1.75	1.84	1.88	1.93	1.80	1.76	1.70	1.71	1.80
鲜或冷的罗非鱼片	6.74	6.73	6.77	6.76	6.24	6.42	6.13	6.32	6.26	6.49
鲜或冷罗非鱼	3.77	3.31	4.74	3.87	3.26	3.38	4.00	3.69	4.05	3.78

从 2003—2016 年美国冻罗非鱼片的进口价格来看，中国历年来均低于其进口平均价格，价格较高的包括厄瓜多尔、中国台湾等（表2）。从 2003—2016 年美国冻罗非鱼的进

口价格来看，绝大部分年份中国的价格都是低于其平均价格（表3）。

表2　2003—2016 年美国冻罗非鱼片进口价格（美元/kg）

国家/地区	2003	2004	2005	2006	2007	2008	2009	2010	2011	2012	2013	2014	2015	2016
中国	3.28	3.03	3.04	3.04	3.06	4.17	3.63	3.78	4.43	4.07	4.43	4.94	4.24	3.73
印度尼西亚	4.95	4.72	4.89	5.03	4.99	5.84	6.41	6.76	6.51	6.50	6.92	6.70	6.79	6.95
中国台湾	4.06	3.35	3.59	3.96	4.21	5.42	5.31	4.60	6.43	7.34	6.06	6.86	8.14	7.65
泰国	4.01	4.19	4.24	4.76	10.95	4.18	5.60	5.24	5.63	6.02	6.41	6.23	6.63	6.38
厄瓜多尔	5.07	5.62	5.42	5.09	4.63	5.90	6.64	6.63	7.26	8.12	9.19	10.85	10.58	11.31
哥斯达黎加	5.68	5.59	5.75		5.83	9.68	6.89	6.15	6.86	6.08	6.21	7.03	6.49	4.99
马来西亚			1.64			4.57			5.30	6.55	6.45	7.17	6.53	6.43
巴拿马	3.26	4.07	3.78	3.64	4.48	4.76	4.72	4.87	5.67	5.63	5.42	5.60	5.56	6.19
洪都拉斯				5.76	5.67	7.19	6.39	6.48	6.36	6.45	5.61	5.88	6.32	4.33
中国香港		3.19	2.99	3.31	2.75	3.80		3.50	1.72	1.84	2.92	4.60	3.28	2.42

表3　2003—2016 年美国冻罗非鱼进口价格（美元/kg）

国家/地区	2003	2004	2005	2006	2007	2008	2009	2010	2011	2012	2013	2014	2015	2016
中国	1.06	1.08	1.23	1.58	1.22	1.78	1.51	1.62	1.96	1.73	1.92	2.19	1.98	1.73
中国台湾	1.21	1.09	1.17	1.34	1.36	1.89	1.84	1.56	2.15	2.10	1.87	2.35	2.23	1.87
泰国	1.53	1.43	1.47	1.81	1.78	1.69	1.68	1.96	2.22	1.99	2.00	2.31	1.90	1.73
越南	2.35	2.31	2.66	2.80	2.39	2.43	2.42	2.55	2.43	2.79	2.63	2.74	2.24	2.07
巴拿马	1.13	0.91	1.64	1.15	1.47	1.63	1.72	1.54	1.53	1.80	1.79	1.91	1.87	1.79
菲律宾	1.90	2.18	1.25	1.59		2.55	3.77	2.03	2.21	2.52	3.14	4.01	2.55	2.71
厄瓜多尔	1.92	2.22	2.99	2.89	2.02	2.36	2.06	2.28	3.63	3.63	3.67			
印度			2.42					0.97	1.31	1.67	1.39	1.63	1.55	1.43
中国香港	1.21	1.22	2.17	1.31	1.29	1.83			2.01	1.80	1.76			
印度尼西亚	1.75	1.16	3.98	3.56	6.20	4.33	1.31	2.28	3.20	2.85	1.78			

二、国内罗非鱼生产与贸易概况

（一）生产

2015 年全国罗非鱼养殖总产量为 177.9 万 t，比上年增长 4.8%，罗非鱼养殖总产量占全国淡水养殖鱼类总产量的 6.6%，比上年增加了 0.1%。全国有 26 个省（自治区、直辖市）养殖生产罗非鱼，主产区仍是广东、海南、广西、云南和福建 5 省（自治区），罗非鱼养殖产量分别为 74.1、35.3、30.8、17.2、13.5 万 t，各占全国罗非鱼养殖总产量的 41.7%、19.8%、17.3%、9.7%、7.6%。

（二）贸易

2015 年中国罗非鱼出口总量为 39.26 万 t，同比减少了 0.67%，出口总额为 13.02 亿美元，同比减少了 15.90%。中国罗非鱼出口的主要目标国为美国，2016 年 1—9 月，我国对美国的罗非鱼出口量为 11.04 万 t，同比下降了 10.58%，罗非鱼出口额为 3.69 亿美元，同比下降了 22.82%。2016 年中国鲜或冷罗非鱼片在美国市场的占有率有明显的提升，由往年的 0.2% 上升到 2016 年的 4.65%。冻罗非鱼在美国市场的占有率也有所提升，2016 年的占有率为 67.43%，比 2015 年上升了 3.77%。但一直占中国出口罗非鱼最大份额的冻罗非鱼片在 2016 年呈下降态势，2015 和 2016 年的市场占有率分别为 62.27%、58.44%，连续两年下跌，且下降幅度较大。福建省、广东省、广西壮族自治区、海南省和云南省是罗非鱼的主要加工出口省份，广东省罗非鱼加工出口量最多，占全国总出口量的 40% 以上。

（三）市场

罗非鱼国内市场主要以鲜活罗非鱼产品为主，规格为 < 250g/尾、250 ~ 500g/尾、500 ~ 750g/尾以及 > 750g/尾的鲜活罗非鱼 2016 年 1—10 月，塘口平均价分别为 3.50、5.34、7.37 和 9.83 元/kg，其中 10 月塘口价分别为 3.20、5.12、7.43 和 9.50 元/kg，同比增加 26.73%、- 13.95%、2.06% 和 4.01%；平均批发价分别为 4.44、6.26、8.72 和 11.81 元/kg；其中 10 月批发价分别为 4.14、5.92、8.70 和 11.50 元/kg，同比增加 22.36%、- 13.10%、0.10% 和 7.98%；平均零售价分别为 6.51、8.92、11.46 和 14.39 元/kg，其中 10 月零售价分别为 6.21、8.68、11.29 和 14.50 元/kg，同比增加 56.09%、- 0.01%、0.04% 和 2.35%（表 4）。2015 年 1 月至 2016 年 10 月，不同规格的罗非鱼塘口价、批发价和零售价变化波动情况见图 1、图 2、图 3。

表 4　2016 年 1—10 月罗非鱼主产区鲜活罗非鱼价格行情（元/kg）

规格（g/尾）	平均塘口价（元/kg）	平均批发价（元/kg）	平均零售价（元/kg）
<250	3.50	4.44	6.51
250 ~ 500	5.34	6.26	8.92
500 ~ 750	7.37	8.72	11.46
>750	9.83	11.81	14.39

三、国际罗非鱼产业技术研发进展

（一）遗传育种

①在遗传育种方面，巴西学者通过混合模型对选育群体体型的遗传参数及其与生长性状之间的遗传相关做了分析，发现连续 5 代的选育效果非常明显，每代具有可达 4% 的遗传进展。新加坡国立大学对莫桑比克罗非鱼的生长和性别相关的数量性状基因座 *QTLs* 进行了定位。②在耐盐碱性能方面，美国阿肯色大学从莫桑比克罗非鱼转录组数据中鉴别出 4 个紧密连接蛋白同源基因。③在耐寒性能研究方面，巴西学者研究了低温对尼罗罗非鱼精子形成的结构和动态的影响。④在性别决定方面，新加坡国立大学研究了杂交罗非鱼性别分化过程中全基因组水平的甲基化状态。巴西学者用全基因测序的方法比较发现可能存在新的 Y 染色体导致了两个罗非鱼种的分化，并在肾母细胞瘤蛋白附近找到共享性别—

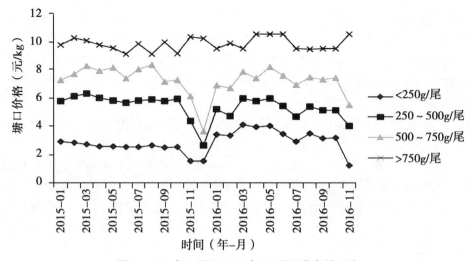

图 1　2015 年 1 月至 2016 年 10 月罗非鱼塘口价

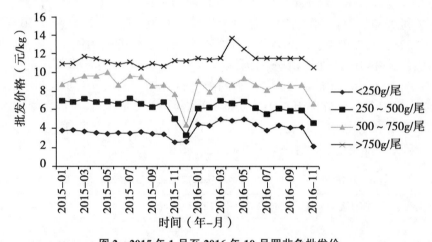

图 2　2015 年 1 月至 2016 年 10 月罗非鱼批发价

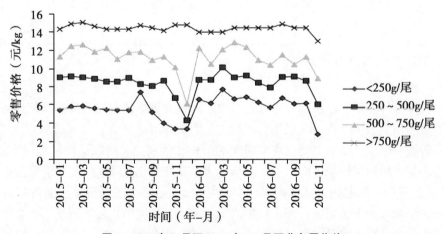

图 3　2015 年 1 月至 2016 年 10 月罗非鱼零售价

模式 SNP，该位点可能和性别决定相关。

（二）养殖

1. 养殖技术 国外主要开展了罗非鱼混养模式中混养品种的搭配、最适养殖密度和罗非鱼适宜养殖品种的筛选等方面的研究。坦桑尼亚将罗非鱼与革胡子鲶混养，取得很好的效益；坦桑尼亚学者从经济效益考虑建议在 60 000 尾/hm² 条件下进行罗非鱼养殖，墨西哥学者建议在 90 尾/m³ 密度下养殖罗非鱼；巴西学者发现相同密度下 GIFT 罗非鱼的生长速度更快。

2. 环境控制技术 国际上主要利用益生菌、藻类、维管束植物、生物过滤器、生物絮团对罗非鱼养殖水质进行调控。挪威和巴西学者研究表明，小球藻和固着藻类对养殖污染物有很好的净化能力，墨西哥和泰国学者筛选出紫背浮萍、青萍、象耳草对罗非鱼养殖尾水具有较好的净化效果；巴西学者筛选出海水贝壳-碎石基质和陶粒基质具有较好的水质净化效果，且发现生物絮团对养殖污染物的净化能力优于固着藻类。

（三）营养与饲料

各国科学家主要围绕饲料添加剂和新蛋白源开发来开展工作。

1. 饲料添加剂 研究发现，饲料中添加肌醇六磷酸酶、艾佐迈、氨基乙磺酸、姜黄素等可以提高罗非鱼的饵料转化率、生长性能、消化酶活性等；桐树油、亚麻酸、甘露聚糖、抗菌肽、L-亮氨酸等饲料添加剂可以提高罗非鱼的免疫力和抗氧化能力；枯草芽孢杆菌和植物乳杆菌等益生菌的添加对于罗非鱼生长性能和免疫力的提高、肠道健康具有积极影响。

2. 寻找可替代的蛋白源和脂肪源方面 英国学者和菲律宾学者用麻风树仁粉和 30% 的钝顶螺旋藻可分别替代饲料中 25% 和 50% 的鱼粉，肯尼亚学者用血粉替代尼罗罗非鱼饲料中 50% 的鱼粉，发现对其生长性能有减缓作用，但可提高饲料利用效率，节约成本，而巴西学者研究表明，大豆浓缩蛋白可完全替代饲料中的鱼粉，并显著提高鱼的生长速度，改善其饲料利用效率。

（四）病原检测和病害控制

1. 在病原检测方面 沙特阿拉伯和秘鲁均发现无乳链球菌感染罗非鱼，链球菌病的感染范围又进一步扩大；弗朗西斯菌造成墨西哥、巴西和泰国罗非鱼大量死亡，巴西学者建立了弗朗西斯菌的定量 PCR 检测方法；以色列和厄瓜多尔等地区发现了一种类正黏病毒，即 TiLV 病毒（Tilapia Lake Virus，TiLV），美国中西部发现传染性脾肾坏死病毒（ISKNV），当地学者建立一种新的 LAMP 方法可进行快速诊断。

2. 在病害控制方面 马来西亚学者通过饲喂甲醛灭活无乳链球菌可以使抗体水平显著提高，并且维持 6 个星期甚至更长时间；与其他几种植物提取物相比，添加香樟提取物饲喂罗非鱼对预防罗非鱼无乳链球菌感染比其余植物提取物更有效。

（五）加工技术

国外罗非鱼副产物整体加工技术水平一直较低，如何利用新型的加工技术，成为罗非鱼加工副产物实现产业化亟待解决的问题，如生物技术、酶工程技术、高压蒸煮技术、螯合技术、超声波技术等应用到罗非鱼加工副产物综合加工中，特别对副产物中活性物质的提取并开发成相应的新功能产品，仅有泰国学者优化了罗非鱼鱼鳞提取鱼鳞胶原蛋白工艺，我国台湾学者利用一种新型挤压水分提取技术从罗非鱼鱼鳞中提取胶原蛋白。

四、国内罗非鱼产业技术研发进展

（一）遗传育种

家系选育、群体选育和杂交育种是目前罗非鱼选育主流方法。广西水产科学研究院研究发现，三元杂交奥尼罗非鱼比传统的奥尼罗非鱼具有一定的生长优势。上海海洋大学应用完全双列杂交对3个品系"吉富"尼罗罗非鱼进行种内杂交。耐盐、碱，抗寒等抗逆性状是目前罗非鱼选育的一大热点，淡水渔业研究中心研究了马来西亚红罗非鱼幼鱼的耐盐性能，上海水产大学开展尼罗罗非鱼选育2代盐碱耐受性和生长研究，并利用miRNA技术证明miR-21参与了罗非鱼盐碱耐受性的调控，中国科学院大学通过罗非鱼和斑马鱼低温胁迫下转录组比较分析，揭示了鱼类低温响应分子网络的差异。高通量测序技术广泛应用于罗非鱼性别分化和体色分化的研究，山西农业大学和西南大学分别研究了尼罗罗非鱼幼鱼和胚胎的miRNA和mRNA的表达谱；淡水渔业研究中心通过比较转录组学，分析了红罗非鱼体色分化的转录组差异，发现了148个与色素合成、积累相关的基因。

（二）养殖

1. 养殖模式研究方面 混养模式、"鱼-菜"共生模式、"鱼-中草药"共生模式，稻-罗非鱼养殖模式、山塘养殖、轮养模式、节水养殖模式仍然是国内的研究热点。各地因地制宜地筛选适合本地的养殖模式，如稻-罗非鱼养殖模式，罗非鱼山塘高效健康养殖模式，山塘大规格网箱养殖模式，粤西地区的"鲫鱼+罗非鱼"轮养模式，罗非鱼陆基微循环工厂化生态养殖模式等。

2. 环境控制技术方面 国内主要开展了水上经济作物净化技术、中草药净化技术、微生物净化技术、微藻净化技术、生物絮凝技术等方面的研究。此外，为提高罗非鱼的生长性能、减少水质污染，国内学者还优化了池塘罗非鱼养殖的投喂模式和投喂策略。

（三）营养与饲料

国内学者优化了罗非鱼饲料中的蛋白、糖、脂类等的营养配比，也得到了诸如花生豆粕等罗非鱼饲料蛋白代替品。另外研究发现，饲料中添加发酵桑叶、L-肉碱、水飞蓟素等可改善罗非鱼的脂肪代谢，生物素、维生素A、几丁聚糖、中草药复合微生态制剂等的添加可以改善罗非鱼的生长性能，饲料中添加溶菌酶、红景天以及抗菌肽等可以提高罗非鱼的免疫力以及肠道健康。各科研单位研究确定了饲料中蛋氨酸、精氨酸、苯丙氨酸、亚油酸等营养素的需要量。在蛋白源开发和脂肪源替代方面，西南大学学者用蚕蛹完全替代鱼粉，华南农业大学学者用棕榈油等比例替代饲料中50%的大豆油，华中农业大学科学家发现，菜籽油、大豆油可作为良好的脂肪源。

（四）病原检测和病害控制

1. 在病原检测方面 无乳链球菌仍然是主要致病菌，对青霉素和磺胺二甲基嘧啶普遍耐药，对恩诺沙星最为敏感。珠江水产研究所首次发现罗非鱼感染弗朗西斯菌的病例。在病原菌快速诊断技术方面，建立了检测罗非鱼无乳链球菌特异性IgM抗体的ELISA、定量PCR和LAMP等方法。

2. 在病害防控方面 国内科研机构分别研制出迟缓爱德华氏菌的菌蜕疫苗，无乳链球菌SIP蛋白制备成的微胶囊口服疫苗和无乳链球菌的细胞壁表面锚定蛋白疫苗。并筛选获得五倍子+乌梅的组方，对温和气单胞菌的体外抑菌效果最好；黄连与头孢曲松、头孢唑啉和羧苄西林等联用，对无乳链球菌抑菌效果表现出协同作用。此外，科研人员还筛选出枯草芽孢杆菌、反硝化芽孢杆菌等微生态制剂。

（五）加工技术

1. 在罗非鱼保藏保鲜新技术方面　在对冷藏过程中各项指标变化分析的基础上，通过控制温度、除菌、多种保鲜方法相结合等措施延长罗非鱼肉保藏保鲜期。河南工业大学利用高压静电场结合冰温气调保鲜技术对罗非鱼鱼片进行保鲜。冷冻罗非鱼肉或罗非鱼片的解冻对其肉质口感具有重大影响，广东海洋大学发现真空解冻方法是解冻罗非鱼片的最佳方式。

2. 在罗非鱼干燥新技术方面　海南大学建立了渗透–微波联合干燥技术。

3. 在罗非鱼加工工艺及产品开发方面　南海水产研究所开发了酒糟罗非鱼间歇真空糟制工艺，广东海洋大学优化了腌制和干制调味罗非鱼片工艺条件。海南大学确定了罗非鱼糕调理食品生产关键技术。合肥工业大学以罗非鱼片为原料制备了即食鱼粒。

4. 在副产物加工方面　分别用罗非鱼副产物制备了明胶、胶原蛋白、多肽和鱼露等。

（罗非鱼产业技术体系首席科学家　杨弘　提供）

2016年度鲆鲽类产业技术发展报告

（国家鲆鲽类产业技术体系）

一、国际鲆鲽类生产与贸易概况

（一）捕捞及养殖情况

据2016年FAO数据，2014年，世界鲆鲽类主产区总产量123.74万t，较2013年同比增加0.8%。其中捕捞产量104.22万t，同比减少0.05%，养殖产量19.51万t，同比增加8.8%。黄盖鲽、格陵兰庸鲽和欧鲽占主要份额，箭齿鲽产量大增。生产格局基本稳定，主产国美国、中国、俄罗斯、韩国、日本和印度产量增减互现。

2016年，欧盟成员国在大西洋北部水域的鲆鲽类捕捞配额总量为26.41万t。西班牙是欧洲鲆鲽类养殖规模最大的国家，2014年大菱鲆养殖量0.78万t，较2013年增长12.6%，达历史新高。其中，鳎的养殖量大幅增加。

2016年，太平洋北部海域太平洋庸鲽捕捞配额为29890千磅（约合1.36万t），比2015年增加2.3%，北太平洋阿留申群岛附近水域纳入配额制体系的鲆鲽类总配额为36.06万t，与2015年持平，大西洋西北部海域格陵兰庸鲽和黄尾鲽配额为2.8万t，较2015年减少577t。

2015年，日本鲆鲽类产量5.13万t，较2014年减少6.6%。其中捕捞量4.88万t，同比减少6.7%；养殖量0.25万t，同比减少3.8%。2000年以来日本牙鲆养殖量持续下滑，占其海水鱼类养殖总量的比重也逐渐下降。

2015年上半年，韩国养殖牙鲆产量同比增加，产值同比减少，平均价格同比下跌21.1%，养殖面积233.7hm²，饲料使用量10.79万t。

（二）贸易情况

2016年1—8月，主要出口国的鲆鲽类出口贸易变化各不相同。中国继续居全球鲆鲽类进出口贸易首位。出口排名第2、第3位的美国和丹麦的鲆鲽类出口规模扩大，出口额同比分别增加了13%和13.5%。出口排名前10位的冰岛、韩国、加拿大和西班牙的鲆鲽类规模出现不同程度萎缩，出口额同比分别下降1%、1.9%、8.2%和11.2%。同时，出口价格普遍下跌，冰岛的格陵兰庸鲽和欧鲽出口平均价格同比下跌约10.4%，韩国的鲽鱼和舌鳎价格下跌约50%。

同期，除日本外，多数主要进口国的鲆鲽类进口规模出现不同程度的扩大。日本进口规模萎缩，数量和金额分别下降7.3%和13.7%。意大利、加拿大和西班牙的鲆鲽类进口规模扩大，进口额比上年同期分别增加了13.5%、52.5%和8.7%。美国和韩国的鲆鲽类进口规模变化不大。总体看，欧盟国家的鲆鲽类贸易活跃度增加，加拿大和韩国的鲆鲽类产品消费旺盛，进口增加而出口减少。美国则进口不变而出口增加。

二、国内鲆鲽类生产与贸易概况

（一）养殖生产情况

根据国家鲆鲽类产业技术体系各综合试验站调查数据，2016 年第 3 季度跟踪示范区县鲆鲽类工厂化养殖面积为 658.2hm²，同比与 2015 基本持平，较 2014 年下降 3.4%。网箱养殖面积为 22hm²，较 2015 年同比增长 29.4%，较 2014 年同比增长 22.2%。池塘养殖面积为 306.7hm²，较 2015 年同比下降 57.4%。其中，大菱鲆工厂化养殖面积为 559.7hm²，较 2015 年同比下降 4.4%；牙鲆工厂化养殖面积为 24.9hm²，较 2015 年同比增长 15.8%；半滑舌鳎工厂化养殖面积为 73.1hm²，较 2015 年同比增长 44.7%。其三大主要养殖品种的工厂化养殖面积占总养殖面积的比重分别为 85.0%、3.8% 及 11.1%。跟踪示范区县鲆鲽类养殖产品的季末存量为 4.1 万 t，环比下降 8.4%，同比降幅为 3.9%。其中，大菱鲆存量 3.1 万 t 左右，环比、同比均下降 14.3% 和 7.3%；牙鲆的季末存量为 5 145.2t，环比增长 17.2%，同比下降 4.4%；半滑舌鳎存量为 4499.4t，环比增长 19.6%，同比涨幅为 32.1%。

（二）贸易情况

2016 年前 3 个季度，我国鲆鲽类进出口额累计 5.7 亿美元（同比增 2.48%），数量 19.05 万 t（同比减 2.18%）。其中，出口额和进口额同比分别增 0.49% 和 5.41%；出口量和进口量同比分别减 3.27% 和 1.50%；进出口金额和数量分别占同期水产品进出口总数的 3.14% 和 2.62%。出口额占该项进出口总额的 58.46%，进口量占总量的 61.82%。冻比目鱼片出口规模最大，占鲆鲽类出口总额的 75.63%，出口总量的 73.89%。冻格陵兰庸鲽进出口规模锐减。

同期，我国鲆鲽类进出口涉及 62 个国家和地区。出口额规模前 10 位的依次是日本、美国、韩国、加拿大、中国台湾、荷兰、法国、西班牙、德国和巴西，金额合计占该项出口总额的 86.55%，出口量占该项总量的 84.10%。与 2015 年同期相比，除对韩国和巴西出口减少外，其他皆为增长；进口额规模前 10 位的依次是美国、俄罗斯、加拿大、挪威、冰岛、格陵兰、德国、西班牙、日本和荷兰，进口额合计占该项总进口额的 94.51%，进口量占该项总量的 96.7%。

同期，全国有 14 个省（直辖市）有鲆鲽类进出口记录。出口主要集中在辽宁、山东、福建和吉林；进口主要有辽宁、山东、吉林、浙江和上海。辽宁和山东两省合计占我国鲆鲽类进口总额的 79.65% 和进口量的 84.53%。细分贸易方式，进料加工严重萎缩，来料加工增加，一般贸易显著增长。同期，我国的养殖大菱鲆出口规模显著扩大。养殖大菱鲆（冷冻）出口额 78.02 万美元，出口量 72.13t，主要出口马来西亚、俄罗斯和加拿大，平均价格 10.82 美元/kg。出口马来西亚的数量比 2015 年全年多 3 倍，平均单价较其翻倍。

三、国际鲆鲽类产业技术研发进展

（一）育种与繁育技术

1. 遗传育种　在 2016 年度，国外对鲆鲽鱼类主要品种的遗传改良，仅见对大菱鲆的研究取得了一定进展，对其他鲆鲽鱼类选育的研究尚未见有报道。西班牙维戈高等科学研究委员会海洋研究所、西班牙圣地亚哥大学和美国基因组中心等 12 所大学及研究所联合开展了大菱鲆全基因组的测序研究，为以后大菱鲆分子标记辅助育种提供有价值的信息；西班牙圣地亚哥德孔波斯特拉大学、西班牙农业和食品技术研究所动物育种系、西班牙国家研究委员会海洋研究所和法国国家农业研究所等8所大学及研究所为促进育种计划，共同联合完成了大菱鲆基因组资源研究。

2. 繁育技术 目前在国际上针对重要养殖鲆鲽类苗种人工繁育技术工艺流程已经建立，为了提升优质苗种生产技术工艺，实现鲆鲽类苗种产业可持续发展，通过加强基础研究来实现对优质苗种生产技术精准调控，成为当前国际鲆鲽类苗种繁育产业技术研发的一个重要趋势。2016年国际鲆鲽类苗种繁育基础研究主要集中在大菱鲆、塞内加尔鳎、牙鲆、星斑川鲽、大西洋庸鲽、半滑舌鳎、欧鳎等重要鲆鲽类养殖品种。相关学者就大菱鲆苗种的早期发育、性别决定、营养强化、应急胁迫等方面展开了研究，取得了一系列的研究成果。这些研究为大菱鲆、塞内加尔鳎、牙鲆、星斑川鲽、大西洋庸鲽、半滑舌鳎、欧鳎等养殖品种苗种培育过程中的营养精准强化调整、早期发育规律、苗种培育设施改进等研究提供了理论依据。

（二）养殖模式与工程技术

1. 工厂化养殖 重点关注活鱼起捕分级技术研究。20世纪五六十年代国外开始对吸鱼泵技术进行研究，荷兰KUBBE公司研制了真空吸气卸鱼装置，美国马可公司研制了离心式潜水吸鱼泵，1988年美国"ETI"公司研发了SILKSTREAM射流吸鱼泵等。至今，这些设备已经在水产养殖发达国家被广泛使用。

2. 活鱼分级 主要有箱式分级装置、板式分级机、分级槽、柔性分级网和池内水平杆分级机等。最近的研究报道是美国研发的气提起捕分级装备技术，该技术利用气力提升装置将活鱼抽吸出养殖池，再通过格栅进行分级处理。

3. 海水网箱技术 挪威继续引领深海养殖技术发展，2016年先后报道出其研制的"巨蛋"养殖设施和正在中国建造的养殖水体达25万 m^3、造价2亿多元的半潜式深海养鱼场，以及正在设计的高度自动化的深海养殖工船等，养殖水域深海化、养殖设施大型化、养殖操作自动化、生产管理信息化是深远海养殖工程与科技发展的主要趋势。

4. 池塘养殖技术研发 孟加拉国科研人员利用池塘养殖代谢副产物（底泥及粪便、残饵等）养殖一种可用于奶牛饲料的牧草，有效解决了池塘养殖底质容易恶化的问题，还获得了牧草收益。法国科学家提出在池塘养殖系统中增加水草养殖来调控水环境和小生境生态平衡。还有学者研发了接力养殖过程中鱼类生理适应机制与高效生长调控技术。另外，池塘"鱼菜共生"养殖模式研究方面，研究人员在水生植物/蔬菜选择、养殖生长调控、水质净化效果等方面开展研究，但在海水池塘"鱼菜共生"研究方面进展不多。

（三）疾病防控技术

2016年国际上公开报道的鲆鲽类疾病防控技术主要集中于黏着杆菌、美人鱼发光杆菌、黏孢子虫和病毒性出血性败血症病毒等细菌、病毒和寄生虫病原。葡萄牙和埃及联合报道了鳎鱼重要病原鱼黏着杆菌致病机制方面的研究进展。西班牙报道了大菱鲆病毒性出血性败血症病毒的研究现状和塞内加尔鳎对美人鱼发光杆菌免疫机制的研究成果。日本和韩国报道了牙鲆和大菱鲆黏孢子虫病病原。西班牙圣地亚哥大学开展了大菱鲆黏孢子虫及抗纤毛虫药物筛选研究。韩国和挪威研究机构开发了一种牙鲆VHSV活疫苗并进行了实验室评价，免疫保护率可达80%以上。在商业化研制方面，国外除早已广泛应用的商业化疫苗，未见新疫苗产品上市的报道。在鱼病防控方面，多价载体疫苗、活疫苗、亚单位疫苗及以环境友好技术为基础的微生态制剂、免疫增强剂等新型水产药物依然是国际渔药界的研制热点。

（四）营养与饲料技术

国外有关鲆鲽类营养研究的重点主要涉及 3 个方面：鱼粉替代蛋白源开发、鱼油替代脂肪源开发和饲料添加剂开发，这 3 方面的研究体现出两个特点：实用性更强，为实际生产中鱼油和鱼粉的替代提供技术指导；对营养代谢机理研究的深入，从分子机制上阐述鱼粉和鱼油替代引起的代谢变化。研究对象包括大菱鲆、牙鲆、半滑舌鳎、塞内加尔鳎、大西洋庸鲽等。在替代蛋白源方面，由于复合蛋白源的氨基酸平衡性更好，实用性更佳，因此，研究聚焦在复合蛋白源替代上。添加剂的研究聚焦在降脂、维护鱼体健康和产品安全等方面，研究对象有植酸酶、益生菌等。此外，2016 年，许多研究者将更多的研究聚焦于仔稚鱼和亲鱼研究上，这反映出国内外对鲆鲽类营养研究的重视和深入。

（五）产品质量安全控制与加工技术

研究发现，大菱鲆在常温加冰条件下的优势腐败菌为气单胞菌、柠檬酸杆菌和哈夫尼氏菌。对于水产品鲜度保持以及延长贮藏时间的研究也有了新的进展：水产品的腐败变质多是微生物活动引起的，微生物在合适的环境下生长繁殖并产生胞外酶等物质分解食品基质导致水产品的腐败，最新研究发现，微生物的群体感应现象（QS）会参与到食品的腐败进程当中，已有研究发现，波罗的海希瓦氏菌分泌的另一种信号分子——环肽可以加速冷藏大黄鱼的腐败变质。目前最新研究表明，希瓦氏菌可以利用其他细菌分泌的 QS 信号分子或胞外产物来调节自身菌群优势，因此检测大菱鲆冷藏过程中的微生物信号分子类型并探究其对大菱鲆腐败的影响，可以为大菱鲆保鲜提供新思路。

四、国内鲆鲽类产业技术研发进展

（一）育种与繁育技术

1. 大菱鲆良种选育　研究了大菱鲆选育新品种的生长特征、大菱鲆微卫星分子标记分析以及大菱鲆转录组解析——繁育、生长及免疫相关基因的发掘和遗传标记的鉴定研究。构建了大菱鲆成鱼多组织混合样本的转录组数据库，全面了解了大菱鲆雌雄基因表达情况，筛选了与生殖、生长和免疫响应相关的候选基因。

2. 牙鲆育种新技术的应用　开展了牙鲆全基因组序列研究、牙鲆淋巴囊肿抗病家系的构建及生长和抗病性能的分析、牙鲆抗迟缓爱德华氏菌性状的遗传评估、雌核发育牙鲆联合快速发育遗传统一性研究、相关性状标记的开发等，同时，开展了全基因组重测序技术研究、牙鲆双单倍体、克隆系的制备，为牙鲆良种克隆化奠定了材料基础。对半滑舌鳎的遗传改良，开展了半滑舌鳎生长相关的微卫星标记及优势基因型研究、生长相关性状的表型和遗传参数研究，在半滑舌鳎微卫星连锁图谱上进行鳗弧菌抗病相关的性状 QTL 定位研究等。

3. 亲鱼培育等环节的相关技术工艺　目前，国内在鲆鲽类重要养殖品种亲鱼培育、受精卵生产和苗种培育等环节的相关技术工艺体系已基本成熟，能够满足生产需求。近年来相关的应用基础和技术研发主要针对亲鱼培育过程中的光温环境因子调控、营养强化调控、促熟、催产和授精等技术；针对苗种培育过程中的病害预防，降低白化及黑化率、提高生长率和成活率的营养强化技术，以及微藻、光合细菌和中草药制剂使用的环境调控等技术。2016 年国内报道了有关大菱鲆、半滑舌鳎、牙鲆、星斑川鲽、圆斑星鲽、钝吻黄盖鲽等鲆鲽类人工繁育的最新研究进展。

（二）养殖模式与工程技术

1. 养殖模式　开展了大菱鲆工厂化健康养殖技术研究，分析了养殖密度对大菱鲆生长、固有免疫与氧化应激水平的影响；完成了大菱鲆应对关键水质因子胁迫的生理相应研究。

2. 工厂化养殖　开展了综合标准化研究，建立了"鲆鲽类循环水养殖标准体系表"；研发了一种滴淋式臭氧混合吸收塔，进行了初步试用。开展了生物流化床技术化研究，完成了滤器挂膜规律和水处理性能研究以及滤料微生物群落结构分析。

3. 鲆鲽类网箱养殖　国内首次开展了鲆鲽类耐流性能和升降式网箱水动力特性的基础性研究，采用升降式网箱养殖牙鲆，养殖成活率高达 98.9%，同时本年度还设计建造了养殖水体达 6 万 m^3 的大型浮绳式围网。

4. 池塘养殖　开展了岩礁池塘工程化养殖模式研究，设计了增氧环流系统和集污控制减排系统，并完成了牙鲆高效养殖试验与示范，提高了池塘养殖效率和生态化水平。在大连地区进行了工程化池塘循环水养殖模式推广应用，并对养殖池塘进行了内循环的创新设计。开展了鱼类体色调控机制、生长生理健康评价等研究，支撑了池塘养殖鲆鲽类体色异常和健康生长调控技术构建。

（三）疾病防控技术

采用基因工程手段获得多株免疫效果显著的海水鱼用减毒活疫苗，免疫保护率达到80%以上，主要针对鲆鲽类细菌性病害腹水病（迟钝爱德华氏菌）和弧菌病（鳗弧菌）两种重要病害防治对象。其中，腹水病疫苗于 2016 年向农业部提交了大菱鲆腹水病弱毒活疫苗 I 类新兽药生产文号申报，即将获批。鳗弧菌减毒活疫苗正在接受农业部中监所新兽药注册证申报复核检验。在抗病毒和寄生虫的多价载体疫苗、菌蜕疫苗以及其他创新疫苗等多种新型鲆鲽疫苗上也展开了大量的临床前研究。在应用基础研究领域，进行了大菱鲆黏膜免疫机制方面的研究和大菱鲆养殖密度对免疫应答影响的研究。

（四）营养与饲料技术

国内有关鲆鲽类营养研究的重点主要涉及替代蛋白源开发、脂肪代谢机制、添加剂开发以及亲鱼营养研究 3 个方面。研究对象包括大菱鲆、半滑舌鳎和星斑川鲽等。

1. 替代蛋白源研究　2016 年的研究聚焦在复合蛋白源替代上，因为复合蛋白源较单一的蛋白源氨基酸平衡性更好，养殖效果明显，实际生产中应用更广泛。

2. 脂肪代谢机制研究　研究了亚麻油替代鱼油对大菱鲆脂肪代谢、免疫以及肝脏中转铁蛋白基因表达的机理。

3. 添加剂的研究　聚焦在降脂、保证鱼体健康等方面，研究对象有茶多酚、益生菌和姜黄素等。在鲆鲽类亲鱼营养学研究方面，开展了花生四烯酸大菱鲆亲鱼性类固醇激素的影响以及南极磷虾粉对半滑舌鳎雄性亲鱼繁殖性能的影响，填补了国内在亲鱼营养领域的研究空白。

（五）产品质量安全控制与加工技术

1. 鲆鲽类加工产品研制　研发并推广了大菱鲆一鱼多吃产品，将整鱼开发成鱼头、鱼块、鱼糜、鱼片、鱼皮等冰鲜产品，并在酒店进行推广应用。

2. 食品安全性评价 通过确立反相高效液相色谱测定嘌呤含量的方法，并对大菱鲆不同部位进行嘌呤含量的测定，建立了持续稳定的高尿酸血症鹌鹑动物模型，研究了尿酸前体物质嘌呤的长期摄入与个体血尿酸水平之间的关系，明确了造成痛风的原因不仅仅是食物中所含嘌呤。

3. 检测样品前处理 制备氧化石墨烯，探究了其对水中氟喹诺酮类药物的吸附和解析特性，并采用高效液相色谱进行了药物浓度的检测研究。

4. 方便食品的研发方面 分别研究了腊制多宝鱼、半干多宝鱼和即食清蒸多宝鱼方便食品的加工工艺，并对加工过程中的质量安全进行控制，建立了标准化、科学化的菜肴检测技术。

（鲆鲽类产业技术体系首席科学家 雷霁霖 关长涛（代） 提供）